21世纪高等学校计算机教育实用系列教材

大学计算机基础

梁玉英　林显宁　主　编

陈雪娟　徐礼金　刘　莹　汤志鹏　彭星雨　副主编

清華大学出版社

北　京

内容简介

本书共有6章，分别为基础理论概述、操作系统与常用软件、文稿编辑软件 Word 2016、电子表格处理软件 Excel 2016、演示文稿软件 PowerPoint 2016、计算机新技术。本书的重点是让学生了解常用的办公软件，了解工商管理类、外国语言文学类、金融类和设计类专业的培养目标、专业知识体系和核心课程体系，为下一步的学习做好准备。

本书在编写过程中，注重融入思政元素和以成果产出为导向。通过案例分析、项目实践等方式，引导学生将所学知识应用于实际问题的解决中，培养学生的实践能力和创新精神；同时，结合国家重大战略需求和社会发展需求，引导学生关注社会热点问题，积极参与社会实践，将个人发展与国家发展紧密结合。

本书可以作为普通高等学校人文类本科生的教材，也可以作为相关专业技术人员的参考资料。

图书在版编目(CIP)数据

大学计算机基础 / 梁玉英，林显宁主编. -- 北京 ：清华大学出版社，2024. 9. --(21世纪高等学校计算机教育实用系列教材). -- ISBN 978-7-302-67303-3

Ⅰ. TP3

中国国家版本馆 CIP 数据核字第 2024QT7795 号

责任编辑：贾 斌 薛 阳
封面设计：常雪影
责任校对：胡伟民
责任印制：刘 菲

出版发行：清华大学出版社
网 址：https://www.tup.com.cn，https://www.wqxuetang.com
地 址：北京清华大学学研大厦A座 邮 编：100084
社 总 机：010-83470000 邮 购：010-62786544
投稿与读者服务：010-62776969，c-service@tup.tsinghua.edu.cn
质量反馈：010-62772015，zhiliang@tup.tsinghua.edu.cn
课件下载：https://www.tup.com.cn，010-83470236
印 装 者：北京鑫海金澳胶印有限公司
经 销：全国新华书店
开 本：185mm×260mm **印 张**：17.5 **字 数**：438千字
版 次：2024年9月第1版 **印 次**：2024年9月第1次印刷
印 数：1～3500
定 价：59.00元

产品编号：108314-01

前　言

“大学计算机基础”是本科生的一门公共基础课程，旨在为学生打下坚实的计算机基础，培养其应用计算机解决问题的能力，并引导学生将计算机技术与社会发展、国家建设紧密结合，成长为具有社会责任感的计算机专业人才。本书在构思上有三个想法：一是介绍工商管理类、外国语言文学类、金融类和设计类的专业培养目标、专业知识体系和核心课程体系；二是介绍计算机基础知识和常用办公软件；三是介绍计算机的新技术。

全书共分为6章，内容系统全面，注重理论与实践相结合，具体如下所述。

第1章为基础理论概述，包括计算机的介绍、学科专业介绍、计算机系统的基本组成、计算机网络与网络安全，使学生对计算机有一个整体的认识；同时，结合国家发展战略和社会需求，强调了计算机技术在现代化建设中的重要作用，引导学生树立正确的价值观和职业观。

第2章为操作系统与常用软件，介绍操作系统的概念、功能及分类，Windows 10基本操作，常用软件的使用，本章旨在提升学生的计算机操作能力和常用软件应用水平。

第3章为文稿编辑软件Word 2016，介绍基本操作、图文排版、长文档编辑管理、文档审阅修订、高级应用和综合案例。通过本章的学习，学生可以轻松应对各种文档编辑需求，提升工作效率和质量；同时，通过综合案例实践，还可以巩固所学知识，为未来的职业发展奠定坚实基础。

第4章为电子表格处理软件Excel 2016，介绍Excel 2016基础、工作表的数据与编辑、工作表的格式化、图表及应用、数据管理与分析、公式与函数、打印工作表和综合案例。学习本章后，学生不仅可以更好地处理和分析数据，提高工作效率，还可以培养逻辑思维能力和数据分析能力，职业发展拥有更多机会。

第5章为演示文稿软件PowerPoint 2016，包括概述、演示文稿操作基础、演示文稿图文混排、文稿修饰美化、文稿交互优化设计、文稿放映输出和综合案例。学习PowerPoint 2016对于提升学习效率、丰富课堂形式、增强个人职业技能以及促进团队协作与交流等方面都具有积极的意义。学生掌握这一技能，能更好地应对学习和未来的职场挑战。

第6章为计算机新技术，介绍人工智能、大数据、云计算、物联网、新媒体和电子商务，帮助学生了解计算机技术的前沿动态，激发其创新精神和探索欲望。

本书由广东理工学院的梁玉英、林显宁任主编，陈雪娟、徐礼金、刘莹、汤志鹏和彭星雨任副主编。本书在编写过程中，参考和引用了大量的相关著作、资源和文献，由于篇幅有限，本书仅列举了主要文献。在此向所有本书参考和引用的论著的作者表示由衷的感谢，若有资料因为我们没有查询到出处或因为我们的疏忽而未列出，请原作者原谅并告知我们，以便再版时补充。

由于编者水平有限，书中难免有不足之处，恳请广大读者批评指正。

编　者

2024 年 3 月

目　录

第1章 基础理论概述

随着科技的快速发展，计算机技术已经成为日常生活和工作中不可或缺的一部分。它对人文社科领域产生了深远的影响。本章主要介绍计算机的发展史、计算机的分类、应用等知识点，学生可以更好地理解科技如何影响学生的思维方式和文化观念，为学生提供了新的创作工具和表达方式，也为学生研究人类文化和社会提供了新的视角和方向；介绍中国计算机的发展历程，学生可以更好地理解科技如何与中国传统文化和社会相互影响和融合，以及科技如何推动中国的现代化进程。介绍人文类部分专业，理解人文科学专业与计算机技术的结合有助于学生更好地理解人类社会的内在逻辑和发展趋势，同时也可以为未来的社会科学发展提供新的思路和方法；介绍计算机系统的组成，有助于学生更好地理解和利用计算机技术，为学生的学习和工作提供更多的便利。

【知识目标】

- 了解计算机的基本概念、发展历程。
- 了解计算机的应用领域和发展趋势。
- 了解人文类学科专业的培养目标、培养要求和课程体系。
- 掌握计算机系统的基本组成和工作原理。
- 了解网络安全的概念和网络安全法规。
- 熟悉计算机病毒的种类、传播途径、防范方法、防火墙技术、网络攻击与防范。
- 掌握计算机网络基础知识。

【能力目标】

- 建立起计算机系统与人文领域交叉融合的概念。
- 培养将计算机技术应用于人文领域的能力，如数字化人文、计算语言学等。
- 培养自主学习和探索新技术的能力。
- 熟悉网络安全知识，具备基本的网络安全防护能力，保障计算机系统的网络安全。
- 掌握计算机网络的体系结构，能够搭建简单的网络，并具备分析网络的性能指标的能力。

【素质目标】

- 培养对计算机科学的兴趣和热爱，树立从事人文领域工作的职业规划。
- 培养严谨的逻辑思维和批判性思维，能够客观地评估计算机技术和应用。
- 培养科技伦理、社会责任感和爱国情怀，关注计算机技术的伦理和社会影响。
- 培养学生的国家安全观，树立正确的网络安全观，保障网络安全。

1.1 计算机的介绍

计算机(Computer)俗称电脑,是现代一种用于高速计算的电子计算机器,可以进行数值计算,又可以进行逻辑计算,还具有存储记忆功能,是能够按照程序运行,自动、高速处理海量数据的现代化智能电子设备。

由硬件系统和软件系统所组成,没有安装任何软件的计算机称为裸机。计算机可分为超级计算机、工业控制计算机、网络计算机、个人计算机、嵌入式计算机5类,较先进的计算机有生物计算机、光子计算机、量子计算机等。

1.1.1 计算机的发展史

1946年,计算工具的演化经历了由简单到复杂、从低级到高级的不同阶段,例如,"结绳记事"中的绳结到算筹、算盘和计算尺、机械计算机等。它们在不同的历史时期发挥了各自的历史作用,同时也启发了现代电子计算机的研制思想。1889年,美国科学家赫尔曼·何乐礼(Hermann Hollerith)研制出以电力为基础的电动制表机,用以存储计算资料。1930年,美国科学家范内瓦·布什(Vannevar Bush)造出世界上首台模拟电子计算机。1946年,由美国军方定制的电子计算机"电子数值积分和计算机器"ENIAC在美国宾夕法尼亚大学问世,标志着第一台功能齐全的电子计算机诞生。

从世界第一台电子计算机诞生以来,电子计算机的发展经历了4个阶段,如表1.1所示。

表1.1 计算机发展的4个阶段

发展阶段	第一代	第二代	第三代	第四代
	电子管计算机	晶体管计算机	中小规模集成电路计算机	大规模和超大规模集成电路计算机
时间	1946—1958年	1958—1964年	1965—1970年	1970年至今
电子器件	电子管	晶体管	中、小集成电路	大、超大规模集成电路
存储器	水银延迟线、磁鼓、纸带	磁芯、磁带	磁芯、磁带、磁盘、半导体存储器	高集成度半导体存储器、磁盘、光盘
软件	机器语言、汇编语言	监控程序、高级语言	操作系统、应用程序	操作系统、高级语言、数据库系统、应用程序
运算速度	5000~30000次/秒	几十万至百万次/秒	百万至几百万次/秒	几百万至千亿次/秒
典型机种	ENIAC、EDVAC	CDC6600、IBM 1401	IBM 360、PDP-8、VAX 11	IBM PC、HP-150、iPhone

计算机发展的4个阶段中典型的计算机如下。

1. 第一代:第一台电子计算机ENIAC(埃尼阿克)

1946年2月14日,世界上首台电子计算机ENIAC(Electronic Numerical Integrator And Computer)在美国宾夕法尼亚大学诞生,这是为了满足美国军方计算导弹的需要而研制的。这台巨型机器重28t,占地面积巨大,使用了近1.8万支电子管,每秒能进行5000次加法运算。虽然造价高昂,但ENIAC的出现标志着电子计算机时代的开端,奠定了计算机技术发展的基石。在接下来的半个多世纪里,计算机技术飞速发展,性能价格比增长了惊人的 6 个数量级，深刻地改变了人类社会的面貌。ENIAC 如图 1.1 所示。

2. 第二代：世界上首台超级计算机 CDC 6600

1964 年，西摩·克雷为数据控制公司设计了一台名为“CDC 6600”的超级计算机。这台计算机采用了先进的管线标量架构和 RISC 指令集，使得 CPU 能够高效地交替处理指令的读取、解码和执行，每个时钟周期都能处理一条指令。CDC 6600 的出现标志着超级计算机技术的重大突破，为后来的计算机发展奠定了基础。CDC 6600 如图 1.2 所示。

图 1.1 ENIAC

图 1.2 CDC 6600

3. 第三代：IBM System/360 大型计算机

1964 年，IBM 推出了划时代的 System/360 大型计算机。这款机型是首个能运行各种应用软件的计算机，无论是商业领域还是科学领域，软件都能轻松地安装使用。其强大的性能使得高端的 System/360 甚至被用于 NASA 的阿波罗登月计划和空中交通控制系统，展现了其卓越的实力和广泛的应用前景。IBM System/360 如图 1.3 所示。

4. 第四代：IBM 个人计算机

1981 年，IBM 推出了具有革命性的个人计算机，其独特的设计，包括独立的键盘、打印机和显示器，以及时尚而前瞻性的外观，迅速吸引了消费者的关注。这款计算机的出现结束了个人手工制造计算机的历史，开创了公司化生产计算机的新时代。IBM 个人计算机取得了巨大的商业成功，并在多年内一直是个人计算机的代名词。IBM 个人计算机如图 1.4 所示。

图 1.3 IBM System/360

图 1.4 IBM 个人计算机

5. 第四代：触摸屏计算机 HP-150

1983 年，惠普领先时代，推出了首款触摸屏个人计算机 HP-150。这款 9 英寸的计算机屏幕内置红外线技术，可检测用户手指位置，实现触摸操作。HP-150 的诞生不仅简化了计算机操作，更标志着惠普在人性化设计方面的创新突破，引领了个人计算机发展的新方向。

HP-150 如图 1.5 所示。

6. 第四代：苹果 iPhone

2007 年，苹果公司的史蒂夫·乔布斯推出了革命性的 iPhone。这款小巧便捷的设备集因特网、手机、相机和媒体播放器于一身，支持众多第三方应用，功能丰富。其光滑、时尚的设计外观令人难以忘怀，实际上，它就像是一台微型的个人便携计算机。iPhone 的出现再次改变了个人计算机领域的格局，引领了移动计算的新时代。iPhone 如图 1.6 所示。

图 1.5　触摸屏计算机 HP-150

图 1.6　苹果 iPhone

1.1.2　中国计算机的发展历程

中国的计算机起步晚，1956 年，在周恩来总理的亲自提议和主导下，我国制定了《十二年科学技术发展规划》。在这一规划中，"计算机、电子学、半导体、自动化"被选定为 4 项紧急发展措施，同时制定了详尽的计算机科研、生产及教育的发展蓝图，从而为我国计算机事业的起步奠定了坚实基础。

1. 中国计算机发展历程的 4 个阶段

(1) 起步阶段(20 世纪 50 年代)：1956 年，中国成立了第一个计算技术研究机构——中国科学院计算技术研究所，开始了计算机的研制工作。1958 年，中国研制出第一台电子管计算机 103 机，标志着中国计算机事业的起步。

(2) 晶体管计算机阶段(20 世纪 60 年代)：随着半导体技术的发展，中国开始研制晶体管计算机。1964 年，中国研制成功第一台晶体管计算机 441B-Ⅰ型全晶体管计算机，随后又推出了 441B-Ⅱ型、441B-Ⅲ型等改进型号。这些计算机在运算速度、可靠性等方面都有了显著的提高。

(3) 中小规模集成电路计算机阶段(20 世纪 70 年代)：20 世纪 70 年代，中国开始研制以中小规模集成电路为主要器件的计算机。这一时期的代表性成果包括 DJS-130、131、132、135、140、150、152、153 等型号的计算机。这些计算机在体积、功耗、成本等方面都有了进一步的优化。

(4) 微型计算机阶段(20 世纪 80 年代至今)：随着微处理器技术的飞速发展，中国开始研制微型计算机。1983 年，中国第一台微型计算机 DJS-050 诞生，随后又推出了众多型号的微型计算机，如长城、联想等品牌的个人计算机。这一时期，中国计算机产业得到了快速发展，并逐渐形成了完整的产业链。

2. 中国计算机发展史上的典型的计算机

(1) 1958 年，中国科学院计算技术研究所成功研制中国第一台小型电子管通用计算机

103机(八一型),标志着我国第一台电子计算机的诞生。103机如图1.7所示。

(2) 1965年,中国科学院计算技术研究所成功研制第一台大型晶体管计算机109乙机,之后推出109丙机,该机在两弹试验中发挥了重要作用。109乙机如图1.8所示。

图1.7 103机

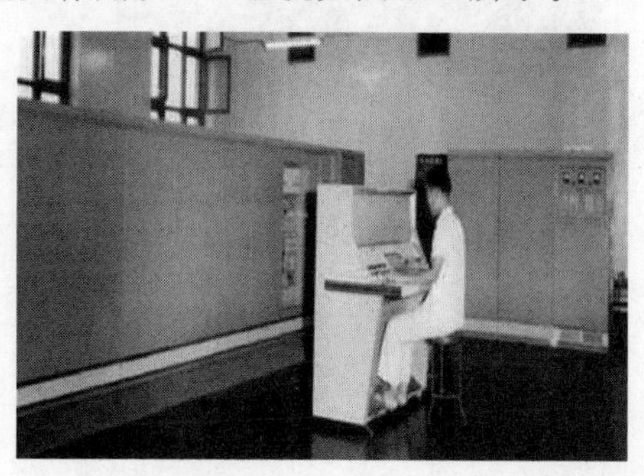

图1.8 109乙机

(3) 1983年,国防科技大学成功研制每秒运算速度达上亿次的银河-Ⅰ巨型计算机,这是我国高速计算机研制的一个重要里程碑。银河-Ⅰ巨型计算机如图1.9所示。

2002年,曙光公司推出具有完全自主知识产权的"龙腾"服务器。龙腾服务器采用了"龙芯-1"CPU,并使用了曙光公司和中国科学院计算技术研究所联合研发的服务器专用主板,搭载了曙光Linux操作系统。该服务器是国内第一台完全实现自主知识产权的产品,在国防、安全等部门中发挥了重大作用。"龙腾"服务器如图1.10所示。

图1.9 银河-Ⅰ巨型计算机

图1.10 "龙腾"服务器

2013年,国防科技大学研制的超级计算机系统"天河二号",其峰值计算速度达到每秒5.49×10^{16}次,持续计算速度达到每秒3.39×10^{16}次双精度浮点运算,优异性能位居世界榜首。它的成功研制标志着中国在计算机科技领域的巨大突破和显著成就。"天河二号"曾经多次位居全球超级计算机排行榜的首位,被广泛应用于科学计算、工程模拟、大数据分析等领域。"天河二号"如图1.11所示。

2015年,由国家并行计算机工程技术研究中心研制的超级计算机"神威·太湖之光",被广泛应用于气象预报、地球系统模拟、生命科学、材料科学、航空航天、新能源等多个领域。在全球超级计算机排行榜上,"神威·太湖之光"曾多次位居榜首,这充分证明了其在全球范围内的领先地位和影响力。"神威·太湖之光"的成功研制和应用,不仅提升了中国在国际上的科技地位,也推动了全球科技的进步和发展。"神威·太湖之光"如图1.12所示。

图 1.11 “天河二号”

图 1.12 “神威·太湖之光”

1.1.3 计算机的分类

计算机发展到今天,已是琳琅满目、种类繁多,并表现出各自不同的特点。可以从不同的角度对计算机进行分类。

1. 按计算机的用途分类

按计算机的用途不同,可以将计算机分为通用计算机和专用计算机。

(1) 通用计算机是一种功能丰富、配置齐全、应用广泛的计算机。它适用于各种科学计算、学术研究、工程设计以及数据处理等任务。与专用计算机不同,通用计算机具有更强的通用性,可以满足不同领域和场景的需求。市场上销售的大多数计算机都属于通用计算机,因为它们能够灵活地应对各种计算和应用需求。

(2) 专用计算机是为满足特定需求而定制的计算机,它强化了某些特定功能,同时可能忽略了其他不太重要的功能。这种计算机能非常快速、高效地解决特定的问题。由于其功能相对单一,使用范围也较窄,有时甚至只能用于一个特定的任务。例如,在军事领域,飞机的自动驾驶系统和坦克的武器控制系统,都是专用计算机的典型应用。简而言之,专用计算机就是为解决特定问题而设计的,功能专一、效率高的计算机。

2. 按计算机的演变过程和近期可能的发展趋势分类

可以把计算机分为巨型计算机、小巨型计算机、大型计算机、小型计算机、工作站和微型计算机。

(1) 巨型计算机,也被称为超级计算机,是目前最大、最快、最昂贵的计算机类型。这类计算机的运算速度非常惊人。例如,世界上最快的超级计算机每秒钟可以完成数千亿次的浮点运算。中国也成功研制了自己的超级计算机,如银河系列,其中,“银河 1 号”每秒能进行亿次运算,而“银河 2 号”则达到了十亿次级别。简而言之,超级计算机是计算机界的“巨无霸”,以其超凡的性能和速度引领着科技发展的最前沿。

(2) 小巨型计算机,也被称为小超级计算机或桌上型超级计算机,是一种旨在将超级计算机的强大性能缩小到个人计算机大小,或者让个人计算机拥有类似超级计算机性能的计算机。这种计算机的设计理念在于实现高性能与便携性的结合。中国的曙光 4000 系列和 5000 系列的高性能计算机属于小巨型计算机。

(3) 大型计算机,通常被安放在计算中心的机房里。在中国,大型计算机包括“神威”系列和“曙光”系列。其中,“神威 1 号”是中国第一台大型计算机,“曙光 1 号”则被广泛应用于政府、金融、教育等领域。随着微型计算机和网络技术的迅猛发展,大型计算机的地位逐渐减弱，许多大型计算中心已经开始用高性能的微型计算机集群来取代大型计算机。

(4) 小型计算机，是一种相对便宜、易于操作的计算机，适用于部门级计算。中国的小型计算机以“浪潮”和“联想”为代表，其中浪潮的AS10000m是我国第一台自主设计的高性能小型计算机。

(5) 工作站，是一种高性能的计算机，与高档微型计算机之间的区别并不十分清晰。工作站通常配备大屏幕、高分辨率的显示器，拥有大容量的内存和外存，并且往往具备网络功能。中国的工作站以“华为”和“浪潮”为代表，其中，华为的泰山系列工作站采用了高性能的处理器和专业的硬件设备，能够满足各种高端计算需求。

(6) 微型计算机，也称为微机，是一种体积小、灵活性大、价格便宜、使用方便的计算机。它由大规模集成电路组成，具备人脑的某些功能，因此也被称为“微电脑”。微型计算机主要以微处理器为基础，配以内存储器及输入/输出(I/O)接口电路和相应的辅助电路而构成。中国的微型计算机品牌很多，比较知名的有海尔、联想、华为等。

1.1.4 计算机的未来发展趋势

随着科技的飞速发展，计算机作为信息时代的核心工具，其发展趋势日益明显。以下是对计算机发展趋势的几点分析。

(1) 量子计算。随着经典计算机的计算能力逐渐接近极限，量子计算以其独特的并行计算方式，为解决复杂问题提供了全新的思路。利用量子叠加和量子纠缠的特性，量子计算机有望在密码破译、优化问题、机器学习等领域实现超越经典计算机的运算能力。

(2) 人工智能。AI技术正深度融入计算机硬件和软件中，从自然语言处理到图像识别，再到自动化决策，AI的应用已经无处不在。预计未来AI将进一步渗透到各个领域，为各行各业带来巨大的商业价值。

(3) 云计算。云计算作为一种服务模式，允许用户通过网络按需获取计算资源。随着数据量的爆炸式增长，云计算提供了高效、灵活、可扩展的存储和计算能力，预计未来云计算将更加普及，成为企业和个人用户的重要选择。

(4) 边缘计算。随着物联网设备和实时数据处理需求的增长，边缘计算成为新的趋势。在数据产生的源头进行计算和分析，可以大大减轻中心服务器的负担，提高数据处理速度，使得响应更加迅速。

(5) 生物计算。随着生物技术和信息技术的融合，生物计算也逐渐崭露头角。利用生物分子的计算能力，生物计算有望在药物研发、基因编辑等领域实现突破。

(6) 可解释性和透明度。随着AI和机器学习技术的发展，模型的可解释性和透明度成为关注的焦点。未来的计算机系统将更加注重提供易于理解的结果和决策过程，以满足各行业的合规性和信任需求。

(7) 可持续性和绿色计算。随着全球对可持续发展的关注度提高，绿色计算和能源效率成为计算机发展的重要方向。从硬件设计到软件应用，都将致力于降低能源消耗和减少环境影响。

(8) 软硬件一体化。随着摩尔定律的逐渐失效，软硬件一体化设计成为新的趋势。通过优化硬件和软件的协同工作，可以实现更高的性能和能效。

1.1.5 计算机应用领域

计算机的快速性、通用性、准确性和逻辑性等特点，使它不仅具有高速运算能力，而且具有逻辑分析和逻辑判断能力。这不仅能够大大提高人们的工作效率，并且现代计算机还可以部分替代人的脑力劳动，具有一定程度的逻辑判断和运算能力。如今计算机已渗透到人们生活和工作的各个方面，主要体现在以下几个领域。

(1) 科学计算(或称为数值计算)：在现代科学和工程技术中，计算机被广泛应用于处理大量复杂的科学问题，如高能物理、工程设计、地震预测、气象预报、航天技术等。

(2) 数据处理(或称为信息处理)：据统计，世界上超过80%的计算机主要用于数据处理。这包括对数值、文字、图表等数据的记录、整理、检索、分类、统计、综合和传递等操作，以得出人们所需要的信息。

(3) 过程控制(或称为实时控制)：利用计算机进行生产过程及实时过程的控制，以提高产量和质量，节约原料消耗，降低成本，达到过程的最优控制。

(4) 计算机辅助系统：利用计算机帮助工程技术人员进行设计，实现设计工作的半自动化或全自动化。这不仅大大缩短了设计周期，降低了生产成本，节省了人力物力，还保证了产品质量。包括计算机辅助设计(CAD)、计算机辅助制造(CAM)、计算机辅助测试(CAT)、计算机辅助教学(CAI)等。

(5) 人工智能：利用计算机模拟人类的感知、推理、学习和理解等智能行为，实现自然语言理解与生成、定理机器证明、自动程序设计、自动翻译、图像识别、声音识别、疾病诊断等功能，并且可以应用于各种专家系统和机器人的构造等。

(6) 网络应用：计算机在信息传递、远程教育、在线银行等方面得到了广泛应用。

(7) 系统仿真：利用模型模仿真实系统，建立数学模型并应用数值计算的方法，把数学模型变换成可以直接在计算机中运行的仿真模型。通过对模型的仿真，了解实际系统在各种内外因素影响下，其性能的变化规律。

1.2 学科专业介绍

1.2.1 外国语言文学类

1. 概述

外国语言类专业是全国高等学校人文社会科学学科的重要组成部分，学科基础包括外国语言学、外国文学、翻译学、国别与区域研究、比较文学与跨文化研究，具有跨学科特点。外语类专业可与其他相关专业结合，形成复合型专业，以适应社会发展的需要。

2. 专业类培养目标

外语类专业旨在培养具有良好的综合素质、扎实的外语基本功和专业知识与能力，掌握相关专业知识，适应我国对外交流、国家与地方经济社会发展、各类涉外行业、外语教育与学术研究需要的各外语语种专业人才和复合型外语人才。

各高校应根据自身办学实际和人才培养定位，参照上述要求，制定合理的培养目标。培养目标应保持相对稳定，但同时应根据社会、经济和文化的发展需要，适时进行调整和完善。

3. 人才培养基本要求

1）知识要求

外语类专业学生应掌握外国语言知识、外国文学知识、国别与区域知识，熟悉中国语言文化知识，了解相关专业知识以及人文社会科学与自然科学基础知识，形成跨学科知识结构，体现专业特色。

2）能力要求

外语类专业学生应具备外语运用能力、文学赏析能力、跨文化能力、思辨能力，以及一定的研究能力、创新能力、信息技术应用能力、自主学习能力和实践能力。

3）素质要求

外语类专业学生应具有正确的世界观、人生观和价值观，良好的道德品质，中国情怀与国际视野，社会责任感，人文与科学素养，合作精神，创新精神以及学科基本素养。

4. 课程体系

1）总体框架

各专业根据培养目标和培养规格设计课程体系。课程设置应处理好通识教育与专业教育、语言技能训练与专业知识教学、必修课程与选修课程、外语专业课程与相关专业课程、课程教学与实践教学的关系，突出能力培养和专业知识构建，特别应突出跨文化能力、思辨能力和创新能力培养，并根据经济社会发展需要建立动态课程调整机制。

2）课程结构

(1) 通识教育课程。

通识教育课程分为公共基础课程和校级通识教育课程两类。公共基础课程一般包括思想政治理论、信息技术、体育与健康、军事理论与训练、创新创业教育、第二外语等课程；校级通识教育课程一般包括提升学生知识素养、道德品质与身心素质的人文社会科学和自然科学课程。各高校外语类专业应根据培养规格，有计划地充分利用学校通识教育课程资源，帮助学生搭建合理的知识结构。

(2) 专业核心课程。

专业核心课程分为外语技能课程和专业知识课程。专业核心课程的课时应占专业总课时的50%～85%。外语技能课程包括听、说、读、写、译等方面的课程。专业知识课程包括外国语言学、翻译学、外国文学、国别与区域研究、比较文学与跨文化研究的基础课程，以及论文写作与基本研究方法课程。翻译专业和商务英语专业可设置具有本专业特色的核心课程。外国语言文学类部分专业核心课程构成如图1.13所示。

1.2.2 工商管理类

1. 概述

工商管理类专业主要以社会微观经济组织为研究对象，系统研究人类经济管理活动的基本原理、普遍规律、一般方法和技术。工商管理类本科专业具有两个主要特点：一是应用性，注重理论联系实际，旨在培养和训练学生的管理技能和决策能力；二是综合性，注重管理学与哲学、社会学、经济学、心理学等理论和方法的综合应用。

2. 专业类培养目标

工商管理类本科专业培养践行社会主义核心价值观，具有社会责任感、公共意识和创新

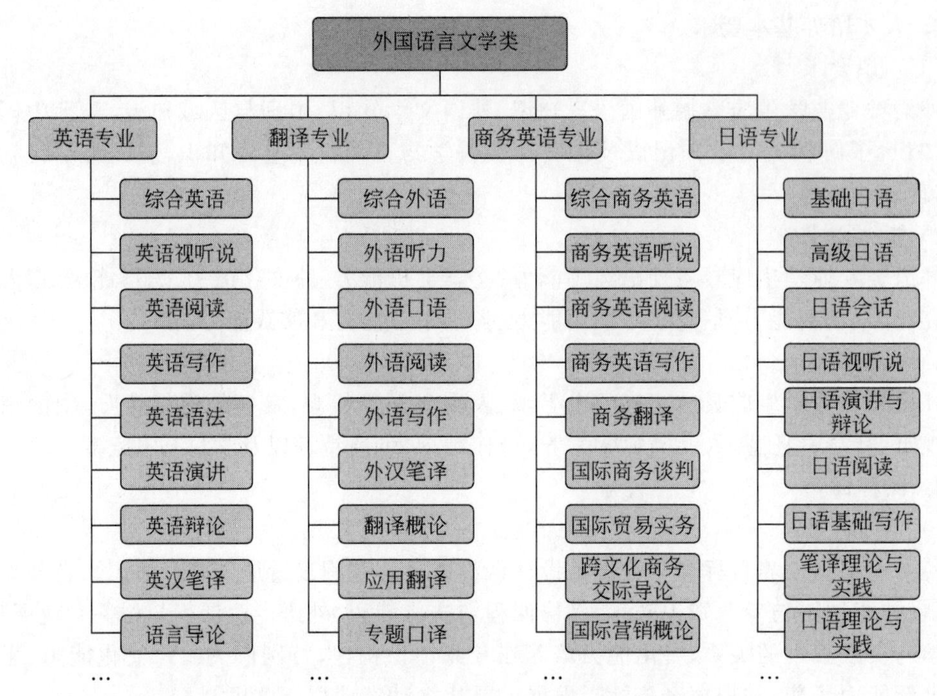

图 1.13　外国语言文学类部分专业核心课程

精神，适应国家经济建设需要，具有人文精神与科学素养，掌握现代经济管理理论及管理方法，具有国际视野、本土情怀、创新意识、团队精神和沟通技能，能够在企事业单位、行政部门等机构从事经济管理工作的应用型、复合型、创新型人才。

各高校应根据自身办学条件和目标定位设计人才培养的类型、模式和特色。为适应社会经济不断发展的实际需要，培养目标可以定期进行评估与修订。

3. 人才培养基本要求

1）知识要求

基础性知识：学生须熟练掌握数学、统计学、经济学等基础学科的理论和方法。

专业性知识：学生须系统掌握管理学、组织行为学、会计学、财务管理学、市场营销学、创业学等工商管理类专业理论知识与方法，掌握本学科的理论前沿及发展动态。

通识性知识：学生须选修哲学、社会学、心理学、法学、科学技术、语言文学、健康艺术、职业发展等方面的通识性知识。

2）能力要求

工商管理类专业学生的能力结构包括知识获取能力、知识应用能力以及创新创业能力三个方面。

知识获取能力：能够运用科学的方法，通过课堂、文献、网络、实习实践等渠道获取知识；善于学习和吸收他人知识，并构建自己的知识体系。

知识应用能力：能够应用管理理论和方法分析并解决理论与实践问题。

创新创业能力：具有较强的组织沟通能力与探索性、批判性思维能力，不断尝试理论或实践创新。

3）素质要求

工商管理类专业学生的素质结构包括思想道德素质、专业素质、文化素质和身心素质4个方面。

思想道德素质：努力学习掌握马克思主义、毛泽东思想和邓小平理论，树立辩证唯物主义和历史唯物主义世界观；拥护党的领导和社会主义制度，具有较强的形势分析和判断能力；具有良好的道德修养和社会责任感、积极向上的人生理想、符合社会进步要求的价值观念和爱国主义的崇高情感。

专业素质：具有国际视野，系统掌握工商管理类专业基础知识，具备发现组织管理问题的敏锐性和判断力，掌握创新创业技能，并能够运用管理学理论和方法，系统分析、解决组织的管理问题。

文化素质：具有较高的审美情趣、文化品位、人文素养；具有时代精神和较强的人际交往能力；积极乐观地生活，充满责任感地工作。

身心素质：具有健康的体魄和心理素质，具备稳定、向上、坚强、恒久的情感力、意志力和人格魅力。

4. 课程体系

1）总体框架

工商管理类专业课程体系包括理论教学和实践教学。理论教学课程体系包括思想政治理论课程、公共 基础课程、学科基础课程、专业必修课程、专业选修课程和通选课程；实践教学课程体系包括实训课程、实习、社会实践及毕业论文(设计)。

2）课程结构

(1) 通识教育课程。

通识教育课程分为公共基础课程和校级通识教育课程两类。公共基础课程一般包括思想政治理论、信息技术、体育与健康、军事理论与训练、创新创业教育等课程；校级通识教育课程一般包括提升学生知识素养、道德品质与身心素质的人文社会科学和自然科学课程。各高校外语类专业应根据培养规格，有计划地充分利用学校通识教育课程资源，帮助学生搭建合理的知识结构。

(2) 专业核心课程。

工商管理类专业需要根据自身办学定位与特色参照专业核心课程，设置专业必修课程与学分。工商管理类部分专业核心课程构成如图1.14所示。

1.2.3 金融学类

1. 概述

金融学类专业属于经济学学科门类，以市场经济中的各类金融活动为研究对象，这些金融活动主要包括货币流通和信用活动、金融市场运行与投融资决策、金融产品定价及风险管理、金融机构经营管理、金融宏观调控等，专业知识涉及数学、心理学、法学、管理学、信息技术等领域。

2. 专业类培养目标

金融学类专业本科人才培养的基本目标为：热爱祖国，维护社会主义制度；遵纪守法，具备健全的人格、良好的心理素质与合作精神；具备创新精神、创业意识和创新创业能力；系统

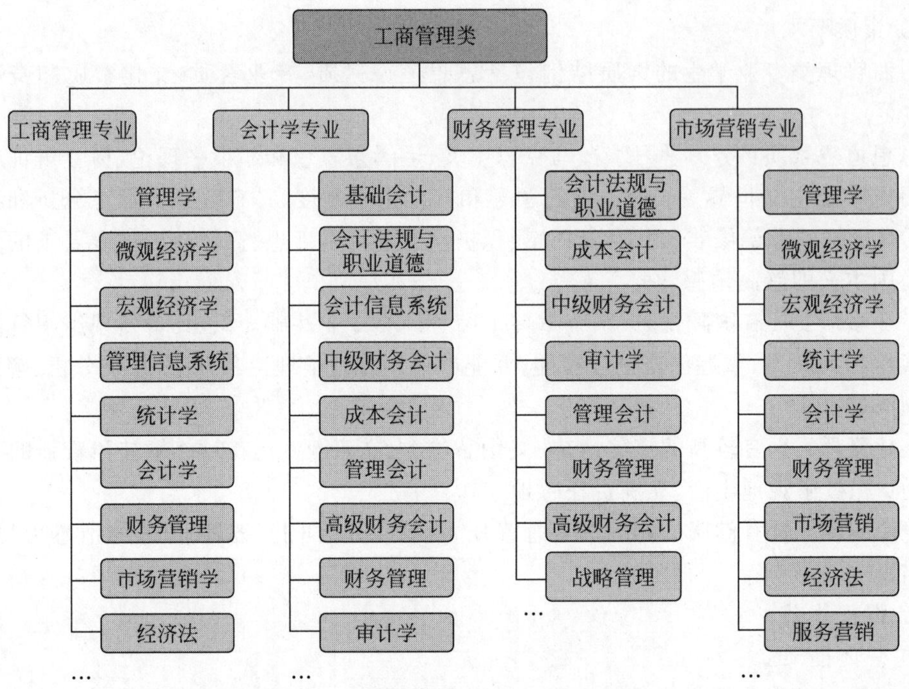

图 1.14　工商管理类部分专业核心课程

掌握金融专业知识和相关技能；能够满足金融机构、政府部门和企事业单位用人的一般要求，或者具备在国内外教育科研机构继续攻读更高等级学位(或从事学术研究)的资格条件。

在满足基本培养目标的同时，各高校还应结合学校特色和社会需求，在培养研究型、应用型或技能型人才上各有侧重，对实际开设专业制定相应的培养目标和培养方案，并根据国内外经济金融发展需要，定期对培养目标和培养方案进行修订和完善。培养目标和培养方案应保持相对稳定。

3. 人才培养基本要求

1) 知识要求

工具性知识：熟练掌握一门外语，具备较强的外语阅读、听、说、写、译的能力；熟练使用计算机；熟练运用现代信息管理技术进行专业文献检索、数据处理、模型设计等；熟练使用专业数据库进行专业论文以及研究报告撰写等。

专业知识：牢固掌握本专业基础知识、基本理论与基本技能。既应掌握经济学、管理学的基本原理，也应充分了解金融理论前沿和实践发展现状，熟悉金融活动的基本流程。

其他相关领域知识：金融学类本科专业人才应当了解其他相关领域知识，形成兼具人文社会科学、自然科学、工程与技术科学的均衡知识结构。

2) 能力要求

获取知识的能力：能够掌握有效的学习方法，主动接受终身教育。能够应用现代科技手段进行自主学习。适应金融理论和实践快速发展的客观情况，与时俱进。

实践应用能力：能够在金融实践活动中灵活运用所掌握的专业知识。能够对各种国内外的金融信息加以甄别、整理和加工，从而为政府、企业、金融机构等部门解决实际问题提供对策建议。能够运用专业理论知识和现代经济学研究方法分析解决实际问题，具备一定的科学研究能力。

创新创业能力：具备创新精神、创业意识和创新创业能力。能够把握金融发展的趋势，学以致用，创造性地解决实际金融问题。具有专业敏感性，在激烈的市场竞争和国际竞争中敢于创新，善于创新。

其他能力：具有良好的中文写作能力。具有一定的口语和书面表达能力、沟通交流能力、组织协调能力、团队合作能力，以及适应金融市场变化所必需的其他能力。

3）素质要求

思想道德素质：努力学习马克思主义、毛泽东思想和中国特色社会主义理论体系，确立在中国共产党领导下走中国特色社会主义道路、实现国家繁荣昌盛的共同理想和坚定信念。遵守宪法、法律和法规，遵守公民道德规范。培养良好的职业操守和职业道德，具备社会责任感和人文关怀意识。

专业素质：具有良好的专业素养，熟悉国家有关金融的方针、政策和法律法规，了解国内外金融发展动态。

科学文化素质：具有一定的科学知识与科学素养。具备一定的文学、艺术素养和鉴赏能力。对中国传统文化与历史有一定了解。

身心素质：具有健康的体魄，体育达标。具有良好的心理素质、较强的自我控制和自我调节能力。

4. 课程体系

1）总体框架

金融学类本科专业课程体系包括理论课程、实践教学和毕业论文三个部分。其中，理论课程包括思想 政治理论课程、通识课程、专业基础课程和专业课程。专业课程包括专业必修课程和专业选修课程。实践教学包括社会调查、社会实践和专业实践。鼓励学生利用课余时间开展社会调查活动，参加大学生创新创业训练项目，提高学生认识社会和服务社会的能力。专业实践包括专业类实验、专业类实训和专业类实习。

2）课程结构

（1）通识教育课程。

通识课程涉及人文社会科学领域和自然科学领域的知识。人文社会科学知识主要包括哲学、历史、文学、外语、法学等。自然科学知识主要包括数学、心理学、计算机与信息科学等。

金融学类本科专业学生应至少完成以下通识课程：逻辑学、大学语文、大学外语、数学分析（或高等数学、微积分）、高等代数（或线性代数）、概率论与数理统计、计算机导论。各高校可根据实际情况在此基础上另行安排其他课程。

（2）专业课程。

金融学类专业需要根据自身办学定位与特色参照专业核心课程，设置专业必修课程与学分。金融学类部分专业核心课程构成如图 1.15 所示。

1.2.4 设计学类

1. 概述

设计是人类的创造性智慧应用于物质产品与精神产品生产的行为。设计学以设计行为为对象，研究设计创造的方法、设计发生及发展的规律、设计应用与传播的创新。现代设计日益广泛地渗透于社会生产与生活的各个领域，设计学因此而成为一个强调多种学科知识

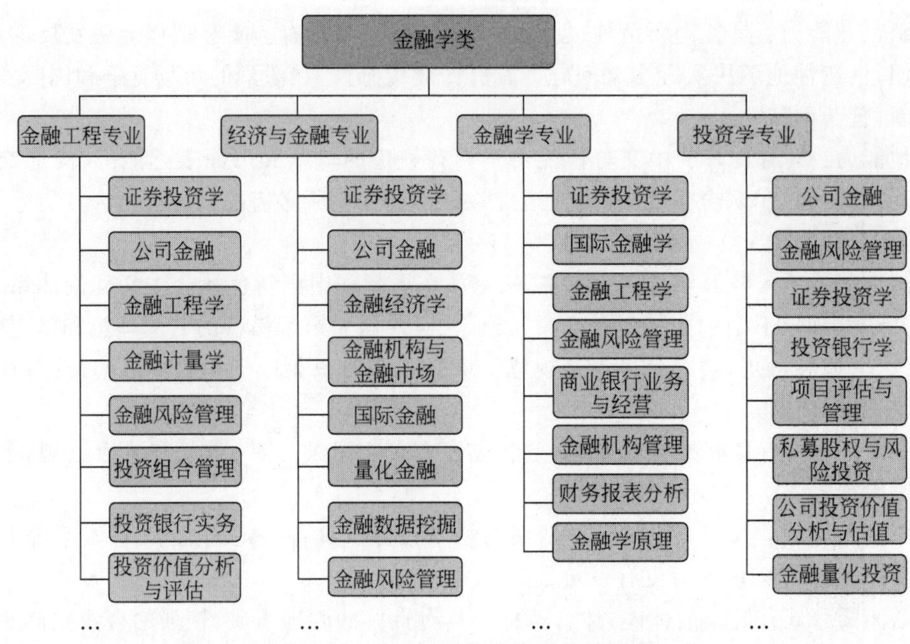

图 1.15　金融学类部分专业核心课程

交叉、学术探索与实践创新并重的综合性应用学科。设计学培养具有强烈的责任意识、综合的创造思维、领先的审美判断以及科学的工作方法的高层次创新人才。

2. 专业类培养目标

设计学类专业培养具有强烈的责任意识、科学的理性精神、领先的审美判断、系统的专业知识，掌握相应的设计思维、表达、沟通和管理技能，能从事设计研发、推动专业发展、承担设计教育、相关研究工作，具备自主创业能力，适应我国社会主义现代化建设需要的高层次、应用型艺术设计专门人才，以及适应国家社会经济文化发展多种需要的复合型应用人才。

3. 人才培养基本要求

1）知识要求

系统掌握设计学的基础核心及本专业核心知识；了解设计学研究对象的基本特性和国内外设计学界最重要的理论前沿、研究动态，以及设计学基本研究方法；能够运用艺术、人文社会科学的理论与方法观察和认识设计问题，具备一定的哲学思辨能力和文学素养；对相关自然科学、工程技术的基本知识有所了解。

2）能力要求

了解所学设计学专业领域的基本理论与方法并掌握一定的创新创业基础技能，掌握设计创意、表达、沟通、加工的基本方法，掌握文献检索、设计调查、数据分析等基本技能及研究报告、论文撰写基本规范；能基本胜任本专业领域内一定设计项目的策划、创意、组织及实施；具备相应的外语、计算机操作、网络检索能力；可用一门外语熟练进行学术检索与信息交流，能够查阅和利用相关的外文资料；具备制作图形、模型、方案，运用文献、数字媒体以及语言手段进行设计沟通及学术交流的能力，以及参与社会性传播、普及与应用设计知识的能力。

3）素质要求

本专业类学生应拥有优良的道德品质，树立正确的世界观、人生观、价值观，自觉践行社会主义核心价值观；具备强烈的服务社会意识、责任意识及创新意识；具备自觉的法律意识、诚信意识、团队合作精神；具有开阔的国际视野和敏锐的时代意识；在掌握本专业类学科基本知识的基础上，具备较为完备的、符合专业方向要求的工作能力；有良好的表达能力、沟通能力以及协同能力；有较高的人文素养、审美能力和严谨务实的科学作风。

4. 课程体系

1）总体框架

设计学类专业课程体系主要由通识教育、基础教育和专业教育三类课程组成。

通识教育课程为公共基础课程，主要包含思想政治理论、相关的人文社会科学类、理工类以及艺术、体育、科技、外语和计算机知识等课程。

基础教育课程为各设计类专业通用的公共专业基础课程，主要由基础理论教学和基础实践教学两部分课程构成，课程内容主要包括中外设计史、设计概论、设计方法及创新理论等知识体系。

专业教育课程为专业知识传授及能力训练课程，由专业必修课程和专业选修课程组成，内容包括各专业领域的课堂授课、社会实践、岗位实训和职业实习(包括面向生产与市场的应用实践性课程以及社会活动)等。

2）课程结构

(1) 通识教育课程。

通识类课程主要包含相关的人文社会科学类、理工类、艺术、体育、外语、计算机应用教育等课程，旨在提高学生的人文意识、公民意识、责任意识、科学意识和艺术品位。除教育部规定开设的课程之外，有条件的学校应开设包括中外文化通史、艺术史、科技史、美学、人类学、社会学、心理学、管理学等内容的通识课程。

(2) 专业课程。

专业类课程主要指反映学科前沿和学校特色、深化专业知识的课程，是设计类各专业设置的核心课程。各专业可根据人才培养目标设定反映本院系本专业内涵特征及教学所长的系列课程。设计学类部分专业核心课程构成如图 1.16 所示。

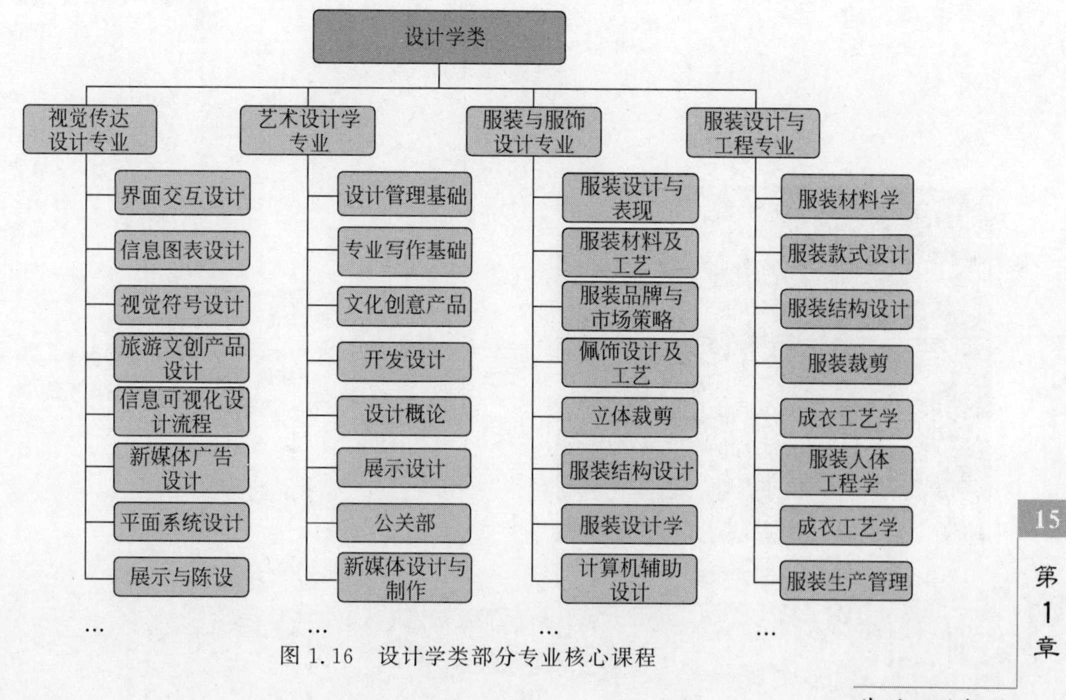

图 1.16　设计学类部分专业核心课程

1.3 计算机系统的基本组成

1.3.1 计算机系统的基本组成

目前计算机的基本体系结构与基本作用机制仍然沿用美籍匈牙利数学家冯·诺依曼(如图1.17所示)的最初构思和设计,这种结构称为冯·诺依曼体系结构或普林斯顿体系结构。冯·诺依曼体系结构计算机主要具有以下两大特征。

(1) 计算机要执行的指令和需要处理的数据都采用二进制表示。

(2) 指令与数据必须存储到计算机内部让其自动执行。

按照冯·诺依曼结构计算机模型的构想,一个完整的计算机系统包括硬件系统和软件系统两部分,简称为硬件和软件。

硬件(Hardware)是组成计算机的各种物理设备,由5大功能部件组成,即运算器、控制器、存储器、输入设备和输出设备,这5大部分相互配合,协同工作。

软件(Software)是指在硬件系统上运行的各类程序、数据及有关资料的总称,由系统软件和应用软件组成。

硬件是软件建立和依托的基础;软件是计算机的灵魂,没有软件系统的计算机称为"裸机"。因此,硬件和软件相互结合构成了一个完整的计算机系统,才能充分发挥计算机系统的功能。计算机系统的组成如图1.18所示。

图1.17 现代计算机之父冯·诺依曼

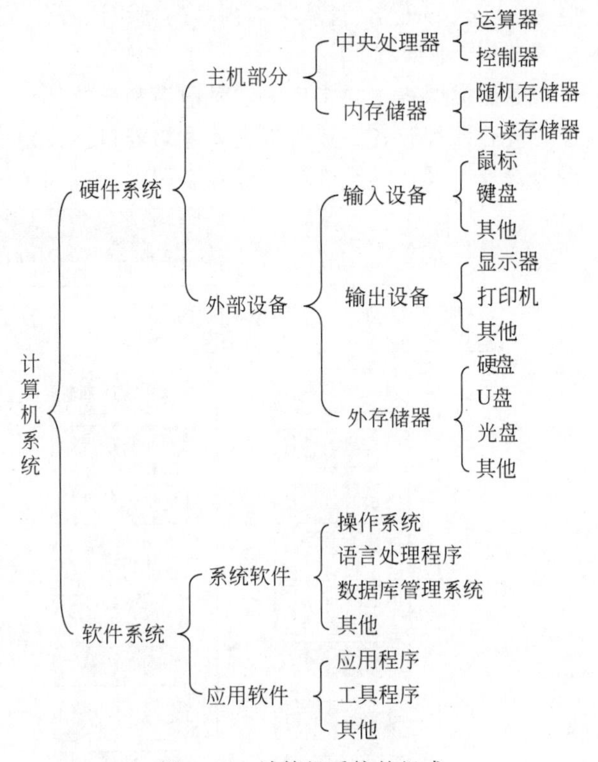

图1.18 计算机系统的组成

1.3.2 计算机硬件系统

计算机硬件的基本功能是接受计算机程序的控制来实现数据输入、运算、数据输出等一系列的操作。虽然计算机的制造技术从计算机诞生到现在已经发生了翻天覆地的变化,但在基本的硬件结构方面,一直沿用冯·诺依曼结构,即由运算器、存储器、控制器、输入设备和输出设备5个基本部分构成。冯·诺依曼结构如图1.19所示。

从图1.19可知,输入设备负责把用户的信息(包括程序和数据)输入计算机中;输出设备负责将计算机中的信息(包括程序和数据)传送到外部媒介,供用户查看或保存;存储器负责存储数据和程序,并根据控制命令提供这些数据和程序,它包括内存(储器)和外存(储器);运算器负责对数据进行算术运算和逻辑运算(即对数据进行加工处理);控制器负责对程序所规定的指令进行分析,控制并协调输入/输出操作或对内存的访问。

1. 中央处理单元

1) CPU的组成

中央处理单元(Central Processing Unit,CPU)是计算机系统的核心,计算机所发生的全部动作都由CPU控制。CPU由算术逻辑单元(ALU)、寄存器、控制单元三个组成部分,如图1.20所示。

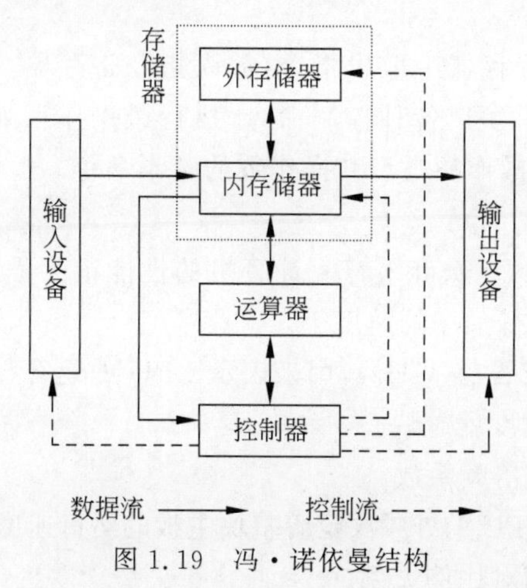

图1.19 冯·诺依曼结构

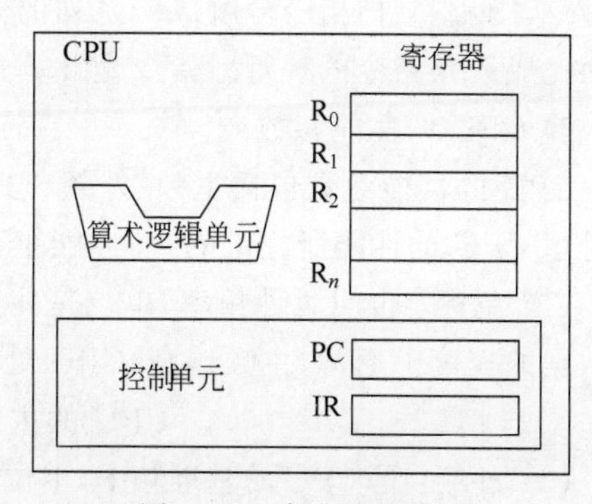

图1.20 中央处理单元

(1) 算术逻辑单元(ALU):对数据进行逻辑、移位和算术运算。

(2) 寄存器:用来临时存放数据的高速独立的存储单元,主要有数据寄存器、指令寄存器、程序计数器。

(3) 控制单元:对计算机发布命令的"决策机构",用来协调和指挥整个计算机系统的操作,它是控制整个计算机有条不紊地自动执行程序的元件。

2) 主流CPU

CPU作为计算机的核心部件,它的性能主导着计算机性能,通常用户都以它来判断计算机的档次,目前主流的CPU为双核、四核、六核处理器,例如,Intel公司的酷睿系列和AMD公司的锐龙系列等,如图1.21所示。

3) CPU的主要功能

CPU的主要功能包括处理指令、执行操作、控制时间和处理数据。

图 1.21　两款主流 CPU

(1) 处理指令：是指控制程序中指令的执行顺序。程序中各指令之间是有严格顺序的，必须严格按照程序规定的顺序执行，才能保证计算机系统工作的正确性。

(2) 执行操作：一条指令的功能往往是由计算机中的部件执行一系列的操作来实现的。CPU 要根据指令的功能，产生相应的操作控制信号，发给相应的部件，从而控制这些部件按指令的要求进行动作。

(3) 控制时间：就是对各种操作实施时间上的定时。在一条指令的执行过程中，在什么时间做什么操作均应受到严格的控制。只有这样，计算机才能有条不紊地工作。

(4) 处理数据：就是对数据进行算术运算和逻辑运算，或进行其他信息处理。其功能主要是解释计算机指令以及处理计算机软件中的数据，并执行指令。

4) CPU 的工作过程

CPU 的工作过程如下：CPU 从存储器或高速缓存器中取出指令，放入指令寄存器，并对指令译码。它把指令分解成一系列的微操作，然后发出各种控制命令，执行微操作系列，从而完成一条指令的执行。指令是计算机规定执行操作的类型和操作数的基本命令。

5) CPU 的性能参数

CPU 的性能参数包括主频、外频、总线频率、倍频系数和缓存。计算机的性能很大程度上是由 CPU 的性能所决定的，而性能主要体现在运行程序的速度上。

(1) 主频：也叫时钟频率，单位是兆赫(MHz)或吉赫(GHz)，用来表示 CPU 的运算、处理数据的速度。通常，主频越高，CPU 处理数据的速度就越快。

$$\text{CPU 的主频} = \text{外频} \times \text{倍频系数}$$

(2) 外频：是 CPU 的基准频率，单位是 MHz。CPU 的外频决定着整块主板的运行速度。

(3) 倍频系数：是指 CPU 主频和外频之间的相对比例关系。

(4) 缓存：CPU 的重要指标之一，其结构和大小对 CPU 速度的影响非常大，CPU 缓存的运行频率极高，一般与处理器同频运作，其工作效率远远大于系统内存和硬盘。

2. 存储器

1) 存储器概述

存储器(Memory)是计算机用来存放程序和数据的记忆装置。计算机中的全部信息，包括输入的原始信息，经过计算机初步加工后的中间信息以及最后处理得到的结果信息都记忆或存储在存储器中。另外，对数据信息进行加工处理的一系列指令所构成的程序也存放其中。存储器按照用途可分为主存储器(内存)和辅助存储器(外存)。

(1) 主存储器(内存)是指主板上的存储部件，主要采用半导体器件和磁性材料，用来存放当前正在执行的数据和程序，它可直接和运算器、控制器交换数据，具有容量小、速度快等特点。

(2) 辅助存储器(外存)是指磁性介质或光盘等,能长期保持信息,相对于内存,它有容量大、速度相对慢等特点。

2) 地址空间

存储器由表示二进制数(0 和 1)的物理器件组成,这些器件被称为记忆元件或记忆单元。每个记忆单元能够存储一位二进制代码信息,即一个 0 或一个 1。位、字节、存储容量和地址等是描述存储器常用的术语。

内存中的每个字节各有一个固定的编号,这个编号称为地址。CPU 在存取存储器中的数据时是按地址进行的。存储容量是指存储器所能存储的字节数,通常用 KB、MB、GB、TB 和 PB 作为存储器容量单位。

3) 存储器类型

内存储器按其工作方式不同,可分为只读存储器(Read-Only Memory,ROM)和随机存储器(Random Access Memory,RAM)。

(1) ROM:ROM 是一种只能读出预先所存放数据的半导体存储器。

(2) RAM:RAM 是一种可读写存储器,其内容可以随时根据需要读出,也可以随时重新写入新的信息。这种存储器又可以分为静态 RAM 和动态 RAM 两种。

4) 存储器的层次结构

存储器有三个重要的指标:速度、容量和每位价格。一般来说,速度越高、容量越大的存储器,其每位价格往往也越高。而计算机的主存储器不能同时满足存取速度快、存储容量大和成本低的要求,在计算机中必须有速度由慢到快、容量由大到小的多级层次存储器,该层次结构如图 1.22 所示。

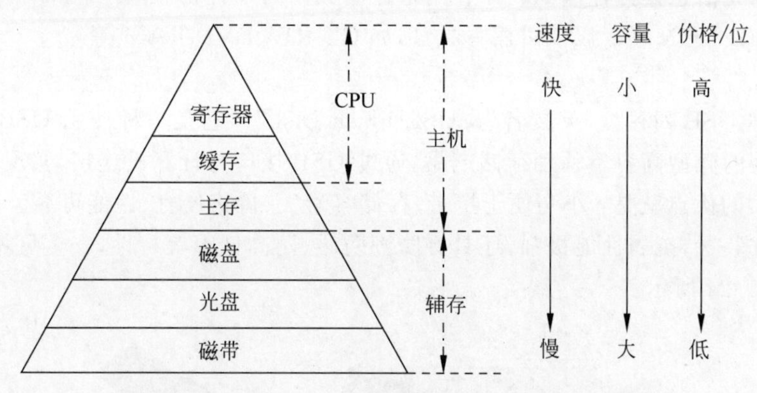

图 1.22 存储器的层次结构

(1) 根据各种存储器的存储容量、存取速度和价格比的不同,将它们按照一定的体系结构组织起来,使所放的程序和数据按照一定的层次分布在各种存储器中。

(2) 按照存储器在计算机系统中作用的不同,可将它们划分为主存储器(内存)、辅助存储器(外存)和高速缓冲存储器等。

5) 常见存储器

(1) 硬盘。

硬盘(Hard Disc Drive)是计算机主要的存储媒介之一,由一个或者多个铝制或者玻璃制的碟片组成。碟片外覆盖有铁磁性材料。绝大多数硬盘都是固定硬盘,被永久性地密封固定在硬盘驱动器中。硬盘的平面图如图 1.23 所示。

图 1.23　硬盘

硬盘的常用基本参数如下。

① 容量：硬盘的容量一般以兆字节(MB/MiB)、千兆字节(GB/GiB)或百万兆字节(TB/TiB)为单位，硬盘厂商通常使用的是 GB。

② 转速：转速(Rotational Speed 或 Spindle Speed)是硬盘内电机主轴的旋转速度，也就是硬盘盘片在一分钟内所能完成的最大转数。

③ 平均访问时间：平均访问时间(Average Access Time)是指磁头从起始位置到达目标磁道位置，并且从目标磁道上找到要读写的数据扇区所需的时间。

④ 传输速率：硬盘的数据传输率(Data Transfer Rate)是指硬盘读写数据的速度，单位为兆字节每秒(MB/s)。硬盘数据传输率又包括内部数据传输率和外部数据传输率。

⑤ 缓存：缓存(Cache Memory)是硬盘控制器上的一块内存芯片，具有极快的存取速度，它是硬盘内部存储和外界接口之间的缓冲器。

(2) 光盘。

光盘是以光信息作为存储的载体并用来存储数据的一种物品，可分为不可擦写光盘，如 CD-ROM、DVD-ROM 等；以及可擦写光盘，如 CD-RW、DVD-RAM 等。

(3) U 盘。

U 盘全称 USB 闪存盘，英文名为“USB Flash Disk”。它是一种使用 USB 接口的不需要物理驱动器的微型高容量移动存储产品，通过 USB 接口与计算机连接，实现即插即用。

U 盘最大的优点就是：小巧便于携带、存储容量大、价格便宜、性能可靠。同时，U 盘中无任何机械式装置，抗震性能极强，还具有防潮防磁、耐高低温等特性，安全可靠性较好。常见 U 盘如图 1.24 所示。

图 1.24　U 盘

6) 高速缓冲存储器

高速缓冲存储器的存取速度比主存快，但是比 CPU 及其内部的寄存器要慢，主要用来解决 CPU 和主存之间的速度差距，提高整机的运行速度，常置于 CPU 和主存之间。三者间的位置关系如图 1.25 所示。

3. 输入/输出设备

输入/输出设备(I/O)属于计算机的外部设备。

图 1.25　高速缓冲存储器

1）输入设备

输入设备(Input Device)是向计算机输入数据和信息的设备，是计算机与用户或其他设备通信的桥梁，是用户和计算机系统之间进行信息交换的主要装置之一。输入设备的种类很多，常见的输入设备有键盘、鼠标、扫描仪等。

（1）键盘(Keyboard)：通过键盘可向计算机输入各种指令和数据，指挥计算机工作。键盘示意图如图 1.26 所示。

（2）鼠标(Mouse)：鼠标是计算机显示系统纵横坐标定位的指示器，因形似老鼠而得名。鼠标示意图如图 1.27 所示。

（3）扫描仪(Scanner)：是利用光电技术和数字处理技术，以扫描方式将图形或图像信息转换为数字信号的装置。常用的扫描仪有台式、手持式和滚筒式三种。扫描仪示意图如图 1.28 所示。

图 1.26　键盘　　图 1.27　鼠标　　图 1.28　扫描仪

分辨率是扫描仪最主要的技术指标，决定了扫描仪所记录图像的细致度，通常用每英寸长度上扫描图像所含像素点的个数来表示，单位为 PPI(Pixels Per Inch)。PPI 数值越大，扫描的分辨率就越高，扫描图像的品质也就越高。

2）输出设备

输出设备(Output Device)是将计算机中的数据或信息输出给用户，是人与计算机交互的一种部件，常见的输出设备有显示器、打印机、绘图仪、影像输出系统、语音输出系统和磁记录设备等。

（1）显示器(Display)：也称为监视器，是一种将一定的电子文件通过特定的传输设备显示到屏幕上再反射到人眼的显示工具。按使用器件可分为阴极射线管显示器(CRT)、液晶显示器(LCD)和等离子显示器；按显示颜色可分为彩色显示器和单色显示器。显示器的主要性能指标有像素、分辨率、屏幕尺寸、点间距、灰度级、对比度、帧频、行频和扫描方式等。液晶显示器如图 1.29 所示。

（2）打印机(Printer)：用于将计算机处理的结果打印在相关介质上。衡量打印机性能的指标有三项：打印分辨率、打印速度和噪声。按打印机对纸是否有击打动作，可分为击打式打印机与非击打式打印机；其中，击打式打印机包含字模式打印机和点阵式打印机，非击打式打印机包含喷墨打印机、激光打印机、热敏打印机和静电打印机等。激光打印机如图 1.30 所示。

图 1.29　液晶显示器

图 1.30　激光打印机

4. 子系统的互连

计算机主要由三个子系统(CPU、主存和输入/输出设备)组成,它们之间必须通过一定的方式进行互连,从而实现信息在它们之间进行传递。

CPU 和主存之间通常利用三组总线连接起来,分别是数据总线、地址总线和控制总线,如图 1.31 所示。

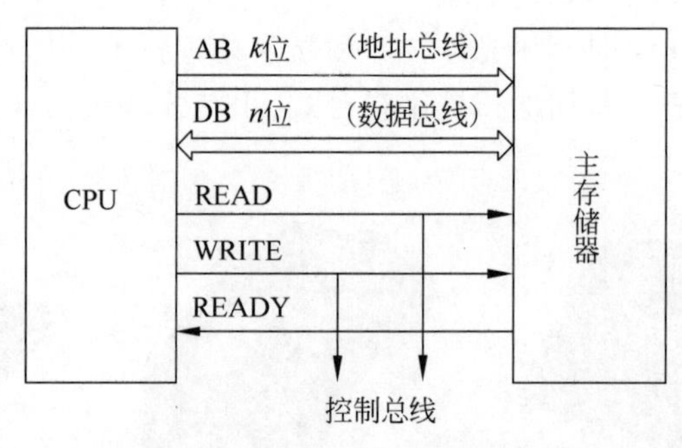

图 1.31　CPU 与主存的互连

(1) 数据总线:数据总线由多根线组成,每一根线上每次传送一个位的数据。

(2) 地址总线:地址总线允许访问存储器中的某个字,地址总线的线数取决于存储空间的大小。

(3) 控制总线:控制总线负责在 CPU 和内存之间传送控制信号和时序信号。

(4) CPU 与 I/O 设备的互连:由于输入/输出设备的本质与 CPU 和内存的本质不同,一个是机电、磁性或光学设备,一个是电子设备,因此它们之间不能直接通过总线相连。因此,必须有中介来处理这种差异,而输入/输出设备就是通过输入/输出控制器或接口的器件连接到总线上,如图 1.32 所示。

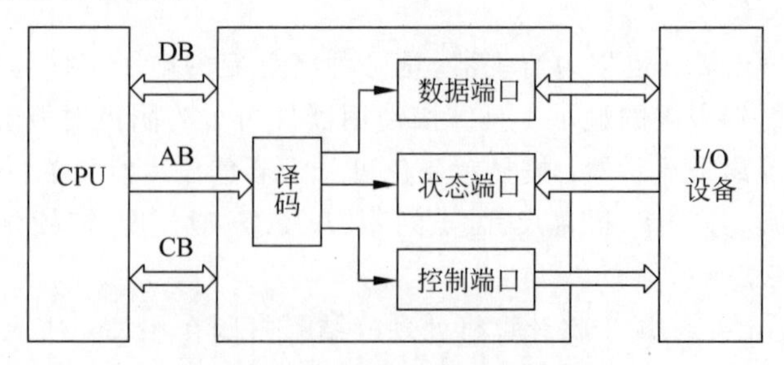

图 1.32　CPU 与 I/O 设备的互连

1.3.3　软件系统

软件系统(Software Systems)是指由系统软件、支撑软件和应用软件组成的计算机软件系统,它是计算机系统中由软件组成的部分,主要功能是帮助用户管理计算机的硬件,控制程序调度,执行用户命令,方便用户使用、维护和开发计算机等。

1. 软件的概念

软件(Software)是一系列按照特定顺序组织的计算机数据和指令的集合。一般来讲,软件可划分为系统软件、应用软件和介于这两者之间的中间件。软件并不只是包括可以在计算机(这里的计算机是指广义的计算机)上运行的计算机程序,与这些计算机程序相关的文档一般也被认为是软件的一部分。简单地说,软件就是程序加文档的集合体,即:软件=程序+数据+文档。

2. 软件的特点

从应用的角度看,硬件和软件在逻辑功能上可以等效,既可以用硬件实现,也可以用软件实现。与硬件相比,软件具有以下特点。

(1) 软件容易改变或修改。

(2) 软件易于复制,生产效率高。

(3) 软件适宜选择多种方法和算法进行比较。

(4) 软件适宜用在条件判断和控制转移多的情况,适宜实现复杂算法。

(5) 软件实现的功能不如硬件实现的运行速度快。

(6) 软件实现在安全性方面不如硬件,不适宜用在安全性要求高的情况。

3. 软件的分类

按照应用进行分类,软件一般划分为系统软件、应用软件,其中,系统软件包括操作系统和支撑软件,如图1.33所示。

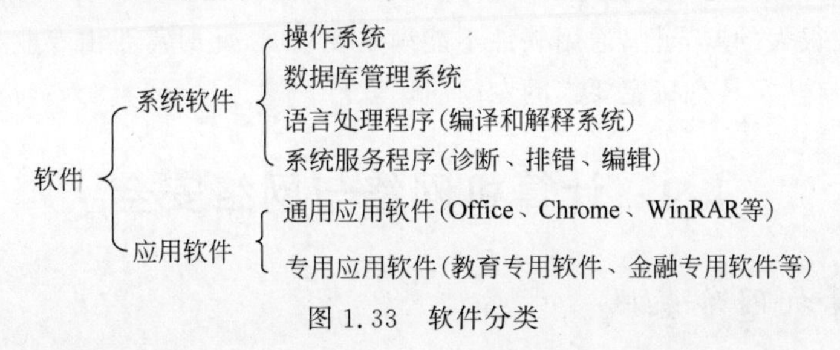

图1.33 软件分类

1) 系统软件

系统软件是计算机系统的必备软件,是管理、监控和维护计算机资源(包括硬件和软件)的软件,它支持应用软件的运行。系统软件通常指操作系统、各种计算机语言编译程序、数据库管理系统、系统服务程序等。

(1) 操作系统。

操作系统是控制和管理计算机系统的硬件和软件资源,合理地组织计算机工作流程以及方便用户的程序集合,是人机交互的接口。其作用主要包括如下几点。

① 管理计算机的硬件和软件资源。

② 为用户使用计算机提供友好和方便的接口。

③ 最大限度地发挥整个计算机系统的效率。

④ 常用的操作系统有 Linux、UNIX、Windows、macOS 等。

(2) 语言处理程序。

语言处理程序有汇编程序、编译程序、解释程序等。它的作用是把所写的源程序转换成计算机能识别并执行的程序。

(3) 数据库管理系统。

计算机要处理的数据往往相当庞大,使用数据库管理系统可以有效地实现数据信息的存储、更新、查询、检索、通信控制等。常用的数据库管理系统有 SQL Server、MySQL、Oracle、Sybase、DB2 等。

(4) 系统服务程序。

系统服务程序是一些工具性的服务程序,便于用户对计算机的使用和维护。

2) 应用软件

应用软件是指除了系统软件以外的所有软件,它是用户利用计算机及其提供的系统软件为解决各种实际问题而编制的计算机程序。如各种用于科学计算的软件包,各种办公自动化软件,计算机辅助设计、辅助制造、辅助教学软件,图形软件以及各种工具软件等。

(1) 通用应用软件。

通用应用软件是指具有通用信息功能的商品化软件。它的特点是通用型,因此可以被许多类似应用需求的用户所使用。通用应用软件所提供的功能往往可以通过选择、设置和调配来满足用户的特定需求,比较常用的通用软件有文字处理软件、表格处理软件、数值统计分析软件、财务核算软件等。

(2) 专用应用软件。

专用应用软件是满足用户特定要求的应用软件。因为在某些情况下,用户对数据处理的功能需求存在很大的差异性,通用软件不能满足要求时,此时需要由专业人士采取单独开发的方法,为用户开发具有特定要求的专门应用软件。

1.4 计算机网络与网络安全

1.4.1 计算机网络基础

1. 计算机网络的定义与功能

1) 计算机网络的定义

计算机网络是利用通信线路和通信设备将地理上分散的、具有独立功能的多个计算机系统连接起来,由功能完善的软件实现资源共享和信息传递的系统。简言之,计算机网络就是以传输信息为目的,用通信线路和通信设备将多台计算机连接起来的计算机系统的集合。

2) 计算机网络的功能

计算机网络的功能有很多,现如今很多应用借助计算机网络实现文字、数据、图像、声音等信息的处理,计算机网络的功能主要有以下几个。

(1) 数据通信。

数据通信是计算机网络最基本的功能,用来实现互联网中计算机之间信息的传输,使得分布在不同物理位置的计算机连接起来实现相互通信和传送信息。计算机网络的其他功能都是在数据通信的功能基础上实现的,如发送电子邮件、文件传输、WWW 服务等。

(2) 资源共享。

借助计算机网络可以实现硬件资源、软件资源、信息资源的共享。通过共享资源从而极大地提高硬件资源、软件资源和信息资源的利用率。

(3) 负载均衡与分布式处理。

负载均衡是将计算机工作任务均衡地分配给计算机网络中的各台计算机。当网络中的某台计算机系统任务负载过重时,可将其处理的某个复杂任务分配给网络中的其他计算机系统或由网络中比较空闲的计算机分担负荷,从而利用空闲计算机资源以提高整个计算机系统的利用率。这样既可以处理大型任务,使得单台计算机不会负担过重,又提高了计算机的可用性,起到负载均衡与分布式处理的作用。

(4) 提高计算机系统的可靠性。

在计算机网络中,每一台计算机都可以通过网络为另一台计算机做备份来提高计算机系统的可靠性,当网络中某台计算机出现故障时,另一台计算机可以代替故障机完成任务,确保整个网络可以正常运行。

2. 计算机网络的分类

按照分类角度的不同,计算机网络可以从以下几个方面进行分类。

1) 按分布范围分类

(1) 个人区域网。

个人区域网(Personal Area Network,PAN)是在个人工作的地方把个人使用的电子设备(如便携式计算机、打印机、鼠标、键盘、耳机等)用无线技术连接起来的网络,因此也常称为无线个人区域网(Wireless PAN,WPAN),其通信范围通常在10m以内。

(2) 局域网。

局域网(Local Area Network,LAN)用于连接有限范围内的各种计算机、终端与外部设备。在地理上一般是指几十米到几千米的区域,局域网通常由某个单位单独拥有、使用和维护。按照所使用的传输媒体的不同,局域网又可分为有线局域网和无线局域网。

(3) 城域网。

城域网(Metropolitan Area Network,MAN)的覆盖范围可跨越几个街区甚至整个城市,覆盖范围为5～50km。城域网通常作为城市骨干网,用来将多个局域网进行互联。

(4) 广域网。

广域网(Wide Area Network,WAN)的覆盖范围通常为几十千米到数千千米,可以覆盖一个国家、地区,甚至横跨几个洲,因而广域网有时也称为远程网。广域网是互联网的核心部分,连接广域网的各结点交换机的链路一般都是高速链路,具有较大的通信容量。

2) 按网络使用者分类

(1) 公用网(Public Network)。公用网是指电信公司出资建造的大型网络。"公用"的意思就是所有愿意按电信公司的规定交纳费用的组织或个人都可以使用这种网络。

(2) 专用网(Private Network)。专用网是某个部门为本单位的特殊业务的需要而建造的网络。这种网络不向本单位以外的人提供服务。例如,国家电网、铁路、军队等部门的专用网。

3) 按拓扑结构分类

网络拓扑结构是指通过网络中的结点(路由器、主机等)与通信线路之间的几何关系表示的网络结构，主要是指通信子网的拓扑结构。按网络的拓扑结构，主要分为星状、总线型、环状和网状网络等。星状、总线型和环状网络多用于局域网，网状网络多用于广域网。

（1）星状网络。每个终端或计算机都以单独的线路与中央设备相连，如图 1.34 所示。现在的中央设备一般是交换机或路由器。星状网络便于集中控制和管理，因为端用户之间的通信必须经过中央设备。缺点是成本高、中心结点对故障敏感。

（2）总线型网络。用单根传输线把计算机连接起来，如图 1.35 所示。总线型网络的优点是建网容易、增减结点方便、节省线路。缺点是重负载时通信效率不高、对故障敏感。

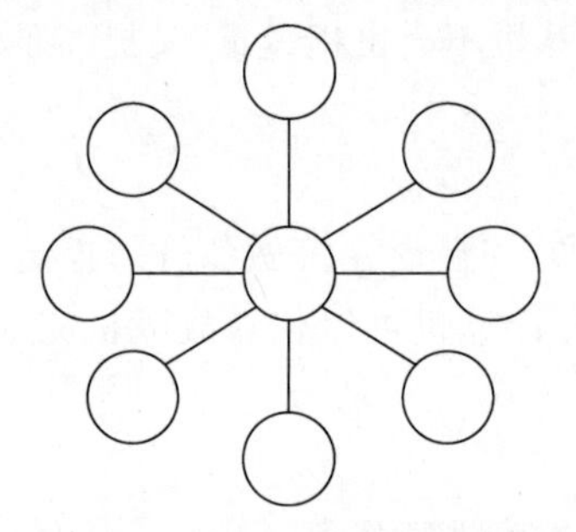

图 1.34　星状拓扑结构

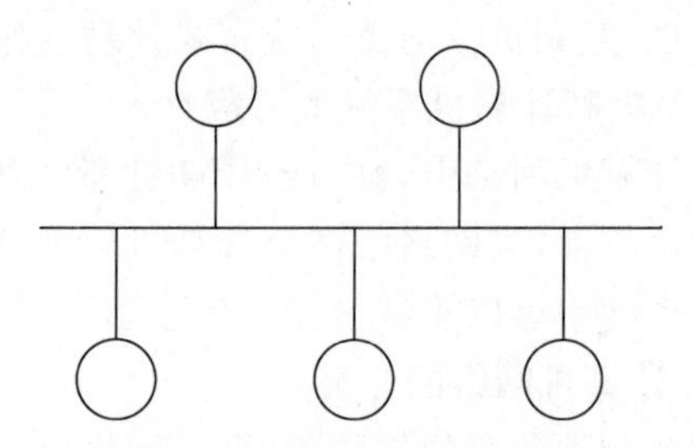

图 1.35　总线型拓扑结构

（3）环状网络。所有计算机接口设备连接成一个环，环中数据将沿一个方向逐站传送，如图 1.36 所示。环状网络最典型的例子便是令牌环局域网。环可以是单环，也可以是双环，环中信号是单向传输的。

（4）网状网络。结点之间的连接是任意的、没有规律的，一般情况下，每个结点至少有两条路径与其他结点相连，多用在广域网中，如图 1.37 所示。其优点是可靠性高，缺点是控制复杂、线路成本高。

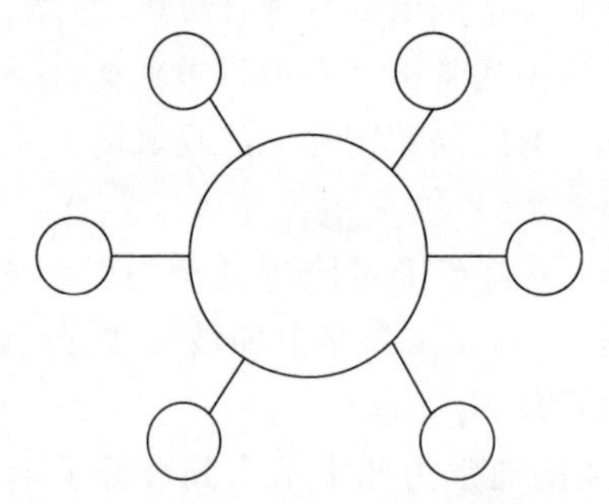

图 1.36　环状拓扑结构

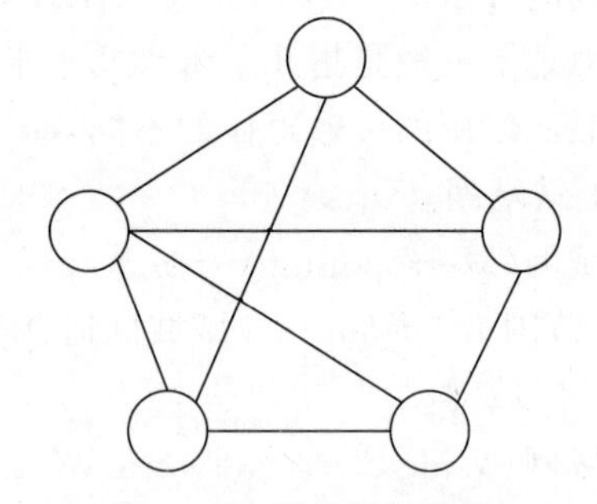

图 1.37　网状拓扑结构

4）按传输技术分类

（1）广播式网络。所有联网计算机都共享一个公共通信信道。当一台计算机利用共享通信信道发送报文分组时，所有其他的计算机都会“收听”到这个分组。接收到该分组的计算机将通过检查目的地址来决定是否接收该分组。局域网基本上都采用广播式通信技术，广域网中的无线、卫星通信网络也采用广播式通信技术。

（2）点对点网络。每条物理线路连接一对计算机。如果通信的两台主机之间没有直接连接的线路，那它们之间的分组传输就要通过中间结点的接收、存储和转发，直至目的结点。是否采用分组存储转发与路由选择机制是点对点式网络与广播式网络的重要区别，广域网基本都属于点对点网络。

5）按传输介质分类

传输介质可以分为有线和无线两大类，故可以分为有线网络和无线网络。有线网络又分为双绞线网络、同轴电缆网络等。无线网络又可分为蓝牙、微波、无线电等类型。

3. 计算机网络标准化工作

计算机网络的标准化工作对互联网的发展起到了非常重要的作用。缺乏国际标准会造成多种技术体制并存并且互不兼容，给用户使用带来不便。互联网的所有标准都是以 RFC (Request For Comments)的形式在互联网上发布，但并非所有 RFC 都是互联网标准，只有一小部分 RFC 文档最后会变成互联网标准。

制定互联网的正式标准要经过以下 4 个阶段。

(1) 互联网草案(Internet Draft)(在这个阶段还不是 RFC 文档)。

(2) 建议标准(Proposed Standard)(从这个阶段开始形成 RFC 文档)。

(3) 草案标准(Draft Standard)。

(4) 互联网标准(Internet Standard)。

有众多的国际标准化组织负责制定、实施相关网络标准。主要国际标准化组织有以下几个。

(1) 国际标准化组织(ISO)：制定主要的网络标准或规范，如 OSI 参考模型。

(2) 国际电信联盟(ITU)：其前身为国际电话电报咨询委员会(CCITT)，其下属机构 ITU-T 制定了大量有关远程通信的标准。

(3) 国际电气电子工程师协会(IEEE)：世界上最大的专业技术团体，由计算机和工程学专业人组成，IEEE 在计算机通信的著名研究成果是 802 标准。

4. 计算机网络的性能指标

性能指标从不同的方面度量计算机网络的性能，下面介绍几种常用的性能指标。

1）速率

网络中的速率是指连接在计算机网络上的主机在数字信道上传送数据的速率，也称为数据率或比特率，单位是 b/s(比特每秒，即 bit per second)。当数据率较高时，就可以用 kb/s($k=10^3=$千)、Mb/s($M=10^6=$兆)、Gb/s($G=10^9=$吉)或 Tb/s($T=10^{12}=$太)。在计算机网络中，通常把最高数据率称为“带宽”。

2）带宽

带宽(Bandwidth)本来表示通信线路允许通过的信号频带范围，单位是赫兹(Hz)。在计算机网络中，带宽表示网络通道所能传输数据的能力，因此网络带宽表示单位时间内从网络的某一点到另一点所能通过的“最高数据率”，单位是“比特每秒”(b/s)，前面也可加上千(k)、兆(M)、吉(G)或太(T)。

3）吞吐量

吞吐量(Throughput)也称为吞吐率，表示在单位时间内通过某个网络的数据量。吞吐量受网络的带宽或网络的额定速率的限制。例如，一个 100Mb/s 的以太网，其典型的吞吐量可能只有 70Mb/s。

4）时延

时延(Delay)是指数据从网络的一端传送到另一端所需要的时间。时延有时也称为延迟或迟延。

5）丢包率

丢包率即分组丢失率，是指在一定的时间范围内，分组在传输过程中丢失的分组数量与总的分组数量的比率。丢包率反映了网络的拥塞情况。一般无拥塞时路径丢包率为 0，轻度拥塞时丢包率为 1%～4%，严重拥塞时丢包率为 5%～15%。具有较高丢包率的网络通常无法使网络应用正常工作。在网络拥塞、丢包率较高时，用户感觉到的往往是网络时延变大，网速变慢。

6）利用率

利用率包括信道利用率和网络利用率两种。信道利用率指某信道有百分之几的时间是被利用的。完全空闲的信道的利用率是零。网络利用率则是全网络的信道利用率的加权平均值。信道利用率并非越高越好。当某信道的利用率增大时，该信道的时延也就迅速增加，同时信道利用率也不能太低，这会浪费宝贵的通信资源。

5. 计算机网络体系结构

在 20 世纪 70 年代中期，美国 IBM 推出系统网络体系结构（System Network Architecture，SNA），这是世界上第一个网络体系结构。随着全球网络应用的不断发展，不同网络体系结构的网络用户之间需要进行网络的互联和信息的交换。为了使不同体系结构的计算机网络都能互联，国际标准化组织（International Standard Organization，ISO）于 1984 年发表了著名的 ISO/IEC 7489 标准，即著名的开放系统互连参考模型（Open Systems Interconnection Reference Model），简称为 OSI。“开放”是指只要遵循 OSI 标准，一个系统就可以和位于世界上任何地方的、也遵循这一标准的其他任何系统进行通信。该模型是一个 7 层协议的体系结构，如图 1.38(a)所示。在 OSI 模型之前，TCP/IP 协议簇就已经在运行，并逐步演变成 TCP/IP 参考模型，如图 1.38(b)所示。到了 20 世纪 90 年代初期，虽然整套的 OSI 国际标准都已经制定出来了，但这时互联网已抢先在全世界广泛覆盖并运用，因此得到广泛应用的不是法律上的国际标准 OSI，而是非国际标准 TCP/IP。于是，TCP/IP 就被称为事实上的国际标准，得到了广泛的应用。在学习计算机网络原理时往往采用折中的办法，即综合 OSI 和 TCP/IP 的优点，采用只有 5 层协议的体系结构，如图 1.38(c)所示。

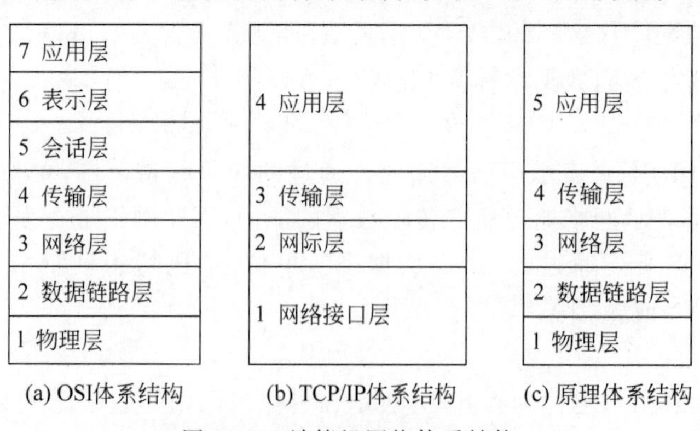

图 1.38　计算机网络体系结构

下面介绍一下 5 层协议体系结构各层的功能。

1）物理层

物理层（Physical Layer）是体系结构的最底层，完成计算机网络中最基础的任务，功能是在物理媒体上为数据端设备透明地传输原始比特流。物理层规定了通信链路上传输的信号的意义和电气特性。

2）数据链路层

数据链路层(Data Link Layer)常简称为链路层。计算机网络由主机、路由器和连接它们的链路组成，从源主机发送到目的主机的分组必须在一段一段的链路上传送。数据链路层传送的数据单元称为帧(Frame)，数据链路层的任务是将网络层传下来的IP数据报组装成帧。

3）网络层

网络层(Network Layer)负责为分组交换网上的不同主机提供通信服务，网络层传输的基本单位是数据报。网络层把传输层产生的报文段或用户数据报封装成分组或数据包进行传送。功能包括对分组进行路由选择，并实现流量控制、拥塞控制、差错控制等功能。

4）传输层

传输层(Transport Layer)传输的单位是报文段(TCP)或用户数据报(UDP)，任务就是向两台主机中进程之间的通信提供通用的数据传输服务，功能是为端到端提供可靠的传输服务。传输层中有两个重要的协议TCP和UDP。传输控制协议(Transmission Control Protocol，TCP)提供面向连接的、可靠的数据传输服务，其数据传输的单位是报文段。用户数据报协议(User Datagram Protocol，UDP)提供无连接的、尽最大努力的数据传输服务，该协议不保证数据传输的可靠性，其数据传输的单位是用户数据报。

5）应用层

应用层(Application Layer)是网络体系结构中的最高层。应用层的任务是通过应用进程间的交互来完成特定的网络应用。因为用户的实际应用多种多样，这就要求不同的网络应用需要不同的应用层协议来解决不同类型的应用要求。互联网中的应用层协议很多，如支持万维网应用的HTTP、支持电子邮件的SMTP、支持文件传送的FTP等。

6. 无线网络技术

1）无线网络概述

无线网络(Wireless Network)是指采用无线通信技术实现的网络，即无须布线就能实现各种通信设备互联的网络。无线网络是在有线网络的基础上发展起来的，它采用与有线网络相同的工作方法，用途与有线网络也几乎完全相同。它们之间最大的区别在于传输介质的不同，无线网络利用电磁波取代网线，使联网的计算机具有可移动性，能快速、方便地解决有线网络不易实现的网络信道的连通问题。无线网络主要有无线局域网(WLAN)、蜂窝移动通信网络。

2）无线局域网

无线局域网(WLAN)是指在距离受限制的区域内以无线信道作为传输介质的计算机局域网，该技术的出现能够很好地弥补有线局域网络的不足，以达到网络延伸的目的。WLAN的常见标准有以下几种。

(1) IEEE 802.11b：使用2.4GHz频段，最大传输速率约为11Mb/s。

(2) IEEE 802.11a：使用5GHz频段，最大传输速率约为54Mb/s，与IEEE 802.11b不兼容。

(3) IEEE 802.11g：使用2.4GHz频段，最大传输速率约为54Mb/s，可向下兼容IEEE 802.11b。

(4) IEEE 802.11n：使用 2.4GHz 频段，最大传输速率约为 300Mb/s，可向下兼容 IEEE 802.11b 和 IEEE 802.11g。

(5) IEEE 802.11ac：使用 5GHz 频段，理论上，它能够提供最多 1Gb/s 带宽进行多站式无线局域网通信，或是最少 500Mb/s 的单一连接传输带宽。

无线保真(Wireless Fidelity，Wi-Fi)实际上是一种商业认证，是无线局域网联盟的一个商标。但由于 Wi-Fi 主要采用 IEEE 802.11b 标准，因此人们习惯用 Wi-Fi 来表示 IEEE 802.11b 标准。从包含关系上来说，Wi-Fi 是 WLAN 的一个标准，Wi-Fi 被包含于 WLAN 中，属于采用 WLAN 协议的一项技术。

3) 蜂窝移动通信网络

移动无线通信系统的发展通常分为以下几个阶段。

(1) 1G(First Generation Mobile System，第一代移动通信技术)。1G 系统又称为蜂窝无线通信系统，自 20 世纪 80 年代开始使用，仅限语音的传输。

(2) 2G(Second Generation Mobile System，第二代移动通信技术)。2G 系统又称为数字无线通信系统，将语音以数字化方式传输，除具有通话功能外，还引入了短信功能。

(3) 3G(Third Generation Mobile System，第三代移动通信技术)。它又称为多媒体无线通信系统，是一种将无线通信与互联网多媒体通信结合的无线通信系统，能够处理图像、声音、视频等多媒体信息，并提供网页浏览、电话会议、电子商务信息传递等多种服务。

(4) 4G(Fourth Generation Mobile System，第四代移动通信技术)。它是多功能集成的宽带无线通信系统，主要目标是提高移动装置无线访问互联网的速度。

(5) 5G(Fifth Generation Mobile System，第五代移动通信技术)。5G 具有更高的传输速率、更快的反应速度和更大的连接数量，5G 的最终目标是要实现万物互联。5G 网络的数据传输速率可达 10Gb/s，比 4G 网络 100Mb/s 的数据传输速率快了约 100 倍；5G 网络的延迟低于 1ms，而 4G 网络的延迟约为 100ms。

1.4.2 网络病毒与网络攻击

1. 计算机病毒的概念

计算机病毒，是指人为编制或者在计算机程序中插入的破坏计算机功能或者毁坏数据，影响计算机使用，并能自我复制的一组计算机指令或者程序代码。计算机一旦感染病毒，轻则会降低机器的运行速度，严重时甚至可能导致系统崩溃和破坏，从而给用户带来极大的损失。

计算机病毒的主要特征有以下几点。

1) 寄生性

计算机病毒需要在宿主程序中寄生才能生存，并发挥其功能，破坏宿主的正常机能。通常情况下，计算机病毒都是在其他正常程序或数据中寄生，并利用一定媒介实现传播。在宿主计算机实际运行过程中，一旦达到某种设置条件，计算机病毒就会被激活。随着程序的启动，计算机病毒会对宿主计算机文件进行不断地复制和修改，使其破坏作用得以发挥。

2) 传染性

传染性是病毒最重要的特征，也是判断一段程序代码是否为计算机病毒的依据。计算机病毒依靠其传染性不断将自己复制和扩散。只要一台计算机感染了病毒，如不及时处理，那么病毒会在这台计算机上迅速扩散,其中的大量文件会被感染。被感染的文件又成为新的传染源,当与其他机器进行数据交换或通过网络接触时,病毒会继续进行传染。在某些情况下,这可能导致被感染的计算机工作失常甚至瘫痪。

3) 隐蔽性

病毒一般是具有很高编程技巧、短小精悍的程序。通常附在正常程序中或磁盘较隐蔽的地方,也有个别的以隐含文件形式出现,目的是不让用户发现它的存在。如果不经过代码分析,病毒程序与正常程序是不容易区别开来的。一般在没有防护措施的情况下,计算机病毒程序取得系统控制权后,可以在很短的时间里传染大量程序。而且受到传染后,计算机系统通常仍能正常运行,使用户不会感到任何异常。试想,如果病毒传染到计算机上之后,机器马上无法正常运行,那么它本身便无法继续进行传染了。正是由于隐蔽性,计算机病毒得以在用户没有察觉的情况下扩散到上百万台计算机中。

4) 潜伏性

计算机病毒为了更广泛地传播和扩散,通常完成传染过程后不会立即发作进行破坏活动,而是将自己深深地隐藏起来,找机会进行传染。一个计算机病毒的潜伏性越好,其在系统中存在的时间就会越长,病毒的传染范围就会越广,其危险性和破坏性就越大。

5) 破坏性

病毒只要侵入系统,都会对系统及应用程序产生不同程度的影响。轻者会降低计算机工作效率,占用系统资源,重者可导致系统崩溃。由此特性可将病毒分为良性病毒与恶性病毒。良性病毒可能只显示些画面或播放音乐、弹出无聊的语句,或者根本没有任何破坏动作,但会占用系统资源。恶性病毒则有明确的目的,或破坏数据、删除文件或加密磁盘、格式化磁盘,有的对数据会造成不可挽回的破坏。

2. 计算机病毒的种类

计算机病毒按照不同的标准可以分为多种类型,以下是一些常见的分类。

1) 媒体类型分类

根据病毒存在的媒体,病毒可以划分为网络病毒、文件病毒、引导型病毒和混合型病毒。

(1) 网络病毒:通过计算机网络感染可执行文件的计算机病毒。

(2) 文件病毒:主攻计算机内文件的病毒,当被感染的文件被执行,病毒便开始破坏计算机,这种病毒都是伪装成游戏、成人视频软件等钓鱼的形态出现引发用户单击,病毒便明显地或是偷偷地安装上去。

(3) 引导型病毒:是一种主攻感染驱动扇区和硬盘系统引导扇区的病毒。

(4) 混合型病毒:是上述三种情况的混合。例如,多型病毒(文件和引导型)感染文件和引导扇区两种目标,这样的病毒通常都具有复杂的算法,它们使用非常规的办法侵入系统,同时使用了加密和变形算法。

2) 木马病毒

特洛伊木马(Trojan Horse)简称木马,在计算机领域中指的是一种后门程序,是黑客用来盗取其他用户的个人消息,甚至是远程控制对方的电子设备而加密制作,然后通过传播或者骗取目标执行该程序,以达到盗取密码等各种数据资料等目的。和病毒相似,木马程序有很强的隐秘性,会随着操作系统启动而启动。感染木马病毒的计算机被黑客控制,黑客通常可以通过数以万计的感染木马病毒的计算机发送大量的伪造包或者垃圾数据包对预定的目标进行拒绝服务的攻击，造成被攻击目标瘫痪。

3）蠕虫病毒

蠕虫病毒常存在于一台或多台计算机中，它会扫描其他的计算机是否感染相同的蠕虫病毒，如果没有，它会通过其内置的传播手段进行感染，以达到使计算机瘫痪的目的。通常以宿主机器为扫描源，采用垃圾邮件、漏洞两种方式传播。

4）宏病毒

宏病毒是一种使得应用软件的相关应用文档内含有被称为宏的可执行代码的病毒。一个电子表格程序可能允许用户在一个文档中嵌入“宏命令”，使得某种操作得以自动运行；同样的操作也就可以将病毒嵌入电子表格来对用户的使用造成破坏。

5）脚本病毒

脚本病毒的前缀是 Script。脚本病毒的公有特性是使用脚本语言编写，通过网页进行传播的病毒。脚本病毒还会有如下前缀：VBS、JS，如欢乐时光（VBS. Happytime）、十四日（Js. Fortnight. c. s）等脚本病毒。

6）后门病毒

后门病毒的前缀是 Backdoor。该类病毒的公有特性是通过网络传播，给系统开后门，给用户计算机带来安全隐患。

3. 计算机病毒的传播途径

计算机病毒有自己的传播模式和不同的传播路径。计算机病毒本身的主要功能是它自己的复制和传播，这意味着计算机病毒的传播非常容易，通常可以交换数据的环境就可以进行病毒传播。计算机病毒传播途径主要有以下几种。

（1）通过移动存储设备进行病毒传播：如 U 盘、CD、移动硬盘等都可以是传播病毒的路径。

（2）通过网络来传播：如网页、电子邮件、QQ、论坛等都可以是计算机病毒网络传播的途径。

（3）利用计算机系统和应用软件的漏洞传播：计算机病毒利用应用系统和软件应用的漏洞传播出去。

4. 计算机病毒防范

计算机病毒无时无刻不在关注着计算机，时时刻刻准备发出攻击，但计算机病毒也不是不可控制的，可以通过下面几个方面来减少计算机病毒对计算机带来的破坏。

（1）安装最新的杀毒软件，定期升级杀毒软件病毒库，定时对计算机进行病毒查杀，上网时要开启杀毒软件的全部监控。培养良好的上网习惯。例如，对不明邮件及附件慎重打开，可能带有病毒的网站尽量不打开，尽可能使用较为复杂的密码，尽可能不要在非官方网站下载应用软件。

（2）不要执行从网络下载后未经杀毒处理的软件等；不要随便浏览或登录陌生的网站，加强个人保护，当前有很多非法网站植入了恶意的代码，一旦被用户打开，即会被植入木马或其他病毒。

（3）培养自觉的信息安全意识，在使用移动存储设备时，尽可能不要共享这些设备，因为移动存储也是计算机病毒进行传播的主要途径，也是计算机病毒攻击的主要目标，在对信息安全要求比较高的场所，应将计算机上面的 USB 接口封闭，同时，有条件的情况下应该做到专机专用。

(4) 用 Windows Update 功能打全系统补丁，升级应用软件到最新版本，避免病毒从网页以木马的方式入侵到系统或者通过其他应用软件漏洞来进行病毒的传播；将受到病毒侵害的计算机进行尽快隔离，在使用计算机的过程中，若发现计算机上存在有病毒或者是计算机异常时，应该及时中断网络，防止病毒进一步通过网络传播。

5. 网络攻击的概念

网络攻击是指针对计算机信息系统、基础设施、计算机网络或个人计算机设备的，任何类型的进攻动作。对于计算机和计算机网络来说，破坏、修改、使软件或服务失去功能、在没有得到授权的情况下窃取或访问任何一台计算机的数据，都会被视为对计算机和计算机网络的攻击。

根据网络攻击的目的和方式，可以将攻击手段分为主动攻击和被动攻击两种。

(1) 主动攻击。主动攻击是指修改信息或创建假信息，一般采用的手段有重现、修改、破坏和伪装。例如，利用网络漏洞破坏网络系统的正常工作和管理。

(2) 被动攻击。被动攻击是指通过偷听和监视来获得存储和传输的信息。例如，通过收集计算机屏幕或电缆辐射的电磁波，用特殊设备进行还原，以窃取商业、军事和政府的机密信息。

计算机病毒、计算机蠕虫、特洛伊木马、逻辑炸弹等恶意程序攻击是一种主动攻击。恶意程序可以通过网络在计算机系统间传播，对计算机系统的安全造成了巨大的威胁。

网络监听技术是一种被动攻击的攻击技术，被动攻击不涉及对数据的更改，所以很难察觉，计算机网络中主要采用密码技术预防被动攻击，而不是检测。与被动攻击相反，因为物理通信设施、软件和网络本身潜在的弱点具有多样性，预防主动攻击非常困难。不过主动攻击容易检测，因此对付主动攻击除了采取访问控制等预防措施外，还需要采用各种检测技术及时发现并阻止攻击，同时对攻击源进行追踪，并利用法律手段对其进行打击。

6. 网络攻击方法

1) 网络扫描

在实施网络攻击前，对攻击目标的信息掌握得越全面、具体，越能合理、有效地根据目标的实际情况确定攻击策略和攻击方法，网络攻击的成功率也越高。网络扫描技术是获取攻击目标信息的一种重要技术，能够为攻击者提供大量攻击所需的信息。这些信息包括目标主机的 IP 地址、工作状态、操作系统类别、运行的程序及存在的漏洞等。主机发现、端口扫描、操作系统检测和漏洞扫描是主要的网络扫描攻击方式。

2) 网络监听

网络监听是攻击者直接获取信息的有效手段。当数据在网络中以明文形式传输时，攻击者能够轻易地从截获的数据分组中解析出账号、密码等敏感信息。即使网络通信经过了加密，如果通信用户的加密算法比较脆弱或密钥过于简单，攻击者也可能破译出明文。分组嗅探器(例如 WireShark)监听、交换机毒化攻击、ARP(Address Resolution Protocol，地址解析协议)欺骗是主要的网络监听攻击方式。

3) 拒绝服务攻击

拒绝服务(Denial of Service，DoS)攻击是攻击者最常使用的一种行之有效且难以防范的攻击手段。它是针对系统可用性的攻击，主要通过消耗网络带宽或系统资源使网络或系统不堪重负,以至于瘫痪而停止提供正常的网络服务或服务质量显著降低。拒绝服务攻击主要以网站、路由器、域名服务器等网络基础设施为攻击目标,因此危害非常大,能给被攻击者造成巨大的经济损失。如果处于不同位置的多个攻击者同时向一个或多个目标发起拒绝服务攻击,或者一个或多个攻击者控制了位于不同位置的多台主机,并利用这些主机对目标同时实施拒绝服务攻击,则称这种攻击为分布式拒绝服务(Distributed Denial of Service,DDoS)攻击,它是拒绝服务攻击最主要的一种形式。常见的拒绝服务攻击方式有基于漏洞的DoS攻击、基于资源消耗的DoS攻击、DDoS攻击。

7. 网络攻击防范

1) 网络扫描的防范

网络扫描的行为特征比较明显,例如,在短时间内对一段地址中的每个地址和端口号发起连接等。防范网络扫描主要有以下措施。

(1) 关闭闲置及危险端口,只打开确实需要的端口。

(2) 使用NAT屏蔽内网主机地址,限制外网主机主动与内网主机通信。

(3) 设置防火墙,严格控制进出分组,过滤不必要的ICMP报文。

(4) 使用入侵检测系统及时发现网络扫描行为和攻击者IP地址,配置防火墙对该地址的分组进行阻断。

2) 网络监听的防范

为了防止网络监听,首先要尽量使用交换机而不是集线器,在交换机环境中攻击者更难实施监听,同时很多交换机具备一些安全功能。其次,数据加密也是一种对付网络监听的有效办法,即使监听者获得数据也很难在短时间内破译加密信息,同时要避免使用Telnet这类不安全的软件。最后,通过使用实体鉴别技术,可以很好地防范中间人攻击。

3) DoS攻击的防范

DoS攻击是最容易实现却又最难防范的攻击手段。到目前为止,还没有一种能完全有效地抵抗DoS攻击的技术和方法,基于大规模流量攻击的DDoS攻击更难防范。目前应对DoS攻击的主要方法有以下几种。

(1) 利用网络防火墙对恶意分组进行过滤。例如,为了防范Smurf程序通过利用互联网协议(IP)和互联网控制消息协议(ICMP)的漏洞攻击,可将防火墙配置为过滤掉所有ICMP回送请求报文。

(2) 路由器源端控制。通常参与DoS攻击的分组使用的源IP地址都是假冒的,因此如果能够防止IP地址假冒,就能够防止此类的DoS攻击。通过某种形式的源端过滤可以减少或消除假冒IP地址。例如,路由器检查来自与其直接连接的网络分组的源IP地址,如果源IP地址非法,即与该网络的网络前缀不匹配,则丢弃该分组。

(3) 进行DoS攻击检测。借助入侵检测系统分析分组首部特征和流量特征检测出正在发生的DoS攻击,并进行报警。

1.4.3 网络安全技术

1. 防火墙技术

1) 防火墙的概念

古时候,人们常在寓所之间砌起一道砖墙,一旦火灾发生,这道墙就能够防止火势蔓延到其他寓所。现在,如果一个网络连接到 Internet,用户就可以访问外部世界并与之通信。同时,外部世界同样可以访问该网络并与之交互。安全起见,可以在该网络和 Internet 之间插入一个中介系统,竖起一道安全屏障。这道屏障的作用是阻断来自外部通过网络对内部网络的威胁和入侵,提供保障内部网络的安全和审计的唯一关卡,其作用与古时候的防火砖墙有类似之处,因此把这个屏障称为防火墙(Fire Wall)。在网络中,防火墙是把一个组织的内部网络与其他网络隔离开的软件和硬件的组合。根据访问控制策略,它允许一些分组通过,而禁止另一些分组通过。访问控制策略由使用防火墙的组织根据自己的安全需要自行制定。一般将防火墙内的网络称为可信网络,而将外部的互联网称为不可信网络。防火墙的位置和功能模型如图 1.39 所示。

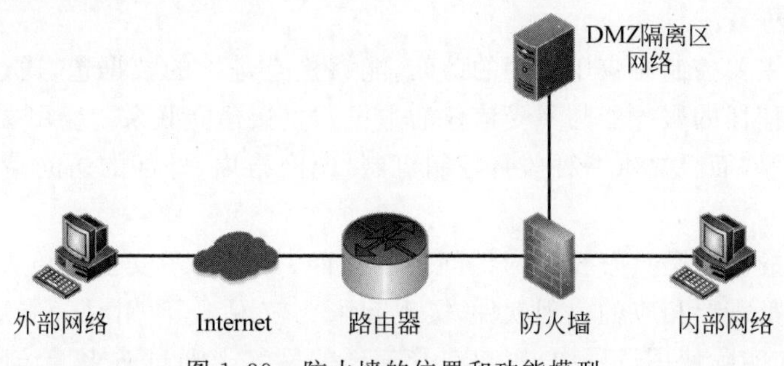

图 1.39　防火墙的位置和功能模型

2) 防火墙的功能

目前的防火墙技术一般可以起到以下作用。

(1) 保障网络安全。防火墙允许网络管理员定义一个中心来防止非法用户(如黑客、网络破坏者等)进入内部网络,阻止不安全的服务进出网络并抵御来自各种线路的攻击。防火墙技术能够简化网络的安全管理,提高网络的安全性。

(2) 安全警报。通过防火墙可以方便地监视网络的安全性并产生报警信号。网络管理员必须审查并记录所有通过防火墙的重要信息。

(3) 部署网络地址转换(Network Address Translator,NAT)。Internet 的迅速发展使有效的未被申请的 IP 地址越来越少,这就意味着想进入 Internet 的机构可能申请不到足够的 IP 地址来满足内部网络用户的需要。为了接入 Internet,可以通过网络地址转换来完成内部私有地址到外部注册地址的映射。防火墙是部署网络地址转换的理想位置。

(4) 监视 Internet 的使用。防火墙也是审查和记录内部人员对 Internet 使用的一个非常好的位置,可以在此对内部访问 Internet 的情况进行记录。

(5) 部署服务器。防火墙起到安全屏障的作用,也是部署 WWW 服务器和 FTP 服务器的理想位置。允许 Internet 访问这些服务器,同时阻止其访问内部网络中的其他受保护系统。

3) 防火墙类型

防火墙系统通常由一个或多个构件组成,根据所采用的技术类型,防火墙可分为包过滤防火墙(Packet Filtering Firewall)、应用层网关(Application Level Gateway)、代理服务防火墙(Proxy Server Firewall)。这些技术各有优势,适用于不同的网络环境和安全需求,具体使用哪一种或是否混合使用,要根据具体情况而定。

（1）包过滤防火墙。

包过滤防火墙会对每一个接收到的包做出允许或拒绝的决定，路由器就是一个传统的包过滤防火墙。它针对每一个数据包的包头，按照包过滤规则进行判定，与规则相匹配的包依据路由信息继续转发，否则就丢弃。包过滤是在IP层实现的，包过滤根据数据包的源IP地址、目的IP地址、源端口、目的端口、协议类型（TCP包、UDP包、ICMP包）等包头信息及数据包传输方向等信息来判断是否允许数据包通过。包过滤也包括与服务相关的过滤，这是指基于特定的服务进行包过滤，由于绝大多数服务的监听都驻留在特定TCP/UDP端口，因此，为阻断所有进入特定服务的链接，防火墙只需将所有包含特定TCP/UDP目的端口的包丢弃即可。

（2）应用层网关。

应用层网关主要控制对应用程序的访问，能够检查进出的数据包，通过网关复制、传递数据来防止在受信任的服务器与不受信任的主机间直接建立联系。应用层网关不仅能够理解应用层上的协议，而且提供一种监督控制机制，使网络内、外部的访问请求在监督机制下得到保护。

应用层网关的优点是具有较强的访问控制功能，是目前最安全的防火墙技术之一；缺点是每一种协议都需要相应的代理软件，实现起来比较困难，使用时工作量大，效率不如包过滤防火墙高，在实际使用过程中，用户在受信任的网络上通过防火墙访问Internet时，经常会发现存在较大的延迟并且有时必须进行多次登录才能访问Internet。

（3）代理服务防火墙。

代理服务防火墙工作在OSI参考模型的最高层，即应用层，有时也将其归为应用层网关一类。代理服务器（Proxy Server）通常运行在内网和Internet之间，是内部网络与外部网络的隔离点，起着监视和隔绝应用层通信流的作用。当代理服务器收到用户对某站点的访问请求后，便会立即检查该请求是否符合规则。若规则允许用户访问该站点，代理服务器便会以客户的身份登录目的站点，取回所需的信息再发给客户，代理服务器像一堵墙一样挡在内部用户和外界之间，从外部只能看到该代理服务器而无法获知任何内部信息。

4）防火墙的局限性

防火墙也有其自身的局限性，即无法防范来自防火墙以外的其他途径的攻击。防火墙技术并不能解决所有的网络安全问题，防火墙在安全防护方面有以下一些局限性。

（1）防火墙所发挥的安全防护作用在很大程度上取决于防火墙的配置是否正确和完备。用户要根据自己的情况制定严密的访问控制规则，阻止内网和外网间一切可疑的、未授权的或者不必要的通信，才能将安全风险降到最低。

（2）一些利用系统漏洞或网络协议漏洞进行的攻击，防火墙难以防范。攻击者通过防火墙允许的端口对服务器的漏洞进行攻击，一般的分组过滤防火墙基本上无力防御，应用级网关也必须具有识别该特定漏洞的条件，才可能阻断攻击。

（3）防火墙不能有效防止病毒、木马等通过网络传播。由于查杀恶意代码计算开销非常大，与网络宽带化对防火墙的处理速度的要求有巨大的矛盾，因此防火墙对恶意代码的查杀能力非常有限。

（4）防火墙技术自身存在一些不足。例如，分组过滤路由器不能防止IP地址和端口号欺骗，而应用级网关自身也可能有软件漏洞而存在被渗透攻击的风险。

2. 入侵检测技术

防火墙试图在入侵行为发生之前阻止所有可疑的通信，但事实上不可能阻止所有的入侵行为。因此，有必要采取措施在入侵已经开始但还没有造成危害时，或在其造成更大危害前，及时检测到入侵，以便把危害降低到最小。入侵检测系统(Intrusion Detection System，IDS)正是这样一种技术。IDS对进入网络的分组执行深度分组检查，当观察到可疑分组时，向网络管理员发出告警或执行阻断操作。IDS能用于检测多种网络攻击，包括端口扫描、DoS攻击、蠕虫和病毒、系统漏洞攻击等。

IDS一般可以分为基于特征的IDS和基于异常的IDS。

基于特征的IDS维护一个所有已知攻击标志性特征的数据库。每个特征就是一个与某种入侵活动相关联的行为模式或规则集，这些特征可能基于单个分组的首部字段值或数据中的特定比特串，或者与一系列分组有关。当发现与某种攻击特征匹配的分组或分组序列时，基于特征的IDS认为可能检测到了某种入侵行为。这些特征通常由网络安全专家提供，机构的网络管理员定制并将其加入数据库。

基于特征的IDS只能检测已知攻击，对未知攻击则无效。基于异常的IDS通过观察系统正常运行时的网络流量，学习正常流量的统计特性和规律，当检测到网络流量中某种统计规律不符合正常情况时，则认为可能发生了入侵行为。例如，当攻击者对内网主机进行ping攻击时，可能导致ICMP报文突然大量增加，这与正常的统计规律有明显不同。当检查到入侵行为后，入侵检测系统则及时通知网络管理员或阻断网络攻击行为。现如今，有研究利用机器学习自动学习某种网络攻击的特征或者正常流量的模式，通过运用机器学习应用于入侵检测系统，可以大大减小人们对网络安全专家的依赖。

1.4.4 网络安全法规

1. 计算机犯罪

计算机犯罪指的是在信息活动领域中，利用计算机系统或计算机信息知识作为手段或者针对计算机信息系统，对国家、团体或个人造成危害，依据法律规定，应当被予以刑法处罚的行为。

计算机犯罪可以分为以下几种类型。

(1) 破坏计算机系统罪。这类犯罪行为涉及对计算机信息系统的功能进行非法删除、修改、增加或干扰，导致计算机信息系统无法正常运行。这种行为可能针对软件或硬件，是危害性极大的犯罪行为。

(2) 非法侵入计算机信息系统罪。非法侵入计算机信息系统罪是指行为人进入明知无权进入的重要计算机系统的犯罪。如金融、保险、教育等公共服务系统一旦受到非法入侵，往往会给系统管理部门和使用者造成不可挽回的损失。此外，当信息已经成为企业生产和经营要素时，数据的泄露就可能导致企业破产。因此，针对任何企业或个人的计算机系统的非法入侵也属于犯罪行为。

(3) 计算机信息系统安全事故罪。计算机安全的法律保障不能只考虑破坏安全的一方，还要考虑维护安全的一方。尤其是那些作为互联网的一部分而存在的计算机系统，其系统安全性也是使用者关心的主要问题。目前，我国对于提供公共服务的计算机系统还缺乏相应的法律规定。对于一个计算机系统自身的保护措施达到什么水平才能起到保护系统使用者利益的问题，法律上并没有予以解决。但是，正如提供交通运输或其他服务的机构一样，计算机系统服务的提供者在因安全问题给使用者造成损失时，也应该在法律上承担责任。因此，计算机犯罪应该包括计算机信息系统安全事故罪。

2. 网络安全法规

为了依法打击计算机犯罪、加强计算机网络信息安全保护和国际互联网的安全管理，我国制定了一系列有关法律、法规，经过多年的实践，已形成了比较完整的行政法规和法律体系，了解这些法律、法规有助于树立正确的网络安全观念，保障国家网络安全。

现有的关于计算机网络安全管理的法律法规如下。

1)《中华人民共和国网络安全法》

2017 年 6 月 1 日正式实施的《中华人民共和国网络安全法》是我国第一部全面规范网络空间安全管理方面问题的基础性法律，是我国网络空间法治建设的重要里程碑，是依法治网、化解网络风险的法律重器，是让互联网在法治轨道上健康运行的重要保障。该法是为了保障网络安全，维护网络空间主权和国家安全、社会公共利益，保护公民、法人和其他组织的合法权益，促进经济社会信息化健康发展而制定的法律，对中国网络空间法治化建设具有重要意义。

2)《中华人民共和国密码法》

2019 年 10 月全国人大常委会发布《中华人民共和国密码法》，规范密码应用和管理，促进密码事业发展，保障网络与信息安全。

3)《中华人民共和国数据安全法》

2021 年 6 月全国人大常委会发布《中华人民共和国数据安全法》，这是我国数据领域的基础性法律，也是国家安全领域的一部重要法律。提出建立数据分类分级保护制度、数据安全应急处置机制、数据安全审查制度、数据安全出口管制、数据投资贸易反制措施。提出开展数据活动必须履行数据安全保护义务。并明确数据安全相关法律责任。

4)《网络产品安全漏洞管理规定》

2021 年 7 月工业和信息化部、国家互联网信息办公室、公安部发布《网络产品安全漏洞管理规定》，明确网络产品提供者与网络运营者两类主体责任，明确漏洞发布要求、漏洞收集平台相关要求，并制定相关罚则。

5)《关键信息基础设施安全保护条例》

2021 年 7 月国务院发布《关键信息基础设施安全保护条例》，这是我国首部专门针对关键信息基础设施安全保护工作的行政法规。明确了国家网信部门的统筹协调职责，将进一步增强关键信息基础设施保护工作的系统性、整体性和协同性，有利于筑牢国家网络安全屏障，为经济社会发展和人民群众福祉提供安全保障。

6)《中华人民共和国个人信息保护法》

2021 年 8 月全国人大常委会发布《中华人民共和国个人信息保护法》，规范个人信息处理活动，构建了以“告知-知情-同意”为核心的个人信息处理规则，明确了敏感个人信息的认定与保护规则，明确了个人在个人信息处理活动中的权利。

7)《网络安全审查办法》

2021 年 12 月国家互联网信息办公室等十三部门发布《网络安全审查办法》，界定审查对象、明确审查重点、规范审查，明确运营者与审查者的责任与义务。

8)《中华人民共和国刑法》

《中华人民共和国刑法》对计算机犯罪给出了相应的规定和处罚。对于非法入侵计算机信息系统罪,《中华人民共和国刑法》第285条规定:"违反国家规定,侵入国家事务、国防建设、尖端科学技术领域的计算机信息系统,处三年以下有期徒刑或拘役。"对于破坏计算机信息系统罪,刑法第286条规定:"违反国家规定,对计算机信息系统功能进行删除、修改、增加、干扰,造成计算机信息系统不能正常运行,后果严重的,处5年以下有期徒刑或者拘役;后果特别严重的,处5年以上有期徒刑。违反国家规定,对计算机信息系统中存储、处理或者传输的数据和应用程序进行删除、修改、增加的操作,后果严重的,依照前款的规定处罚。故意制作、传播计算机病毒等破坏性程序,影响计算机系统正常运行,后果严重的,依照第一款的规定处罚。"刑法第287条规定:"利用计算机实施金融诈骗、盗窃、贪污、挪用公款、窃取国家秘密或其他犯罪的,依照本法有关规定定罪处罚。"

小　结

计算机的发展经历是电子管计算机、晶体管计算机、中小规模集成电路计算机和大规模和超大规模集成电路计算机4个阶段,正在进入第5个阶段。

中国计算机的发展经历了起步阶段、晶体管计算机阶段、中小规模集成电路计算机阶段和微型计算机阶段。中国计算机发展现状呈现出蓬勃发展的态势。

按计算机的用途不同,可以将计算机分为通用计算机和专用计算机。按计算机分类的演变过程和近期可能的发展趋势,可以把计算机分为巨型计算机、小巨型计算机、大型计算机、小型计算机、工作站和微型计算机。

未来计算机将往量子计算、人工智能、云计算、边缘计算、生物计算、可解释性和透明度、可持续性和绿色计算和软硬件一体化方面发展。

计算机主要体现在科学计算、数据处理、过程控制、计算机辅助系统、人工智能、网络应用等方面的应用。

介绍部分文科专业的培养目标、人才培养要求和核心课程体系,详细信息可以参考《普通高等学校本科专业类教学质量国家标准》。

按照冯·诺依曼结构计算机模型的构想,一个完整的计算机系统包括硬件系统和软件系统两部分,简称为硬件和软件。硬件是组成计算机的各种物理设备,由5大功能部件组成,即运算器、控制器、存储器、输入设备和输出设备。计算机主要由三个子系统(CPU、主存和输入/输出设备)组成,它们之间通过数据总线、地址总线和控制总线进行互连,以及交换数据或信息。计算机软件系统由系统软件和应用软件组成。操作系统是最基本的软件系统,是人机交互的接口。应用软件是为某类应用需要或解决某些特定问题而设计开发的程序,主要由通用软件和专门软件组成。

计算机网络是利用通信线路和通信设备将地理上分散的、具有独立功能的多个计算机系统连接起来,由功能完善的软件实现资源共享和信息传递的系统。计算机网络的主要功能有数据通信、资源共享、负载均衡与分布式处理、提高计算机系统的可靠性。计算机网络可以从不同的角度进行分类,如按分布范围、使用者、拓扑结构、传输介质等分类。其中,按照计算机网络的分布范围最能体现网络的特点。按照网络分布范围可以将网络分为个人区域网、局域网、城域网、广域网。为便于对网络进行研究、实现和维护,促进标准化工作,通常对计算机网络的体系结构以分层的方式进行建模。著名的计算机网络体系结构有 OSI 7 层参考模型,TCP/IP 5 层模型。在学习计算机网络原理时往往采用折中的办法,即综合 OSI 和 TCP/IP 的优点,采用只有 5 层协议的体系结构。

计算机病毒是指人为编制或者在计算机程序中插入的破坏计算机功能或者毁坏数据,影响计算机使用,并能自我复制的一组计算机指令或者程序代码。计算机中病毒后,轻则影响机器运行速度,重则死机破坏系统,危害极大。因此,需熟悉计算机病毒的特征、种类、传播途径,并掌握一些防范计算机病毒的方法,养成良好的上网习惯。

网络攻击,即针对计算机信息系统、基础设施、计算机网络或个人计算机设备发动的任何形式的进攻行为,其目的和方式各异,主要分为主动攻击和被动攻击两大类。常见的网络攻击手段如网络扫描、网络监听和拒绝服务攻击等,对网络安全构成了严重威胁。因此,作为计算机管理员,必须深入了解这些攻击的原理,并采取相应的防范措施,确保网络系统的安全稳定运行。

为保障网络安全,可以使用防火墙技术,防火墙将网络划分为内部网络和外部网络,保障内部网络的网络安全,同时防火墙还具有监视 Internet、安全警报、部署 NAT、部署网络服务器的作用。虽然防火墙在保障网络安全方面功能丰富,但是防火墙也有其自身的局限性,即无法防范来自防火墙以外的其他途径的攻击。防火墙试图在入侵行为发生之前阻止所有可疑的通信,但事实上不可能阻止所有的入侵行为。入侵检测技术可以在入侵已经开始但还没有造成危害时,或在其造成更大危害前,及时检测到入侵,以便把危害降低到最小。IDS 能用于检测多种网络攻击,包括端口扫描、DoS 攻击、蠕虫和病毒、系统漏洞攻击等。

当前,计算机犯罪和违背网络安全法规的行为屡见不鲜,已成为很大的社会问题,因此,需要加强计算机从业人员的职业道德和网络安全观教育,学习网络安全法律法规,遵守网络安全法律法规。

练　　习

一、单项选择题

1. 中国的“天河二号”属于哪种类型的计算机?(　　)

   A. 大型计算机　B. 微型计算机　C. 小型计算机　D. 巨型计算机

2. 火车订票系统属于(　　)方面的计算机应用。

   A. 科学计算　B. 数据处理　C. 人工智能　D. 过程控制

3. 下面不属于计算机未来发展趋势的是(　　)。

   A. 量子计算　B. 人工智能　C. 生物计算　D. 触摸设计

4. 坦克的武器控制系统计算机属于(　　)。

   A. 通用计算机　B. 个人计算机　C. 专用计算机　D. 模拟计算机

5. 冯·诺依曼式的计算机硬件系统主要是由(　　)构成的。

   A. CPU、存储器、输入和输出设备　B. CPU、运算器、控制器

   C. 主机、显示器、鼠标和键盘　D. CPU、控制器、输入和输出设备

6. 计算机的运算器的主要作用是(　　)。

A. 算术运算　　B. 加、减、乘、除　　C. 逻辑运算　　D. 算术和逻辑运算

7. 在微型计算机中,RAM 的特点是(　　)。

A. 只能读出信息,不能写入信息

B. 能写入和读出信息,但断电后信息就丢失

C. 只能写入信息,且断电后就丢失

D. 能写入和读出信息,断电后信息也不丢失

8. 在微型计算机中,ROM 的特点是(　　)。

A. 既可以读出信息,也可以写入信息,断电后信息也不丢失

B. 可以多次读出信息,但可以仅写入一次信息

C. 仅可以一次读出信息,但可以多次写入信息

D. 可以读出信息,但不可以写入信息,断电后信息也不丢失

9. 人们通常所说的"主存储器"或"内存"一般是指(　　)。

A. 寄存器　　B. 磁盘　　C. RAM　　D. ROM

10. 在计算机中,CPU 访问速度最快的存储器是(　　)。

A. 内存储器　　B. 光盘　　C. 软盘　　D. 硬盘

11. 下列给出的选项中,不属于外存的是(　　)。

A. 硬盘和软盘　　B. 硬盘和光盘

C. 只读存储器和随机存取存储器　　D. 光盘和软盘

12. 衡量存储器容量的最小单位是(　　)。

A. 位　　B. 字节　　C. KB　　D. MB

13. 用于计算机外部将信息输入计算机的内部以供计算机处理的设备称为(　　)。

A. 输入设备　　B. 控制器　　C. 接口　　D. 总线

14. 下面所列出的设备中,(　　)属于输入设备。

A. 打印机　　B. 扫描仪　　C. 绘图仪　　D. 音响

15. 将计算机处理后的结果转换成人们熟悉的形式或其他设备能够识别的信息格式输出的设备是(　　)。

A. 键盘　　B. 扫描仪　　C. 鼠标　　D. 输出设备

16. Internet 是一种(　　)结构的网络。

A. 星状　　B. 环状　　C. 树状　　D. 网状

17. TCP/IP 层的网络接口层对应 OSI 的(　　)。

A. 物理层　　B. 链路层　　C. 网络层　　D. 物理层和链路层

18. 计算机病毒是指(　　)。

A. 编制有错误的计算机程序　　B. 设计不完善的计算机程序

C. 已被破坏的计算机程序　　D. 以危害系统为目的的特殊计算机程序

19. 拒绝服务攻击的一个基本思想是(　　)。

A. 不断发送垃圾邮件工作站　　B. 迫使服务器的缓冲区满

C. 工作站和服务器停止工作　　D. 服务器停止工作

20. 关于防火墙,以下(　　)说法是错误的。
   A. 防火墙能隐藏内部 IP 地址
   B. 防火墙能控制进出内网的信息流向和信息包
   C. 防火墙能提供 VPN 功能
   D. 防火墙能阻止来自内部的威胁

二、填空题

1. 计算机网络中常用的三种有线媒体是________、________和________。
2. TCP/IP 模型有________、________、________、应用层 4 个层次。
3. 覆盖一个国家、地区或几个洲的计算机网络称为________,在同一建筑或覆盖几千米内范围的网络称为________,而介于两者之间的是________。
4. 计算机病毒的主要特征有传染性、________、________、________、________。
5. 根据网络攻击的目的和方式可以将网络攻击的攻击手段分为________和________两种。

三、简答题

1. 简述计算机的未来发展趋势。
2. 简述计算机的应用领域。
3. 简述自己专业的培养目标。
4. CPU 由几个部分组成?
5. 常见的输入/输出设备有哪些?
6. 软件系统由几部分组成?
7. 计算机网络有哪些常用的性能指标?
8. 按网络的分布范围分类,网络可以分为什么?
9. 网络体系结构为什么要采用分层次结构?
10. 简述具有 5 层协议的网络体系结构的要点,各层的主要功能是什么?
11. 简述计算机病毒的主要特征。
12. 如何防范计算机病毒,保障计算机系统安全?
13. 试述防火墙的作用有哪些。
14. 为什么要使用入侵检测系统?入侵检测系统能够解决什么问题?
15. 常见的网络攻击方式有哪些?如何防范网络攻击,保障网络安全?

第2章 操作系统与常用软件

本章以 Windows 10 中文版为例，主要介绍操作系统的概念、基本知识，详细阐述 Windows 10 的基本操作与系统配置，同时介绍计算机中常用的一些软件的使用方法。

【知识目标】

- 了解操作系统的基本概念、原理和组成。
- 了解操作系统的类型、特点和功能。
- 掌握 Windows 窗口的基本知识和基本操作。
- 掌握磁盘管理的各种方法。
- 熟练掌握一些常用软件的使用方法。

【能力目标】

- 能够分析和比较不同操作系统的特点和优劣。
- 能够理解和使用操作系统的基本命令和工具。
- 能够使用“Windows 资源管理器”管理文件和文件夹。

【素质目标】

- 培养创新意识，能够独立思考和解决问题。
- 培养团队协作精神，能够有效地进行沟通和合作。
- 培养职业道德和社会责任感，能够遵守道德规范和法律法规。

2.1 操作系统的概念、功能及分类

没有任何软件支持的计算机称为裸机(Bare-Computer)，而现在的计算机系统是经过若干层软件改造的计算机，操作系统就位于各种软件的最底层，是与计算机硬件关系最为密切的系统软件。操作系统是软件，而且是系统软件，它在计算机系统中的作用，大致可以从两方面理解：对内，操作系统管理计算机系统的各种资源，扩充硬件的功能；对外，操作系统提供良好的人机界面，方便用户使用计算机。它在整个计算机系统中处于承上启下的地位。

2.1.1 操作系统的概念

操作系统(Operating System，OS)是最基本的系统软件，是有效控制和管理计算机所有的硬件和软件资源的一组程序的集合。操作系统是配置在计算机硬件上的第一层软件，是对硬件功能的扩充。操作系统不仅是计算机硬件和其他软件系统的接口，也是用户和计算机进行交流的界面，使用户能够有效地利用计算机进行工作。操作系统是应用程序和硬件沟通的桥梁。

2.1.2 操作系统的基本功能

计算机系统资源常被分为4类：中央处理器、内外存储器、外部设备、程序和数据。因此，从资源管理的观点出发，操作系统的功能可归纳为处理器管理、存储器管理、设备管理、文件管理，但由于处理器管理复杂，也可分为静态管理和动态管理，所以一般将中央处理器管理又分为作业管理和进程管理两个部分。

操作系统的功能很多，从资源管理的角度主要包括以下5方面。

1. 作业管理

作业管理(Job Management)为用户提供一个使用系统的良好环境，使用户能有效地组织自己的工作流程。用户要求计算机处理的某项工作就称为一个作业，一个作业包括程序、数据以及解题的控制步骤，用户一方面使用作业管理提供的"作业控制语言"来书写自己控制作业执行的操作说明书；另一方面使用作业管理提供的"命令语言"与计算机资源进行交互活动，请求系统服务。

2. 进程管理

进程管理(Process Management)又称为处理器管理，实质上是对处理器执行"时间"的管理，即如何将CPU真正合理地分配给每个任务。进程管理是对中央处理器(CPU)进行动态管理，CPU的工作速度要比其他硬件快很多，而且任何程序只有占有了CPU才能运行。

为了提高CPU的利用率，采用多道程序设计技术，当多道程序并发执行时，通过进程管理协调多道程序之间的CPU分配调度、冲突处理及资源回收等关系。

3. 存储管理

存储管理(Memory Management)实质上是对存储"空间"的管理，主要是对内存资源的管理。只有被装入内存储器的程序才有可能去竞争中央处理器。因此，有效地利用主存储器可以保证多道程序设计技术的实现，也就保证了中央处理器的使用效率。

存储管理就是要根据用户程序的要求为用户分配主存储区域，当多个程序共享有限的内存资源时，操作系统就按某种分配原则，为每个程序分配内存空间，使各用户的程序和数据彼此隔离，互不干扰及破坏；当某个用户程序工作结束时，要及时收回它所占的主存区域，以便再装入其他程序。另外，操作系统利用虚拟内存技术，把内存、外存结合起来，共同管理。

4. 设备管理

设备管理(Device Management)实质上是对硬件设备的管理，包括对输入/输出设备的分配、启动、完成和回收。设备管理负责管理计算机系统中除了中央处理器和主存储器以外的其他硬件资源，是系统中最具有多样性和变化性的部分，也是系统的重要资源。

操作系统对设备的管理主要体现在两个方面：一方面，它提供了用户和外设的接口，用户只需通过键盘命令或程序向操作系统提出申请，操作系统中的设备管理程序实现外部设备的分配、启动、回收和故障处理；另一方面，为了提高设备的效率和利用率，操作系统还采取了缓冲技术和虚拟设备技术，尽可能使外设与处理器并行工作，以解决快速CPU与慢速外设的矛盾。

5. 文件管理

将逻辑上有完整意义的信息资源(程序和数据)以文件的形式存放在外存储器(磁盘、磁带)上,并赋予一个名字,称为文件。文件管理(File Management)又称为信息管理,是操作系统对计算机系统中软件资源的管理,通常由操作系统中的文件系统来完成这一功能,文件系统由文件、管理文件的软件和相应的数据结构组成。

文件管理有效地支持文件的存储、检索和修改等操作,解决文件的共享、保密和保护问题,并提供方便的用户界面,使用户能实现按名存取,一方面,使得用户不必考虑文件如何保存以及存放的位置,但另一方面也要求用户按照操作系统规定的步骤使用文件。

2.1.3 操作系统的分类

目前操作系统种类繁多,功能及使用范围也相差较大,很难用单一标准进行统一分类。

1. 按处理方式分类

批处理系统:主要用于处理批量的作业。用户将作业提交给系统管理员,由系统管理员批量地将作业加载到计算机中进行处理。这种方式适用于不需要即时交互的场景。

分时系统:允许多个用户通过终端共享同一台计算机的资源。系统会分配 CPU 时间给各个用户,使得每个用户都感觉自己在独占计算机资源。

实时系统:用于需要快速响应的场合,如工业控制、医疗设备等。实时系统强调任务的及时完成和系统的高可靠性。

2. 按应用领域分类

桌面操作系统:用于个人计算机,如 Windows、macOS、Linux 等。

手机操作系统:用于智能手机,如 iOS、Android 等。

服务器操作系统:用于数据中心和服务器,如 Windows Server、Linux 的各种发行版等。

嵌入式操作系统:用于嵌入式设备,如智能手表、家用电器等。

3. 按功能和特性分类

网络操作系统:强调网络功能,便于多台计算机之间的资源共享和通信。

分布式操作系统:管理分布式计算资源,实现资源的全局管理和调度。

综上所述,操作系统的分类可以从不同的角度进行划分,每种类型的操作系统都有其特定的设计目标、功能特点和使用场景。了解这些分类有助于人们根据实际需求选择合适的操作系统。

2.1.4 微机操作系统的演化过程

纵观计算机历史,操作系统与计算机硬件的发展息息相关。最初的计算机并没有操作系统,人们通过各种操作按钮来控制计算机,后来出现了汇编语言,操作人员通过有孔的纸带将程序输入计算机进行编译。而随着计算机技术和大规模集成电路的发展,微型计算机迅速发展。从 20 世纪中期开始出现了计算机操作系统。而微机操作系统经历了 DOS、Windows 操作系统和网络操作系统三个阶段。

1. DOS

DOS 指的是磁盘操作系统,是配置在个人计算机上的单用户命令行界面操作系统,曾广泛应用于个人计算机上，其主要作用是进行文件管理和设备管理。

DOS 中每一个文件都有其文件名，按文件名对文件进行识别与管理，即“按名存取”。其文件名包括主文件名与扩展名两部分，主文件名不能省略，扩展名可省略，二者之间用圆点“.”隔开。主文件名表示不同的文件，可由 1～8 个字符组成，扩展名表示文件的类型，最多可包含 3 个字符。对文件进行操作时，在文件名中可使用“*”和“?”符号，“*”表示在其位置上连续合法的零个至多个字符，“?”表示所在位置上的任意一个合法字符。DOS 文件名中的字母不区分大小写，数字和字母均可作为文件名的首个字符。

DOS 采用树状结构的方式对所有文件进行组织与管理，即在目录下可存放文件，也可创建不同名称的子目录，在子目录中又可继续创建子目录进行文件的存放，上级目录与下级目录之间存在一种父子关系。路径表示文件所在的位置，包括文件所在的驱动器与目录名，通过路径能指定一个文件。

2. Windows 操作系统

Windows 操作系统是美国微软公司研发的一套操作系统，它问世于 1985 年，起初仅仅是 MS-DOS 模拟环境，后续的系统版本由于微软不断地更新升级，不但易用，也是当前应用最广泛的操作系统。Windows 操作系统的发展主要经历了如图 2.1 所示的 10 个阶段。

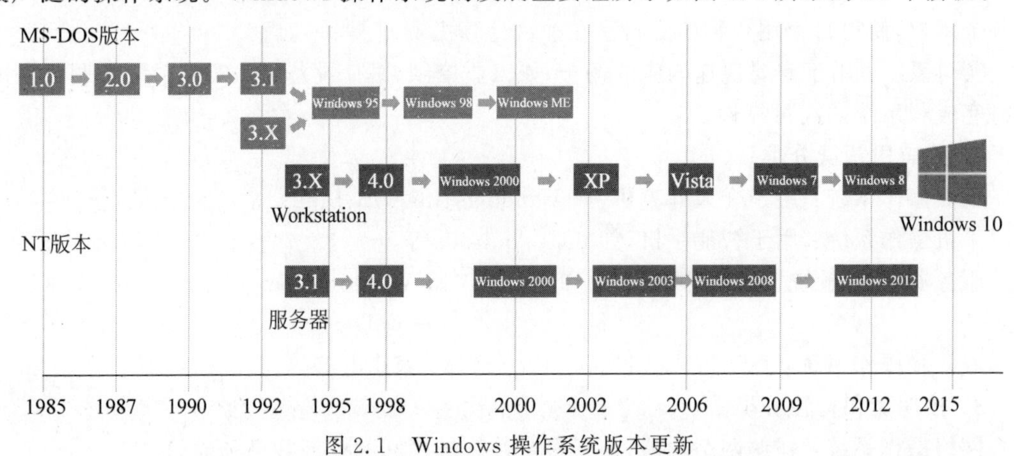

图 2.1　Windows 操作系统版本更新

从 1985 年的 Windows 1.0 开始，Windows 操作系统经历了多个版本的更迭和改进。每个版本都在前一个版本的基础上进行了改进和扩展，增加了新功能和特性，提高了性能和稳定性。主要包括以下几方面。

(1) 用户界面：Windows 操作系统的用户界面是其最重要的特性之一。每一代版本都会对用户界面进行改进和美化，使得操作系统更加易于使用和美观。例如，从 Windows 95 开始引入的“开始”菜单、任务栏、桌面图标等元素，以及 Windows 8 中引入的 Metro 界面，都是用户界面的重要迭代和改进。

(2) 功能：Windows 操作系统每一代版本都会增加新功能和应用程序，以满足用户的需求和提高工作效率。例如，Windows 7 中引入了库和家庭组等功能，Windows 8 中引入了全新的应用商店和多任务处理功能，Windows 10 中增加了语音助手 Cortana、虚拟桌面和混合现实等功能。

(3) 性能：每一代 Windows 版本都会在性能方面进行优化和改进，以提高系统的响应速度和处理能力。例如，Windows 98 和 Windows XP 对系统性能进行了重大改进，引入了更好的内存管理和任务调度机制。

(4) 安全：随着互联网的发展和安全威胁的增加，Windows 操作系统不断加强安全功能和防护措施。例如，Windows Vista 中引入了全新的安全模型——UAC(用户账户控制)，Windows 8 中增强了内置安全软件的功能，Windows 10 中则进一步整合了生物识别技术等安全功能。

Windows 操作系统不断进行迭代和改进，我们要从中感受并学习其创新精神、用户为中心的设计理念、团队合作和沟通协作能力、安全意识和责任感以及历史发展和文化传承等。

3. 网络操作系统

网络操作系统是一种能代替操作系统的软件程序，是网络的心脏和灵魂，是向网络计算机提供服务的特殊的操作系统。网络操作系统的主要目标是使用户能通过网络上各个站点，高效地享用与管理网络上的数据与信息资源、软件与硬件资源。

Windows 系列网络操作系统包括 Windows NT/2000 以及 Windows Server 2003/2008/2012/2016 等。

华为鸿蒙操作系统

鸿蒙操作系统是中国华为公司自主研发的计算机操作系统。该系统于 2019 年 8 月 9 日正式发布，并在华为开发者大会(HDC. 2019)上首次亮相(见图 2.2)。华为鸿蒙系统是一款全新的面向全场景的分布式操作系统，创造了一个超级虚拟终端互联的世界，将人、设备、场景有机地联系在一起，将消费者在全场景生活中接触的多种智能终端，实现极速发现、极速连接、硬件互助、资源共享，用合适的设备提供场景体验。该系统目前已经应用于智慧屏、物联网设备、手机与平板、车机以及特定垂直行业，展现出强大的跨平台能力。未来，随着鸿蒙系统的不断发展和完善，其应用场景将进一步拓展，并拉开永久性改变操作系统格局的序幕。

图 2.2 华为鸿蒙操作系统发布会现场

鸿蒙系统是华为应对美国制裁，为避免未来在操作系统上被“卡脖子”而自主研发的操作系统。通过鸿蒙系统的推出，华为逐步摆脱了对安卓系统的依赖，保障了自身的技术安全和稳定，为中国操作系统生态的发展提供了新的机遇和挑战。

华为作为中国企业，在面临外部压力时，选择自主研发操作系统，我们要学习与感受中国科技企业及科技工作者强烈的危机意识和责任感、强烈的爱国情怀和文化自信、不畏艰难与挑战、勇于创新的精神。

2.2 Windows 10 基本操作

2.2.1 Windows 10 基础知识

1. Windows 10 的启动

计算机只要成功安装了 Windows 10 且主要硬件工作正常，每次开机时机器就会自动启动。默认情况下，Windows 10 的启动不需要用户干预，正常启动过程如下。

(1) 按下电源开关，计算机进行自检，并在屏幕上显示自检信息。

(2) 自检正常结束后，开始启动 Windows 10。

(3) 如果用户设置了开机密码，则需要在登录界面上输入正确的用户名和密码并按 Enter 键系统才能正常启动。

正常启动后的桌面如图 2.3 所示。

图 2.3　Windows 10 桌面

2. Windows 10 的桌面组成

桌面就是用户启动计算机登录到系统后看到的整个屏幕界面，它是用户与计算机之间进行交流的平台，用户对计算机的所有操作都是在桌面上完成的。桌面上可以存放用户经常用到的应用程序和文件夹图标，用户可以根据需要添加各种快捷图标，双击图标就能够快速启动相应的程序或文件。Windows 10 的桌面主要是由桌面背景、桌面图标和任务栏三个部分组成，如图 2.4 所示。

(1) 桌面背景：就是计算机桌面所使用的壁纸或背景图片，桌面背景让计算机看上去更好看、更有个性，可以根据显示器的尺寸和分辨率对背景做不同的调整。

图 2.4　Windows 10 的桌面

(2) 桌面图标：是计算机的应用程序、文件夹或文件在桌面上的标识，具有明确的指代含义。桌面图标一般分为系统图标和快捷方式图标两种，左下角带↗标记的为快捷方式图标，不带标记的为系统图标。图标包含图形、说明文字两部分，把鼠标放在图标上停留片刻，会出现对图标所表示内容的说明，双击图标就可以打开相应的内容。

(3) 任务栏：任务栏位于桌面的最底下，是系统的总控中心，显示系统正在运行的所有程序，不同程序间可进行相互切换。

(4) “开始”按钮：位于任务栏的最左端，是程序运行的总起点，通过它可以访问程序和进行系统设置。

(5) 搜索框：Windows 10 中，搜索框和 Cortana 高度集成，在搜索框中直接输入关键词或打开“开始”菜单输入关键词，即可搜索相关的桌面程序、网页、我的资料等。

(6) 通知区域：默认情况下，通知区域位于任务栏的右侧。它包含一些程序图标，这些程序图标提供有关传入的电子邮件、更新、网络连接等事项的状态和通知。安装新程序时，可以将此程序的图标添加到通知区域。

3. Windows 10 的退出

当用户要结束对计算机的操作时，一定要正确退出 Windows 10 系统，然后再关闭显示器，否则会丢失文件或破坏程序，如果用户在没有退出 Windows 系统的情况下就关机，系统将认为是非法关机，当下次再开机时，系统会自动执行自检程序。

在退出 Windows 10 之前必须关闭所有打开的应用程序，然后单击“开始”按钮⊞，在打开的菜单中单击“电源”按钮⏻，然后选择“关机”选项即可，如图 2.5 所示。

4. Windows 10 的注销、锁定与睡眠

“注销”是指当前用户退出系统且不关闭计算机，让系统重新回到用户登录的界面。

“锁定”通常在用户暂时不使用计算机，而又不希望其他人在自己的计算机上任意操作时使用。

“睡眠”将计算机内存中的数据保存到硬盘上，将机器转入低功耗状态，适用于用户较长

图 2.5　关闭计算机

时间离开计算机，当用户再次使用计算机时，在桌面上移动鼠标即可以恢复原来的状态。

“切换用户”指在不关闭当前登录用户的情况下而切换到另一个用户，用户可以不关闭正在运行的程序，而当再次返回时系统会保留原来的状态。

“重新启动”将关闭并重新启动计算机，相当于执行了关闭和开机两项操作。

2.2.2　管理用户账户

在实际生活中，多用户使用一台计算机的情况经常出现，而每个用户的个人设置和配置文件等均会有所不同，这时用户可进行多用户使用环境的设置。使用多用户使用环境设置后，不同用户用不同身份登录时，系统就会应用该用户身份的设置，而不会影响其他用户的设置。

在 Windows 10 中，用户账户分为两种类型，分别为管理员、标准账户。

管理员账户是系统账户，Windows 10 会自动创建一个名为 Administrator 的管理员账户，他是超级用户，具有最高权限，能访问计算机上的所有资源，也能更改其他账户。

标准账户是用户自己创建的账户，能访问计算机上的大多数资源，能使用计算机的大多数功能，用户可根据需要创建多个标准账户。

创建用户的操作如下。

(1) 在“开始”菜单中单击“控制面板”图标。

(2) 在“控制面板”窗口中单击“用户账户”，如图 2.6 所示。

图 2.6　创建账户 1

(3) 在“用户账户”窗口中依次单击“更改账户类型”→“管理其他账户”,如图 2.7 所示。

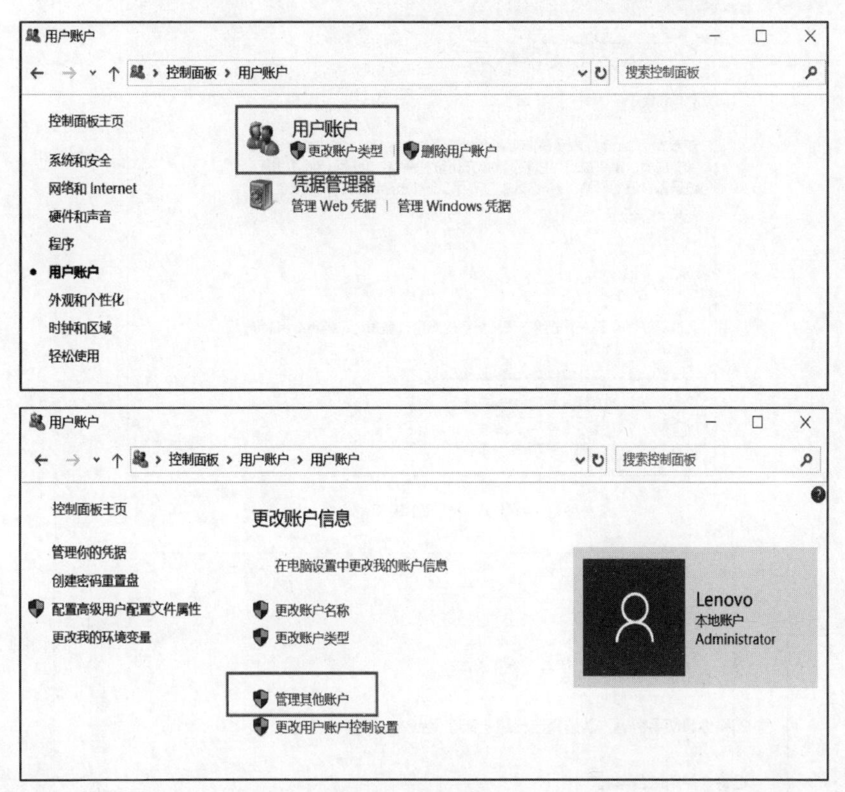

图 2.7　创建账户 2

(4) 在“管理账户”窗口中单击“在电脑设置中添加新用户”,如图 2.8 所示。

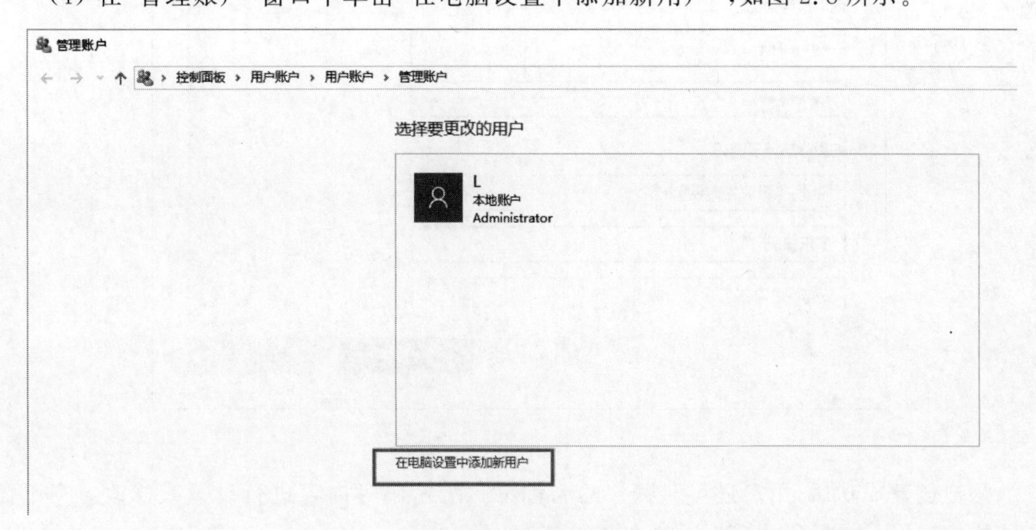

图 2.8　创建账户 3

(5) 在“设置”对话框中单击“将其他人添加到这台电脑”,如图 2.9 所示。

(6) 在“Microsoft 账户”对话框中输入用户名,设置密码,并设置三个找回密码的安全问题及答案,单击“下一步”按钮,即可创建一个新账户,如图 2.10 所示。

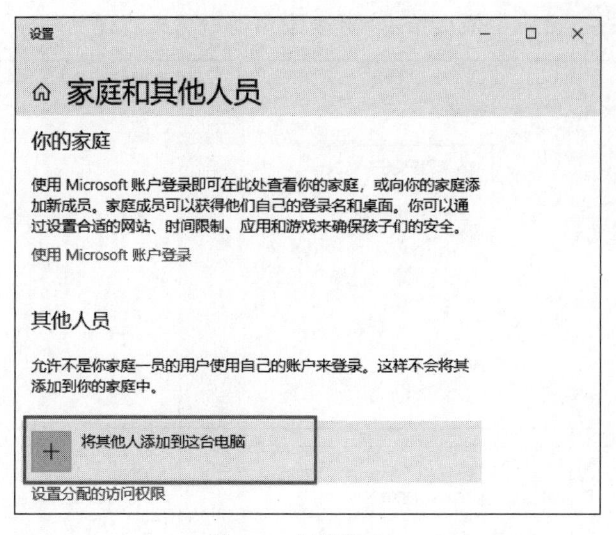

图 2.9　创建账户 4

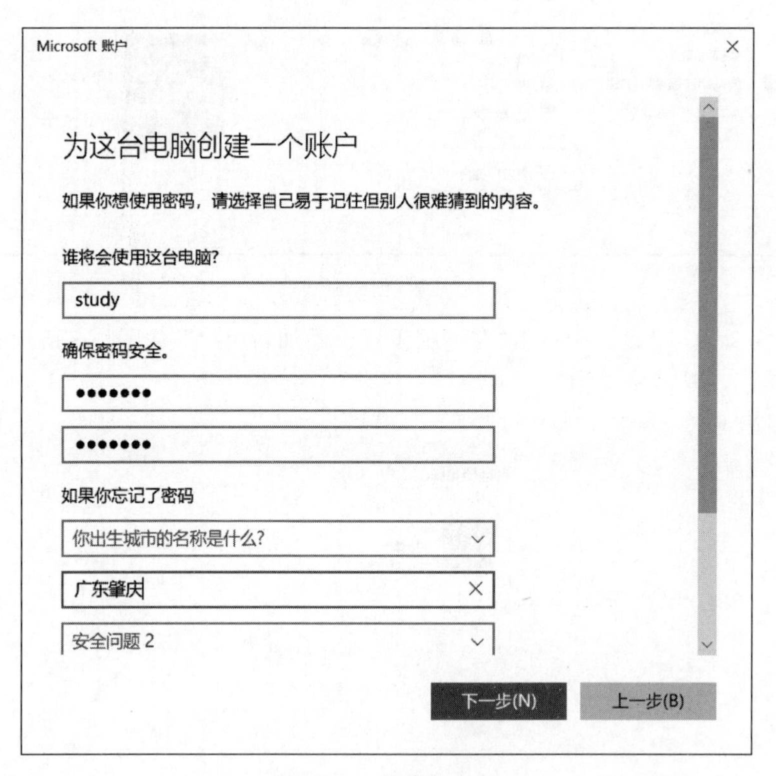

图 2.10　创建账户 5

账户创建成功后，用户还可对账户的名称、图片、密码等内容进行设置或修改。当不需要该账户时，用户也可以将其删除，如图 2.11 所示。

2.2.3　设置个性化桌面

1. 桌面背景

桌面背景图片用户可以根据个人喜好进行更换，图片可以是系统提供的主题背景图片，也可以是保存在机器中的图片，更换桌面背景图片方法如下。

(1) 在桌面空白处单击鼠标右键，在弹出的快捷菜单中单击“个性化”，如图 2.12 所示。

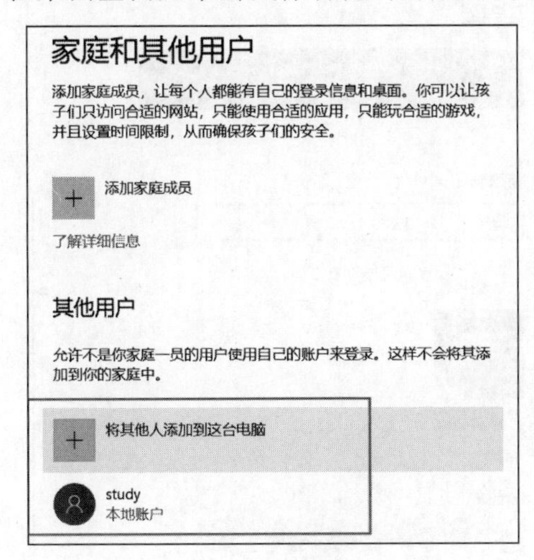

图 2.11 创建账户 6

图 2.12 个性化

(2) 在弹出的窗口中选择“背景”，如图 2.13 所示。

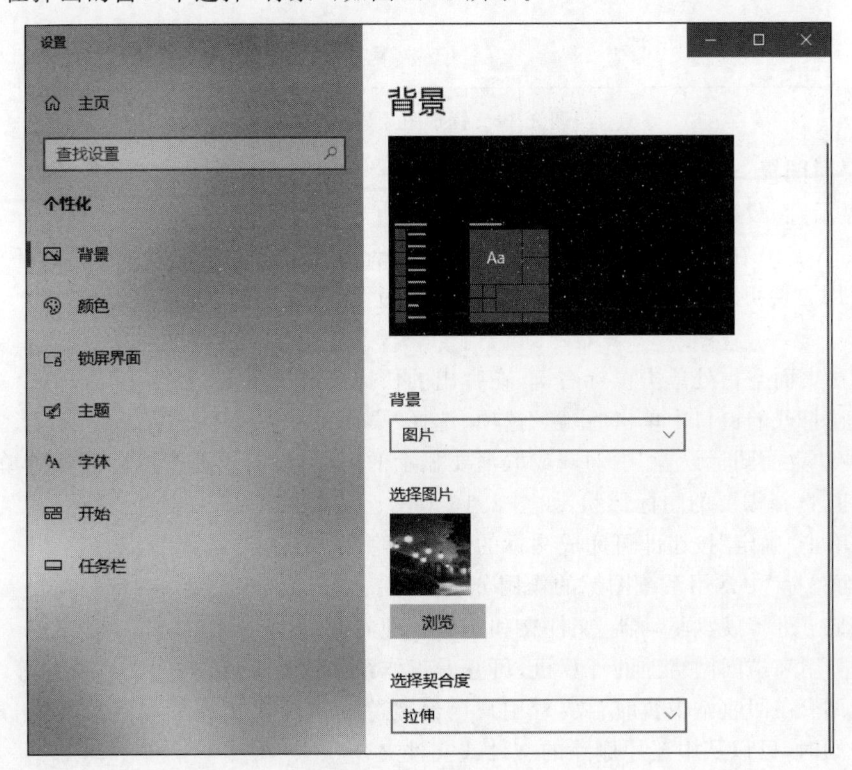

图 2.13 背景设置

(3) 在“选择图片”窗口的“示例图片”中勾选主题图片，或单击“浏览”按钮找到机器上保存的图片，必要时还可在“选择契合度”里选择图片显示方式，如图 2.14 所示。

(4) 也可以对桌面进行其他相关设置，如高对比度、同步等设置。

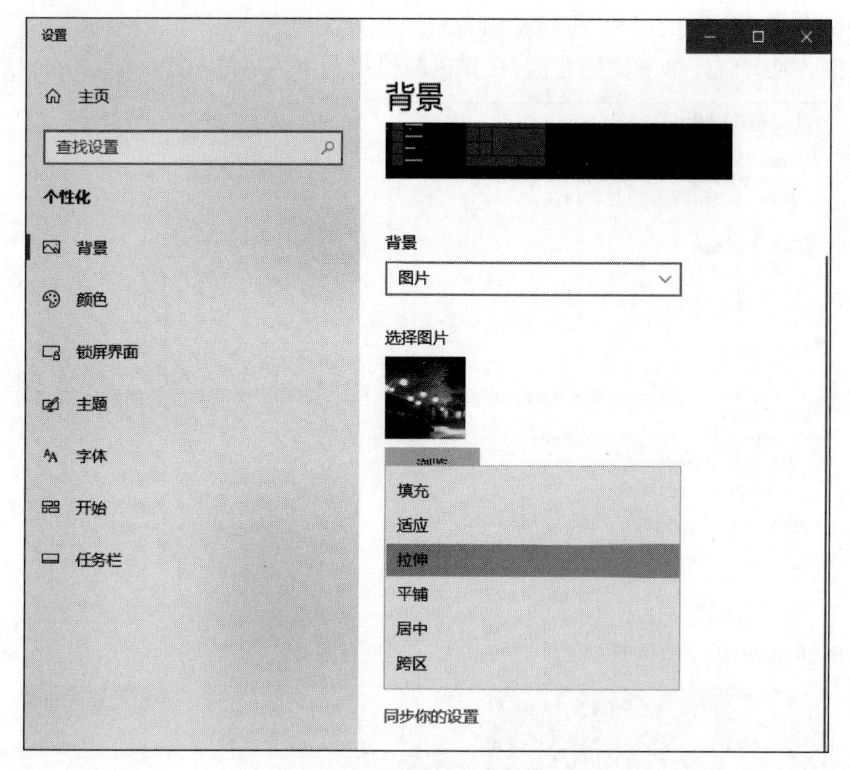

图 2.14　背景图片显示方式

2. 桌面图标

1）显示/隐藏系统图标

Windows 10 在默认情况下仅在桌面上显示"计算机"图标，其他系统图标皆不显示。用户为了使用方便可对它们进行显示或隐藏，可通过"个性化"窗口完成显示与隐藏，操作步骤如下。

（1）在桌面空白处单击鼠标右键，在弹出的快捷菜单中单击"个性化"。

（2）在打开的窗口中单击"主题"选项，选择"桌面图标设置"，如图 2.15 所示。

（3）在"桌面图标设置"中勾选或取消要显示的图标，如需要更改图标形状则单击"更改图标"按钮，选择需要的图标形状，如图 2.16 所示。

（4）单击"确定"按钮即可完成图标的显示与隐藏。

"桌面图标"中常用系统图标的作用分别如下。

此电脑：进行硬盘驱动器、文件夹和文件管理的窗口。

网络：用来访问网络上的计算机，可查看工作组中的其他计算机、网络位置等。

回收站：在回收站中暂时存放着用户已经删除的文件或文件夹等信息，当用户还没有清空回收站时，可以从中还原删除的文件或文件夹。

2）添加/删除桌面快捷方式图标

快捷方式主要用于快速启动应用程序、打开文件夹或文件。快捷方式图标的主要特征是图标左下角带有箭头标志，添加桌面快捷方式图标主要有以下三种方法。

（1）在资源管理器上，按住鼠标左键直接将应用程序拖曳到桌面上。

（2）在"开始"菜单中，按住鼠标左键直接将应用程序拖曳到桌面上。

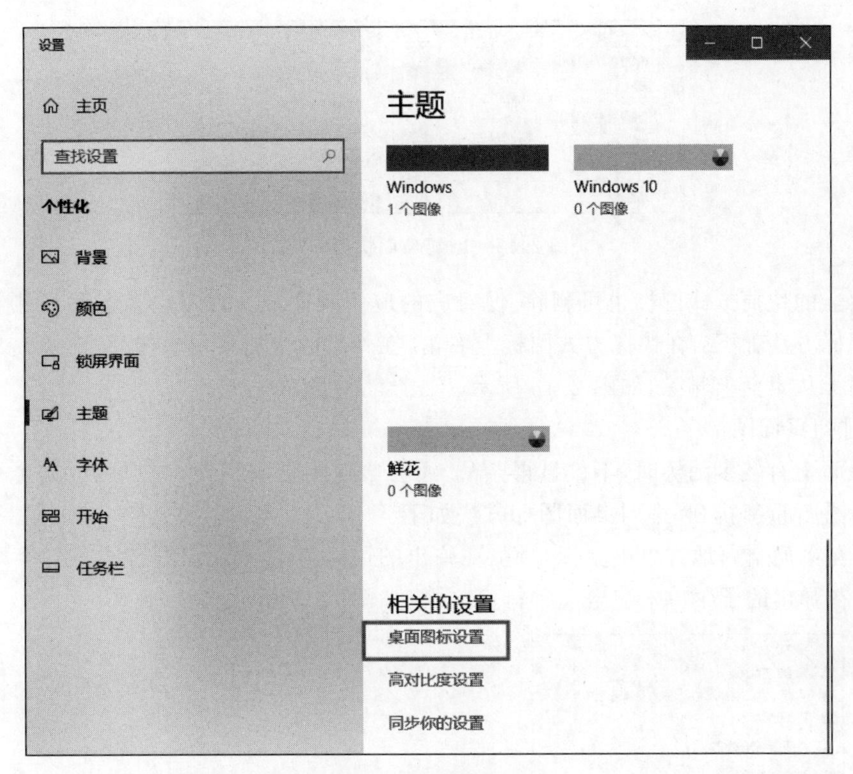

图 2.15　桌面图标设置

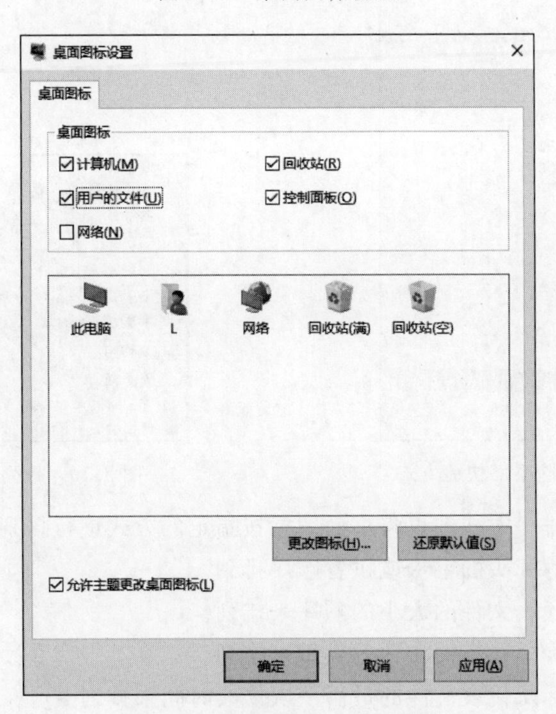

图 2.16　桌面图标显示与隐藏

(3) 在应用程序或文件上右击,在弹出的快捷菜单中选择“发送到”→“桌面快捷方式”,如图 2.17 所示。

图 2.17　创建桌面快捷方式

桌面上的快捷方式图标也可删除，但对应的应用程序或文件不会被删除。删除桌面快捷方式图标方法如下：在快捷方式图标上右击，在弹出的快捷菜单中选择“删除”，即可将快捷方式图标从桌面上删除，如图 2.18 所示。

3）排列桌面图标

当桌面上有较多图标时，不仅显得杂乱，还会给使用带来不便，用户可根据个人喜好对桌面图标进行重新排列，排列桌面图标方法如下。

(1) 在桌面空白地方单击鼠标右键，在弹出的快捷菜单中选择“排序方式”。

(2) 在弹出的子菜单中包含 4 种排序方式，如图 2.19 所示。

图 2.18　删除桌面快捷方式

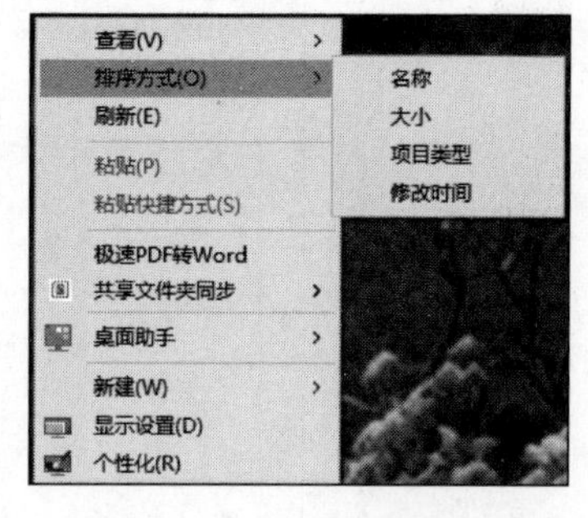

图 2.19　排列桌面图标

(3) 选择需要的排序方式即可将桌面图标按指定的方式进行排列。

名称：按图标名称开头的字母或拼音顺序排列。

大小：按图标所代表文件的大小的顺序来排列。

项目类型：按图标所代表的文件的类型来排列。

修改时间：按图标所代表文件的最后一次修改时间来排列。

2.2.4　系统字体的安装与卸载

计算机系统本身自带了一些常用的字体类型，但在编辑文档、设计图片等需要运用到大量的文字字体时，若系统本身的字体不满足要求，可以下载相关的字体进行安装与使用，也可以对不需要的字体进行删除或卸载。

1. 字体下载

可以到互联网各大字体网站寻找自己需要的字体进行下载。例如，站长之家的字体频道、找字网、动态网的字体下载频道、字体之家、字客网等。

2. 字体安装

(1) 打开"控制面板"，找到"字体"并打开，如图 2.20 所示。

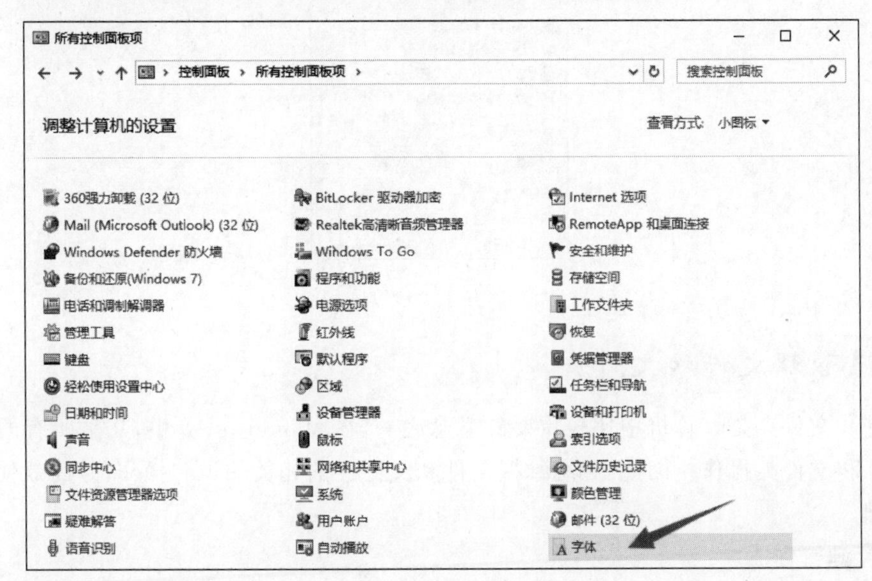

图 2.20　字体设置

(2) 在"字体"对话框中，可以将已下载好的字体复制、粘贴进来，即可完成安装，如图 2.21 所示。

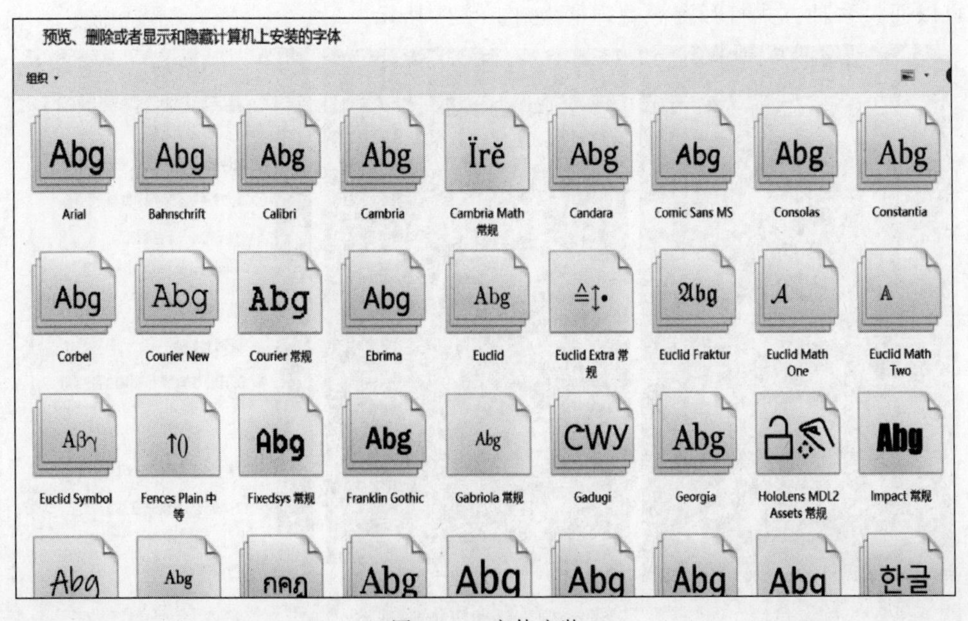

图 2.21　字体安装

(3) 在“字体”对话框中，选中某个需要删除的字体，右击鼠标，从弹出的快捷菜单中选择“删除”选项即可完成字体的删除操作，如图 2.22 所示。

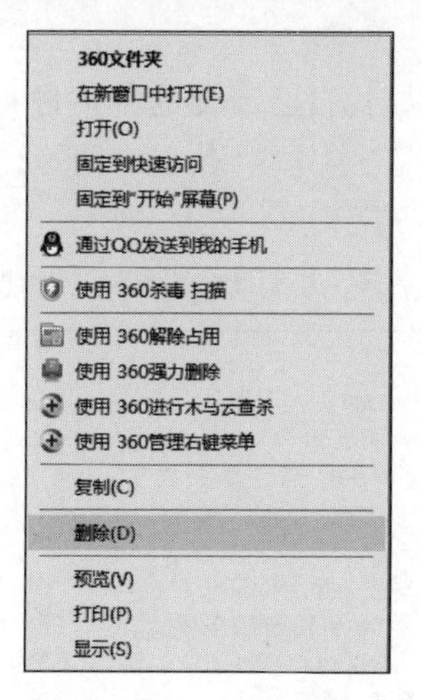

图 2.22　字体删除

2.2.5　管理文件和文件夹

文件和文件夹是计算机中比较重要的概念之一，在 Windows 10 中，几乎所有的任务都涉及文件和文件夹操作。因此，熟练掌握文件和文件夹的相关知识和操作，是高效使用计算机的基础。

1. 资源管理器

资源管理器是进行资源管理的工具，它以分层的方式显示计算机内所有文件的详细图表。使用资源管理器可以方便地实现浏览、查看、移动和复制文件或文件夹等操作。同时，用户不必打开多个窗口，只在一个窗口中就可以浏览所有的磁盘和文件夹。在 Windows 10 中，可以通过多种方式打开资源管理器，如图 2.23 所示。

图 2.23　启动资源管理器

(1) 单击“开始”→“Windows 系统”→“文件资源管理器”。

(2) 右击“开始”,选择“文件资源管理器”。

(3) 在搜索框中输入“文件资源管理器”,单击搜索结果中的“文件资源管理器”。

2. 资源管理器的组成

Windows 10 的资源管理器可分为左右两个窗格,左边是导航窗格,右边是窗口工作区,主要包括地址栏、搜索栏、导航窗格和窗口工作区,如图 2.24 所示。

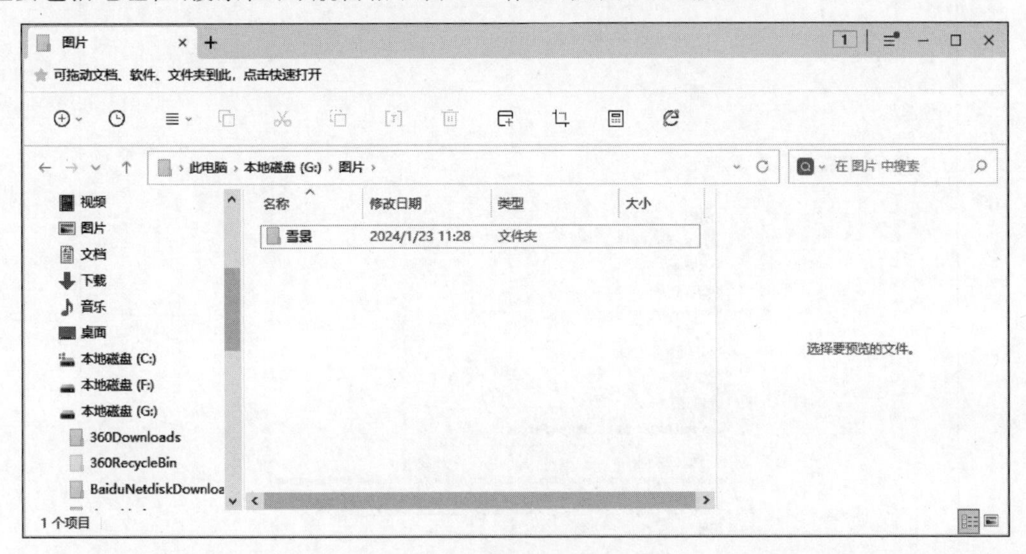

图 2.24　资源管理器的结构

在左边的窗格中,若驱动器或文件夹前面有“ › ”,表明该驱动器或文件夹有下一级子文件夹,单击“ › ”可展开其所包含的子文件夹,当展开驱动器或文件夹后,“ › ”会变成“ ⌄ ”,表明该驱动器或文件夹已展开,单击“ ⌄ ”,可折叠已展开的内容。

3. 文件和文件夹操作

文件就是用户赋予了名字并存储在磁盘上的信息的集合,它可以是用户创建的文档,也可以是可执行的应用程序或一张图片、一段声音等。文件的名称包含文件名和扩展名,两者之间用“.”分隔,文件类型相同,扩展名也相同;文件类型不同,扩展名也不同。

文件夹是系统组织和管理文件的一种形式,是为方便用户查找、维护和存储而设置的,用户可以将文件分门别类地存放在不同的文件夹中。在文件夹中可存放所有类型的文件和下一级文件夹、磁盘驱动器及打印队列等内容。

1) 新建文件夹

用户可以创建新的文件夹以存放具有相同类型或相近形式的文件。新建文件夹有如下方法,如图 2.25 所示。

(1) 打开新建文件所在的磁盘驱动器,在工具栏上单击“新建文件夹”命令。

(2) 在需要新建文件夹的位置右击,在弹出的快捷菜单中选择“新建”→“文件夹”命令。

刚刚新建的文件夹一般处于蓝底白字可编辑状态,在“名称”文本框中输入文件夹名称,然后按 Enter 键或用鼠标单击其他地方即可。

2) 重命名文件(夹)

重命名文件(夹)就是给文件(夹)重新命名一个新的名称,使其更符合用户的要求。重

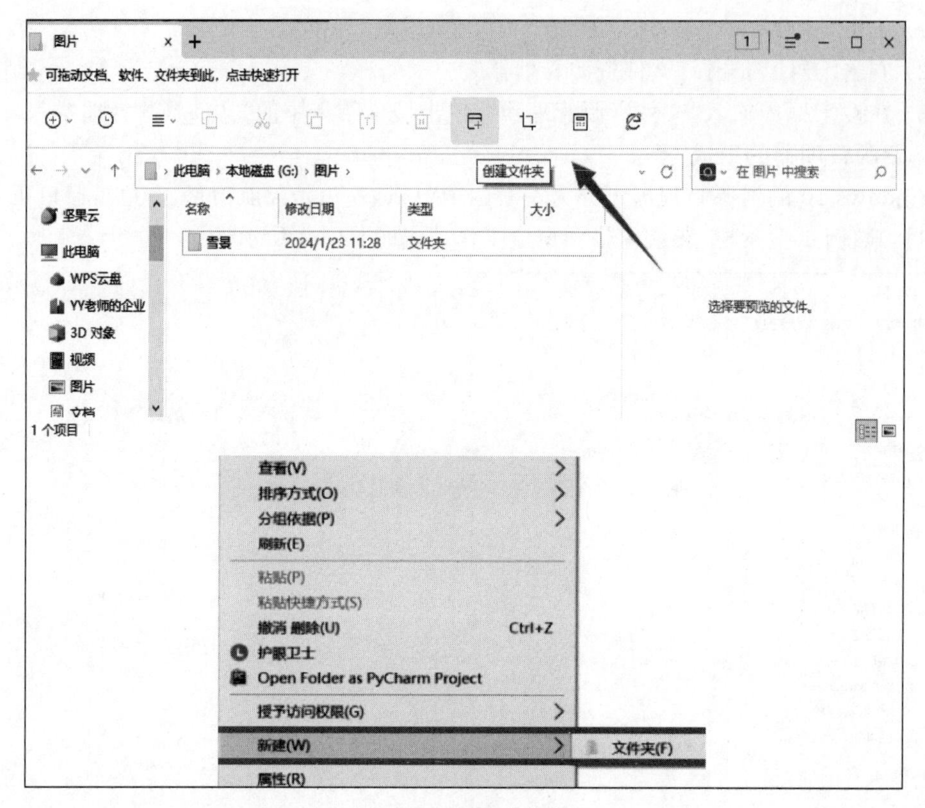

图 2.25　新建文件夹

命名文件(夹)的具体操作步骤如下。

(1) 选中要重命名的文件(夹)。

(2) 单击“组织”→“重命名”命令，或单击右键，在弹出的快捷菜单中选择“重命名”命令。

(3) 这时文件(夹)的名称将处于编辑状态(蓝色反白显示)，用户可直接输入新的名称进行重命名操作。

提示：在文件(夹)名称处直接单击两次(两次单击间隔时间应稍长一些，以免使其变为双击)，使其处于编辑状态，输入新的名称也可实现重命名操作。

3) 选择文件(夹)

在操作文件(夹)之前，必须先选中要操作的文件(夹)，选择文件(夹)分为多种情况，需灵活运用。

(1) 选择单个文件(夹)。

直接用鼠标单击要选择的文件(夹)，被选中的文件(夹)呈蓝底白字显示。

(2) 选择多个连续的文件(夹)。

首先选中第一个文件(夹)，然后按住 Shift 键，再用鼠标单击最后一个文件(夹)。选择多个连续的文件(夹)也可采用鼠标拖曳法，在窗口空白地方按住鼠标左键并拖曳鼠标，用拖曳出来的蓝色矩形框包围所有需要选中的文件(夹)，凡被包围的文件(夹)都被选中。

(3) 选择多个不连续的文件(夹)。

首先选中第一个文件(夹)，然后按住 Ctrl 键，再用鼠标依次单击其他需要选中的文件(夹)。

(4) 选择所有的文件(夹)。

使用快捷键 Ctrl＋A,单击窗口工具栏上的“组织”→“全选”命令,用鼠标拖曳包围所有的文件(夹),以上三种方式都可实现全选操作。

(5) 反选文件(夹)。

首先选中不需要的文件(夹),然后通过“编辑”→“反选”命令就可实现文件(夹)的反选。

4) 移动和复制文件(夹)

在实际应用中,有时用户需要将某个文件(夹)移动或复制到其他地方以方便使用,这时就需要用到“移动”或“复制”命令。移动文件(夹)就是将文件(夹)放到其他地方,执行“移动”命令后,原位置的文件(夹)消失,出现在目标位置;复制文件(夹)就是将文件(夹)复制一份,放到其他地方,执行“复制”命令后,原位置和目标位置均有该文件(夹)。

移动和复制文件(夹)的操作步骤如下。

(1) 选中要移动或复制的文件(夹)。

(2) 单击“组织”→“剪切/复制”命令,或右击并在弹出的快捷菜单中选择“剪切/复制”命令。

(3) 选择目标位置。

(4) 选择“组织”→“粘贴”命令,或单击右键,在弹出的快捷菜单中选择“粘贴”命令即可。

5) 删除文件(夹)

当有的文件(夹)不再需要时,用户可将其删除,以利于对文件(夹)进行管理。删除后的文件(夹)将被放到“回收站”中,用户可以选择将其彻底删除或还原到原来的位置。删除文件(夹)的操作如下。

(1) 选中要删除的文件(夹)。

(2) 选择“组织”→“删除”命令,或单击右键,在弹出的快捷菜单中选择“删除”命令,或按 Delete 键。

(3) 在弹出的“确认文件(夹)删除”对话框中,若选择“是”,则删除文件(夹);若选择“否”,则不删除文件(夹)。

提示:从网络位置、可移动设备(例如 U 盘)中删除的项目或超过“回收站”存储容量的项目将不被放入“回收站”中,而被彻底删除,不能还原。

6) 删除或还原“回收站”中的文件(夹)

“回收站”为用户提供了一个安全删除文件(夹)的解决方案,用户从硬盘中删除文件(夹)时,Windows 10 会将其自动放入“回收站”中,直到用户将其清空或还原到原位置。删除或还原“回收站”中文件或文件夹的操作步骤如下。

(1) 双击桌面上的“回收站”,打开“回收站”窗口。

(2) 若要删除“回收站”中所有的文件(夹),可单击“回收站任务”窗格中的“清空回收站”命令;若要还原所有的文件(夹),可单击“回收站任务”窗格中的“恢复所有项目”命令;若要还原某个文件(夹),可选中该文件(夹),单击“回收站任务”窗格中的“恢复此项目”命令,若要还原多个文件或文件夹,可按住 Ctrl 键,选定文件或文件夹。

提示:删除“回收站”中的文件(夹),意味着将该文件(夹)彻底删除,无法再还原;若还原已删除文件夹中的文件,则该文件夹将在原来的位置重建,然后在此文件夹中还原文件;

当回收站充满后，Windows 10 将自动清除“回收站”中的空间以存放最近删除的文件和文件夹。

也可选中要删除的文件(夹)，将其拖到“回收站”中进行删除。若想直接删除文件(夹)，而不将其放入“回收站”中，可在拖到“回收站”时按住 Shift 键，或选中该文件(夹)，按 Shift+Delete 组合键。

7) 更改文件(夹)属性

文件(夹)包含三种属性：只读、隐藏和存档。若将文件(夹)设置为“只读”属性，则该文件(夹)不允许更改和删除；若将文件(夹)设置为“隐藏”属性，则该文件(夹)在常规显示中将不被看到；若将文件(夹)设置为“存档”属性，则表示该文件(夹)已存档，有些程序用此选项来确定哪些文件需做备份。更改文件(夹)属性的操作步骤如下，如图 2.26 所示。

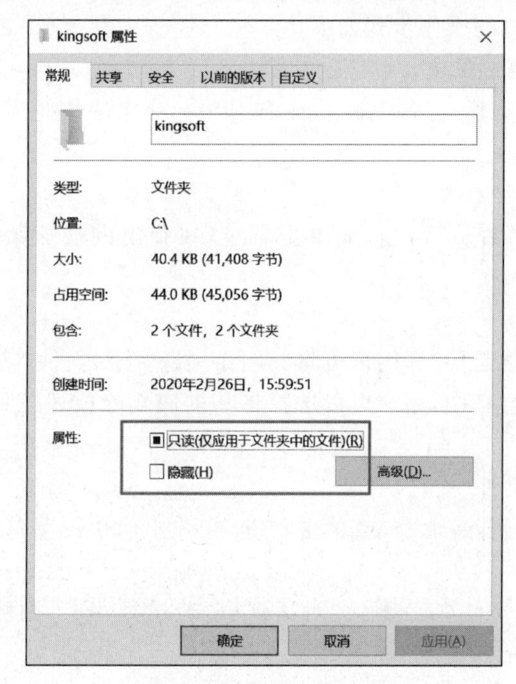

图 2.26 更改文件夹属性

(1) 选中要更改属性的文件或文件夹。

(2) 选择“组织”→“属性”命令，或单击右键，在弹出的快捷菜单中选择“属性”命令，打开“属性”对话框。

(3) 在“属性”对话框中选择“常规”选项卡。

(4) 在该选项卡的“属性”选项组中选定需要的属性复选框。

(5) 单击“应用”按钮，将弹出“确认属性更改”对话框。

(6) 在该对话框中可选择“仅将更改应用于该文件夹”或“将更改应用于该文件夹、子文件夹和文件”选项，单击“确定”按钮即可关闭该对话框。

(7) 在“常规”选项卡中，单击“确定”按钮即可应用该属性。

8) 自定义文件夹

在 Windows 10 中提供了自定义文件夹功能，用户可以将文件夹定义成模板，或者在文件夹上添加一个图片来说明该文件夹的内容，或者更改文件夹的图标以区分不同类型的文件。自定义文件夹的具体操作步骤如下,如图 2.27 所示。

(1) 右键单击要自定义的文件夹,在弹出的快捷菜单中选择“属性”命令。

(2) 打开“属性”对话框,选择“自定义”选项卡。

(3) 在该选项卡中有“您想要哪种文件夹?”“文件夹图片”和“文件夹图标”三个选项组,用户可根据要求进行选择设置。

(4) 设置完毕后,单击“应用”和“确定”按钮即可。

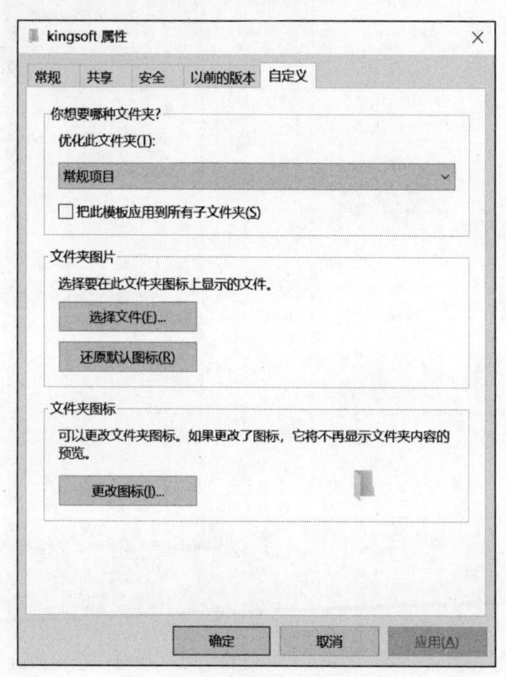

图 2.27 更改文件夹属性

2.2.6 清理磁盘

使用磁盘清理程序可以帮助用户释放硬盘驱动器空间,删除临时文件、Internet 缓存文件,安全删除不需要的文件,腾出它们占用的系统资源,以提高系统性能。执行磁盘清理程序的具体操作如下。

(1) 右击需要清理的磁盘驱动器,在弹出的快捷菜单中选择“属性”。

(2) 在打开的“磁盘属性”对话框中,选择“常规”选项卡,如图 2.28 所示。

(3) 在“常规”选项卡中单击“磁盘清理”按钮,经过扫描后将弹出“磁盘清理”对话框,如图 2.29 所示。

(4) 在该对话框的“要删除的文件”列表框中勾选需要删除的文件。同时,在“占用磁盘空间总数”中显示可获得的磁盘空间总数;在“描述”框中显示了当前选择文件的描述信息,单击“查看文件”按钮,可查看该文件类型中包含文件的具体信息。

(5) 单击“确定”按钮,将弹出“磁盘清理”确认删除对话框,单击“是”按钮,弹出“磁盘清理”对话框,清理完毕后,该对话框将自动消失,如图 2.30 所示。

图 2.28 “磁盘属性”对话框

图 2.29 “磁盘清理”对话框

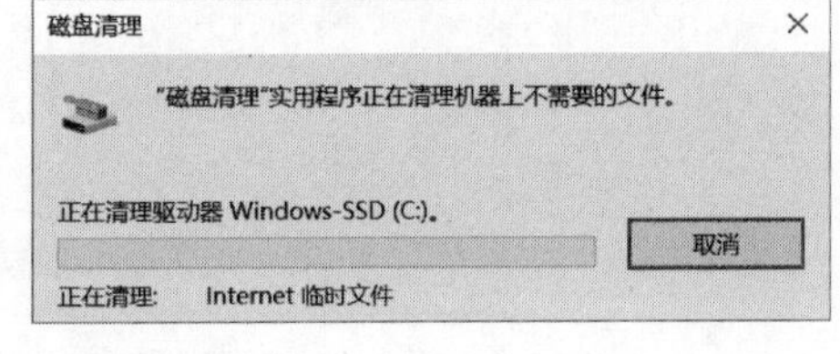

图 2.30 磁盘清理

2.2.7 整理磁盘碎片

磁盘(尤其是硬盘)经过长时间的使用后，难免会出现很多零散的空间和磁盘碎片，一个文件可能会被分别存放在不同的磁盘空间中，这样在访问该文件时系统就需要到不同的磁盘空间中去寻找该文件的不同部分，从而影响了运行的速度。同时，由于磁盘中的可用空间也是零散的，创建新文件或文件夹的速度也会降低。使用磁盘碎片整理程序可以重新安排文件在磁盘中的存储位置，将文件的存储位置整理到一起，同时合并可用空间，实现提高运行速度的目的。进行磁盘碎片整理的具体操作如下，如图 2.31 所示。

(1) 右击需要清理的磁盘驱动器，在弹出的快捷菜单中选择“属性”。

(2) 在打开的“磁盘属性”对话框中，选择“工具”选项卡。

(3) 在“工具”选项卡中单击“优化”按钮，弹出“优化驱动器”窗口。

(4) 在窗口中选择需要进行碎片整理的磁盘，单击“分析”按钮，系统开始对磁盘进行碎片分析，分析完毕后显示分析结果。单击“优化”按钮，系统将进行磁盘碎片整理，并显示碎片整理进度，整理完毕后系统会显示磁盘中的碎片为 0。

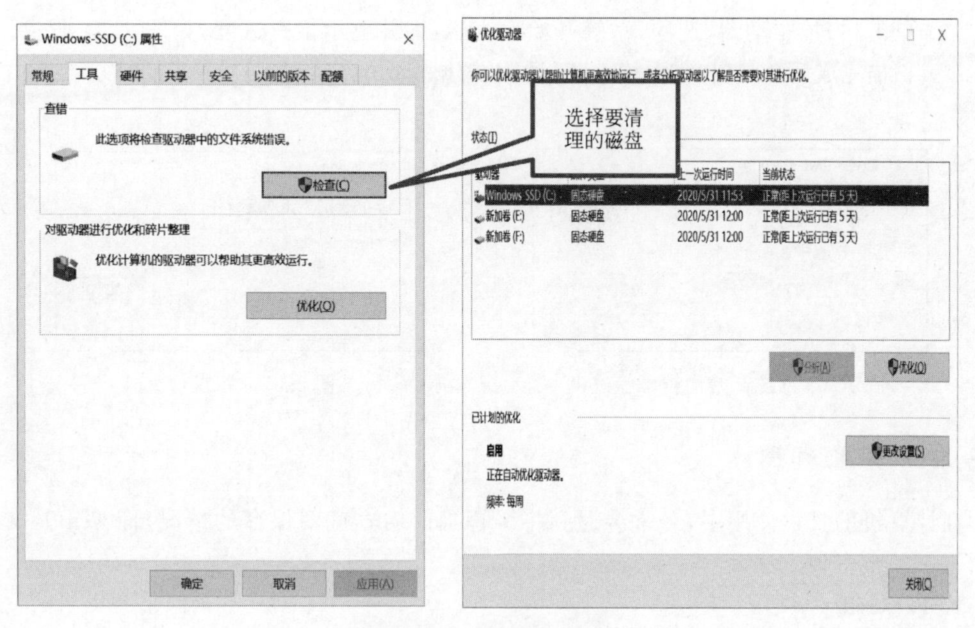

图 2.31　磁盘碎片整理

2.2.8　磁盘查错

用户在经常进行文件的移动、复制、删除及安装、删除程序等操作后，可能会出现坏的磁盘扇区，这时可执行磁盘查错程序，以修复文件系统的错误、恢复坏扇区等。执行磁盘查错程序的具体操作如下。

(1) 右击需要查错的磁盘驱动器，在弹出的快捷菜单中选择“属性”。

(2) 在打开的“磁盘属性”对话框中，选择“工具”选项卡，如图 2.32 所示。

(3) 在“工具”选项卡中单击“检查”按钮，弹出“错误检查”对话框，如图 2.33 所示。

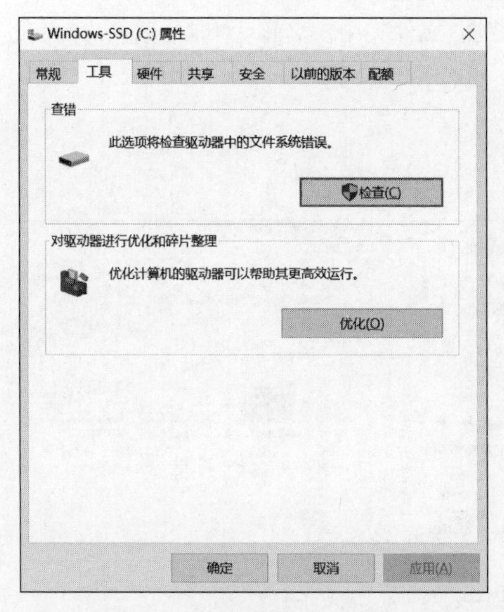

图 2.32　“磁盘属性”对话框

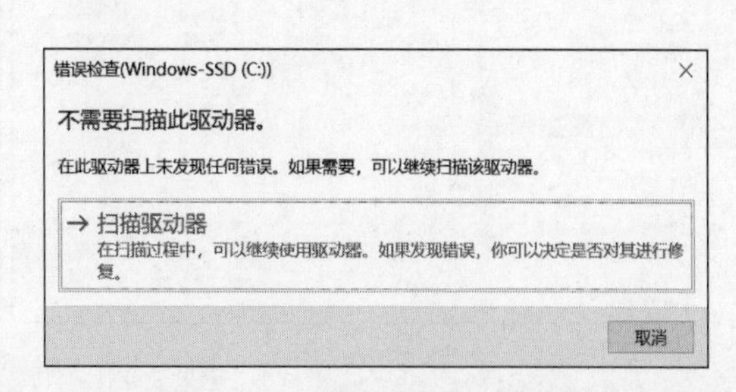

图 2.33　“错误检查”对话框

（4）单击“扫描驱动器”选项，系统开始检查磁盘，并显示检查进度，如图2.34所示。

（5）扫描完成后会弹出“错误检查”对话框，根据查错的结果进行下一步的修复，如图2.35所示。

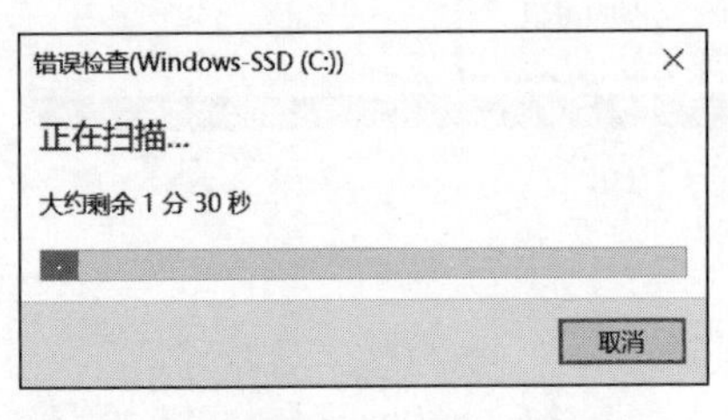

图 2.34　系统开始检查磁盘进度

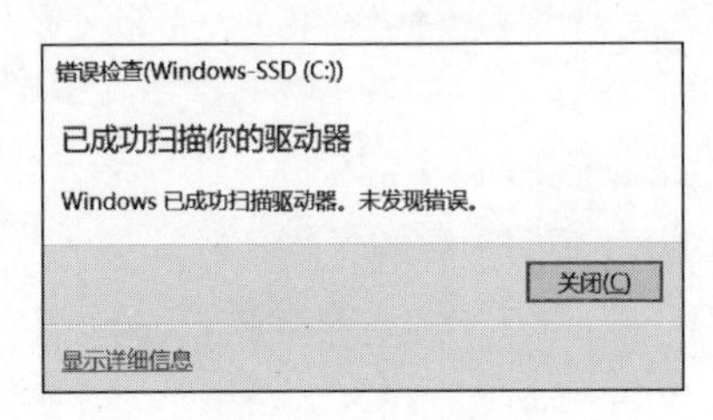

图 2.35　磁盘检查

2.2.9　屏幕截图

在计算机的日常使用中，经常会遇到将屏幕当前内容截图保存的情况，而Windows 10截图提供了很多种方法。

1. PrtSc键

每台计算机的键盘都有这个键，一般位于键盘功能区，有些键盘上写的是Print Screen，有些是PrtScn。按PrtSc键时，会将当前屏幕所能看到的内容保存到剪贴板中，接着只需要在适当的地方粘贴便可以插入刚才截的屏幕内容。例如，打开Word文档后，单击“粘贴”按钮或按Ctrl+V组合键，便可将刚才截的屏幕作为图片插入文档中。只要是支持插入图片的地方都可以粘贴显示屏幕截图，但是文本文档不支持插入图片，所以粘贴无效。

2. Alt+PrtSc组合键截图活动窗口

如果使用Alt+PrtSc组合键，则是截图活动窗口，而不是整个屏幕。

3. Win+PrtSc组合键直接将屏幕截图并保存为文件

使用PrtSc键截图只是将截图复制到剪贴板里面，而使用Win+PrtSn组合键会直接将截图内容保存为一张图片文件放到“图片”→“屏幕截图”文件夹中。名称为“屏幕截图(1).png”，括号中的数字会自动增长，每按一次Win+PrtSc组合键就会保存一张图，如图2.36所示。

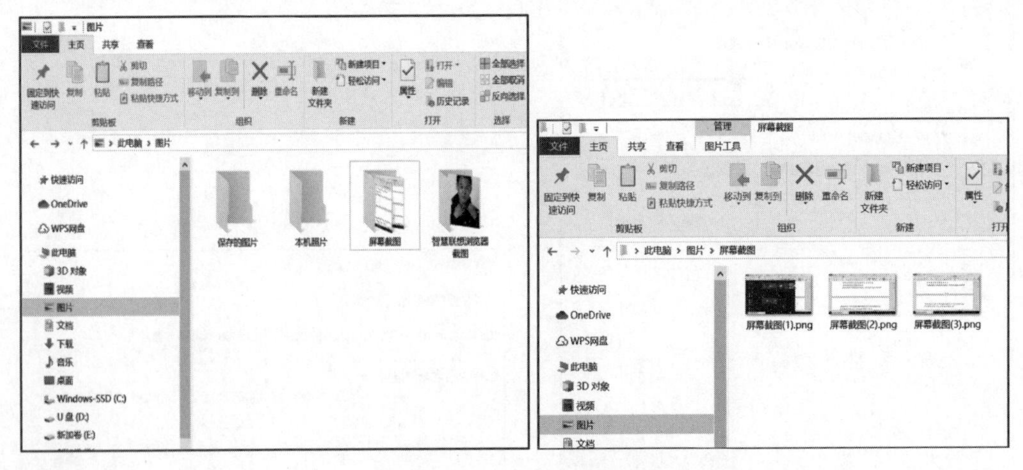

图 2.36　Win+PrtSc截图

4. 使用屏幕截图工具截屏

单击打开“通知屏幕”中的“屏幕截图”后，在屏幕上方会出现屏幕截图工具栏，工具栏中分别有矩形截图、任意形状截图、窗口截图、全屏幕截图几个按钮。单击相应的按钮可以进行相应的截图操作。任意形状截图可以通过鼠标拖动选择不规则的区域截图，如图 2.37 所示。

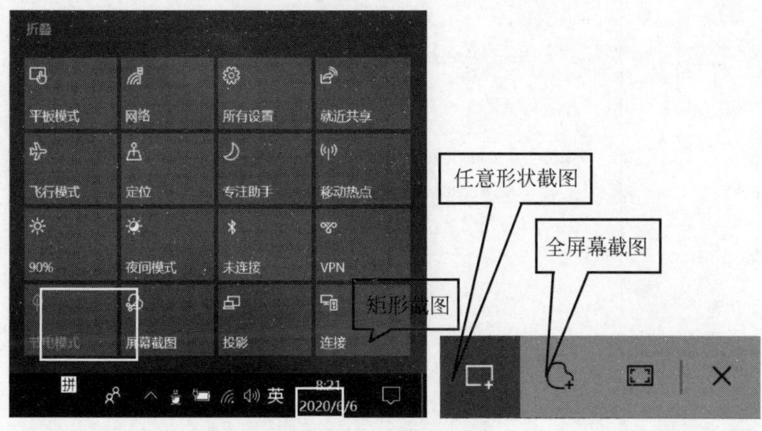

图 2.37　屏幕截图

2.2.10　操作系统的优化和备份

1. 系统优化

Windows 10 新系统与其他系统相比，已做过很多优化。但由于系统功能较多，使用时间长了，计算机会出现卡顿现象，而 Windows 10 优化设置对提升运行速度与提高使用体验有很大的影响，下面介绍几种优化 Windows 10 的方法。

(1) 关闭不需要的启动项。

在键盘上启动 Windows 按钮，在输入栏中搜索“任务管理器”，单击弹出“任务管理器”，单击“启动”标签，然后关闭无用的任务。把鼠标放在任务上单击右键，在弹出的快捷菜单中单击“禁用”命令即可，如图 2.38 所示。

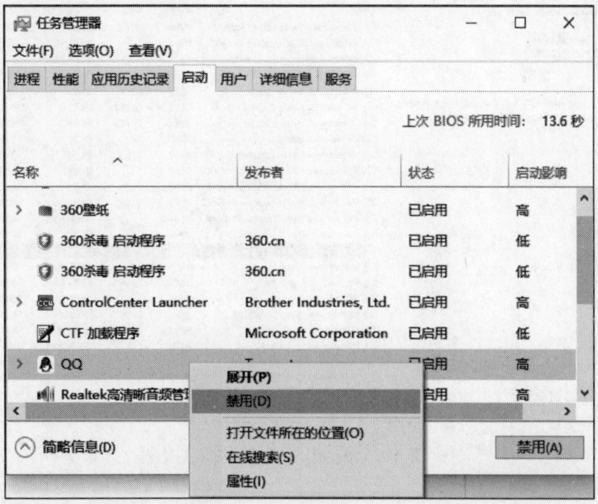

图 2.38　关闭启动项

（2）关闭磁盘片整理。

单击桌面上的“此电脑”，找到C盘，单击右键，在弹出的快捷菜单中单击“属性”选项，在弹出的对话框中，单击“工具”标签，在页面中间单击“优化”按钮，如图2.39所示。

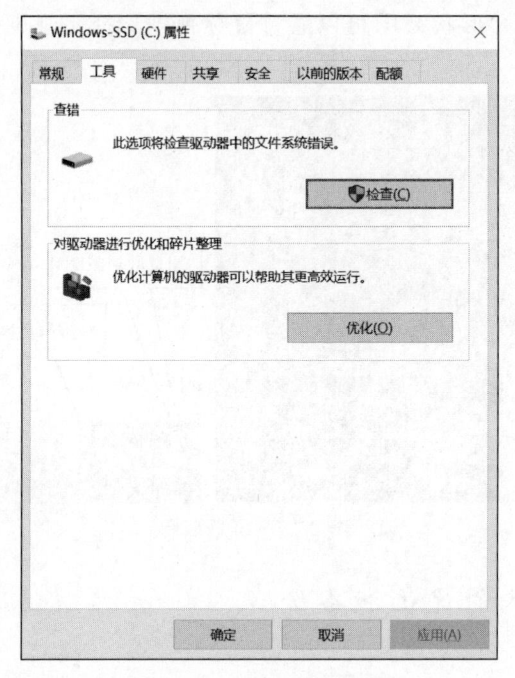

图2.39　关闭磁盘片整理

（3）关闭Windows的搜索。

右击“此电脑”图标，选择“管理”选项。在“计算机管理”窗口中，单击“服务和应用程序”中的“服务”选项。然后在右边栏中找到Windows Search选项。双击此选项，在对话框中单击“启动类型”中的“停止”按钮，单击“确定”按钮即可，如图2.40所示。

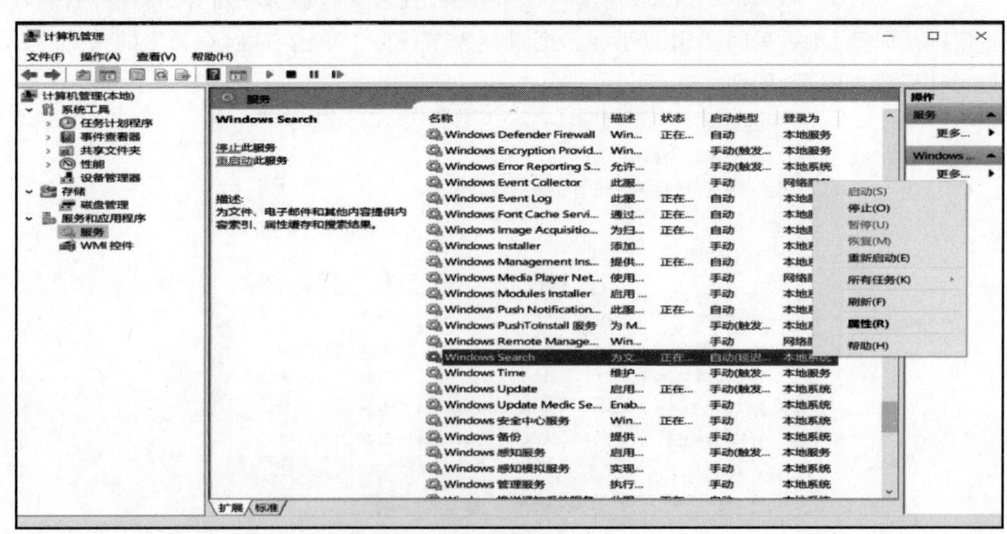

图2.40　关闭Windows的搜索

2. 系统备份

Windows 10 系统在性能上已经有了较大的提升,但也可能存在不稳定。出现磁盘数据丢失或操作系统崩溃时,可以还原备份前的数据,因此有必要对系统进行备份。

(1) 打开“控制面板”窗口,单击“系统和安全”超链接,在打开的界面中单击“备份和还原”超链接。

(2) 在打开的“备份和还原”窗口中单击“设置备份”,如图 2.41 所示。

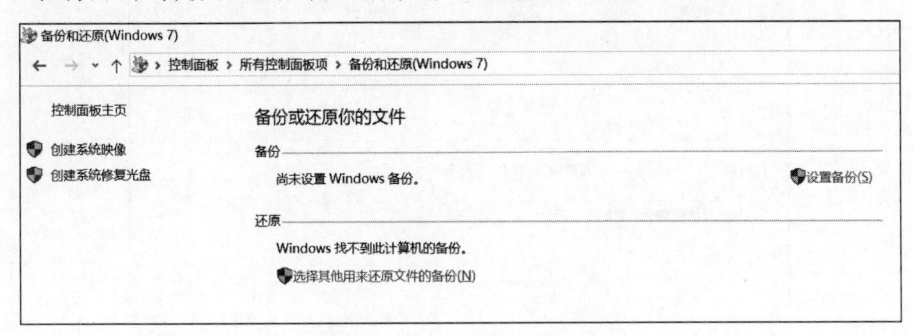

图 2.41　准备备份系统

(3) 在打开的窗口中提供了多种备份文件的保存位置,可以是本地磁盘,也可以是外置存储设备。

(4) 依次单击“下一步”按钮,确认备份信息无误后,单击“保存设置并运行备份”按钮,如图 2.42 和图 2.43 所示。

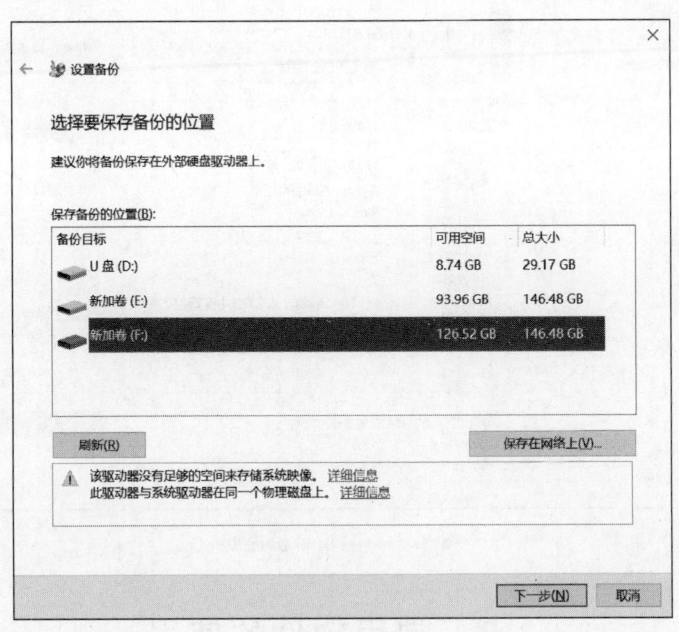

图 2.42　选择保存备份的位置

(5) 系统开始执行备份操作,待备份完成后,将自动弹出对话框,单击“关闭”按钮完成备份操作,如图 2.44 所示。

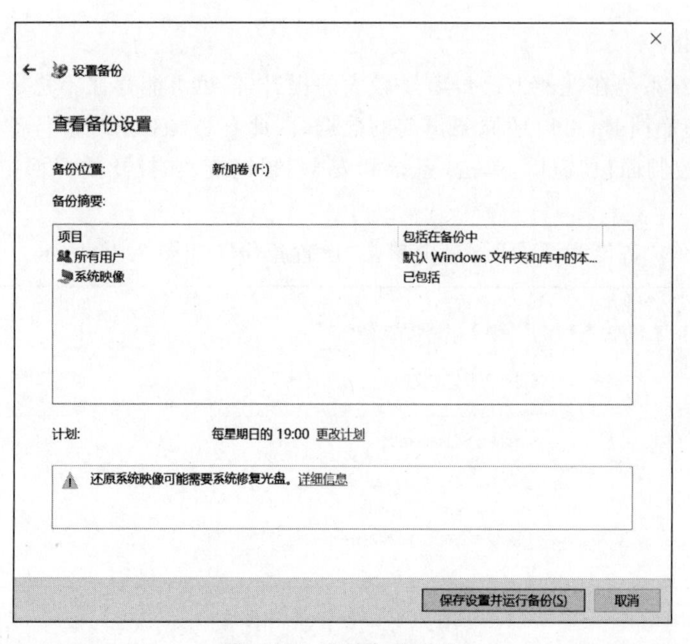

图 2.43　开始备份系统

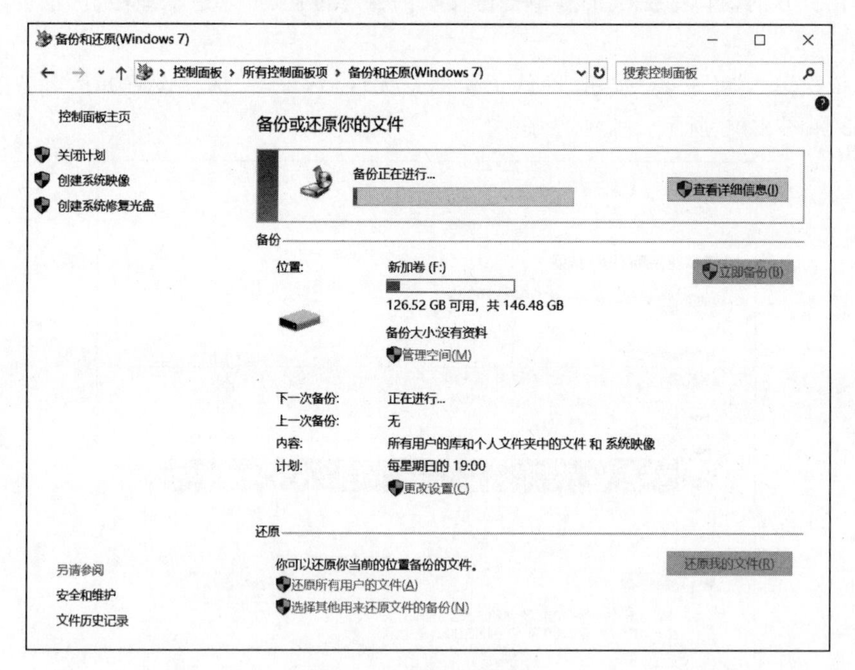

图 2.44　显示备份进度

2.3　常用软件的使用

2.3.1　软件的安装与卸载

Windows 10 自带的应用程序拥有的功能有限，用户需自行在计算机上安装一些必要的常用软件才能满足日常的需要。

1. 软件安装

在获取软件之后，即可进行安装软件。常用的软件安装都是通过图形化的安装向导进行的，用户只需要在安装向导的过程中设置一些相关的选项即可。大多数软件的安装都会包括阅读与确认用户协议、选择安装路径、选择软件组件、安装软件文件以及完成安装 5 个步骤。

2. 软件卸载

(1) 通过程序本身的卸载程序卸载。很多软件都有卸载程序，可以通过“开始”菜单查看，找到相应的应用程序名称，然后单击“卸载程序”选项即可。

(2) 通过控制面板卸载软件。若程序未提供删除工具，则可使用“控制面板”来完成软件的卸载。打开“控制面板”，单击“卸载程序”按钮，在“程序和功能”窗口中右击需要卸载的软件，然后按照向导完成软件的卸载，如图 2.45 所示。

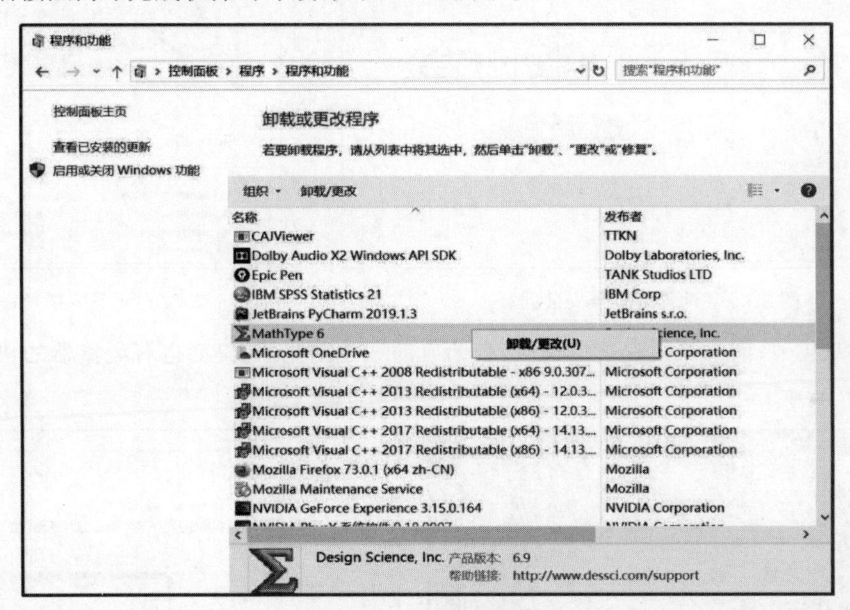

图 2.45 软件的卸载

2.3.2 浏览器

浏览器英文为 Browser，它是浏览 Internet 上的文本、图像、声音的主要工具。Windows 10 操作系统中已经预先安装了 IE(Internet Explorer)浏览器。除了 IE 浏览器，还有很多网页浏览器，如火狐浏览器、360 浏览器等。下面以 360 浏览器为例进行安装与使用。

(1) 打开浏览器，在搜索栏中输入“360 安全浏览器”，在弹出的结果中单击进入官方网站，如图 2.46 所示。

(2) 在官网中，单击进行下载。

(3) 下载完成后，找到刚刚下载的文件，双击运行该程序。

(4) 启动后，单击向下的箭头，位置如图 2.47 所示。

(5) 在这里，可以更改文件的安装路径，然后根据自己的个人需要进行设置即可。设置好后单击“安装”按钮，如图 2.48 所示。

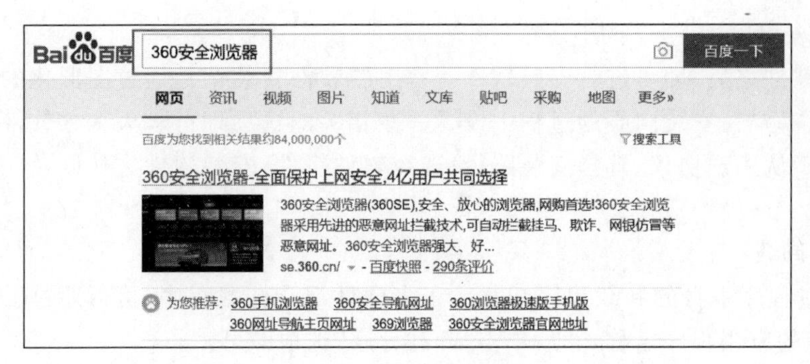

图 2.46　浏览器下载

图 2.47　设置浏览器安装路径

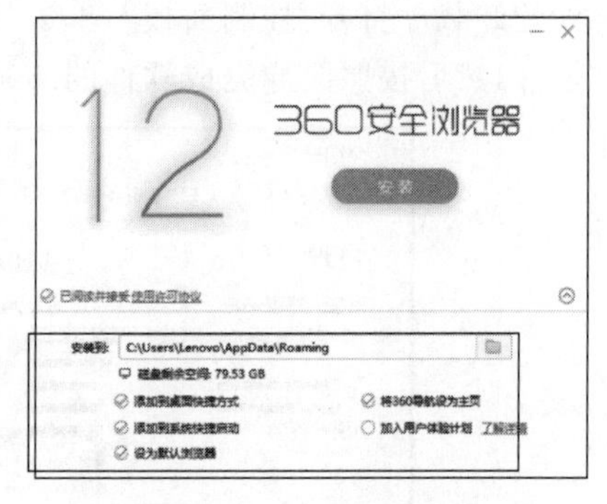

图 2.48　安装路径设置

(6) 安装中,请等待。安装完成后,自动启动 360 浏览器,桌面也有浏览器的快捷方式,如图 2.49 所示。

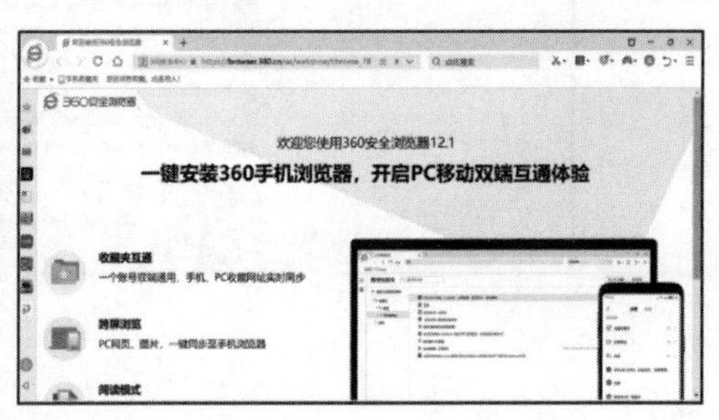

图 2.49　安装过程与使用

2.3.3　压缩软件

压缩软件主要用于减少计算机文件的容量,又分为普通文件压缩软件和专用文件(图片、视频、音频)压缩软件两类。这里主要介绍普通文件压缩软件。它采用无损压缩方式,压缩后的文件经解压后可以完整还原。常用的普通文件压缩软件有 WinRAR、WinZip、7-Zip 等。在此以 WinRAR 为例介绍它的使用方法。

1. 用 WinRAR 压缩文件

(1) 选择单个或多个需要压缩的文件或文件夹,右击被选中的文件或文件夹,弹出快捷菜单,如图 2.50 所示。

(2) 选择“添加到压缩文件”,在弹出的对话框中进行各种常规设置,包括压缩文件格式、压缩选项、压缩方式、设置密码等设置，如图 2.51 所示。

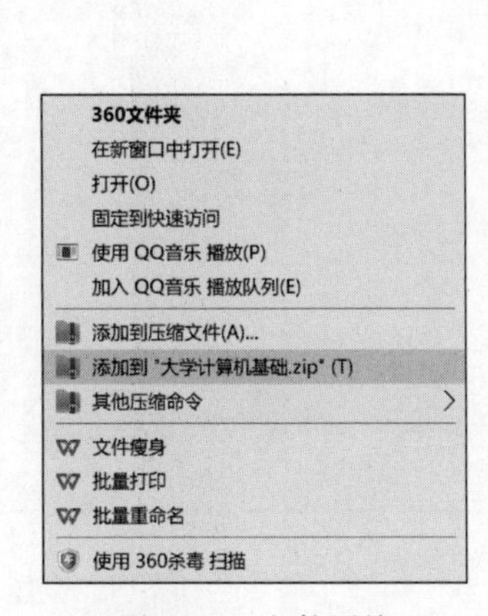

图 2.50　文件压缩

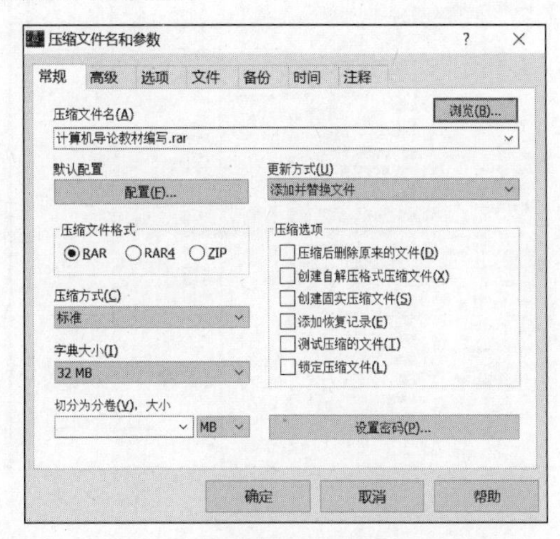

图 2.51　“压缩文件名和参数”对话框

（3）单击“浏览”按钮，在弹出的“查找压缩文件”对话框中进行压缩文件位置的设置，如图 2.52 所示。

（4）单击“保存”按钮，开始压缩，压缩完成后，可以在压缩文件位置找到一个已压缩好的文件。压缩过程如图 2.53 所示。

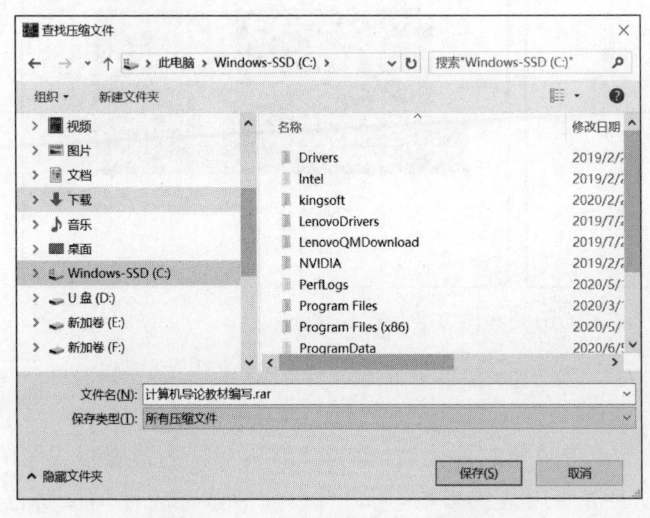

图 2.52　“查找压缩文件”对话框

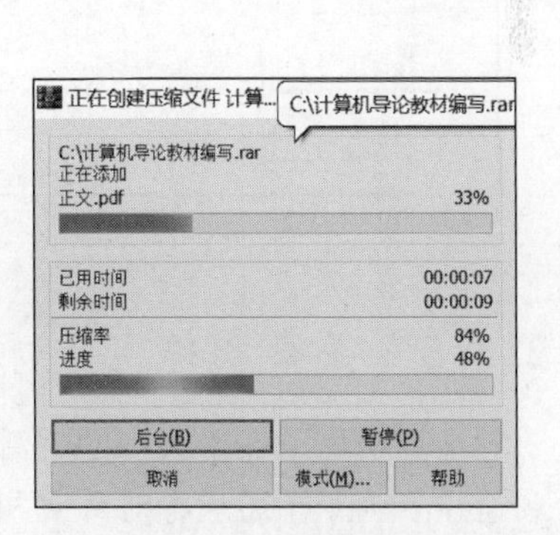

图 2.53　压缩过程

2．用 WinRAR 解压文件

（1）选择需要解压的文件右击，在弹出的快捷菜单中选择“解压文件”。

（2）在弹出的“解压路径和选项”对话框中进行目标路径、更新方式、覆盖方式等设置。

（3）单击“确定”按钮即可完成文件的解压，如图 2.54 所示。

2.3.4　办公软件

办公软件属于应用工具软件中的文字处理工具一类，目前最常用的办公软件套装是微软的 Office 系列和金山 WPS 系列。下面以 Office 2016 为例进行安装与使用。

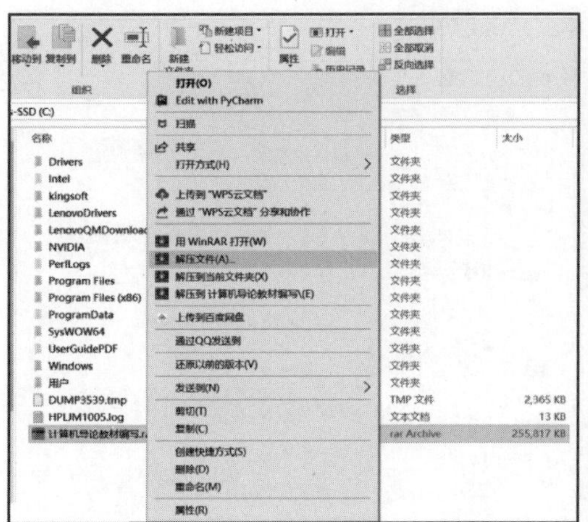

图 2.54　文件解压

（1）打开 Office 2016 文件安装包，双击 setup.exe 图标执行“安装”命令。

（2）弹出软件安装对话框，然后等待。

（3）等待大约 5 分钟后，出现安装对话框。

（4）单击“关闭”按钮完成 Office 2016 的安装。安装过程如图 2.55 所示。

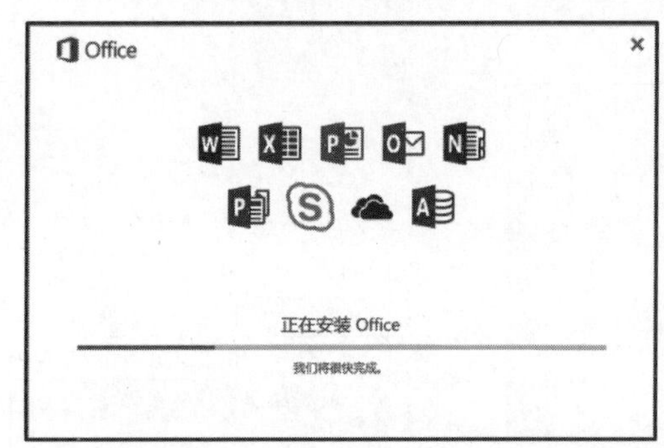

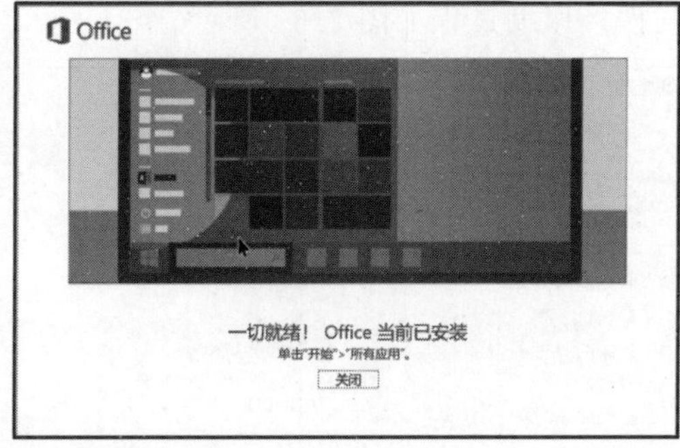

图 2.55　Office 2016 安装过程

2.3.5　杀毒软件

计算机网络在给人们的生活和工作带来便利的同时，也为计算机病毒的传播提供了有利途径。为了预防病毒对计算机的正常使用造成影响，用户可以安装杀毒软件加以防范。杀毒软件，也称为反病毒软件或防毒软件，是用于消除计算机病毒、特洛伊木马和恶意软件等威胁的一类软件杀毒软件。下面以安装 360 杀毒软件为例讲解安装过程。

（1）打开 IE 浏览器，在地址栏中输入“www.360.cn”，进入 360 官网，如图 2.56 所示。

（2）单击“电脑软件”→“360 杀毒”进入 360 杀毒下载界面，如图 2.57 所示。

（3）单击“正式版”链接进行下载，完成后按照向导安装该软件，如图 2.58 所示。

（4）安装结束后单击“立即体验”按钮，进入 360 杀毒的使用界面，如图 2.59 所示。

（5）在主界面中根据需要使用杀毒软件各项功能。安装过程如图 2.60 所示。

图 2.56　360 官网

图 2.57　360 杀毒下载界面

图 2.58　360 杀毒软件安装设置

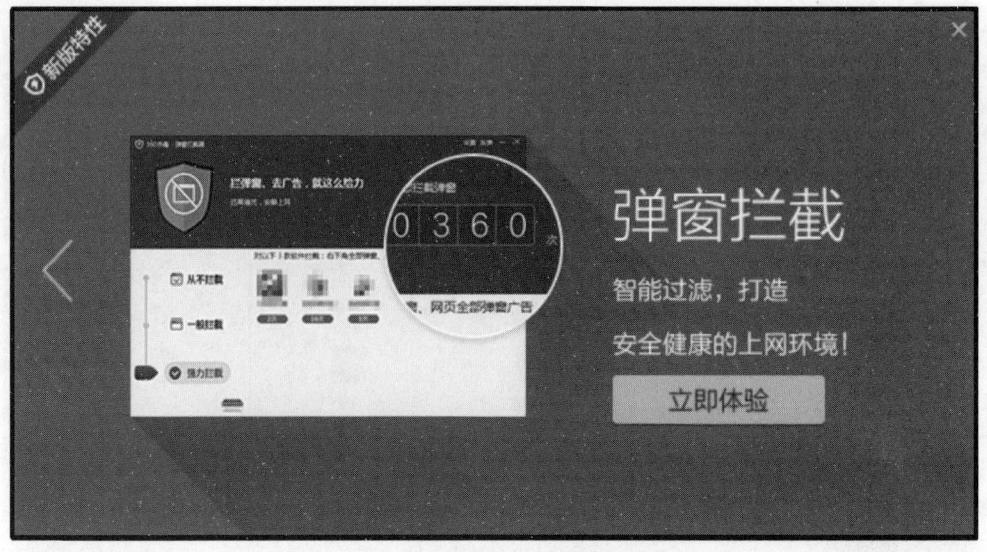

图 2.59　体验 360 杀毒软件

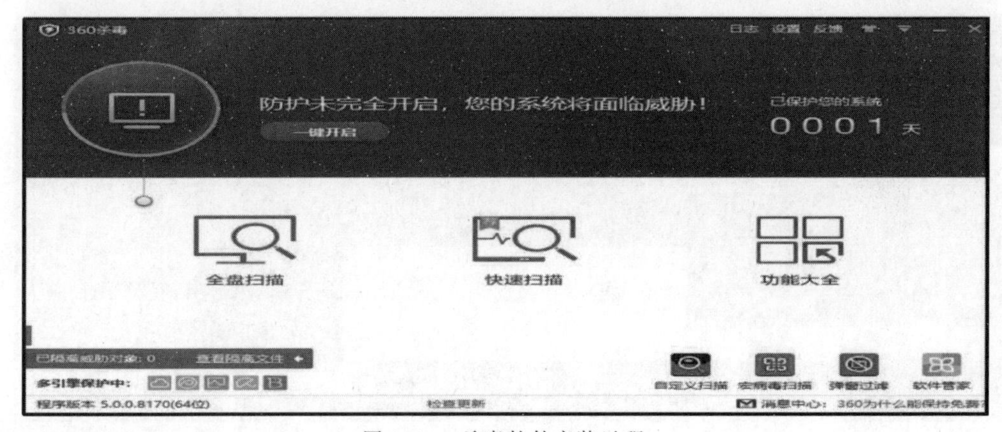

图 2.60　杀毒软件安装过程

2.3.6　即时通信软件

即时通信软件是通过即时通信技术来实现在线聊天、交流的软件。目前有两种架构形式，一种是 C/S 架构，采用客户端/服务器形式，用户使用过程中需要下载安装客户端软件，典型的代表有微信、QQ、有度即时通、百度 HI、Skype、Gtalk、新浪 UC、MSN 等；另一种是 B/S 架构，即浏览器/服务器形式，这种形式的即时通信软件，直接借助互联网为媒介、客户端无须安装任何软件，即可体验与服务器端进行沟通对话，一般运用在电子商务网站的服务商，典型的代表有 Website Live、53KF、Live800 等。

2.3.7　上传下载软件

上传就是将信息从个人计算机(本地计算机)传递到中央计算机(远程计算机)系统上，让网络上的人都能看到。例如，将制作好的网页、文字、图片等发布到互联网上，以便让其他人浏览、欣赏。而下载是通过网络传输文件，把互联网或其他电子计算机上的信息保存到本地计算机上的一种网络活动。

下载工具软件是一种可以使用户高效地从网上下载资料的工具软件。用下载工具下载之所以快是因为它们采用了“多点连接(分段下载)”技术,充分利用了网络上的多余带宽;采用“断点续传”技术,随时接续上次中止部位继续下载,有效避免了重复劳动。这大大节省了下载者的连线下载时间。下面介绍一个目前较欢迎的上传下载软件“百度网盘”。

百度网盘是百度推出的一项云存储服务,目前有 Web 版、Windows 客户端、Android 手机客户端,用户可以轻松地把自己的文件上传到网盘上,并可以跨终端随时随地查看和分享。别人网盘的资料可转存到自己的百度网盘中,也可以下载到自己的计算机。下面简单介绍其安装与使用流程。

(1) 在百度中搜索“百度网盘官网”,单击官网链接进入百度网盘官方网站,单击“下载 PC 版”按钮,如图 2.61 所示。

图 2.61　下载百度网盘

(2) 进入软件下载路径双击下载后的软件,单击“极速安装”。

(3) 安装完成后可扫描二维码或者输入账号进行登录(百度网盘登录账号可使用百度账号,若没有,需先申请账号,然后再登录),如图 2.62 所示。

图 2.62　登录百度网盘

(4) 登录成功后,可以在百度网盘窗口中根据需要使用其各种功能,如图 2.63 所示。

图 2.63　使用百度网盘

2.3.8　信息搜索

信息搜索是用户进行信息查询和获取的主要方式,是查找信息的方法和手段。例如,当遇到不懂的知识时,往往会使用百度搜索,而百度搜索只是众多搜索引擎中的一个,还有更多的搜索引擎或应用程序也是非常好用的,下面简单介绍几个常用的信息搜索引擎。

1. 搜狗搜索

软件特色如下。

(1) 智能搜索:搜狗搜索具备智能搜索功能,通过先进的算法和技术,能够分析和理解用户的搜索意图,根据用户的搜索习惯和兴趣,为用户推荐相关度更高的搜索结果。无论是搜索资讯、图片、视频还是网页,用户都可以轻松找到所需内容。

(2) 快速搜索:搜狗搜索拥有快速的搜索速度,通过先进的搜索算法和技术,能够快速索引和检索海量数据,确保用户能够在短时间内找到他们需要的信息。

(3) 多语言支持:搜狗搜索支持多种语言的搜索,用户可以选择使用自己熟悉的语言进行搜索,这方便了不同国家和地区的用户,使他们能够以自己的母语进行搜索。

(4) 智能推荐:搜狗搜索能够根据用户的搜索历史和兴趣,智能推荐相关内容。这有助于用户在搜索结果中发现更多感兴趣的信息,提高了搜索的个性化和精准度。

(5) 全面覆盖:搜狗搜索拥有广泛的搜索范围,包括网页搜索、图片搜索、视频搜索等等。用户可以在一个软件中完成多种类型的搜索,无须切换不同的应用程序。

(6) 安全可靠:搜狗搜索具备安全可靠的特性,能够过滤和屏蔽恶意网站和不良信息,保护用户的安全和隐私。

(7) 用户体验优化：搜狗搜索不断优化用户体验，提供简洁清晰的界面和操作方式。用户可以轻松上手并享受到流畅的搜索体验。

图 2.64　搜狗搜索

2. 360 搜索

360 搜索是通过一个统一的用户界面帮助用户在多个搜索引擎中选择和利用合适的(甚至是同时利用若干个)搜索引擎来实现检索操作，是对分布于网络的多种检索工具的全局控制机制。而 360 搜索＋，属于全文搜索引擎，是奇虎 360 公司开发的基于机器学习技术的第三代搜索引擎，具备“自学习、自进化”能力和发现用户最需要的搜索结果，如图 2.65 所示。

图 2.65　360 搜索

软件特色如下。

(1) 智能搜索与推荐：360 搜索能智能推荐搜索结果，准确匹配用户需求，无须完整输入即可快速搜索。同时，结合强大的 AI 技术，能够深入分析用户问题，并生成逻辑清晰、有理有据的答案。

(2) 多元化的搜索内容：360 搜索能提供新闻搜索、网页搜索、微博搜索、视频搜索、MP3 搜索、图片搜索、地图搜索、问答搜索、购物搜索等多种搜索服务。

(3) 用户体验优化：360 搜索支持新标签页打开，实现快速浏览搜索结果。其独特的“手势操作”功能，即使用户拥有大屏手机，也能单手轻松完成前进后退操作。同时支持语音搜索功能，用户可以直接说出搜索内容，提高搜索效率。

(4) 安全性与隐私保护：360 搜索能智能拦截钓鱼网站和恶意网站，保护用户上网安全。能提供“无痕模式”，不记录搜索/浏览行为，极大限度地保护用户隐私。

(5) 本地化与生活服务：360 搜索能提供“身边生活”功能，帮助用户查找身边的吃喝玩乐各类信息。其地图导航功能，能提供权威地图数据和智能路线规划，满足用户出行需求。

(6) 创新功能：360AI 搜索提供 AI 阅读助手功能，自动整理网页内容，提供智能摘要、文章脉络等，帮助用户快速理解文章要点。

3. 必应 Bing 搜索

Bing. com 是一款微软公司推出的用以取代 Live Search 的搜索引擎。其中文名称被定为“必应”，有“有求必应”的寓意。Bing 搜索的最大特点在于，与传统搜索引擎只是单独列出一个搜索列表不同，微软还会对返回的结果加以分类，如图 2.66 所示。

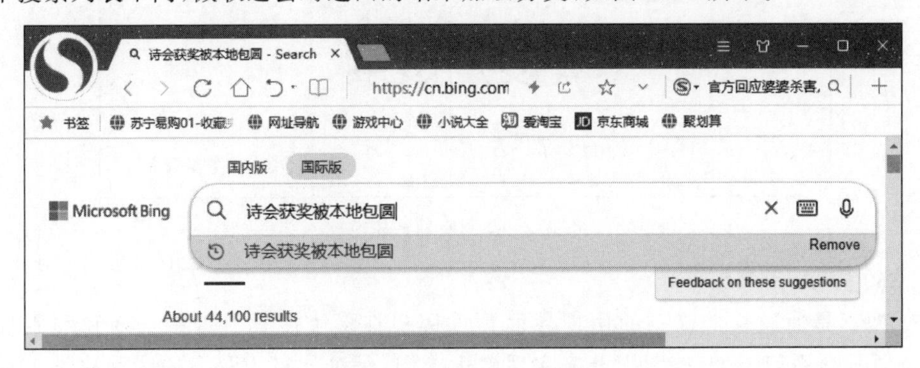

图 2.66　必应 Bing 搜索

例如，当用户搜索某位著名人物的名字时，搜索结果的主要部分会显示传统的列表，导航栏则会显示图片、视频、学术、词典和地图等几个类别。当用户输入某一产品名称时，侧边栏则会显示评价、使用手册、价格和维修等类别。而如果输入的是某一城市名称，则会显示地图、当地商业指南、旅游路线以及交通信息等类别，如图 2.67 所示。

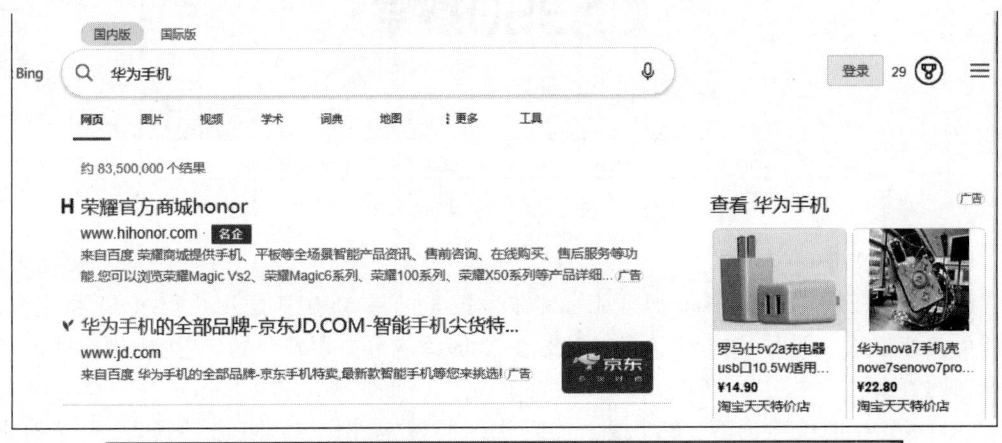

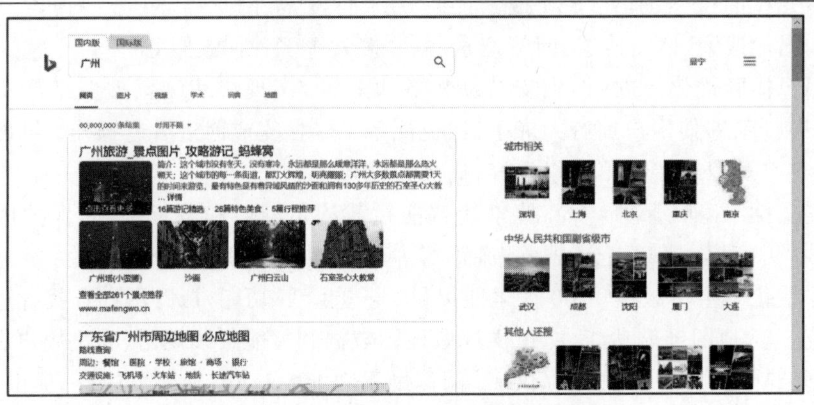

图 2.67　必应 Bing 搜索结果

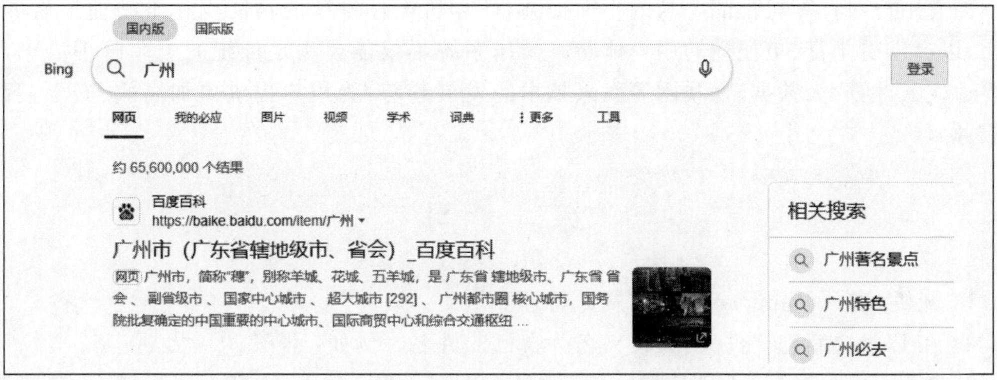

图 2.67 (续)

小 结

操作系统是最基本的系统软件,它是一组用于有效控制和管理计算机所有硬件和软件资源的程序的集合。操作系统的功能通常可以归纳为以下几个主要方面:处理器管理、存储器管理、设备管理、文件管理和作业管理。其中,处理器管理确实可以进一步细分为静态管理和动态管理,但更常见的划分是作业管理和进程管理。

目前,操作系统主要分为以下 5 大类型。

- 批处理操作系统。
- 分时操作系统。
- 实时操作系统。
- 网络操作系统。
- 分布式操作系统。

计算机操作系统的发展可以追溯到 20 世纪中期。而微机操作系统的发展历程主要包括 DOS、Windows 系列操作系统(包括 Windows 10)以及网络操作系统等阶段。

Windows 10 的基本操作如下。

- 管理用户账户。
- 设置个性化桌面。
- 系统字体的安装和卸载。
- 管理文件和文件夹。
- 清理磁盘碎片。
- 磁盘查错。
- 屏幕截图。
- 操作系统的优化和备份。

Windows 10 自带的应用程序虽然拥有一定的功能,但通常用户需要在计算机上安装一些额外的常用软件来满足日常需求。

关于软件的安装与卸载、浏览器、压缩软件、办公软件、杀毒软件、即时通信软件、上传下载软件和信息搜索软件等,用户需要了解它们的安装方法和基本的使用方法。

随着用户对计算机性能要求的不断提高，计算机操作系统的功能也在不断地扩展和复杂化，以提供更丰富、更便捷的用户体验。操作系统不仅需要满足传统的资源管理需求，还需要适应云计算、大数据、物联网等新兴技术的发展趋势，为用户提供更加高效、安全、智能的服务。

练　习

1. 开机，进入 Windows，启动“资源管理器”。
2. 在 D 盘中新建文件夹，文件夹名为自己的姓名。例如：张三。
3. 查找 D 盘中前 5 天创建的文件，并且大小在 40KB 以上，查找完毕后，从窗口复制，保存到自己的文件夹中，文件名为 A1. DOC。
4. 自定义任务栏，设置任务栏中的时钟隐藏，并且在“开始”菜单中显示小图标。
5. 为“开始”菜单“程序”子菜单中的 Word 2016 创建桌面快捷方式。
6. 将自己的文件夹设置为共享。
7. 用磁盘清理程序对 C 驱动器进行清理。
8. 设置当前日期为 2024 年 1 月 1 日，时间为 10 点 30 分，然后恢复原设置。

第3章　文稿编辑软件 Word 2016

Word 2016 是 Microsoft 推出的 Office 办公软件的核心组件之一，是一款功能强大的文字处理软件。它将文字的输入、编辑、排版、存储和打印融为一体，将表格、图形、声音等元素穿插于字里行间，使得文章的表达层次清晰、图文并茂。本章将介绍 Word 2016 的相关知识，包括 Word 2016 的基本知识、文本编辑、文档排版、表格应用、版面设置、图文混排等内容。

【知识目标】

- 了解 Word 2016 的操作界面，以及功能选项下各功能组的基本操作。
- 掌握 Word 2016 文档的创建、页面布局、字符、段落格式化等操作。
- 掌握 Word 2016 图文混排、页眉和页脚操作。
- 掌握 Word 2016 长文档的编辑管理操作。
- 掌握 Word 2016 文档的修订、文档保护、邮件合并操作。
- 掌握 Word 2016 宏、控件、文档部件操作。

【能力目标】

- 具备 Word 2016 工具软件的功能命令的熟练操作能力。
- 具备创建排版规范的 Word 文档的能力。
- 具备各类文档的编辑处理能力。

【素质目标】

- 培养学生具备较高的信息素养、严谨的工作态度和行为规范。
- 培养学生文化自信，让学生领略中国传统文化的博大精深。
- 培养学生科学技术自信，从前辈的奉献精神体会到中国科学技术的发展和突破，感受到当下的中国力量。

3.1　基本操作

3.1.1　创建保存文档

1. 创建新文档

启动 Word 2016 后，会弹出一个模板选项窗口，如图 3.1 所示，选择“空白文档”模板选项，会自动新建一个空白文档，文件名默认为“文档 1”，如图 3.2 所示。

此外，还可以通过以下方法新建 Word 2016 空白文档。

(1) 通过“新建”命令创建新文档：在 Word 编辑状态下选择“文件”选项卡下拉列表中

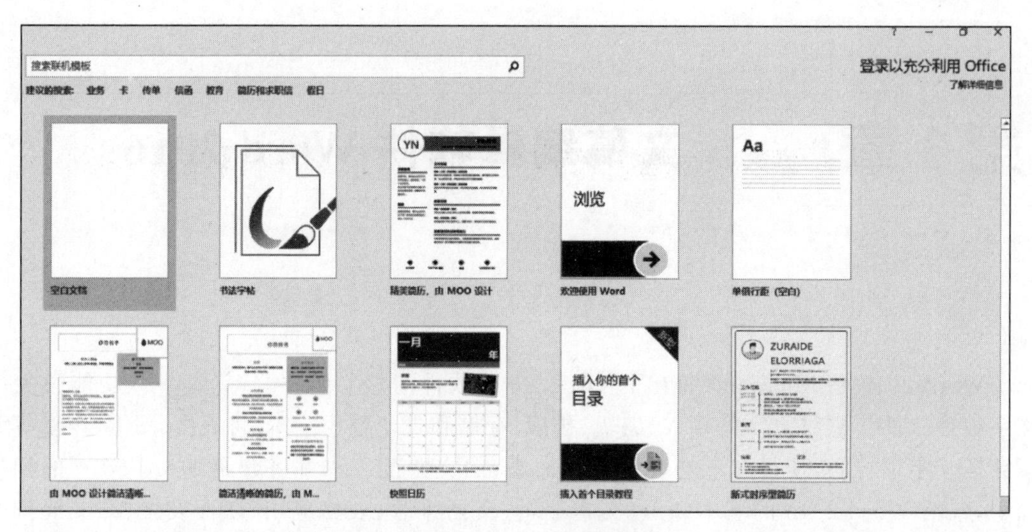

图 3.1　Word 2016 模板选项窗口

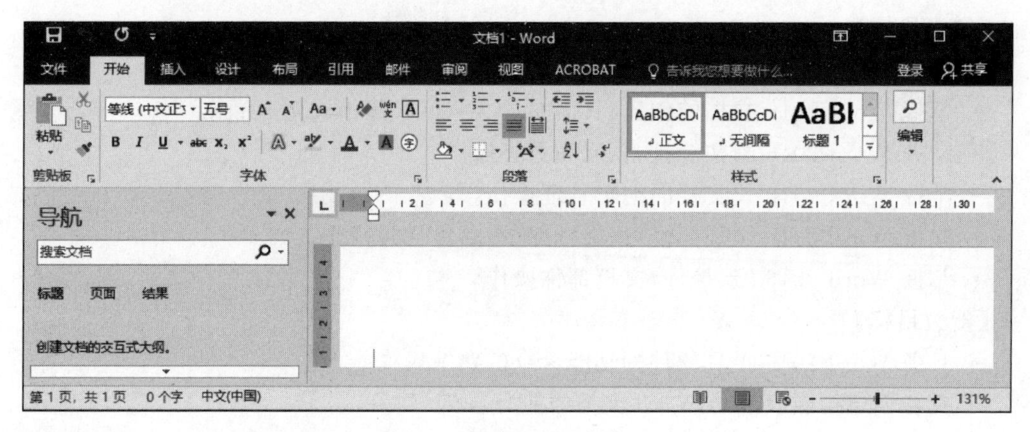

图 3.2　新建空白文档窗口

的"新建"命令，然后选择弹出的"空白文档"模板选项。

(2) 通过快捷键新建：在 Word 编辑状态下直接按 Ctrl+N 组合键。

上述方法都是创建通用型的 Word 2016 文档，Word 2016 还内置了多种文档模板，如书法字帖、求职信、日历等，用户可以借助这些模板来创建具有一定内容和样式的文档。

2. 保存文档

新文档或编辑过的文档需要保存到计算机中，便于后续查看和使用。Word 2016 中保存文档有保存文档、另存为文档和自动保存文档三种方法。

1) 保存文档

对正在编辑或已经完成编辑的文档可以采用以下方法完成保存。

(1) 通过快速访问工具栏保存：单击快速访问工具栏中的"保存"按钮🖫。

(2) 通过"保存"命令保存：选择"文件"选项卡下拉列表中的"保存"命令。

(3) 通过快捷键保存：按 Ctrl+S 组合键。

2) 另存为文档

如果需要对已保存的文档进行备份，可通过"另存为"命令保存。选择"文件"选项卡下拉列表中的“另存为”命令，选择保存文档的位置后，会弹出“另存为”对话框，在“文件名”编辑栏中输入所需的文件名，从“保存类型”下拉列表框中选择默认的“Word 文档(.docx)”，如图 3.3 所示，单击“保存”按钮，则将原文档以另一文件名保存。

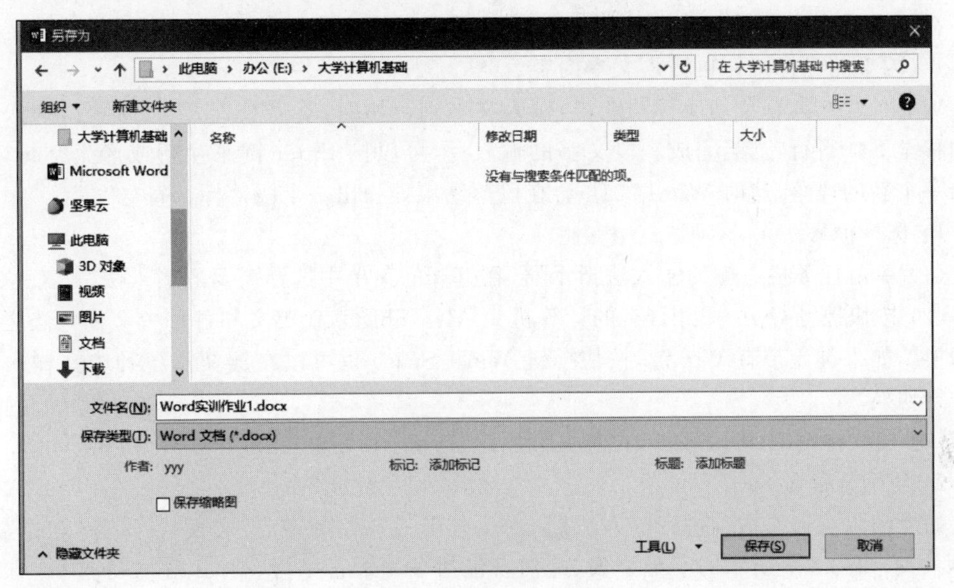

图 3.3 “另存为”对话框

如果是第一次对新建的文档进行保存，执行以上任意操作后，都将打开如图 3.3 所示的“另存为”对话框来完成文档的保存操作。

3）自动保存文档

设置自动保存文档后，Word 2016 将按照设置的时间间隔自动保存文档，以避免遇到死机或突然断电等意外情况丢失数据。自动保存文档的操作方法如下。

选择“文件”选项卡下拉列表中的“选项”命令，打开如图 3.4 所示的“Word 选项”对话框，选择左侧列表框中的“保存”选项，单击选中“保存自动恢复信息时间间隔”复选框，在右侧的数值框中设置自动保存的时间间隔，如“10 分钟”，完成后单击“确定”按钮。

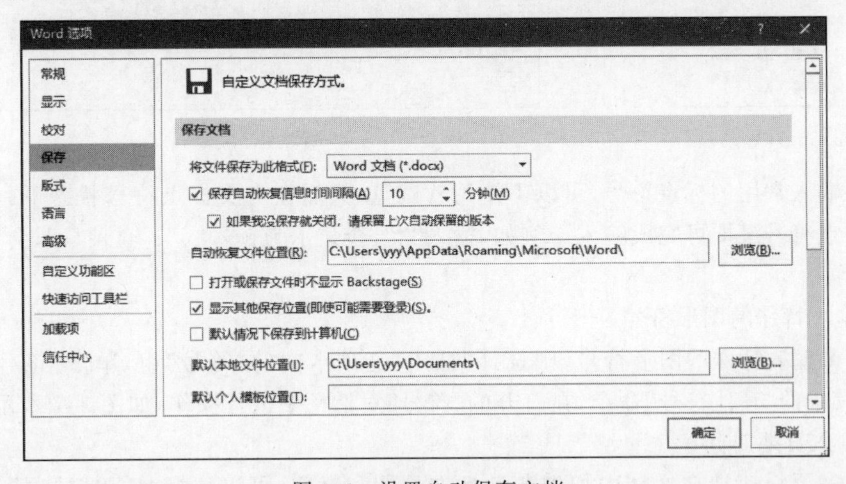

图 3.4 设置自动保存文档

3.1.2 编辑处理文本

1. 输入文本

在编辑区中输入文本时，先将光标定位至需要输入文本的位置处，单击鼠标，确定文本插入点（闪烁的光标）后，再输入文本内容。

Word 2016 具有自动换行功能，当输入文本到行尾时，不需按 Enter 键换行，插入点会自动移至下一行行首，当完成一段文字的输入后，可以按 Enter 键来换行或产生空行，即可开始一个新的段落，这时 Word 2016 会在段落结束处弹出一个段落标记符号"↵"。

1）选择输入法

（1）单击任务栏右侧的输入法指示器，在打开的菜单中选择需要的输入法。

（2）按快捷键 Ctrl＋Shift（有的计算机为 Alt＋Shift），在英文和各种中文输入法之间进行切换。如果键盘带有 Win 键，按快捷键 Win＋Space 也可以在英文和各种中文输入法之间进行切换。

（3）按快捷键 Ctrl＋Space，在英文和系统首选的中文输入法之间进行切换。

2）使用软键盘

如果输入法选择搜狗拼音输入法，右击任务栏右侧的中/英文模式，选择"软键盘"选项，则显示如图 3.5 所示的字母列表，此列表包括多种语言字母、符号、序号等选项，方便各种不同文体的输入，如选择"希腊字母"选项，则打开希腊字母键盘，如图 3.6 所示。

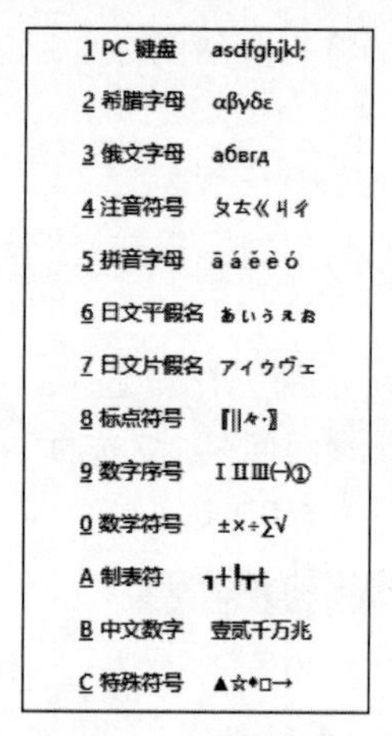

图 3.5 符号列表

图 3.6 软键盘

如果输入常用的标点符号，可以不使用软键盘，只需在中文标点符号状态下，直接按键盘上的标点符号键即可完成输入。例如，输入"\"，会显示为顿号"、"；输入"<"，会显示为书名号"《"等。

3）输入特殊的图形符号

如果要输入特殊的图形符号，则选择"插入"选项卡中的"符号"组，单击"符号"下拉按钮，选择其中的"其他符号"命令，在打开的"符号"对话框中进行操作，如图 3.7 所示。

4）输入日期时间

如果需要快速地在文档中加入各种标准日期和时间，可以选择"插入"选项卡中的"文本"组，单击"日期和时间"按钮 日期和时间，打开如图 3.8 所示的"日期和时间"对话框，选

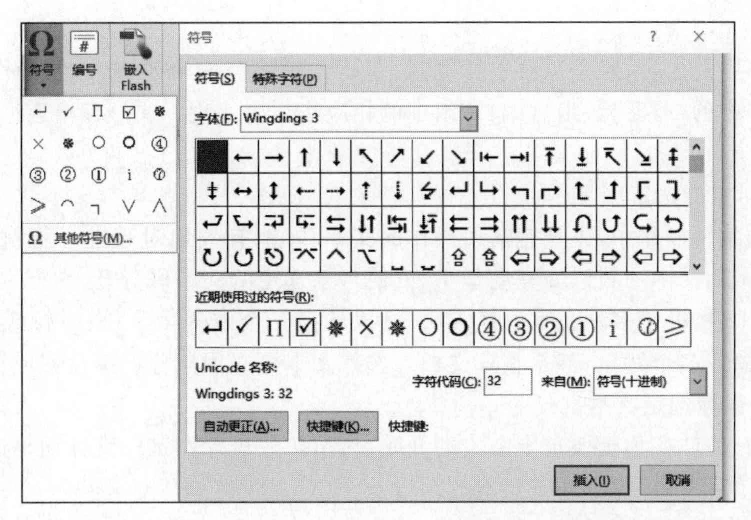

图 3.7 “符号”对话框

择需要的日期和时间格式即可。如果希望每次打开文档时，时间自动更新为打开文档的时间，需要在“日期和时间”对话框中选中“自动更新”复选框。

5）插入文件中的文字

有时需要将另一个文件中的全部内容插入当前文档的光标处，可以选择“插入”选项卡中的“文本”组，单击“对象”下拉按钮 ，在下拉菜单中选择“文件中的文字”命令，打开如图 3.9 所示的“插入文件”对话框，在其中选择需要的文件插入。

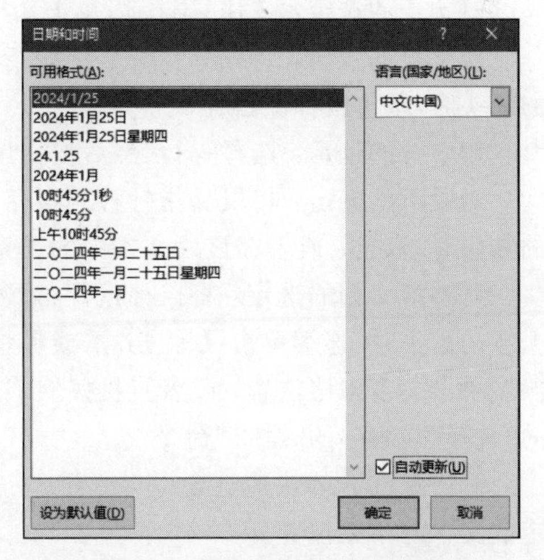

图 3.8 “日期和时间”对话框

通过键盘输入文本，有两种状态：插入和改写。在插入状态下，状态栏中出现“插入”按钮，输入的字符插在光标后的字符前。在改写状态下，状态栏中出现“改写”按钮，输入的字符将替换光标后的字符。要在插入和改写状态间切换，可按 Insert 键。

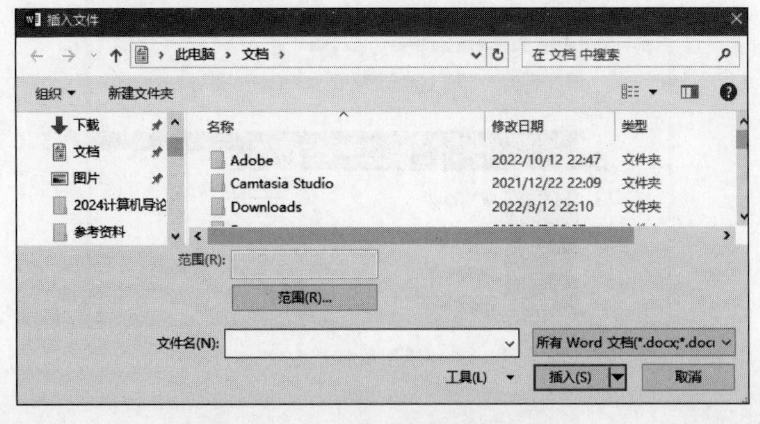

图 3.9 “插入文件”对话框

2. 编辑文本

对于文档中的内容，经常需要进行复制、移动和删除等编辑操作，这些操作都可以通过“开始”选项卡中的“剪贴板”组、“编辑”组中的相应按钮来实现。文档编辑遵循的原则是“先选定，后执行”。

1）编辑对象的选定

在文档的编辑操作中，先选定需要操作的文本，才能有效地对其进行复制、移动和删除等操作，被选定的文本一般以高亮度显示，方便与未选定的文本区分开。

Word 2016 提供了多种文本选择方法，可以选择一个或多个字符、一行或多行、一段或多段、一个对象或多个对象，甚至整篇文档。选择文本可以用鼠标或键盘完成操作。

（1）使用鼠标选定文本。

把光标插入点“|”移至要选定文本的开始位置，按住鼠标左键一直拖动至选定文本的末端，然后松开鼠标左键，即可选定文本。

对字词的选定：把插入光标放在某个汉字或英文单词上，快速双击，则该字词被选定。

对句子的选定：按住 Ctrl 键，单击句子中的任意位置，则整个句子被选定。

对一行的选定：将鼠标指针移到该行左侧的空白位置，当鼠标指针变成一个斜向上方的箭头时，单击鼠标左键完成选定。

对多行的选定：选择一行，然后按住鼠标左键向上或向下拖动。

对段落的选定：将鼠标指针移到段落左侧的空白位置，当鼠标指针变成一个斜向上方的箭头时，双击；或者在该段文本中的任意位置连续单击鼠标三次。

对整篇文档的选定：将鼠标指针移到文档左侧的空白位置，当鼠标指针变成一个斜向上方的箭头时，连续单击鼠标三次；或者将鼠标指针定位到文本的起始位置，按住 Shift 键，然后单击文本末尾位置；或者直接按 Ctrl＋A 组合键或者单击“开始”选项卡的“编辑”组下的“选择”列表中的“全选”命令。

对任意部分的快速选定：单击要选定的文本的开始位置，按住 Shift 键，然后单击要选定的文本的结束位置。

对矩形文本块的选定：把插入光标置于要选定文本的左上角，然后按住 Alt 键和鼠标左键，拖动到文本块的右下角，即可选定一块矩形的文本，如图 3.10 所示。

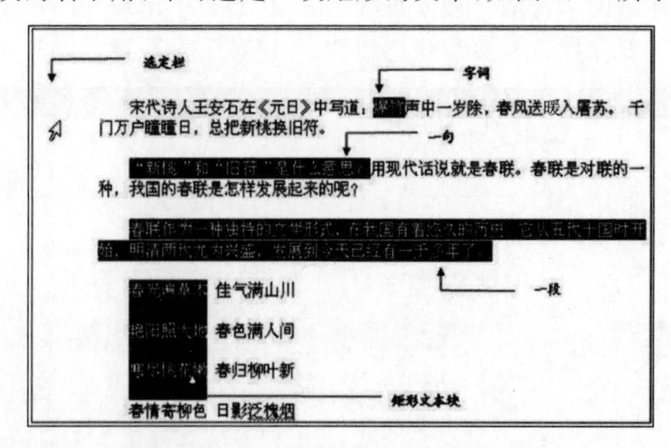

图 3.10 使用鼠标选定文本

(2) 使用键盘选定文本。

将光标移到欲选取的段落或文本的开头,同时按住 Shift 键和←、→、↑、↓键或者 Shift+End/Home 组合键来选定文本。

Shift+←: 选定光标左边的一个字。

Shift+→: 选定光标右边的一个字。

Shift+↑: 选定光标上一行的所有文本。

Shift+↓: 选定光标所在行的所有文本。

Shift+End: 选定光标右边的文本。

Shift+Home: 选定光标左边的文本。

2) 复制文本

复制文本是指在目标位置为原位置的文本创建一个副本,复制文本后,原位置和目标位置都将存在该文本。复制文本主要有以下几种方法。

(1) 利用快捷键复制。

选中所需文本后,按 Ctrl+C 组合键复制文本; 定位到目标位置后,按 Ctrl+V 组合键粘贴文本。

(2) 利用快捷菜单复制。

选择所需文本后,在其上单击鼠标右键,在弹出的快捷菜单中选择"复制"命令; 定位到目标位置后单击鼠标右键,在弹出的快捷菜单中选择"粘贴选项"命令。执行粘贴操作时,根据所选的内容 Word 2016 提供了三种粘贴方式: 保留源格式(默认方式)、合并格式、只保留文本。用户可以根据需要进行选择。

(3) 利用工作组功能区复制。

选择所需文本后,在"开始"选项卡的"剪贴板"组中,单击"复制"按钮 复制 复制文本; 定位到目标位置后,单击"开始"选项卡的"剪贴板"组中的"粘贴"按钮,粘贴文本。

(4) 利用鼠标拖曳复制。

选择所需文本后,按住 Ctrl 键,再按住鼠标左键将其拖动到目标位置即可。

3) 移动文本

移动文本是指将选择的文本从当前位置移动到另一个位置,原位置将不再保留该文本。移动文本的操作方法与复制文本的操作方法相似,也有以下 4 种方法。

(1) 利用快捷键移动。

选中要移动的文本后,按 Ctrl+X 组合键; 定位到目标位置后,按 Ctrl+V 组合键粘贴文本。

(2) 利用快捷菜单移动。

选择要移动的文本后,在其上单击鼠标右键,在弹出的快捷菜单中选择"剪切"命令; 定位到目标位置后单击鼠标右键,在弹出的快捷菜单中选择"粘贴选项"命令。

执行粘贴操作时,根据所选的内容 Word 2016 提供了三种粘贴方式: 保留源格式(默认方式)、合并格式、只保留文本。用户可以根据需要进行选择。

(3) 利用工作组功能区移动。

选择要移动的文本后,在"开始"选项卡的"剪贴板"组中,单击"剪切"按钮 剪切; 定位到目标位置后,单击"开始"选项卡的"剪贴板"组中的"粘贴"按钮,粘贴文本。

(4) 利用鼠标拖曳移动。

选择要移动的文本,将鼠标光标移动到选择的文本上,按住鼠标左键拖动到需要移动到的位置后释放鼠标。

4) 删除文本

对于文档中不需要的文本可以进行删除。删除操作主要有以下两种方法。

(1) 选定需要删除的文本,按 BackSpace 键可删除选择的文本。若定位文本插入点后,按 BackSpace 键则可删除文本插入点前面的字符。

(2) 选择需要删除的文本,按 Delete 键也可删除选择的文本。若定位文本插入点后,按 Delete 键则可删除文本插入点后面的字符。

删除段落标记可以实现合并段落的功能。要将两个段落合并,可以将光标定位在第一段的段落标记前,然后按 Delete 键,这样两个段落就合并成一个段落了。

如果误删除文本,可以单击快速启动工具栏上的"撤销"按钮 ,或按 Ctrl+Z 组合键将其还原。

3.1.3 查找替换内容

Word 2016 提供了查找与替换功能。查找是在文档中找出指定的字符,替换是在文档一定范围内用指定的新字符串替换原有的旧字符串。若要限定查找的范围,则应选定文本区域,否则系统将在整个文档范围内查找。查找或替换的内容除普通文字外,还可查找和替换特殊字符,如段落标记、制表符、标注、分页符等,也可进行模糊查找。

1. 简单查找

【例 3.1】 查找"立秋节气介绍(节选).docx"文档中"立秋"一词。

操作步骤如下。

(1) 将光标定位到文档开始位置。

(2) 在"开始"选项卡的"编辑"组中,单击"查找"下拉按钮。

(3) 在文档左侧打开的"导航"对话框的文本框中输入"立秋",系统自动完成查找。

(4) 查找完毕,在文本编辑框中以黄色底纹突出显示查找结果,如图 3.11 所示。

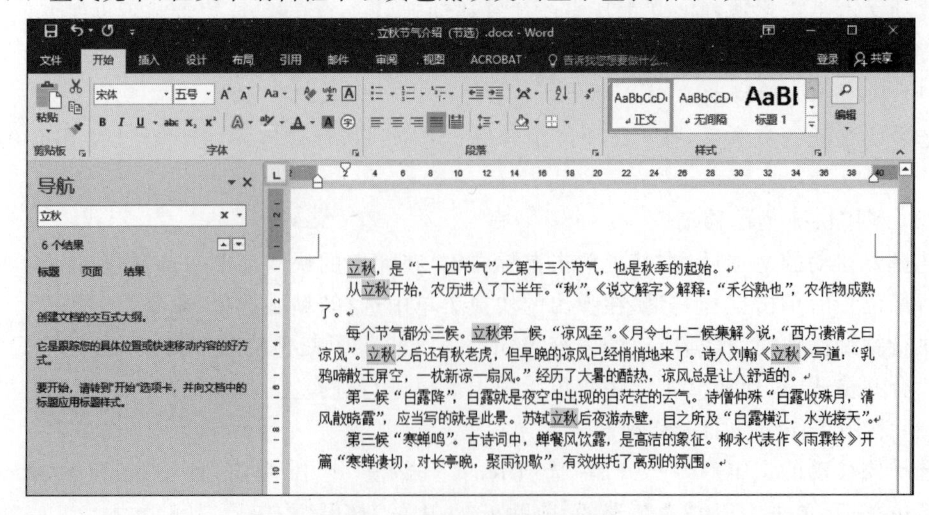

图 3.11 Word 2016 查找操作

2. 高级查找

如果要查找带有格式的文本、特殊符号或者对查找的范围及内容进行限定，就需要使用高级查找。

在“开始”选项卡的“编辑”组中，在“查找”下拉按钮的下拉列表中选择“高级查找”命令，会弹出“查找和替换”对话框，该对话框主要用于限定查找的内容，可以在对话框中设置搜索选项，如“全部”“区分大小写”等。

1）查找特殊符号

在“查找和替换”对话框中，单击“特殊格式”按钮，打开“特殊格式”列表，从中选择查找除键盘字符和符号以外的可打印字符。

2）查找带格式文本

在“查找和替换”对话框中，单击“格式”按钮，在弹出的选项菜单中选择所需要查找的格式：字体、段落、制表位、语言、图文框、样式和突出显示。

3）限定搜索范围

打开“搜索范围”列表，设置搜索范围和方向，然后设置搜索匹配条件：全部、向下、向上。

4）限定搜索对象

在高级查找中，Word 2016 还提供了“区分大小写”“全字匹配”“使用通配符”“同音（英文）”“查找单词的所有形式（英文）”“区分前缀/后缀”“区分全/半角”“忽略标点符号”“忽略空格”等用于限定搜索对象的选择项。

3. 替换操作

文本里的字、词、符号或格式有多处需要被另一字、词、符号或格式替换时，可以采用替换操作完成。

1）简单替换操作

【例 3.2】 把“立秋节气介绍（节选）. docx”文档中的“立秋”一词用“秋天”一词替换。

操作步骤如下。

（1）将光标定位于文档开始位置。

（2）在“开始”选项卡的“编辑”组中，单击“替换”下拉按钮，打开“查找和替换”对话框。在“查找内容”下拉列表框中输入待查文字“立秋”，在“替换为”下拉列表框中输入目标文字“秋天”。

（3）如图 3.12 所示，单击“全部替换”按钮，则弹出完成替换提示框，继续单击“确定”按钮即可完成替换操作，结果如图 3.13 所示。

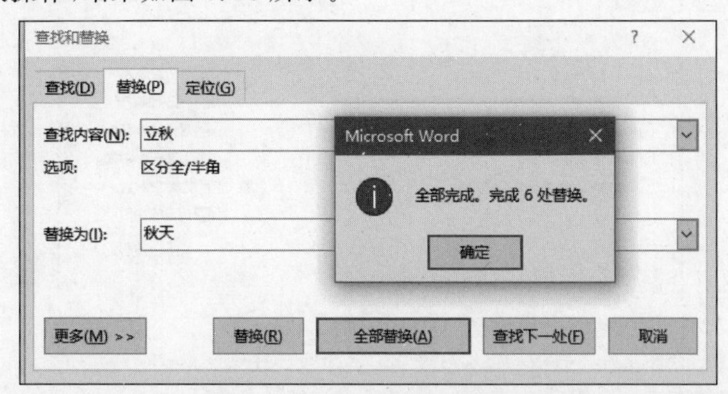

图 3.12 “查找和替换”对话框

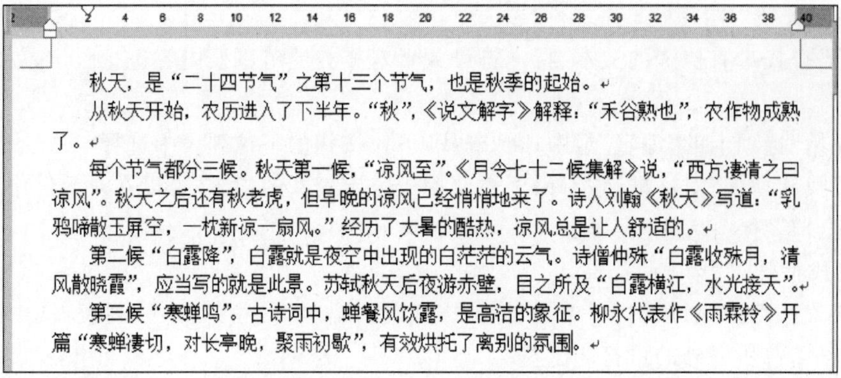

秋天，是“二十四节气”之第十三个节气，也是秋季的起始。

从秋天开始，农历进入了下半年。“秋”，《说文解字》解释：“禾谷熟也”，农作物成熟了。

每个节气都分三候。秋天第一候，“凉风至”。《月令七十二候集解》说，“西方凄清之曰凉风”。秋天之后还有秋老虎，但早晚的凉风已经悄悄地来了。诗人刘翰《秋天》写道：“乳鸦啼散玉屏空，一枕新凉一扇风。”经历了大暑的酷热，凉风总是让人舒适的。

第二候“白露降”，白露就是夜空中出现的白茫茫的云气。诗僧仲殊“白露收残月，清风散晓霞”，应当写的就是此景。苏轼秋天后夜游赤壁，目之所及“白露横江，水光接天”。

第三候“寒蝉鸣”。古诗词中，蝉餐风饮露，是高洁的象征。柳永代表作《雨霖铃》开篇“寒蝉凄切，对长亭晚，骤雨初歇”，有效烘托了离别的氛围。

图 3.13　替换操作结果

2）高级替换操作

【例 3.3】 把“雨水节气介绍(节选).docx”文档中的“雨水”一词以红色字体、加粗显示。

操作步骤如下。

(1) 将光标定位于文档开始位置。

(2) 在“开始”选项卡的“编辑”组中，单击“替换”下拉按钮，打开“查找和替换”对话框。在“查找内容”下拉列表框中输入待查文字“雨水”，在“替换为”下拉列表框中输入目标文字“雨水”。因为本例题只替换“雨水”一词的格式，所以查找内容和替换内容一致。

(3) 把光标定位在“替换为”下拉列表框内，单击“更多”按钮(单击后该按钮标题变为“更少”)，单击“格式”按钮，选择“字体”，在“字体”对话框中设置字体颜色为“红色”，字形列表框选择“加粗”。

(4) 如图 3.14 所示，单击“全部替换”按钮，则完成替换操作，结果如图 3.15 所示。

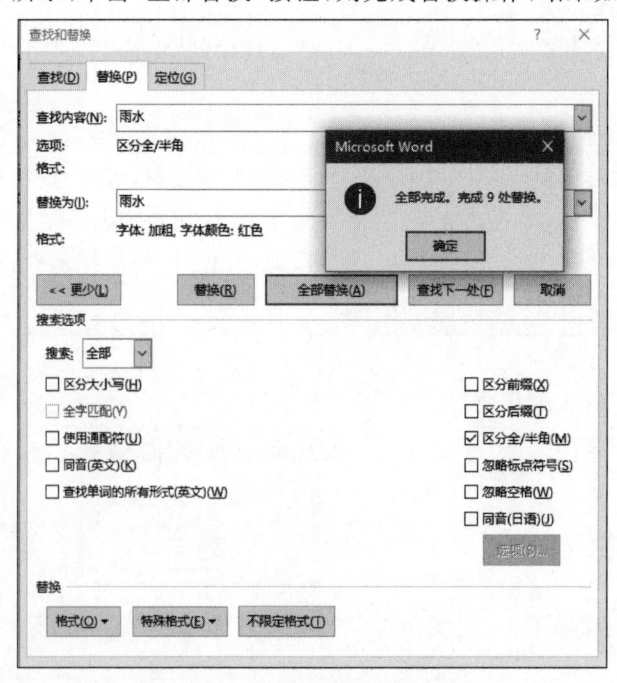

图 3.14　“查找和替换”对话框

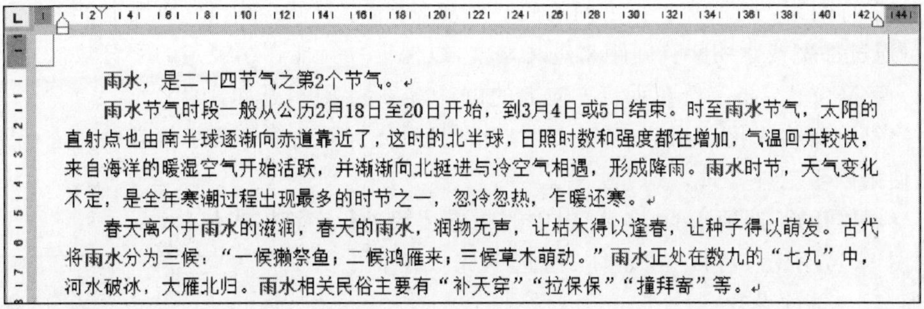

雨水，是二十四节气之第2个节气。

雨水节气时段一般从公历2月18日至20日开始，到3月4日或5日结束。时至雨水节气，太阳的直射点也由南半球逐渐向赤道靠近了，这时的北半球，日照时数和强度都在增加，气温回升较快，来自海洋的暖湿空气开始活跃，并渐渐向北挺进与冷空气相遇，形成降雨。雨水时节，天气变化不定，是全年寒潮过程出现最多的时节之一，忽冷忽热，乍暖还寒。

春天离不开雨水的滋润，春天的雨水，润物无声，让枯木得以逢春，让种子得以萌发。古代将雨水分为三候：“一候獭祭鱼；二候鸿雁来；三候草木萌动。”雨水正处在数九的“七九”中，河水破冰，大雁北归。雨水相关民俗主要有“补天穿”“拉保保”“撞拜寄”等。

图 3.15　替换操作结果

在替换操作时，如果“查找内容”列表框或“替换为”列表框的格式设置有误，需要重新设置，可以通过“不限定格式”按钮进行取消，然后重新设置。如果需要对一些特殊符号进行替换操作，可以通过“特殊格式”按钮的选项完成。例如，把文档中多余的空行删除，可以设置为如图 3.16 所示，在“查找内容”列表框通过“特殊格式”按钮输入两个段落回车符，在“替换为”列表框通过“特殊格式”按钮输入一个段落回车符，单击“全部替换”按钮即完成删除多余空行的操作。

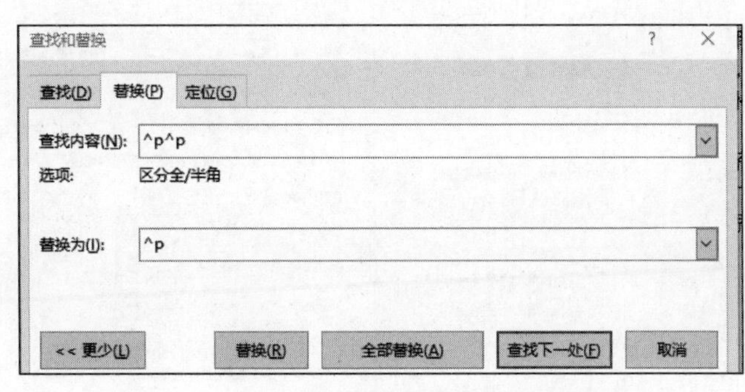

图 3.16　删除文档多余空行操作的设置界面

3.1.4　设置字符格式

字符是指文档中输入的汉字、字母、数字、标点符号和各种符号。字符格式包括字符的字体、字号、字形、颜色、下画线、着重号、删除线、上下标、阴影、阴文、阳文、字符缩放、字符间距、字符位置等。

(1) 字体：指文字在屏幕或纸张上呈现的书写形式，即文字的外观。字体包括中文字体和英文字体，英文字体只对英文字符起作用，中文字体对汉字和英文字符都起作用，默认中文字体为宋体。

(2) 字号：指文字的大小，默认为五号。其度量单位有“字号”和“磅”两种，其中，字号越大文字越小，最大的字号为“初号”，最小的字号为“八号”；当用“磅”作度量单位时，磅值越大文字越大。

(3) 字形：指常规、倾斜、加粗、加粗倾斜等形式。

(4) 颜色：指字符的颜色。

(5) 特殊效果：指根据需要进行多种设置，包括删除线、上下标、文本效果等。

(6) 字符缩放：指对字符的横向尺寸进行缩放，以改变字符横向和纵向的比例。

(7) 字符间距：指两个字符之间的间隔距离，标准字符间距为 0。当规定了一行的字符数后，可通过加宽或紧缩字符间距来进行调整，以保证一行能容纳规定的字符数。

(8) 字符位置：指字符在垂直方向上的位置，包括字符提升和降低。

对字符进行格式化，需要先选定文本，否则只对光标处新输入的字符有效。进行字符格式化可使用以下三种方式。

1. 利用“开始”选项卡的“字体”组中的相应按钮进行字符格式化

如图 3.17 所示，可以在“字体”组选项完成字体、字号、字形、颜色等的设置。

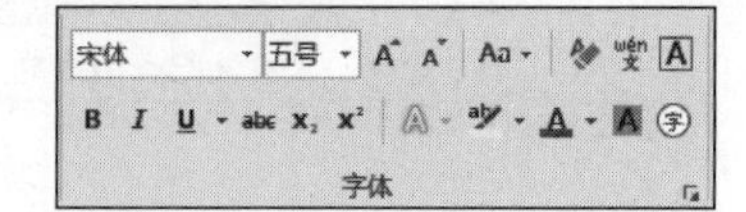

图 3.17 “字体”组选项

2. 利用“字体”对话框进行字符格式化

“字体”组中的按钮只能对字符进行有限的格式设置，全部格式的设置在“字体”对话框中。单击“字体”组右下角的 按钮或按 Ctrl+D 组合键，打开如图 3.18 所示的“字体”对话框，对话框中有“字体”和“高级”两个选项卡。

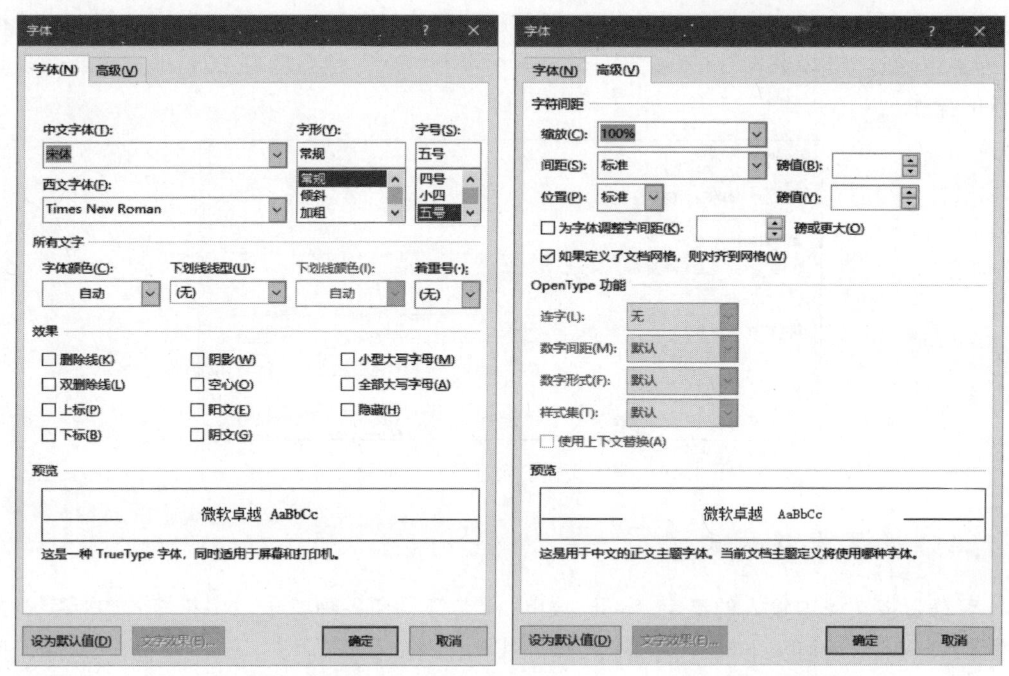

(a)“字体”选项卡　　　　(b)“高级”选项卡

图 3.18 “字体”对话框

在“字体”选项卡中，可设置字体格式，如字体、字形、字号、字体颜色、下画线、着重号、文本效果等，还可以通过预览区预览设置字体后的效果。在“高级”选项卡中，可以设置字符间距、缩放、字符位置等。

3. 利用浮动工具栏进行字符格式化

选择一段文本后，所选文本的右上角将会自动显示一个浮动工具栏，该浮动工具栏最初为半透明状态显示，将鼠标指针指向该工具栏时则会清晰地完全显示出来。如图 3.19 所示，其中包含常用的设置选项，单击相应的按钮或选择相应选项即可对文本的字符格式进行设置。

【例 3.4】 把“二十四节气的知识宝库(节选).docx”文档，按要求进行字符格式化。操作效果如图 3.20 所示。

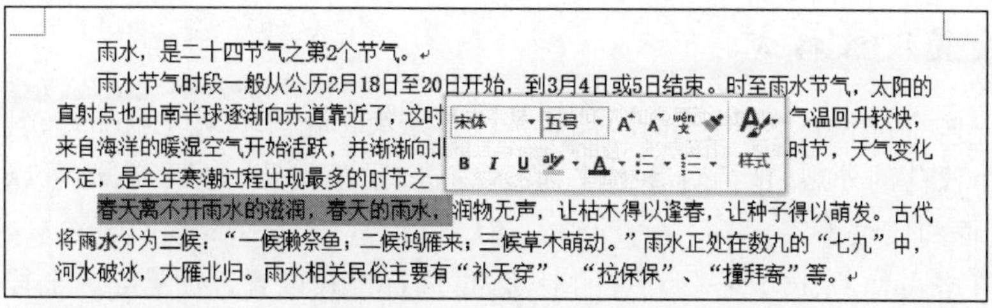
雨水，是二十四节气之第2个节气。
雨水节气时段一般从公历2月18日至20日开始，到3月4日或5日结束。时至雨水节气，太阳的
直射点也由南半球逐渐向赤道靠近了，这时 气温回升较快，
来自海洋的暖湿空气开始活跃，并渐渐向北 时节，天气变化
不定，是全年寒潮过程出现最多的时节之一
宋体
五号
样式
春天离不开雨水的滋润，春天的雨水，润物无声，让枯木得以逢春，让种子得以萌发。古代
将雨水分为三候：“一候獭祭鱼；二候鸿雁来；三候草木萌动。”雨水正处在数九的“七九”中，
河水破冰，大雁北归。雨水相关民俗主要有“补天穿”、“拉保保”、“撞拜寄”等。

图 3.19　浮动工具栏

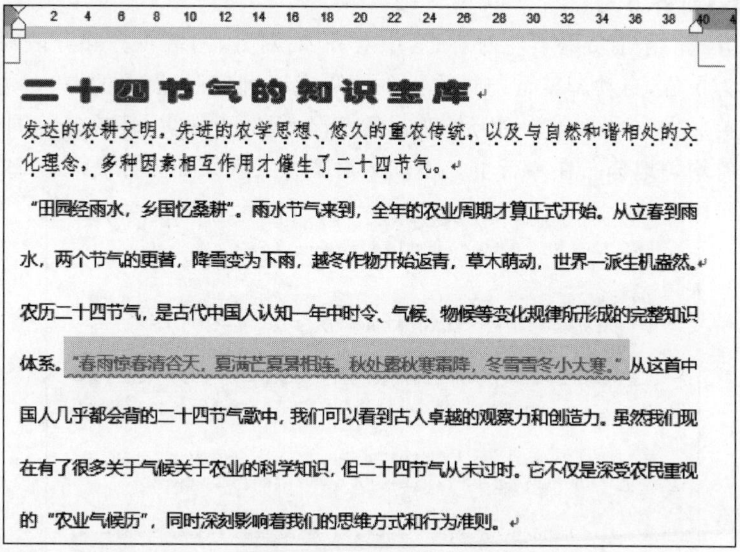
2 4 6 8 10 12 14 16 18 20 22 24 26 28 30 32 34 36 38 40
二十四节气的知识宝库
发达的农耕文明，先进的农学思想、悠久的重农传统，以及与自然和谐相处的文化理念，多种因素相互作用才催生了二十四节气。
“田园经雨水，乡国忆桑耕”。雨水节气来到，全年的农业周期才算正式开始。从立春到雨水，两个节气的更替，降雪变为下雨，越冬作物开始返青，草木萌动，世界一派生机盎然。
农历二十四节气，是古代中国人认知一年中时令、气候、物候等变化规律所形成的完整知识体系。“春雨惊春清谷天，夏满芒夏暑相连，秋处露秋寒霜降，冬雪雪冬小大寒。”从这首中国人几乎都会背的二十四节气歌中，我们可以看到古人卓越的观察力和创造力。虽然我们现在有了很多关于气候关于农业的科学知识，但二十四节气从未过时。它不仅是深受农民重视的“农业气候历”，同时深刻影响着我们的思维方式和行为准则。

图 3.20　字符格式化效果

(1) 将标题“二十四节气的知识宝库”设置为华文琥珀、三号、红色字体；字符缩放 150，间距加宽 2 磅。

(2) 文档第 2 段(“发达的农耕文明……二十四节气”)设置为仿宋、小四、加着重号。

(3) 文档第 3 段(“田园经雨水……思维方式和行为准则”)设置为微软雅黑、五号，中间一句“春雨惊春清谷天……冬雪雪冬小大寒。”设置为黄色底纹、绿色字体、加波浪线。

操作步骤如下。

(1) 打开“二十四节气的知识宝库(节选).docx”文档。

(2) 选中标题“二十四节气的知识宝库”，在“开始”选项卡的“字体”组中分别设置“华文琥珀”字体、“三号”字号、红色，然后在打开的“字体”对话框的“高级”选项卡中，分别设置字符缩放 150，间距加宽 2 磅，单击“确定”按钮退出“字体”对话框。

(3) 选中第 2 段(“发达的农耕文明……二十四节气”)，在“开始”选项卡的“字体”组中分别设置“仿宋”字体、“小四”字号，然后在打开的“字体”对话框中的“字体”选项卡中，设置着重号为“点”，单击“确定”按钮退出“字体”对话框。

(4) 选中第 3 段(“田园经雨水……思维方式和行为准则”)，在“开始”选项卡的“字体”组中分别设置“微软雅黑”字体、“五号”字号，然后再选中“春雨惊春清谷天……冬雪雪冬小大寒。”，在“开始”选项卡的“字体”组中分别设置黄色底纹、绿色、加波浪线。

3.1.5 设置段落格式

段落由一些字符和其他对象组成,最后是段落结束标记“↲”(按 Enter 键产生)。段落格式化是指整个段落的外观,包括对齐方式、段落缩进、段落间距、行距等,还可以添加项目符号和编号、边框和底纹等。

设置段落格式时,先选中需要设置的段落,再进行格式设置。注意:一个段落结束标记视为一个段落。

1. 设置段落对齐方式

段落对齐方式一般有 5 种:左对齐、居中对齐、右对齐、两端对齐和分散对齐。其中,两端对齐是以词为单位,自动调整词与词之间的间隔宽度,使正文沿页的左、右边界对齐,两端对齐可以防止英文文本中一个单词跨越两行的情况,但对于中文,其效果等同于左对齐;分散对齐是使字符均匀地分布在一行上。不同的对齐方式效果如图 3.21 所示。

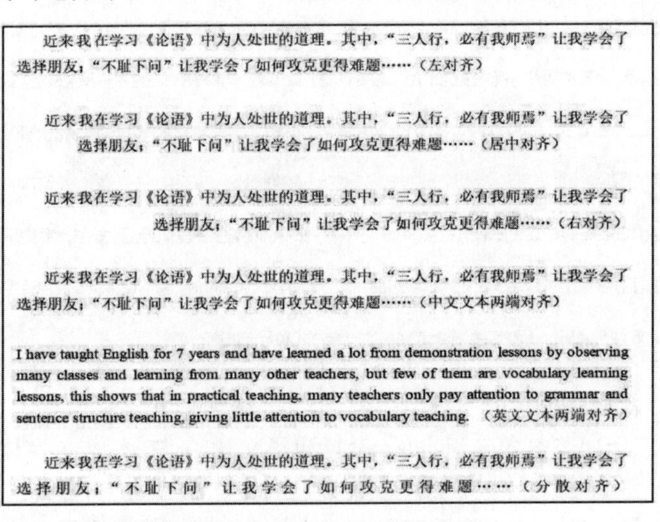
近来我在学习《论语》中为人处世的道理。其中,“三人行,必有我师焉”让我学会了选择朋友;“不耻下问”让我学会了如何攻克更得难题……(左对齐)

近来我在学习《论语》中为人处世的道理。其中,“三人行,必有我师焉”让我学会了选择朋友;“不耻下问”让我学会了如何攻克更得难题……(居中对齐)

近来我在学习《论语》中为人处世的道理。其中,“三人行,必有我师焉”让我学会了选择朋友;“不耻下问”让我学会了如何攻克更得难题……(右对齐)

近来我在学习《论语》中为人处世的道理。其中,“三人行,必有我师焉”让我学会了选择朋友;“不耻下问”让我学会了如何攻克更得难题……(中文文本两端对齐)

I have taught English for 7 years and have learned a lot from demonstration lessons by observing many classes and learning from many other teachers, but few of them are vocabulary learning lessons, this shows that in practical teaching, many teachers only pay attention to grammar and sentence structure teaching, giving little attention to vocabulary teaching. (英文文本两端对齐)

近来我在学习《论语》中为人处世的道理。其中,“三人行,必有我师焉”让我学会了选择朋友;“不耻下问”让我学会了如何攻克更得难题……(分散对齐)

图 3.21 不同的对齐方式效果

设置段落对齐方式可使用以下两种方法。

(1) 利用“开始”选项卡的“段落”组中的相应按钮进行设置,如图 3.22 所示。

(2) 利用“段落”对话框进行设置。单击“段落”组右下角的 ⊡ 按钮,打开如图 3.23 所示的“段落”对话框,在该对话框中的“对齐方式”下拉列表中设置段落对齐方式。

图 3.22 “段落”组选项

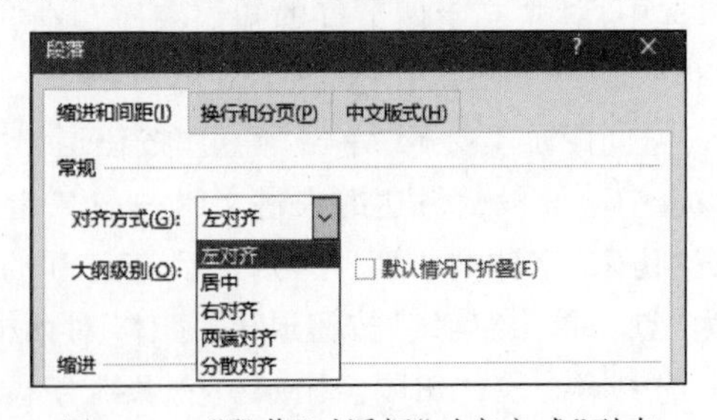

图 3.23 “段落”对话框“对齐方式”列表

2. 设置段落缩进方式

段落缩进是指段落各行相对于页面边界的距离。段落缩进方式主要包括左缩进、右缩进、首行缩进、悬挂缩进等。不同缩进方式的效果如图 3.24 所示。

左缩进：整个段落的左边界向右缩进一段距离。

右缩进：整个段落的右边界向左缩进一段距离。

首行缩进：段落第一行的左边界向右缩进一段距离，其余行的左边界不变。

悬挂缩进：段落第一行的左边界不变，其余行的左边界向右缩进一段距离。

2 4 6 8 10 12 14 16 18 20 22 24 26 28 30 32 34 36 38 40 42
2023 年 5 月 30 日，搭载神舟十六号载人飞船的长征二号 F 遥十六运载火箭在酒泉卫星发射中心点火发射，3 名中国航天员顺利进入太空，将在空间站开始 5 个月的太空工作和生活。(左缩进 2 字符)。
2023 年 5 月 30 日，搭载神舟十六号载人飞船的长征二号 F 遥十六运载火箭在酒泉卫星发射中心点火发射，3 名中国航天员顺利进入太空，将在空间站开始 5 个月的太空工作和生活。(右缩进 2 字符)。
2023 年 10 月 26 日 11 时 14 分发射神舟十七号载人飞船，飞行乘组由航天员汤洪波、唐胜杰和江新林组成，汤洪波担任指令长。任务主要目的为：完成与神舟十六号乘组在轨轮换，驻留约 6 个月，开展空间科学与应用载荷在轨实（试）验，实施航天员出舱活动及载荷出舱，进行舱外载荷安装及空间站维护维修等工作……（首行缩进 2 字符）
2023 年 10 月 26 日 11 时 14 分发射神舟十七号载人飞船，飞行乘组由航天员汤洪波、唐胜杰和江新林组成，汤洪波担任指令长。任务主要目的为：完成与神舟十六号乘组在轨轮换，驻留约 6 个月，开展空间科学与应用载荷在轨实（试）验，实施航天员出舱活动及载荷出舱，进行舱外载荷安装及空间站维护维修等工作……（悬挂缩进 2 字符）。

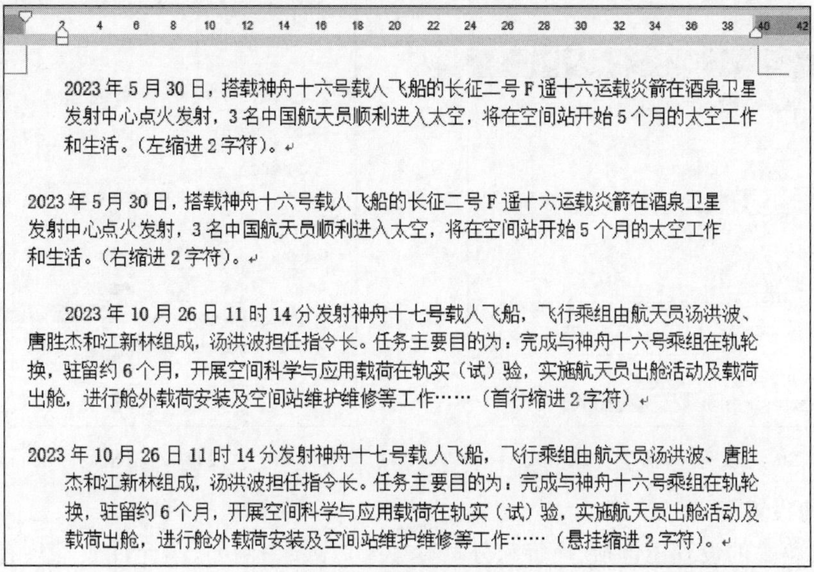

图 3.24　不同“段落”缩进效果

设置段落缩进方式可使用以下两种方法。

1）利用水平标尺设置段落缩进

在“视图”选项卡“显示”组中，选中“标尺”复选框，在文档编辑区左侧和顶部分别展开“垂直标尺”和“水平标尺”。拖动水平标尺中的各个缩进滑块，可以直观地调整段落缩进，如图 3.25 所示。

悬挂缩进滑动块
首行缩进滑动块
4 2 2 4 6 8 10 12 14 16 18 20
段落左缩进滑动块
段落右缩进滑动块

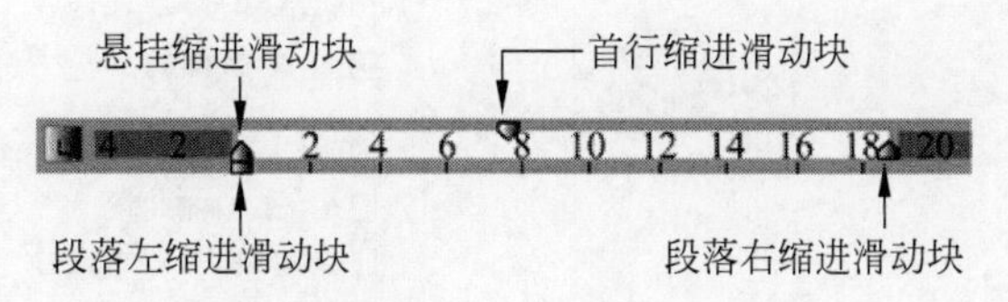

图 3.25　水平标尺

2）利用“段落”对话框设置段落缩进

选择要设置的段落，打开“段落”对话框，在该对话框中的“缩进”栏中可以设置左缩进或右缩进，在“特殊格式”列表框中可以设置首行缩进和悬挂缩进，如图 3.26 所示。

3. 设置段落间距和行距

段落间距是指当前段落与相邻两个段落之间的距离，即段前间距和段后间距。行距是指段落中行与行之间的距离，包括单倍行距、1.5 倍行距、2 倍行距、最小值、固定值和多倍行距等多种选择。

设置段落缩进和段落间距时，单位有“磅”“厘米”“字符”“英寸” 等，如果显示的单位不满足需要，可删除原单位后，再输入所需的单位。

段落间距和行距的设置，可以利用“段落”对话框完成，如图 3.27 所示。

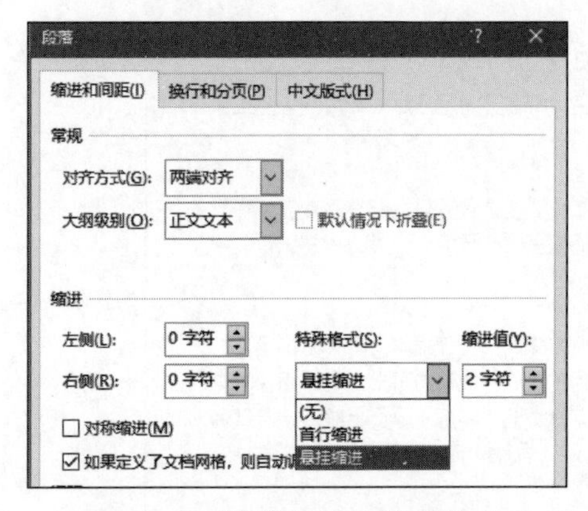

图 3.26 “段落”对话框特殊格式

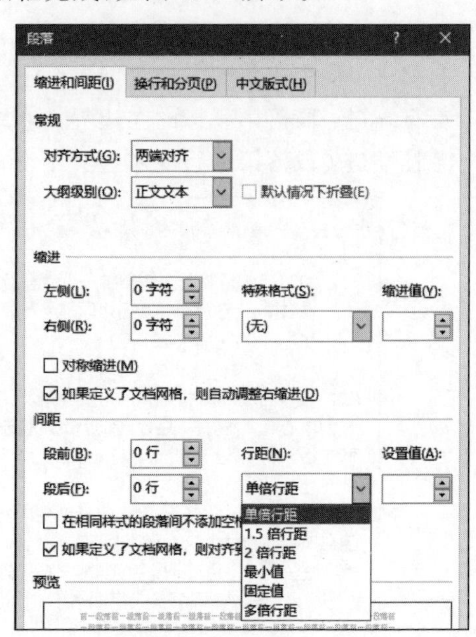

图 3.27 “段落”对话框间距和行距设置

4. 其他设置

对段落格式的设置还包括“换行和分页”“中文版式”。例如，不允许段落只有一行处在另一页上、段内不允许分页、按中文习惯控制首尾字符等，这些操作都可以通过“换行和分页”选项卡和“中文版式”选项卡中的选项进行设置，如图 3.28 和图 3.29 所示。

图 3.28 “换行和分页”选项卡

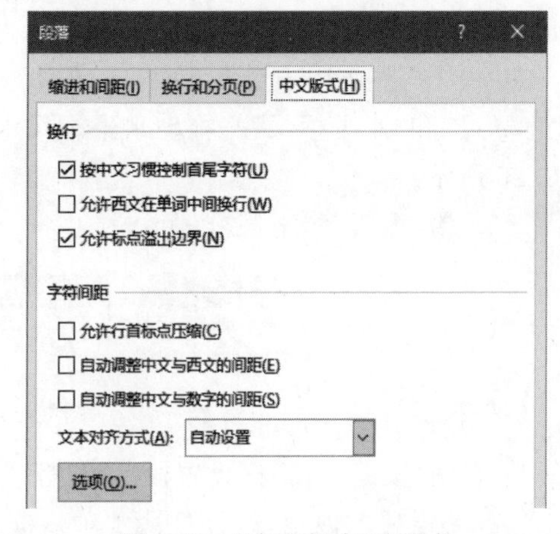

图 3.29 “中文版式”选项卡

【例 3.5】 把“新时代北斗精神.docx”文档，按要求进行段落格式化。操作效果如图 3.30 所示。

(1) 将文档设置为 1.5 倍行距。

(2) 将文档第 1 行设置为居中对齐，段前段后间距为 0.5 行。

(3) 将文档第 2、3 段(“中国北斗，星耀全球……要传承好、弘扬好……”)设置首行缩进 2 个字符，段后 6 磅。

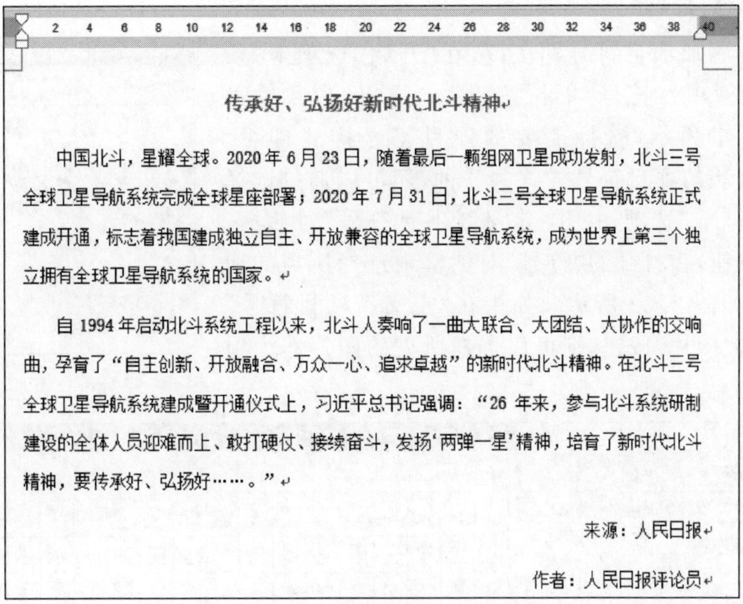

传承好、弘扬好新时代北斗精神

中国北斗，星耀全球。2020 年 6 月 23 日，随着最后一颗组网卫星成功发射，北斗三号全球卫星导航系统完成全球星座部署；2020 年 7 月 31 日，北斗三号全球卫星导航系统正式建成开通，标志着我国建成独立自主、开放兼容的全球卫星导航系统，成为世界上第三个独立拥有全球卫星导航系统的国家。

自 1994 年启动北斗系统工程以来，北斗人奏响了一曲大联合、大团结、大协作的交响曲，孕育了"自主创新、开放融合、万众一心、追求卓越"的新时代北斗精神。在北斗三号全球卫星导航系统建成暨开通仪式上，习近平总书记强调："26 年来，参与北斗系统研制建设的全体人员迎难而上、敢打硬仗、接续奋斗，发扬'两弹一星'精神，培育了新时代北斗精神，要传承好、弘扬好……。"

来源：人民日报

作者：人民日报评论员

图 3.30　段落格式化效果

(4) 将文档第 4、5 段设置右对齐，段前 6 磅。

操作步骤如下。

(1) 打开"新时代北斗精神.docx"文档。

(2) 选中全文，在"开始"选项卡的"段落"组中打开"段落"对话框，选择"缩进和间距"选项卡，在"行距"列表框中选择"1.5 倍行距"，单击"确定"按钮退出"段落"对话框。

(3) 选中文档第 1 行("传承好、弘扬好新时代北斗精神")，在"开始"选项卡的"段落"组中打开"段落"对话框中的"缩进和间距"选项卡，分别设置"居中""段前 0.5 行，段后 0.5 行"。单击"确定"按钮退出"段落"对话框。

(4) 选中文档第 2、3 段("中国北斗，星耀全球……要传承好、弘扬好……")，在"开始"选项卡的"段落"组中打开"段落"对话框，选择"缩进和间距"选项卡，在"特殊格式"列表框中设置"首行缩进"2 个字符，在"段后"列表框设置 6 磅(把默认的 0 行删除，直接输入 6 磅)，单击"确定"按钮退出"段落"对话框。

(5) 选中文档第 4、5 段，在"开始"选项卡的"段落"组中打开"段落"对话框，选择"缩进和间距"选项卡，在"对齐方式"列表框设置"右对齐"，在"段前"列表框设置 6 磅，单击"确定"按钮退出"段落"对话框。

3.1.6　添加项目符号编号

在编辑文本时，为了准确、清晰地表达某些内容之间的并列关系、顺序关系，常常用到项目符号和编号。项目符号可以是字符，也可以是图片，编号是连续的数字或字母。Word 2016 提供了项目符号及自动编号功能，当增加或删除段落时，系统会自动调整相关的编号顺序。

1. 添加项目符号

选中需要添加项目符号的段落,在“开始”选项卡“段落”组中,单击“项目符号”下拉按钮,弹出“项目符号库”,如图 3.31 所示,选择需要的项目符号样式即可。Word 2016 默认的项目符号样式共 9 种,还可以通过选择“定义新项目符号”选项,打开“定义新项目符号”对话框,单击“符号”按钮,在打开的“符号”对话框中选择所需的项目符号即可,如图 3.32 所示。如果在“定义新项目符号”对话框中单击“图片”按钮,则可以选择所需的图片作为项目符号样式。

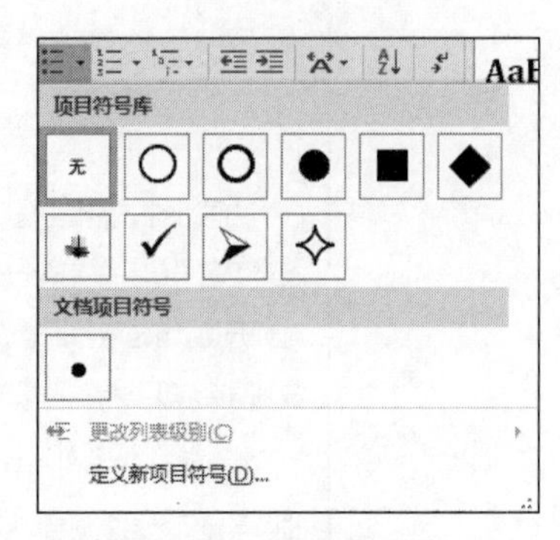

图 3.31 打开“项目符号库”

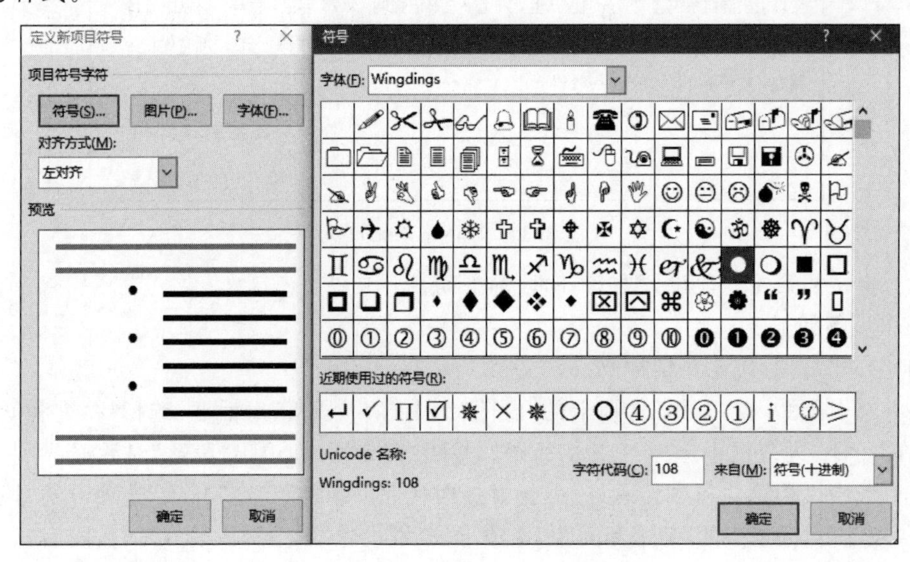

图 3.32 “定义新项目符号”对话框

2. 添加编号

选中需要添加编号的文本,在“开始”选项卡“段落”组中,单击“编号”下拉按钮,弹出“编号库”,如图 3.33 所示,选择需要的编号样式即可。

另外,在“编号库”中,还可以选择“定义新编号格式”选项,在打开的“定义新编号格式”对话框中自定义编号的格式(字体、样式、编号格式、对齐方式等),如图 3.34 所示。

3. 设置多级列表

多级列表可以清晰地显示各层次关系。选中需要设置的段落,在“开始”选项卡“段落”组中,单击“多级列表”右侧的下拉按钮,弹出“列表库”,选择需要的列表样式即可,如图 3.35 所示。

对段落设置多级列表后,默认各段落标题级别是相同的,看不出级别效果,可以依次在下一级标题编号后面按 Tab 键,对当前内容进行降级操作。

另外,在“列表库”中,还可以选择“定义新的多级列表”选项,来自定义列表格式,其方法与自定义项目符号相似。图 3.36 显示了项目符号、编号、多级列表的设置效果。

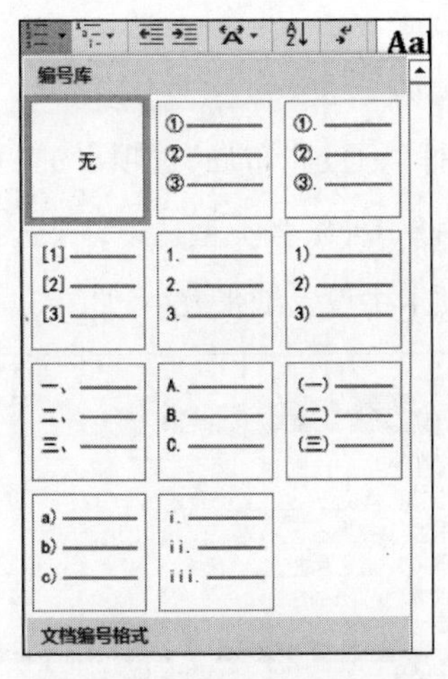

图 3.33　打开“编号库”列表

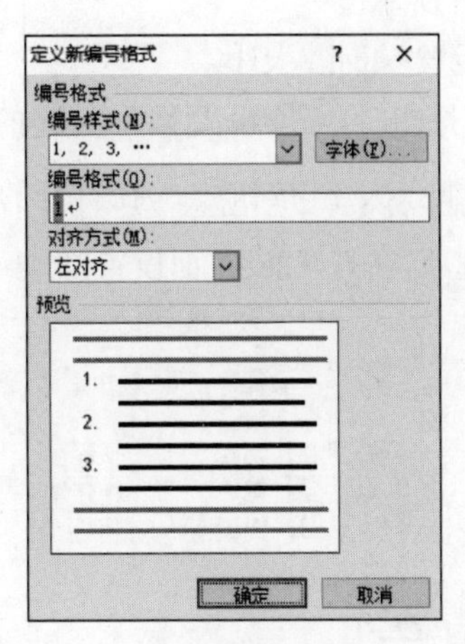

图 3.34　“定义新编号格式”对话框

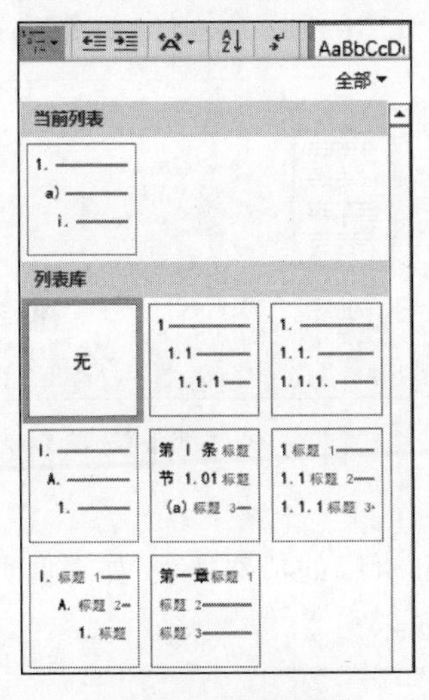

图 3.35　多级列表

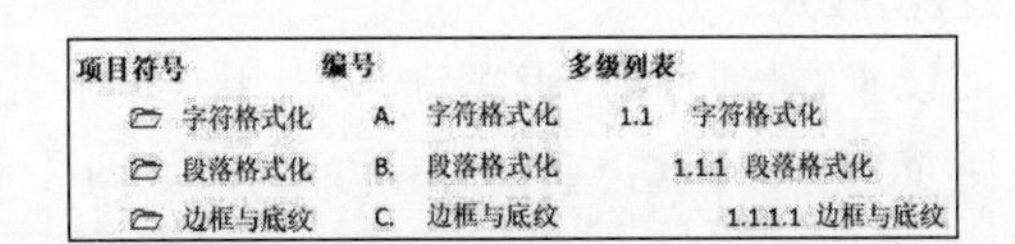

图 3.36　项目符号、编号、多级列表效果

3.1.7　文档页面设置

编辑文档时，为了打印效果，经常需要对文档进行页面设置，文档页面设置通常包括设置纸张大小、纸张方向、页边距、版式、文档网格等。

页面设置可通过“布局”选项卡的“页面设置”组中的相应按钮来实现，如图 3.37 所示；或通过“页面设置”对话框来实现。

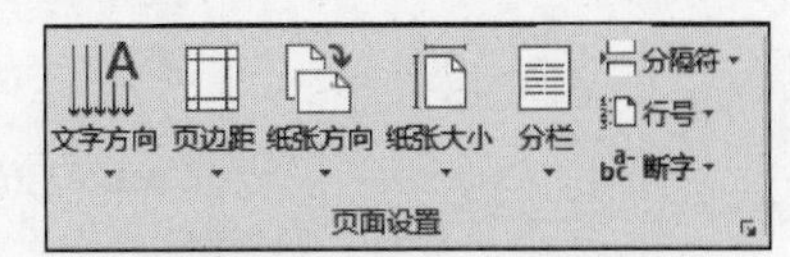

图 3.37　“页面设置”组选项

1. 设置“页边距”

页边距是指文档的内容与纸张四边的距离，从而确定文档版心的大小。页边距包括“上边距”“下边距”“左边距”“右边距”。在“布局”选项卡的“页面设置”组中单击“页边距”的下拉按钮，在打开的下拉列表中选择所需的页边距选项即可设置页边距，下拉列表有“普通”“窄”“适中”“宽”“镜像”等选项。或选择“自定义边距”选项，在打开的“页面设置”对话框中的“页边距”选项卡页面设置上、下、左、右页边距的值和设置“纵向”或“横向”的纸张方向，

如图 3.38 所示。

2. 设置“纸张”大小

文档打印时，需要设置哪种类型的纸张尺寸打印，可以通过“布局”选项卡的“页面设置”组，单击“纸张大小”按钮，在打开的下拉列表框中选择一种纸张类型选项；或选择“其他纸张大小”选项，在打开的“页面设置”对话框中的“纸张”选项卡中设置纸张大小，如图 3.39 所示。

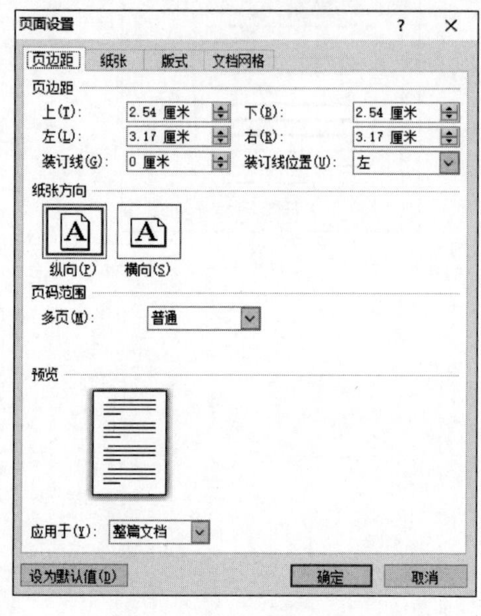

图 3.38 “页面距”选项卡

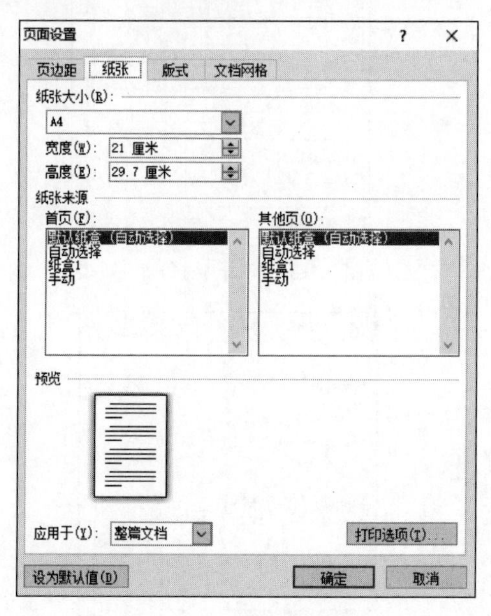

图 3.39 “纸张”选项卡

3. 设置“版式”

“页面设置”对话框的“版式”选项卡用于设置页眉和页脚的特殊选项，如奇偶页不同、首页不同、距页边界的距离、垂直对齐方式等，如图 3.40 所示。

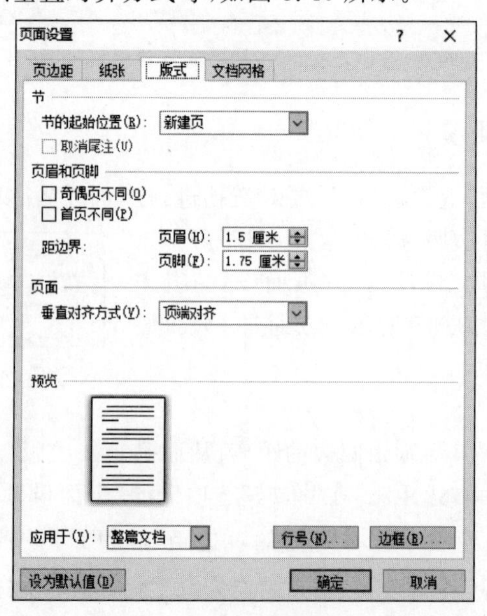

图 3.40 “版式”选项卡

4. 设置“文档网格”

“文档网格”选项卡用于设置每页容纳的行数、每行容纳的字数,以及文字排列方向、行列网格线是否要打印等,如图 3.41 所示。

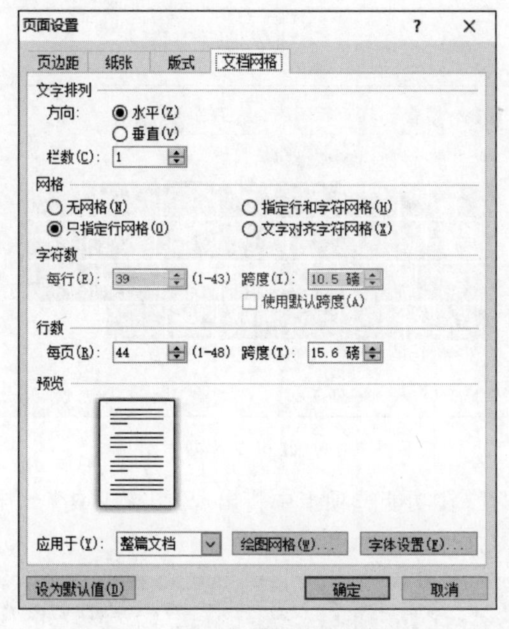

图 3.41 “文档网格”选项卡

3.2 图文排版

3.2.1 插入图片

Word 2016 有两种插入图片的方法,分别是“插入”选项卡的“插图”组中的“图片”按钮和“联机图片”按钮,如图 3.42 所示。

图 3.42 “插图”组选项

1. 插入本机图片

(1) 将光标定位到文档中需要插入图片的位置。

(2) 在“插入”选项卡的“插图”组中,单击“图片”按钮。

(3) 在打开的“插入图片”对话框中,选择需要插入的图片文件,单击“插入”按钮,即可将图片插入文档中。

2. 插入联机图片

(1) 将光标定位到文档中需要插入图片的位置。

(2) 在“插入”选项卡的“插图”组中,单击“联机图片”按钮,会弹出“插入图片”对话框。

(3) 在对话框的“必应图像搜索”文本框中,输入关键词或直接单击“搜索”按钮进行搜索,如图 3.43 所示。

(4) 搜索完毕后,会显示出符合条件的图片,如图 3.44 所示。用户可根据需要选择图片并插入文档中。

图 3.43 “插入图片”对话框

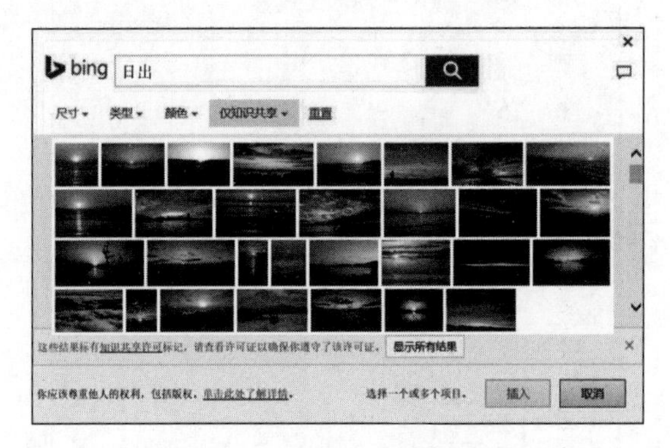

图 3.44 联机图片搜索结果

插入图片后，单击图片，在功能选项卡中将出现“图片工具”→“格式”选项卡，如图 3.45 所示。在此选项卡中可对插入的图片进行处理。

图 3.45 “图片工具”→“格式”选项卡

(1) 裁剪图片。

在 Word 2016 文档中，可以方便地对图片进行裁剪操作，以截取图片中最需要的部分。选择需要进行裁剪的图片，在“图片工具”→“格式”选项卡的“大小”组中，单击“裁剪”按钮，图片四周会出现 8 个方向的裁剪控制句柄，用鼠标拖动控制句柄将对图片进行相应方向的裁剪。裁剪完毕，释放鼠标后按 Enter 键或单击文档其他位置即可完成裁剪。

(2) 调整图片尺寸。

在 Word 2016 中，设置图片的尺寸主要有以下两种方式。

粗略调整：选中图片，图片四周会出现 8 个方向的控制句柄。拖动 4 个角上的控制句柄，可以按照宽高比例放大或缩小图片的尺寸，图片不会变形；拖动 4 条边上的控制句柄，仅单独调整图片的高度或宽度，图片会出现变形。

精确调整：选中图片，在“图片工具”→“格式”选项卡的“大小”组中的“高度”列表框和“宽度”列表框中输入具体的尺寸值或单击“大小”组右下角的按钮，打开“布局”对话框，在“大小”选项卡页面完成设置，如图 3.46 所示。

(3) 调整图片位置和角度。

调整位置：选择图片后，将光标定位到图片上，按住鼠标左键并拖动到文档中的其他位置，释放鼠标即可调整图片位置。

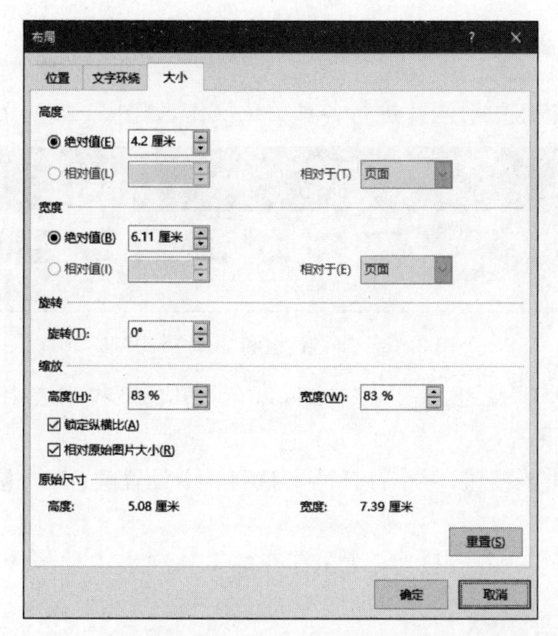

图 3.46 “大小”选项卡

调整角度：调整角度即旋转图片。选择图片后，将光标定位到图片上方的绿色控制点上，当其变为 ◎ 形状时，按住鼠标左键，并拖动鼠标即可旋转图片。

（4）设置图片排列方式。

图片的排列方式是指图片四周的文字对图片的环绕方式。文字对图片的环绕方式主要分为两类：第一类是将图片当作文字对象处理，与文档中的文字一样占有实际位置，它在文档中与上下左右文本的位置始终保持不变，如“嵌入型”，是系统默认的文字环绕方式；第二类是将图片当作区别于文字的外部对象处理，如“四周型”“紧密型”“衬于文字下方”“浮于文字上方”“上下型”和“穿越型”。

四周型环绕：不管图片是否为矩形图片，文字沿图片四周以矩形方式环绕。

紧密型环绕：文字环绕的形状随图片形状不同而不同(如图片是椭圆形，则环绕形状是椭圆形)。

衬于文字下方：图片在下、文字在上，分为两层，文字将覆盖图片。

浮于文字上方：图片在上、文字在下，分为两层，图片将覆盖文字。

上下型环绕：文字环绕在图片上方和下方。

穿越型环绕：文字可以穿越不规则图片的空白区域环绕图片。

如果在文档中插入图片后，发生图片显示不全的情况，此时，只需将文字环绕方式由“嵌入型”改为其他任何一种方式即可。

设置图片排列方式的方法如下：选择图片，在“图片工具”→“格式”选项卡的“排列”组中，单击“环绕文字”下拉按钮，在打开的下拉列表中选择所需环绕方式对应的选项即可，如图 3.47 所示。

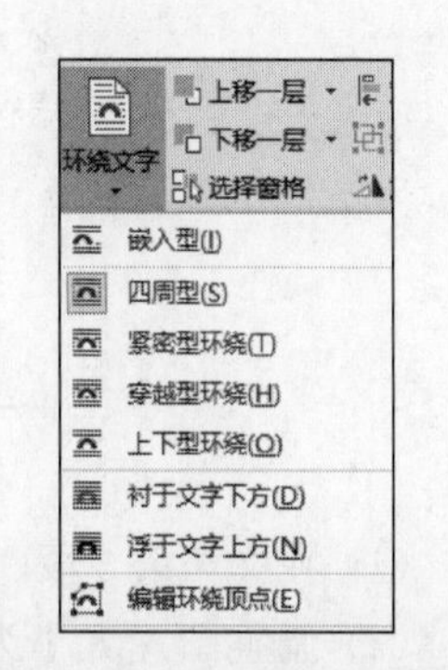

图 3.47 图片排列列表选项

(5) 美化图片。

Word 2016 提供了强大的美化图片功能,选择图片后,在“图片工具”→“格式”选项卡的“调整”组或“图片样式”组中对图片进行各种美化操作,如图 3.48 所示。

图 3.48 “调整”组和“图片样式”组

“调整”组中的“更正”按钮:单击该按钮,可在打开的下拉列表中选择“锐化和柔和”和“亮度和对比度”等效果。

“颜色”按钮:单击该按钮,可在打开的下拉列表中设置颜色的“饱和度”“色调”“重新着色”等效果。

“艺术效果”按钮:单击该按钮,可在打开的下拉列表中选择 Word 预设的各种艺术效果。

“图片样式”组中的“图片样式”选项:提供多种图片外观显示形状。

“图片边框”按钮:单击该按钮,可在打开的下拉列表中设置图片边框的颜色、线条大小、线型等。

“图片效果”按钮:单击该按钮,可在打开的下拉列表中设置图片的各种效果,图片效果包括“预设”“阴影”“映像”“发光”“柔化边缘”“棱台”和“三维效果”等多种。

【例 3.6】 把“美丽中国.docx”文档,按要求插入图片“大美中国.jpg”,并对图片进行格式设置。操作效果如图 3.49 所示。

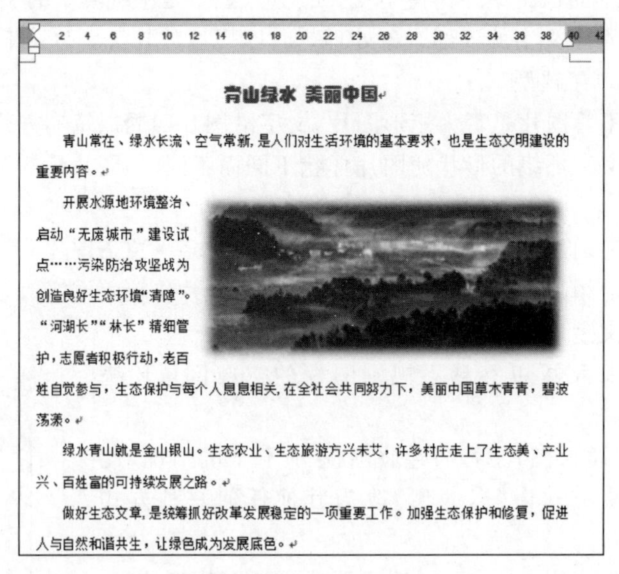

青山绿水 美丽中国

青山常在、绿水长流、空气常新,是人们对生活环境的基本要求,也是生态文明建设的重要内容。

开展水源地环境整治、启动“无废城市”建设试点……污染防治攻坚战为创造良好生态环境“清障”。“河湖长”“林长”精细管护,志愿者积极行动,老百姓自觉参与,生态保护与每个人息息相关,在全社会共同努力下,美丽中国草木青青,碧波荡漾。

绿水青山就是金山银山。生态农业、生态旅游方兴未艾,许多村庄走上了生态美、产业兴、百姓富的可持续发展之路。

做好生态文章,是统筹抓好改革发展稳定的一项重要工作。加强生态保护和修复,促进人与自然和谐共生,让绿色成为发展底色。

图 3.49 插入图片效果

(1) 在文档第 3 段(“开展水源地环境整治……碧波荡漾。”)右侧插入图片“大美中国.jpg”。

(2) 调整图片大小为高度 4.43 厘米,宽度 10 厘米。

(3) 设置图片文字环绕方式为四周型,图片样式为柔化边缘矩形。

操作步骤如下。

(1) 打开“美丽中国.docx”文档。

(2) 光标定位到第3段段末,在“插入”选项卡的“插图”组中,单击“图片”按钮。

(3) 在打开的“插入图片”对话框中,选择需要插入的图片文件,单击“插入”按钮,即可将图片插入文档中。

(4) 选中图片,在弹出的“图片工具”→“格式”选项卡的“大小”组选项的“高度”列表框中输入4.43厘米,在“宽度”列表框中输入10厘米。

(5) 选中图片,在弹出的“图片工具”→“格式”选项卡的“排列”组中,单击“环绕文字”下拉按钮,在打开的下拉列表中选择“四周型”选项,在“图片样式”组中的“图片样式”中选择“柔化边缘矩形”,即完成操作。

3.2.2 插入形状

形状具有一些独特的性质和特点。Word 2016 中的形状包括线条、基本形状、箭头总汇、流程图、标注、星与旗帜多种类型,每种类型又包含若干图形样式。插入的形状可以添加文字,可以设置形状的格式效果等。

1. 插入形状

(1) 光标定位到插入点,在“插入”选项卡的“插图”组中,单击“形状”下拉按钮。

(2) 在打开的下拉列表中选择所需的形状,然后在文档编辑区拖动鼠标至适当大小后释放鼠标可插入任意大小的形状。

2. 添加文字

除线条和公式类型的形状外,在其他形状中都可以添加文本。方法是:选择形状,在其上单击鼠标右键,在弹出的快捷菜单中选择“添加文字”命令。此时形状中将出现文本插入点,输入需要的文字内容即可。

添加的文字会变成形状的一部分,当移动形状时,形状中的文字也会随着移动。

3. 美化形状

选择形状后,在“绘图工具”→“格式”选项卡的“形状样式”组中可进行形状的各种美化操作,如图3.50所示。

图3.50 插入图片效果

(1) “形状样式”下拉按钮:单击该按钮,可在打开的下拉列表框中快速为形状应用Word 2016主题和预设的样式效果。

(2) “形状填充”按钮:单击该按钮,可在打开的下拉列表中设置形状的填充颜色,包括渐变填充、纹理填充和图片填充等多种效果。

(3) “形状轮廓”按钮:单击该按钮,可在打开的下拉列表中设置形状边框的颜色、粗细和边框样式。

(4) "形状效果"按钮：单击该按钮，可在打开的下拉列表中设置形状的各种效果，如阴影效果、发光效果等。

4. 组合形状与取消组合

如果要使多个形状构成一个整体，以便同时编辑和移动，可进行形状组合。选择所有的形状，然后移动鼠标指针至鼠标指针变为"十"字形箭头状时，右击，在弹出的快捷菜单中选择"组合"选项的"组合"命令，即可完成形状的组合。

若取消组合，右击形状，在弹出的快捷菜单中选择"组合"选项的"取消组合"命令，即可完成取消组合。

3.2.3 插入文本框

文本框是一个能够容纳文本的容器，其中可放置各种文字、图形和表格等。通过使用文本框，可以将 Word 文本很方便地放置在 Word 文档页面的指定位置，而不必受到段落格式、页面设置等因素的影响。

用户可以把文本框看作特殊的图形对象，利用它可以在文档中建立特殊的文本。例如，利用文本框制作特殊的标题样式，如文中标题、栏间标题、边标题、局部横排或竖排文本效果等。文本框还支持填充、背景、旋转和三维效果等功能。

打开要编辑的文档，在"插入"选项卡中的"文本"组中，单击"文本框"下拉按钮，在打开的下拉列表中提供了不同的文本框样式，如图 3.51 所示，选择其中的一种样式即可将文本框插入文档中，然后在文本框中直接输入需要的文本内容即可。

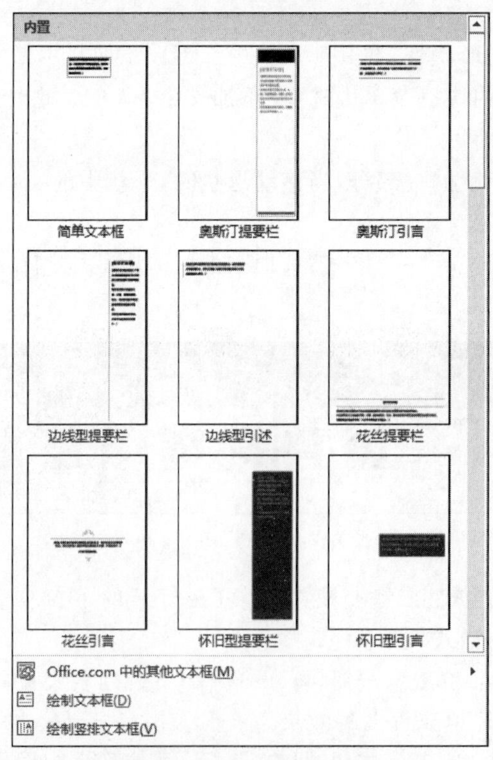

图 3.51 "文本框"选项

文本框实质上是一个特殊的图片，所以对于文本框的大小、位置和环绕方式等的设置与图片的操作基本一致。

3.2.4　插入艺术字

艺术字是指特殊效果的文字，包括文字的特殊形状、旋转、延伸和倾斜等效果，尤其适合作标题。在 Word 2016 中，艺术字将作为文本框插入，用户可以任意编辑文字。

在“插入”选项卡的“文本”组中，单击“艺术字”按钮，在打开的下拉列表框中提供了多种艺术字样式，如图 3.52 所示，选择一种样式后，在文档中文本插入点处自动添加一个带有默认文本样式的艺术字文本框，在其中输入所需文本内容即可，如图 3.53 所示。

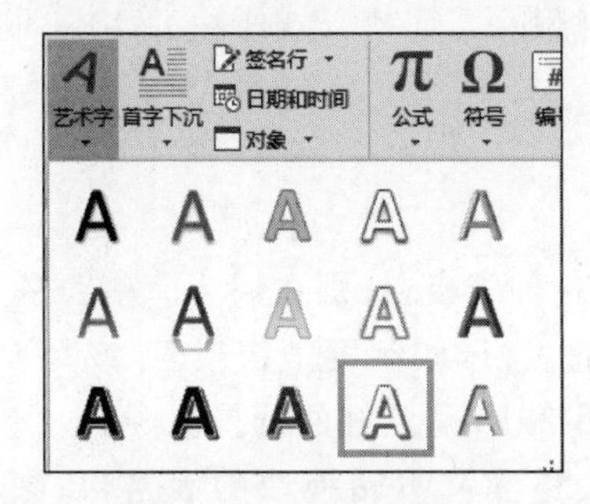

图 3.52　艺术字样式

图 3.53　输入文字框

利用“艺术字工具”→“格式”选项卡功能区的功能可以编辑和美化艺术字，如设置艺术字的样式、颜色、阴影、发光等多种效果。

3.2.5　插入智能图形

SmartArt 图形是 Word 2016 中预设的形状、文字及样式的集合，通过 SmartArt 图形可以非常直观地说明层级关系、附属关系、并列关系、循环关系等常见关系，而且制作出来的图形漂亮精美，具有很强的立体感和画面感。

SmartArt 图形包括列表、流程、循环、层次结构、关系、矩形、棱锥图和图片 8 种类型，每种类型下又有多个图形样式，如图 3.54 所示。用户可根据需要进行选择，然后对图形内容和效果进行编辑。

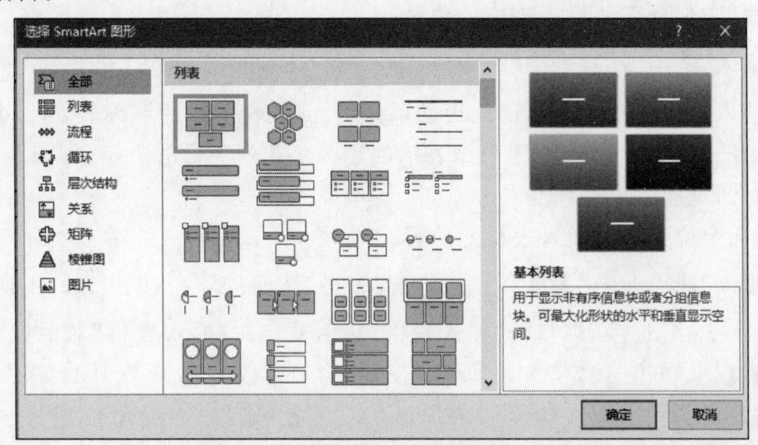

图 3.54　“选择 SmartArt 图形”对话框

在“插入”选项卡的“插图”组中，单击 SmartArt 按钮 ，可打开“选择 SmartArt 图形”对话框。在对话框中选择需要的 SmartArt 图形类型及图形样式即可。插入 SmartArt 图形后，可以利用“SmartArt 工具”选项卡完成有关的设计和格式编辑操作。具体操作方法如下。

(1) 输入文本：单击形状对应的文本位置。定位文本插入点后即可输入内容。

(2) 增加同级形状：在当前文本插入点位置按 Enter 键，可增加同级形状。

(3) 增加下级形状：在当前文本插入点位置按 Tab 键，可将当前形状更改为下级形状。

(4) 增加上级形状：在当前文本插入点位置按 Shift＋Tab 组合键，可将当前形状更改为上级形状。

(5) 删除形状：利用 Delete 键或 BackSpace 键，可删除当前插入点所在的文本，同时删除对应的形状。

3.2.6 插入表格

Word 2016 提供的表格处理功能可以方便地处理各种表格，特别适用于简单表格，如课程表、作息时间表、成绩表等。如果要制作大型、复杂的表格，如年度销售报表，或是要对表格中的数据进行大量、复杂的计算和分析的时候，Excel 2016 是更好的选择。

Word 中的表格有三种类型：规则表格、不规则表格和文本转换成的表格，如图 3.55 所示。

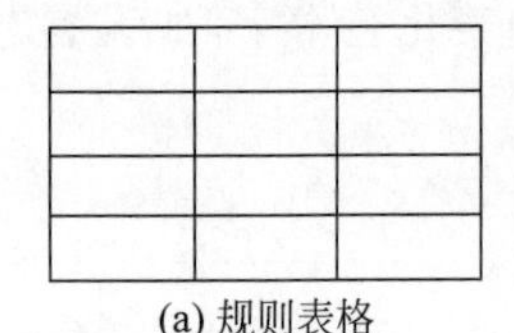

(a) 规则表格

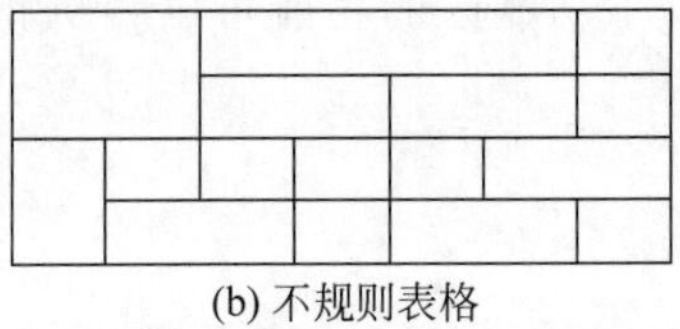

(b) 不规则表格

产品名称	单价/元	数量
电子琴	1800	200
小提琴	1200	60
钢琴	11000	5

(c) 文本转换成的表格

图 3.55　Word 的表格类型

1. 创建表格

根据要插入表格的行列数，可使用快速插入表格、利用对话框插入表格两种方式来实现，且这两种方式主要用于创建规则表格。

1) 快速插入表格

(1) 将光标定位到需要插入表格的位置。

(2) 在“插入”选项卡的“表格”组中，单击“表格”下拉按钮 ，打开下拉列表。

(3) 在“插入表格”预览区中，通过拖动鼠标来选择表格，松开鼠标后，Word 编辑区即显示出创建的表格。例如，选中 5×4 表格表示创建一个 5 列 4 行的表格，如图 3.56 所示。

2) 利用对话框插入表格

(1) 将光标定位到需要插入表格的位置。

(2) 在“插入”选项卡的“表格”组中，单击“表格”按钮的下拉按钮 ；在打开的下拉列表中，选择“插入表格”选项，即打开“插入表格”对话框。在“插入表格”对话框中，设置表格尺寸和单元格宽度，单击“确定”按钮即可。例如，输入列数为 5，行数为 4，如图 3.57 所示。

通过上述两种方法可以成功地创建一个 5 列 4 行的表格，如图 3.58 所示。

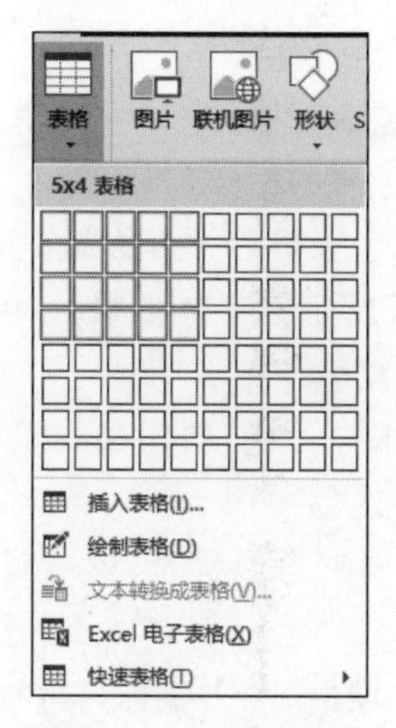

图 3.56 “表格”列表

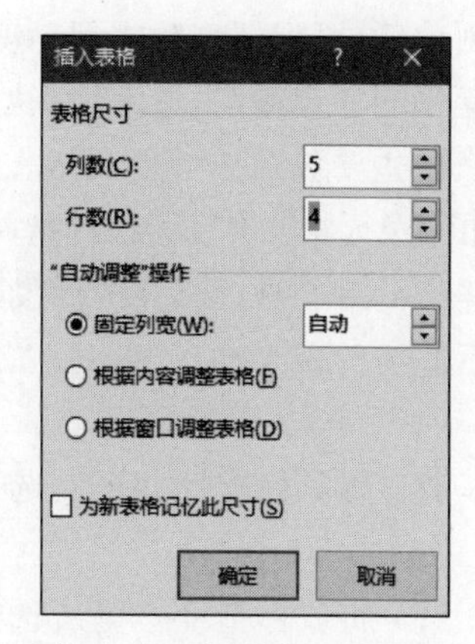

图 3.57 “插入表格”对话框

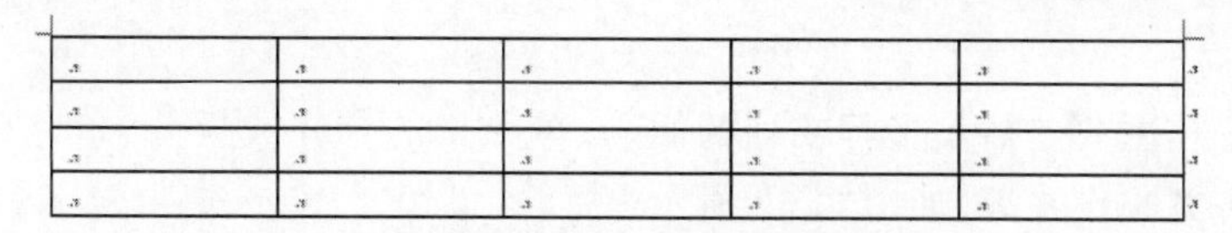

图 3.58 创建 5 列 4 行表格

2. 设置表格样式和底纹

Word 2016 内置有多种表格样式，创建表格后，可以通过表格样式列表选择一种样式，表格样式可以快速完成表格的格式化设置。方法是选中表格，打开“表格工具”的“设计”选项卡，在“表格样式”组中展开样式列表，选择需要的表格样式即可，如图 3.59 所示。例如，选择“网络表 4-着色 5”表格样式，创建的表格如图 3.60 所示。单击“表格样式”组中的“底纹”按钮 ，可以完成表格单元格的底纹设置。

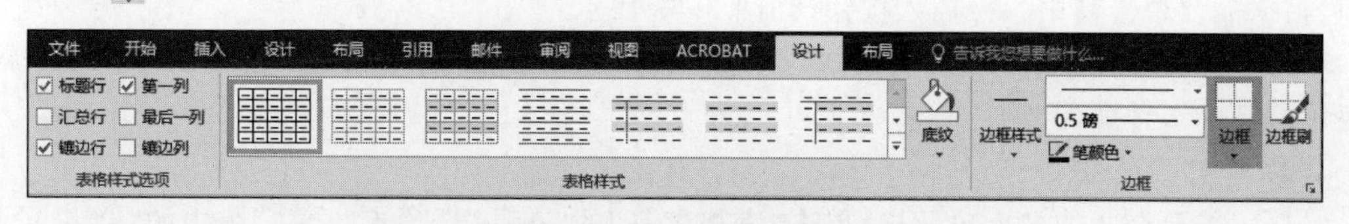

图 3.59 “表格样式”组

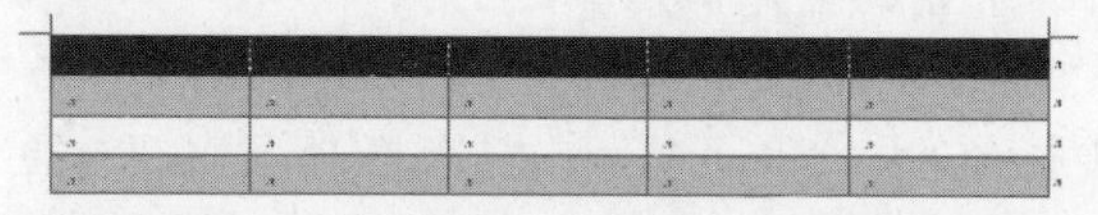

图 3.60 “网络表 4-着色 5”表格样式

3. 输入表格内容

创建好表格后，可以在表格的任一单元格中定位光标并输入内容，内容包括文字、图片、图形、图表等。输入时，可以按 Tab 键使光标往下一个单元格移动，按 Shift+Tab 组合键使光标往前一个单元格移动，也可以将鼠标指针直接指向所需的单元格后单击，如图 3.61 所示。

姓名	大学计算机基础	大学英语一	高等数学	体育
张大山	85	78	80	90
周晓红	80	82	84	88
李雄强	90	84	76	85

图 3.61 输入表格内容效果

4. 编辑表格

表格创建后,可根据实际需要对其进行各种编辑,主要包括表格的选择和布局操作。表格的编辑操作同样遵循“先选定,后执行”的原则。

选择表格主要包括选择单元格、选择行、选择列、选择整个表格等。方法如下。

选定单个单元格:将鼠标指针指向单元格内左下角处,当光标变为 ↗ 形状时,单击鼠标。

选定连续的多个单元格:按住鼠标左键,在表格中拖动鼠标即可。

选定不连续的多个单元格:选择起始单元格,然后按住 Ctrl 键,依次选择其他单元格即可。

选定一行:将鼠标指针移至所选行左侧,当其变为白色斜三角形状时,单击鼠标可选择该行。

选定一列:将鼠标指针移至所选列上方,当其变为 ↓ 形状时,单击鼠标可选择列。

整个表格:单击表格左上角的 ⊞ 图标,可以选中整个表格。

5. 表格布局

表格布局操作主要包括表格行或列的插入、单元格的合并或拆分、单元格大小设置、单元格内容的对齐方式设置等,如图 3.62 所示。

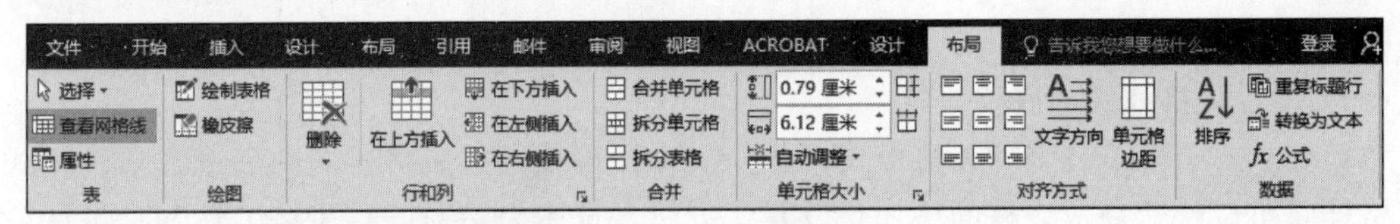

图 3.62 “布局”选项卡

1) 插入行或列

(1) 插入行:把光标定位到其中一行,选择“表格工具”的“布局”选项卡中的“行和列”组,根据需要单击其中一种插入按钮,如图 3.63 所示。

(2) 插入列:选中其中一列,选择“表格工具”的“布局”选项卡中的“行和列”组,根据需要单击其中一种插入按钮。

2) 合并单元格

选中需要合并的多个单元格,单击“表格工具”的“布局”选项卡“合并”组中的“合并单元格”按钮,即可完成多个单元格的合并。

3) 拆分单元格

将光标定位到需要拆分的一个单元格,单击“表格 工具”的“布局”选项卡“合并”组中的“拆分单元格”按钮,在弹出的“拆分单元格”对话框中设置列数或行数,单击“确定”按钮即可完成单元格的拆分,如图 3.64 所示。

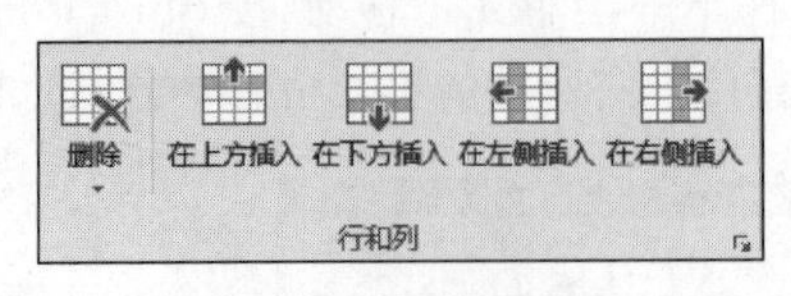

图 3.63 “行和列”组

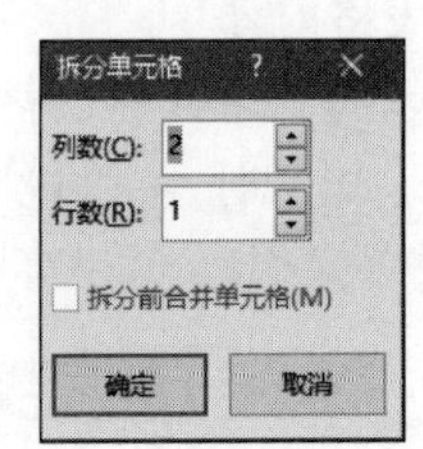

图 3.64 “拆分单元格”对话框

4）设置单元格大小

"布局"选项卡的"单元格大小"组选项可以对表格的行高或列宽进行调整，如图 3.65 所示。其中，"自动调整"选项包括"根据内容自动调整表格""根据窗口自动调整表格"和"固定列宽"。

"分布行"选项：在所选行之间平均分布高度。

"分布列"选项：在所选列之间平均分布宽度。

"高度"列表框：用来设置所选行的具体高度。

"宽度"列表框：用来设置所选列的具体宽度。

3.2.7 插入图表

在 Word 2016 文档中，可以对表格中的数据使用图表直观地反映数据之间的联系。例如，把图 3.61 表格的数据以簇状柱形图形式表现，方法是：选择"插入"选项卡，在"插图"组中单击"图表"按钮，如图 3.66 所示。

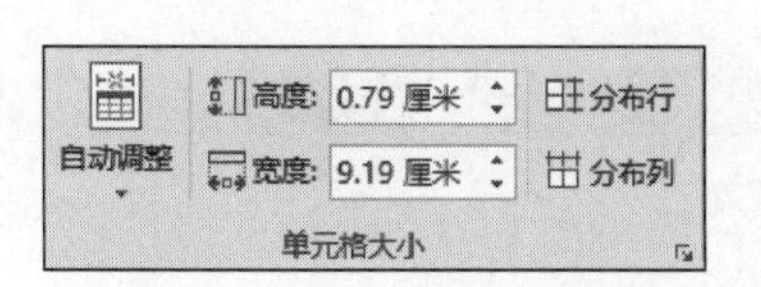

图 3.65 "单元格大小"组

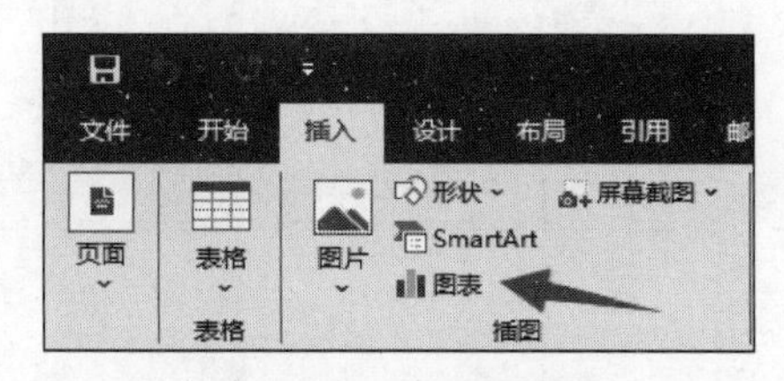

图 3.66 "插图"组

然后打开"插入图表"对话框，选择"柱形图"列表中的"簇状柱形图"样式，如图 3.67 所示。

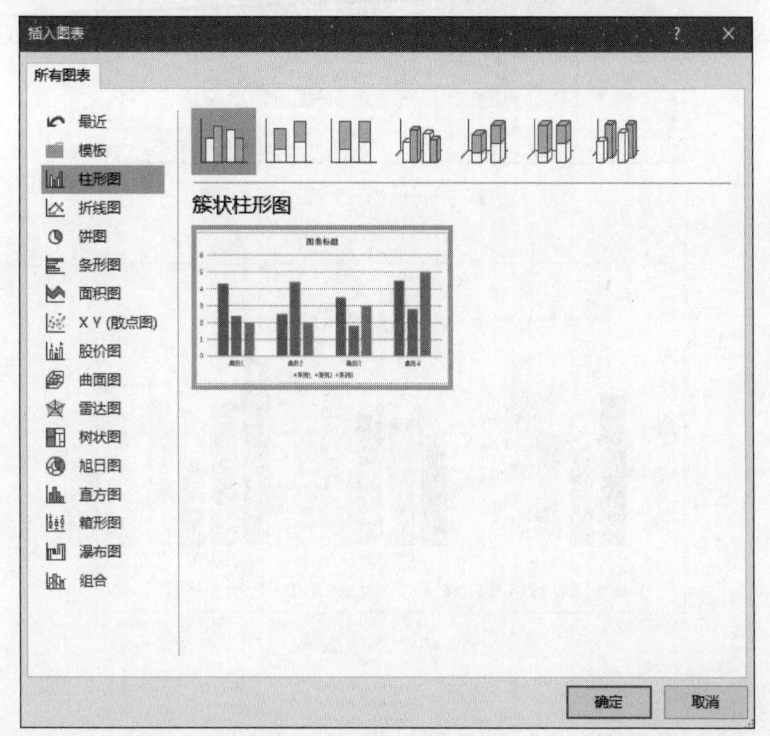

图 3.67 "插入图表"对话框

单击“确定”按钮将弹出如图 3.68 所示的操作界面，这时只需调整 Excel 工作表数据源区域与 Word 数据表一样的行数和列数，然后把 Word 数据表的数据复制到 Excel 工作表数据源区域，如图 3.69 所示，效果如图 3.70 所示。

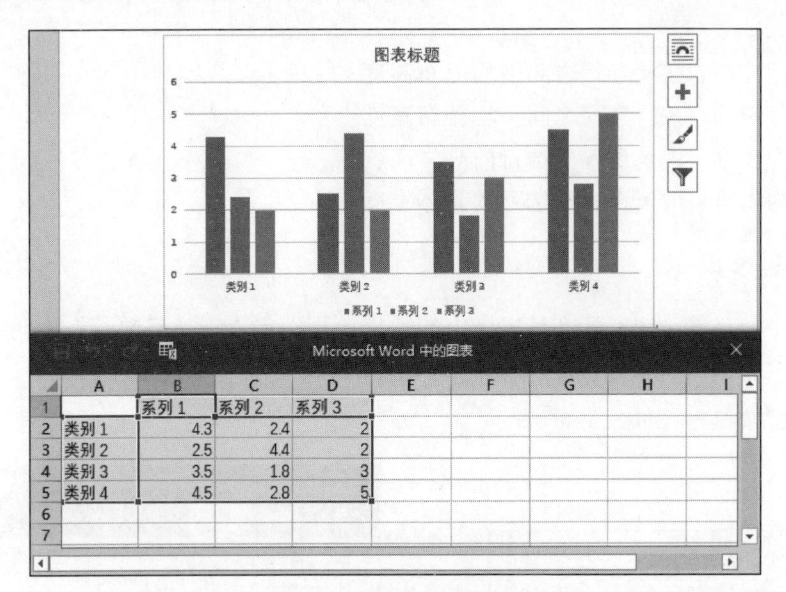

图 3.68　插入图表

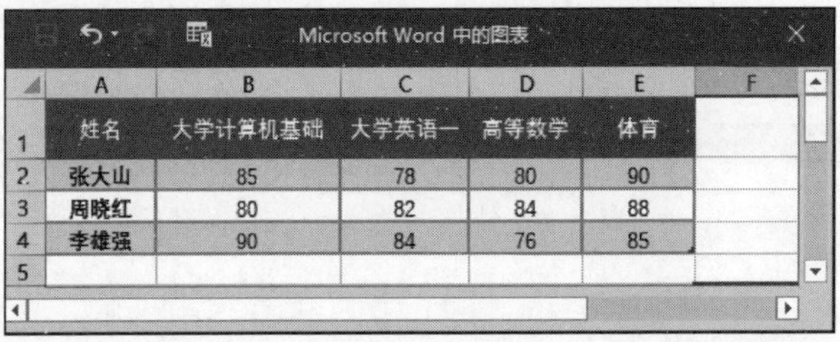

Microsoft Word 中的图表

	A	B	C	D	E	F
1	姓名	大学计算机基础	大学英语一	高等数学	体育	
2	张大山	85	78	80	90	
3	周晓红	80	82	84	88	
4	李雄强	90	84	76	85	
5						

图 3.69　插入图表

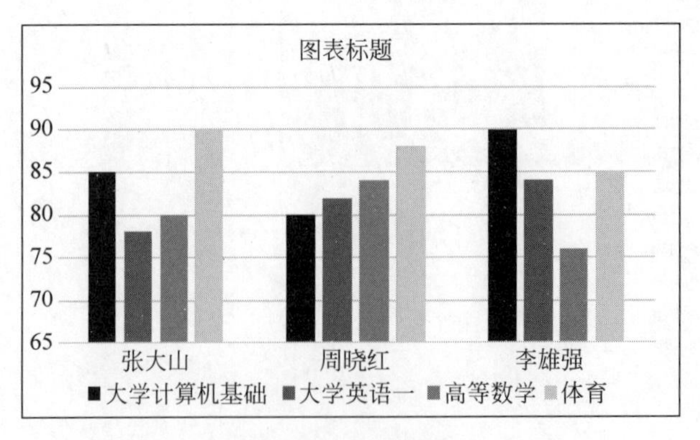

图 3.70　图表效果

3.3 长文档编辑管理

3.3.1 视图与样式

Word 2016 主要有 5 种视图方式，分别是页面视图、阅读视图、Web 版式视图、大纲视图和草稿视图。用户可以根据需要，在“视图”选项卡的“视图”组选项选择所需的视图方式。

1. 视图

1）页面视图

页面视图是默认的视图模式，也是制作文档时最常使用的一种视图模式。它可以显示 Word 2016 文档的打印结果外观，主要包括页眉、页脚、图形对象、分栏设置、页面边距、水印等元素，是最接近打印效果的视图方式，如图 3.71 所示。

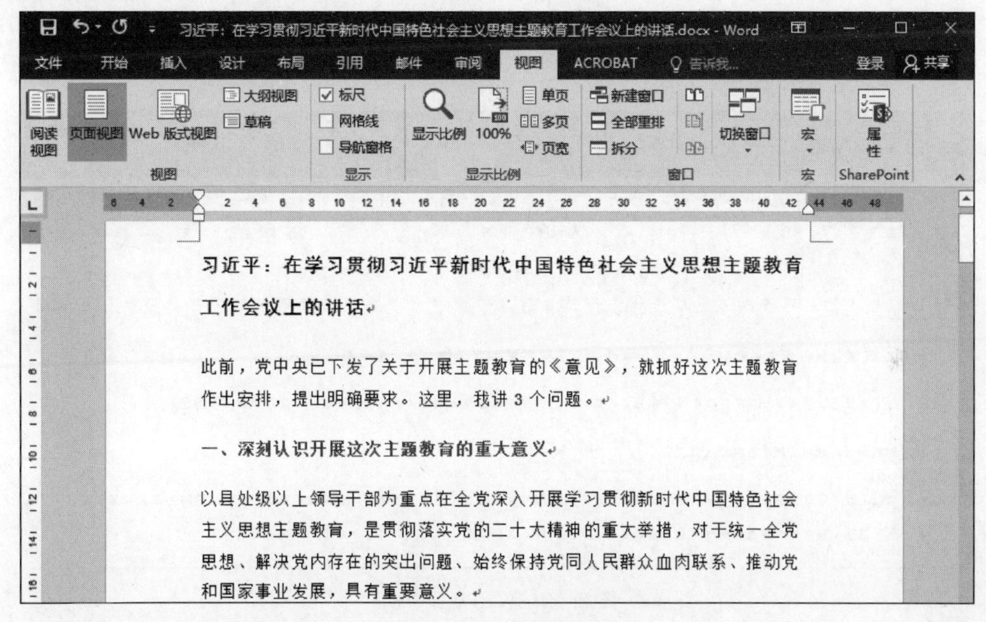

图 3.71　页面视图

2）阅读视图

在“视图”选项卡的“视图”组中单击“阅读视图”按钮，可切换至阅读视图模式。在该视图中，文档的内容以书页的形式进行显示，可以在阅读文档的同时标注建议和注释，如图 3.72 所示。按 Esc 键，可返回页面视图。

3）Web 版式视图

在“视图”选项卡的“视图”组中单击“Web 版式视图”按钮，可切换至 Web 版式视图模式。在该视图中，文本与图形的显示与在 Web 浏览器中的显示一致，如图 3.73 所示。

4）大纲视图

在“视图”选项卡的“视图”组中单击“大纲视图”按钮，可切换至大纲视图模式。在该视图中，根据文档的标题级别显示文档的框架结构，用户不但可以折叠起来只看主标题，而且也可以展开查看全部文本文档。单击“关闭大纲视图”按钮，可关闭大纲视图返回页

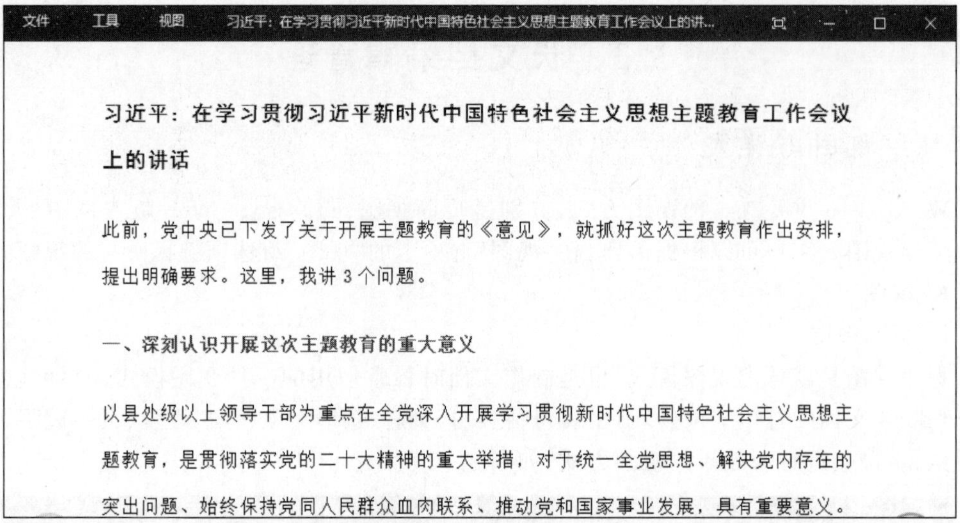

文件
工具
视图
习近平：在学习贯彻习近平新时代中国特色社会主义思想主题教育工作会议上的讲...
习近平：在学习贯彻习近平新时代中国特色社会主义思想主题教育工作会议上的讲话
此前，党中央已下发了关于开展主题教育的《意见》，就抓好这次主题教育作出安排，提出明确要求。这里，我讲 3 个问题。
一、深刻认识开展这次主题教育的重大意义
以县处级以上领导干部为重点在全党深入开展学习贯彻新时代中国特色社会主义思想主题教育，是贯彻落实党的二十大精神的重大举措，对于统一全党思想、解决党内存在的突出问题、始终保持党同人民群众血肉联系、推动党和国家事业发展，具有重要意义。

图 3.72　阅读视图

习近平：在学习贯彻习近平新时代中国特色社会主义思想主题教育工作会议上的讲话.docx - Word
文件
开始
插入
设计
布局
引用
邮件
审阅
视图
ACROBAT
告诉我...
登录
共享
阅读视图
页面视图
Web 版式视图
大纲视图
草稿
视图
标尺
网格线
导航窗格
显示
显示比例
100%
单页
多页
页宽
显示比例
新建窗口
全部重排
拆分
切换窗口
窗口
宏
属性
SharePoint
习近平：在学习贯彻习近平新时代中国特色社会主义思想主题教育工作会议上的讲话
此前，党中央已下发了关于开展主题教育的《意见》，就抓好这次主题教育作出安排，提出明确要求。这里，我讲 3 个问题。
一、深刻认识开展这次主题教育的重大意义
以县处级以上领导干部为重点在全党深入开展学习贯彻新时代中国特色社会主义思想主题教育，是贯彻落实党的二十大精神的重大举措，对于统一全党思想、解决党内存在的突出问题、始终保持党同人民群众血肉联系、推动党和国家事业发展，具有重要意义。

图 3.73　Web 版式视图

面视图，如图 3.74 所示。

习近平：在学习贯彻习近平新时代中国特色社会主义思想主题教育工作会议上的讲话.docx - Word
文件
大纲
开始
插入
设计
布局
引用
邮件
审阅
视图
ACROBAT
告诉我...
登录
共享
正文文本
显示级别(S):
显示文本格式
仅显示首行
大纲工具
显示文档
折叠子文档
主控文档
关闭大纲视图
关闭
习近平：在学习贯彻习近平新时代中国特色社会主义思想主题教育工作会议上的讲话
此前，党中央已下发了关于开展主题教育的《意见》，就抓好这次主题教育作出安排，提出明确要求。这里，我讲 3 个问题。
一、深刻认识开展这次主题教育的重大意义
以县处级以上领导干部为重点在全党深入开展学习贯彻新时代中国特色社会主义思想主题教育，是贯彻落实党的二十大精神的重大举措，对于统一全党思想、解决党内存在的突出问题、始终保持党同人民群众血肉联系、推动党和国家事业发展，具有重要意义。

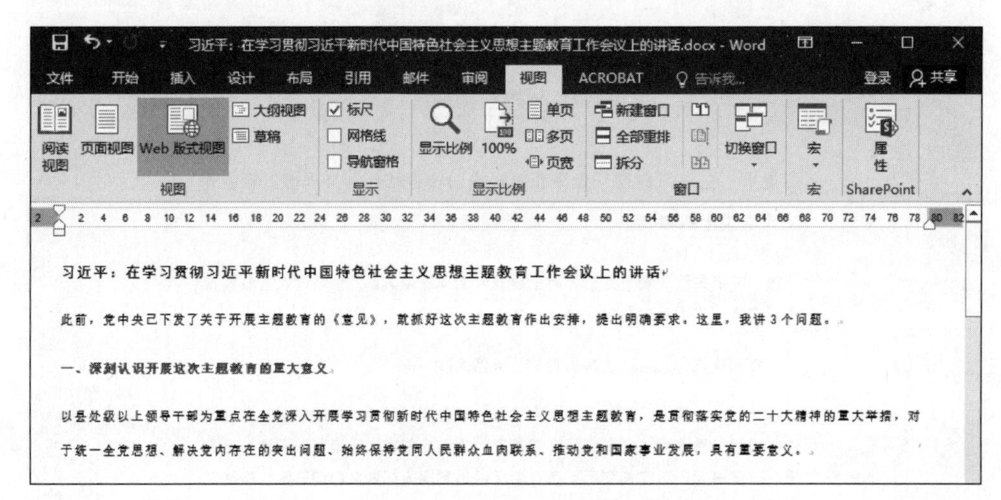

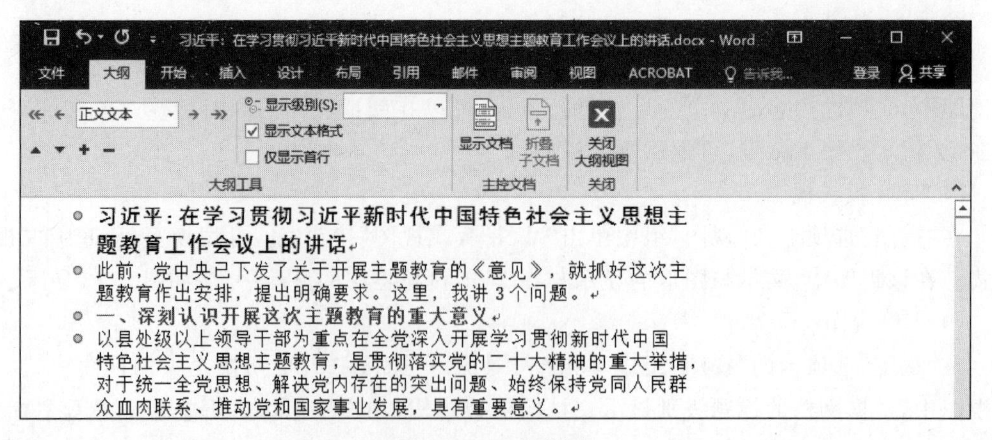

图 3.74　大纲视图

5) 草稿视图

在“视图”选项卡的“视图”组中单击“草稿”按钮，可切换至草稿视图模式。该视图简化了页面的布局，主要显示文本及其格式，适合对文档进行输入和编辑操作，如图 3.75 所示。

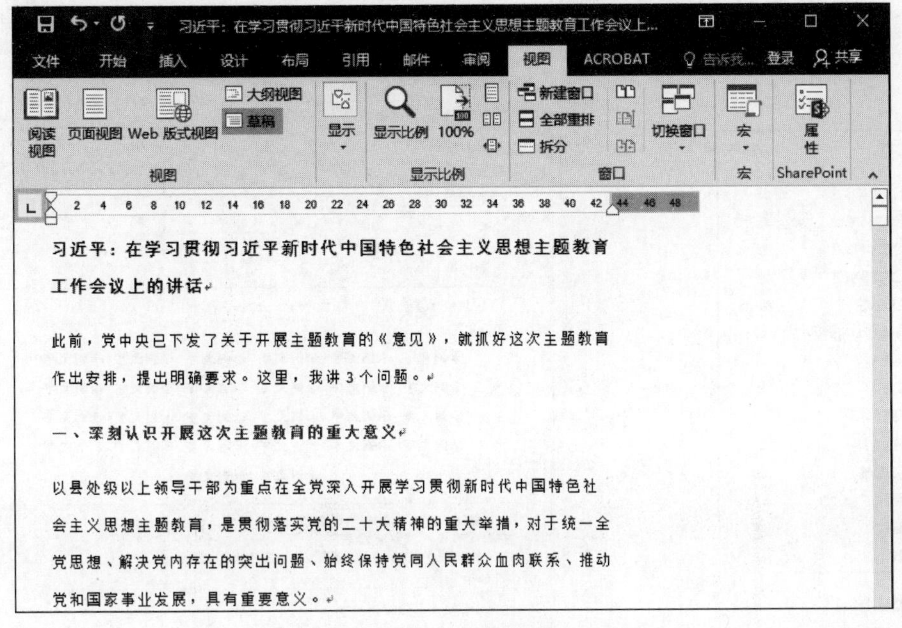

图 3.75　草稿视图

2. 样式

样式是一组命名的字符和段落排版格式的组合。使用样式可以轻松快捷地将文档中的正文、标题和段落统一成相同的格式。例如，一篇文档的章节标题要求设置为黑体、三号、居中、段前间距 1 行、段后间距 0.5 行格式，为了避免每次输入章节标题时都重复设置格式，可以将这些设置进行组合，并加以命名，以后可以直接用它来对所选文本进行格式设置。

Word 2016 不仅预定义了很多标准样式供用户直接使用，还允许用户根据需要修改标准样式或自己新建样式，甚至删除样式。

1) 应用样式

(1) 选定需要应用样式的文本或段落。

(2) 在“开始”选择卡的“样式”组中选择已有的样式，如图 3.76 所示，或者单击“样式”组右下角的按钮，打开“样式”任务窗格，在窗格中根据需要选择样式，如图 3.77 所示。

图 3.76　“样式”组

2) 修改样式

如果对已有的样式不满意，可以对其进行修改和删除。修改样式后，所有应用了该样式的文本都会随之改变。修改样式的方法如下。

(1) 打开“样式”下拉列表或“样式”任务窗格，右击需要修改的样式，在弹出的快捷菜单中选择“修改”命令。

(2) 在打开的“修改样式”对话框中，设置所需的样式格式即可，如图 3.78 所示。

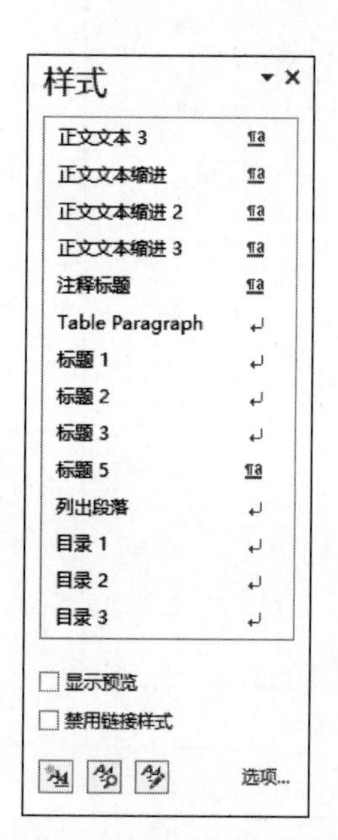

图 3.77 “样式”任务窗格

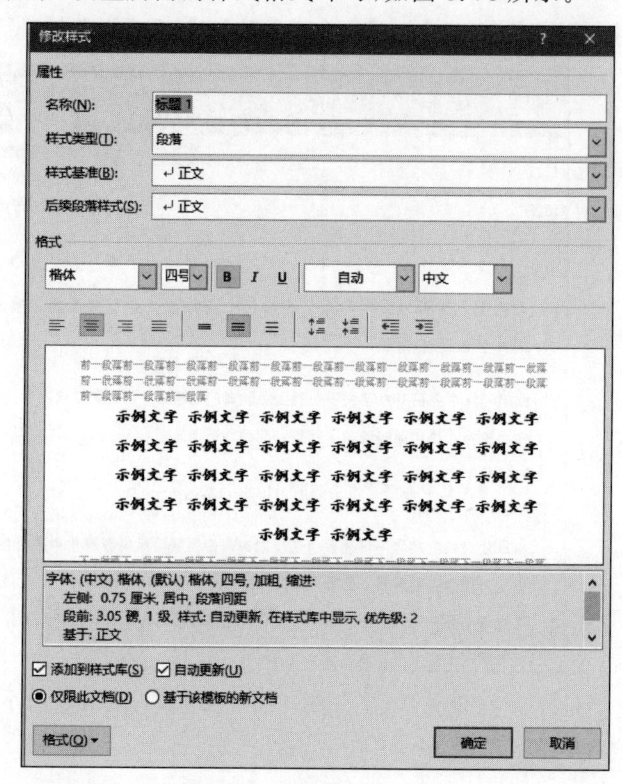

图 3.78 “修改样式”对话框

3) 新建样式

当 Word 提供的样式不能满足用户需求时，用户可以根据需要创建新的样式。创建样式的方法如下。

(1) 打开“样式”组的下拉列表按钮，单击“创建样式”按钮 ，打开如图 3.79 所示的“根据格式设置创建新样式”对话框，在“名称”文本框中输入新样式的名称，如输入“论文标题 1”，然后单击“修改”按钮，再次弹出“根据格式设置创建新样式”对话框，如图 3.80 所示。

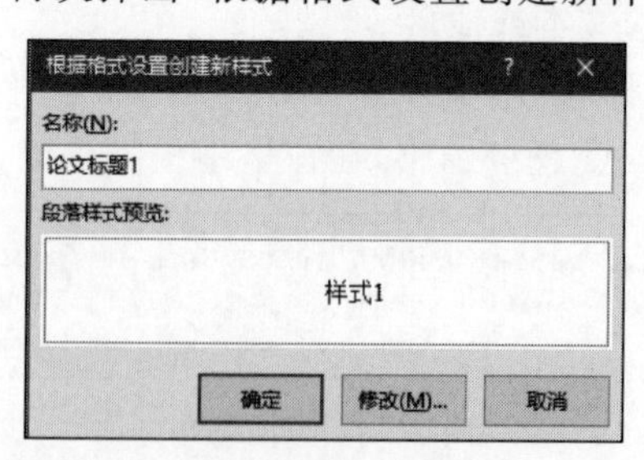

图 3.79 “根据格式设置创建新样式”对话框

(2) 在“根据格式设置创建新样式”对话框中，选择样式类型、样式基准、格式，选中“添加到样式库”复选框等。

(3) 设置完毕，单击“确定”按钮，创建的新样式就会出现在样式库中，如图 3.81 所示。

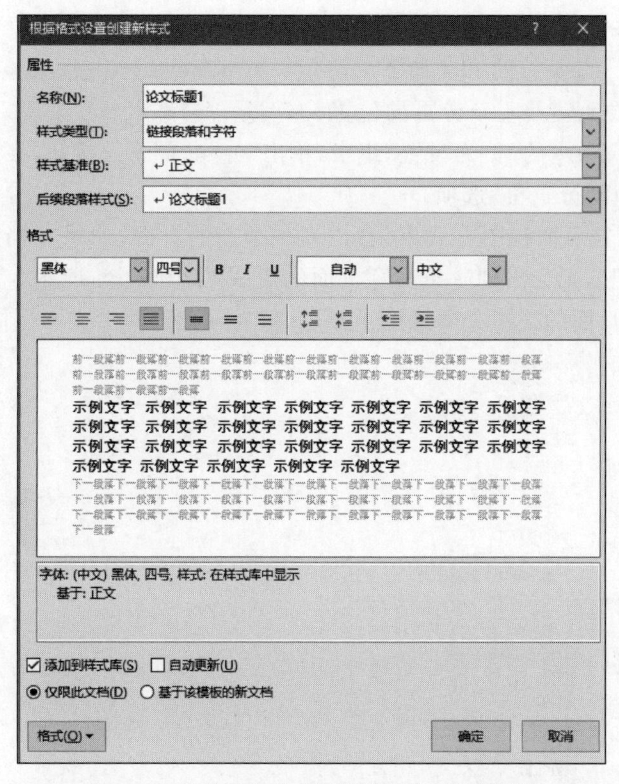

图 3.80 “根据格式设置创建新样式”对话框

图 3.81 “样式”组列表

4）删除样式

在“样式”组列表中选择要删除的样式，右击，在弹出的快捷菜单中选择“从样式库中删除”选项，则要删除的样式从“样式”组列表中删除。虽然在“样式”组列表中删除了，但其实还保留为内置样式，如要彻底删除，需要在“样式”任务窗格中选择要删除的样式，在弹出的如图 3.82 所示的对话框中单击“是”按钮，则将样式从文档中删除，同时带有此样式的所有段落自动应用“正文”样式。

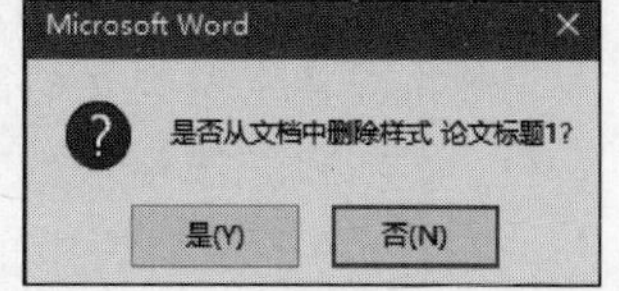

图 3.82 删除样式对话框

3.3.2 插入分隔符

插入分隔符的目的是把长文档分隔成多个页面或多个区域，可以在每个区域完成不同的格式设置。单击“布局”选项卡中的“分隔符”下拉按钮 ，将弹出“分页符”和“分节符”选项，每个选项下又有多种分隔符选项，如图 3.83 所示。

1. 分页符

分页符是插入文档中的表明一页结束而另一页开始的格式符号。当编辑 Word 文档到当前页尾时，Word 2016 将自动插入一个分页符，并开始新的一页（自动分页）。若要将同一页面中的任意位置的文本分别放置在不同页中，可以通过人工插入分页符（手动分页）的方法来实现。人工插入分页符的方法如下。

（1）将光标定位到需要重新分页的位置。

（2）在“布局”选项卡的“页面设置”组中，单击“分隔符”下拉按钮，在打开的下拉列表中的“分页符”栏中选择“分页符”选项。

（3）分页完毕，在页面视图方式下，会出现一个新的页面，如果文档的显示方式设置为“显示所有格式标记”，则会出现一条贯穿页面的虚线，如图 3.84 所示。所插入的分页符虽然把原本属于同一页面的文本分隔成两页显示，但实际上这两页文本还同属于一个区域。

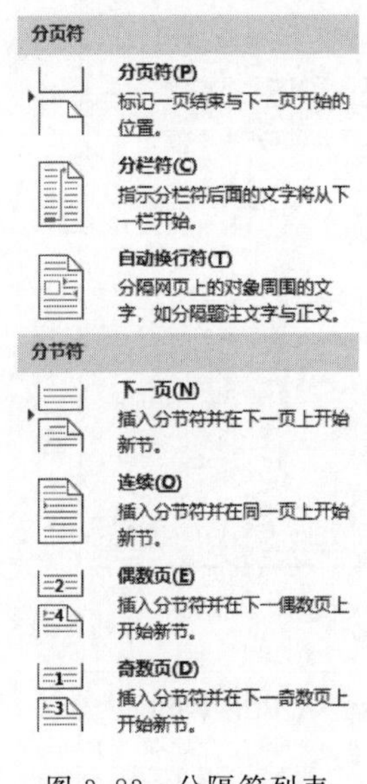

图 3.83　分隔符列表

图 3.84　插入分页符效果

2. 分节符

节是文档格式化的基本单位，插入分节符，可以将 Word 文档分成多个区域。每个区域可以有不同的页边距、页眉页脚、页码、纸张大小等不同的格式设置。分节符是为了在一节中设置相对独立的格式页而插入的标记。设置分节符的方法如下。

（1）将光标定位到文档需要分节的位置。

（2）在“布局”选项卡的“页面设置”组中，单击“分隔符”下拉按钮，在打开的下拉列表中的“分节符”栏中选择一种分节方式，如选择“下一页”，则在文档中插入一个分节符，如图 3.85 所示。

分节符(下一页)

图 3.85　插入分节符效果

（3）若想删除分节，只需将插入点置于分节符之前按 Delete 键或在分节符之后按 BackSpace 键。

3.3.3　插入超链接

在 Word 文档中插入超链接，可以快速访问到相应的网页，插入超链接的方法如下。

（1）将光标定位到文档需要插入超链接的位置。

（2）单击“插入”选项卡的“链接”组中的“超链接”按钮，打开“插入超链接”对话框，然后在“现有文件或网页”选项的地址栏列表框中输入超链接网址，如图 3.86 所示。

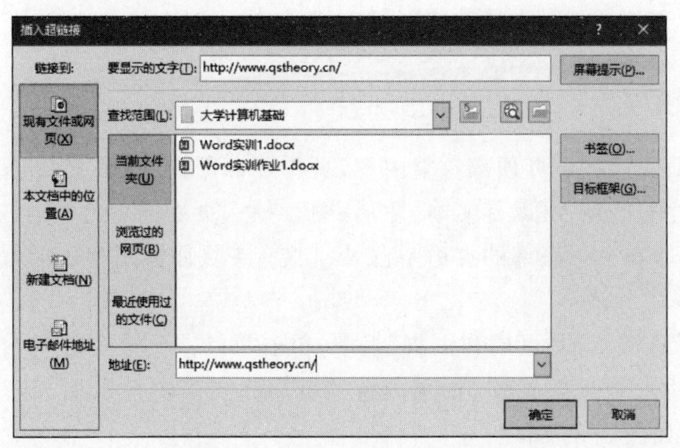

图 3.86 “插入超链接”对话框

(3) 单击“确定”按钮,则文档光标插入了超链接网址,如图 3.87 所示,按住 Ctrl 键,单击超链接网址可以快速访问该网址。

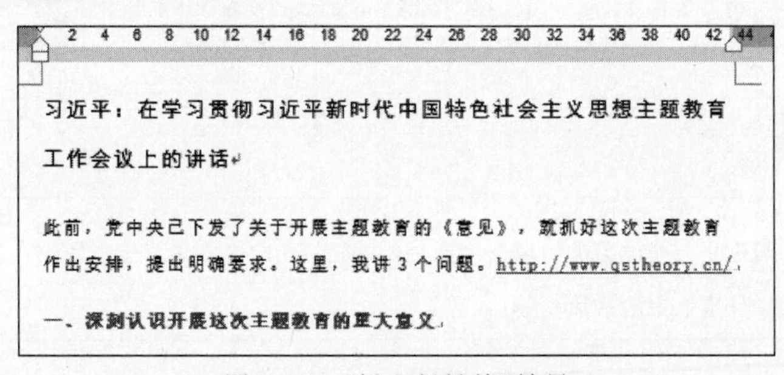
习近平:在学习贯彻习近平新时代中国特色社会主义思想主题教育工作会议上的讲话

此前,党中央已下发了关于开展主题教育的《意见》,就抓好这次主题教育作出安排,提出明确要求。这里,我讲 3 个问题。http://www.qstheory.cn/

一、深刻认识开展这次主题教育的重大意义

图 3.87 “插入超链接”效果

3.3.4 分栏设置

分栏就是将一页纸的版面分为多栏显示,使得页面内容更丰富。这种排版方式在编辑报纸、杂志时经常用到。设置分栏的方法如下。

(1) 选择需要分栏的文本段落。

(2) 在“布局”选项卡的“页面设置”组中,单击“分栏”下拉按钮 ,在打开的下拉列表中选择需要的分栏选项。

(3) 如果分栏设置的要求比较复杂,则可以在打开的下拉列表中选择“更多栏”命令,打开“分栏”对话框,如图 3.86 所示。

(4) 在“预设”栏中选择分栏样式,或在“栏数”列表框中输入设置的栏数;在“宽度和间距”栏中可设置栏之间的宽度与间距;如果各栏之间需要分隔线,则需选中“分隔线”复选框;在“应用于”下拉列表框中选择“所选文字”选项。

(5) 设置完毕,单击“确定”按钮,即可完成分栏设置,效果如图 3.88 所示。若要取消分栏,选择已分栏的段落,在“页面设置”组中单击“分栏”按钮,在

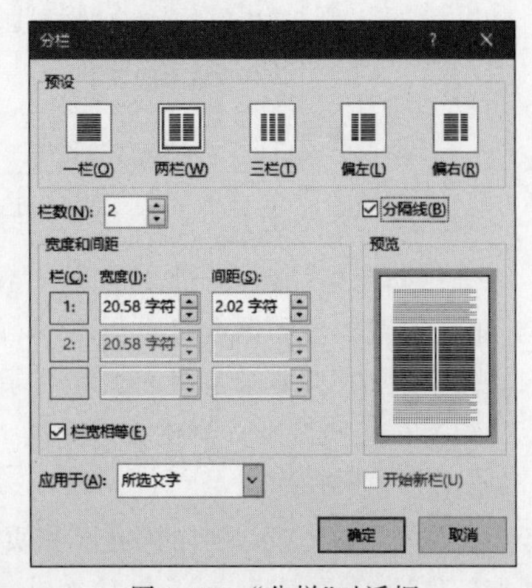

图 3.88 “分栏”对话框

打开的下拉列表中选择“一栏”命令，即可取消分栏设置。

3.3.5 页眉页脚

页眉可以帮助文档在每页顶部重复内容，页脚可以帮助文档在每页底部重复内容。例如重复一些说明性的信息，可以是文本、图形、图片等。页眉内容打印在文档顶部的页边空白处，页脚内容打印在文档底部的页边空白处。只有在页面视图中才能看到页眉和页脚。

1. 插入页眉

(1) 在“插入”选项卡的“页眉和页脚”组中，单击“页眉”下拉按钮，在弹出的内置页眉选项中选择需要的一种页眉样式。如果内置的页眉样式不符合要求，可以选择“编辑页眉”选项来编辑页眉，如图 3.89 所示。

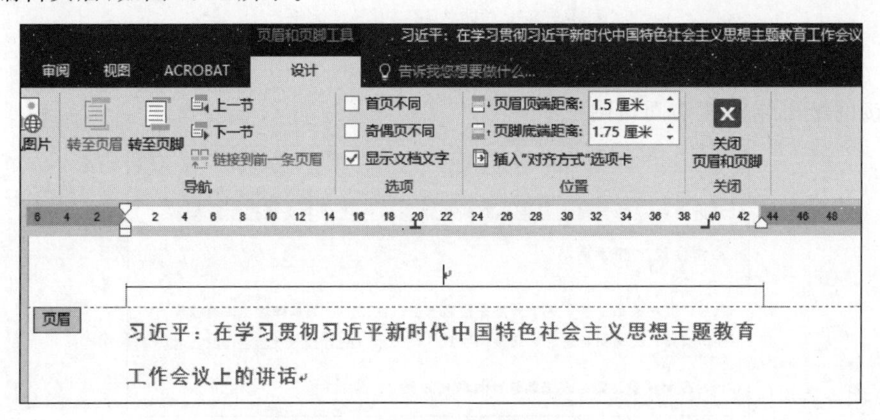

图 3.89 插入页眉操作

(2) 这时只需在光标位置输入页眉内容，然后单击“页眉和页脚工具”→“设计”选项卡中的“关闭页眉和页脚”按钮即完成插入页眉操作，这时页眉以背景形式呈现在文档页的顶端，如图 3.90 所示。

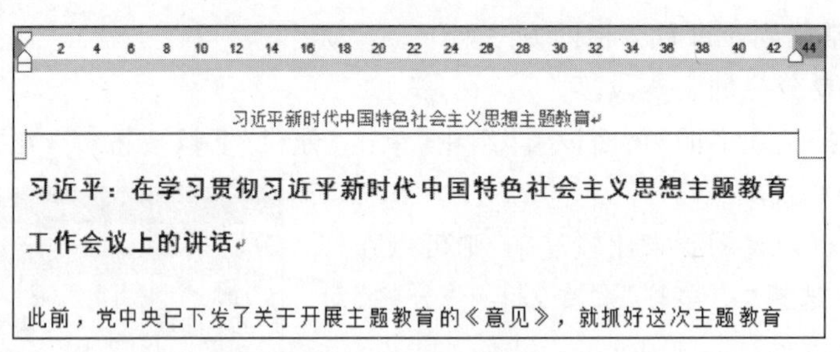

图 3.90 插入页眉效果

在编辑长文档时，对插入页眉一般会有几种情况要求，如封面和目录页不需要插入页眉、正文的奇数页和偶数页页眉不同、首页不同等。

第一种情况，要求是封面页和目录页不需要插入页眉，操作方法如下。

(1) 在文档目录页与正文之间插入一个“分节符(下一页)”，把封面、目录部分和正文部分划分为两个节。

(2) 在“插入”选项卡的“页眉和页脚”组中，单击“页眉”下拉按钮，选择“编辑页眉”选项。

(3) 把光标定位到正文首页的顶端,然后单击“页眉和页脚工具”→“设计”选项卡的“导航”组,单击取消“链接到前一条页眉”按钮 链接到前一条页眉 ,如图 3.91 所示。

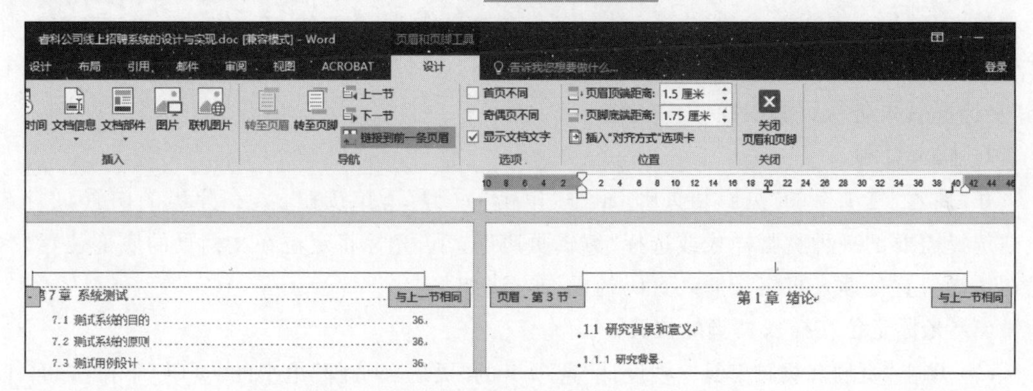

图 3.91 “页眉和页脚工具”→“设计”选项

(4) 在正文页眉光标处输入页眉内容,然后单击“页眉和页脚工具”→“设计”选项卡的“关闭页眉和页脚”按钮即完成操作,效果如图 3.92 所示。

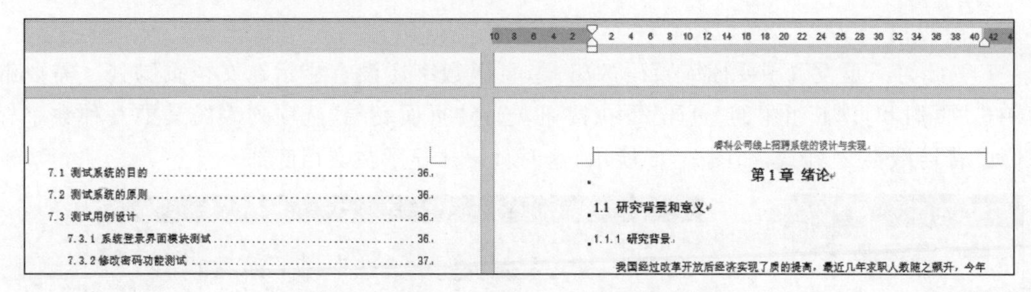

图 3.92 插入“目录页和正文页不同”的效果

第二种情况,要求是正文奇数页页眉和偶数页页眉不同,操作方法如下。

(1) 将光标定位于正文首页位置。

(2) 在“插入”选项卡的“页眉和页脚”组中,单击“页眉”下拉按钮,选择“编辑页眉”选项。

(3) 单击“页眉和页脚工具”→“设计”选项卡的“选项”组,选中“奇偶页不同”复选框,如图 3.93(a)所示。

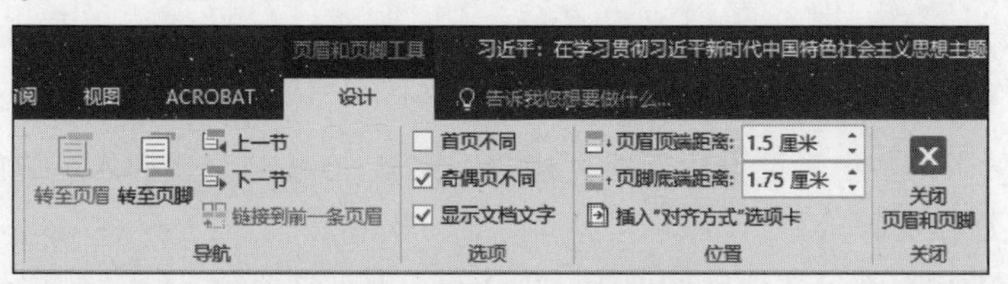

(a) 选中“奇偶页不同”复选框

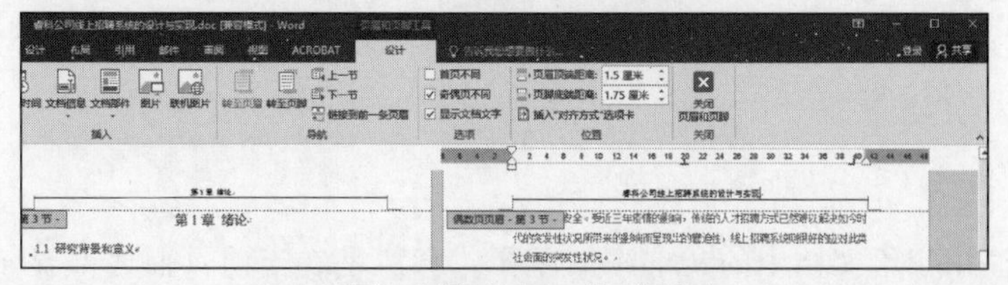

(b) 设置“奇偶页不同”的页眉内容

图 3.93 设置奇偶页页眉不同

(4) 分别在正文的奇数页和偶数页输入不同的页眉内容，如图 3.93(b)所示。

第三种情况，要求插入页眉的正文每一章的首页无页眉内容，操作方法与上述第二种方法类似，但前提是要在正文的每章文末与下一章之间插入“分节符(下一页)”，使每章划分为多个不同的部分区域，然后在“页眉和页脚工具”→“设计”选项卡的“选项”组中选中“首页不同”复选框后再进行页眉设置。

2. 插入页脚

在“插入”选项卡的“页眉和页脚”组中，单击“页脚”下拉按钮，在弹出的内置页脚选项中选择需要的一种页脚样式或选择“编辑页脚”选项，光标将定位在文档页的底部位置，可以在页脚位置处插入页码。插入页码的操作方法如下。

(1) 光标定位在插入页脚处位置。

(2) 单击“页眉和页脚工具”→“设计”选项卡的“页眉和页脚”组中的“页码”下拉按钮，在弹出的下拉列表中选择“设置页码格式”选项，将弹出“页码格式”对话框，如图 3.94 所示。

(3) 在“页码格式”对话框的“编号格式”栏中选择如 1,2,3,…,A,B,C,…等的编号样式；在“页码编号”栏中设置“起始页码”为“1”，表示正文从第 1 页开始。设置完成后单击“确定”按钮。

(4) 此时只是设置了要插入页码的格式，页码数字还没有显示在文档页脚处。需要继续单击“页眉和页脚”组中的“页码”下拉按钮，选择“页面底端”选项列表的其中一种数字样式，如“普通数字 2”样式，如图 3.95 所示，这时页码才显示在文档底部。

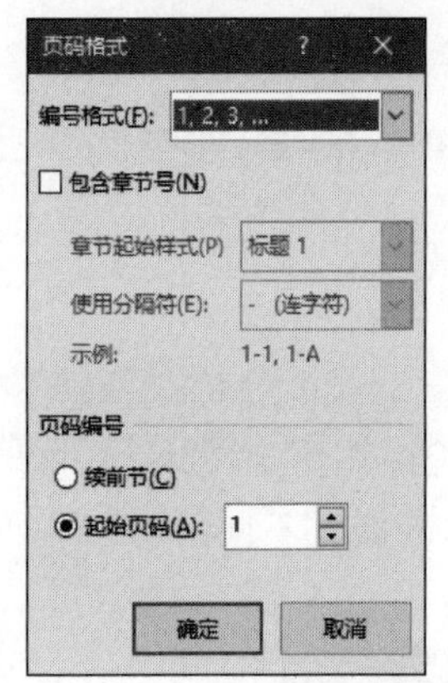

图 3.94 “页码格式”对话框

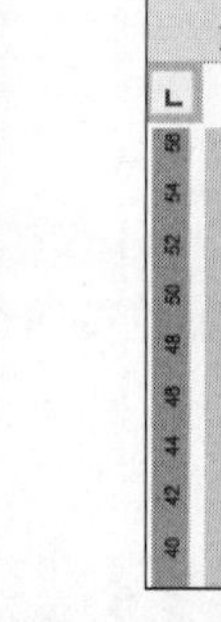

图 3.95 页码样式

如果插入的页码数字需要设置奇偶页格式不同等，方法与上述插入页眉的操作类似。

3. 删除页眉和页脚

双击页眉和页脚，选定要删除的内容，按 Delete 键；或者在“插入”选项卡的“页眉和页脚”组中，单击“页眉”或“页脚”下拉按钮，在打开的下拉菜单中选择“删除页眉”或“删除页脚”命令。

3.3.6 脚注尾注

脚注和尾注用于给文档中的文本添加注释。脚注是在当前页面底部显示添加的注释，尾注是在文档末尾显示添加的注释。

1. 插入脚注

(1) 选中文档中需要添加注释的文本。

(2) 在“引用”选项卡的“脚注”组中单击“插入脚注”按钮 AB¹ ,这时页面底部自动生成一个注释编号,在注释编号右侧输入要注释的内容即可。

(3) 同时,正文文本处也自动生成一个与页面底部的注释编号相对应的编号,注释内容也会以浮窗形式显示在注释编号的右上侧,如图 3.96 所示。

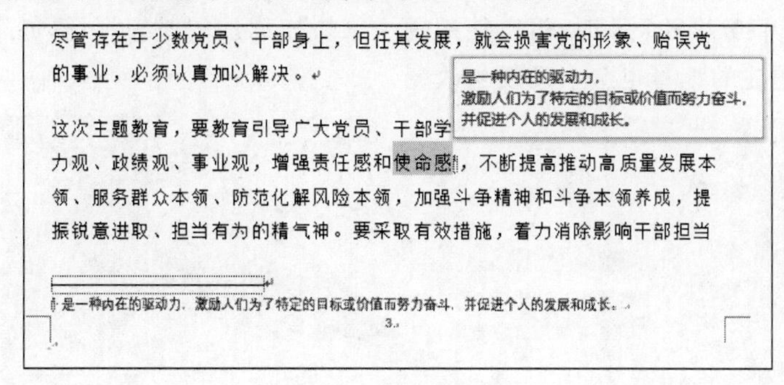

图 3.96　添加脚注效果

2. 插入尾注

(1) 选中文档中需要添加注释的文本。

(2) 在“引用”选项卡的“脚注”组中单击“插入尾注”按钮 ,这时光标定位在节的结尾处或文档结尾处,并自动生成一个注释编号,在注释编号右侧输入要注释的内容即可,如图 3.97 所示。

(3) 注释内容同样也会以浮窗形式显示在正文所选文本的右上侧。

通过“脚注和尾注”对话框可以对脚注和尾注的位置、脚注布局、格式和应用更改等进行设置,如图 3.98 所示。

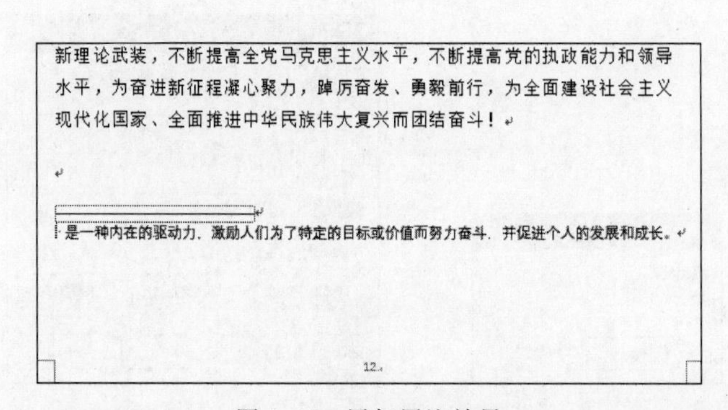

图 3.97　添加尾注效果

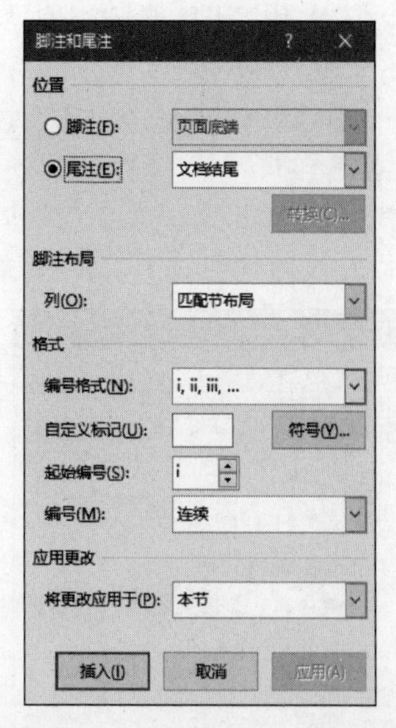

图 3.98　“脚注和尾注”对话框

要删除脚注和尾注，方法是选择正文处的注释编号，按 Delete 键即可删除所插入的脚注或尾注内容。

3.3.7 题注与交叉引用

题注是指对文档中的图片、表格或图表等对象添加标签，包括编号和注释文字，如图 3.99 所示的“图 6.1 系统登录页面”“表 4.1 个人信息表”这些描述都称为题注。当一篇长文档里需要插入多个图片或者多个表时，可以使用题注来快速添加图或表标签，如果在图片之间再插入一个图片，题注的编号也会自动发生改变。

图6.1　系统登录页面

表4.1 个人信息表

字段名称	数据类型	字段长度	是否为空	PK	FK	其他约束	字段说明
G_ID	Int	20	N	Y			个人编号
G_Name	Varchar	20	N				个人姓名

图 3.99　“题注”样例

1. 插入题注

(1) 光标定位到插入题注处。

(2) 在“引用”选项卡的“题注”组中单击“插入题注”按钮，将弹出“题注”对话框，如图 3.100 所示。

对话框的“题注”栏中显示默认题注编号标签“图表 1”，也可以通过“新建标签”按钮新建标签样式。

(3) 单击“新建标签”按钮，打开“新建标签”对话框，在“标签”文本框中输入新的样式，如“表 1.”，如图 3.101 所示，单击“确定”按钮，新建的题注样式如图 3.102 所示。

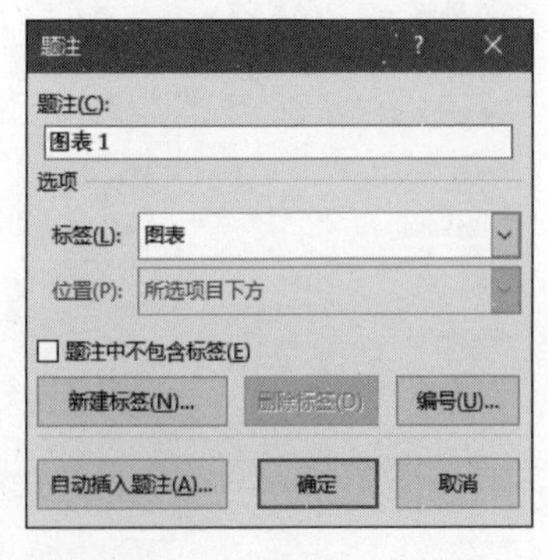

图 3.100　“题注”对话框

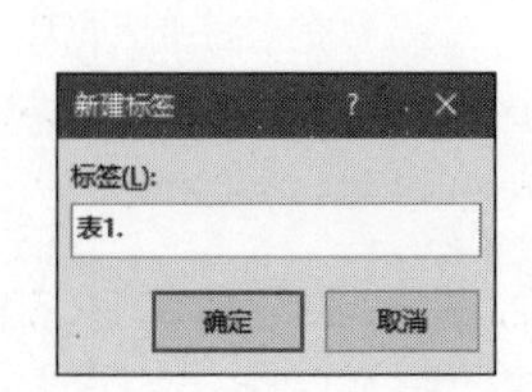

图 3.101　“新建标签”对话框

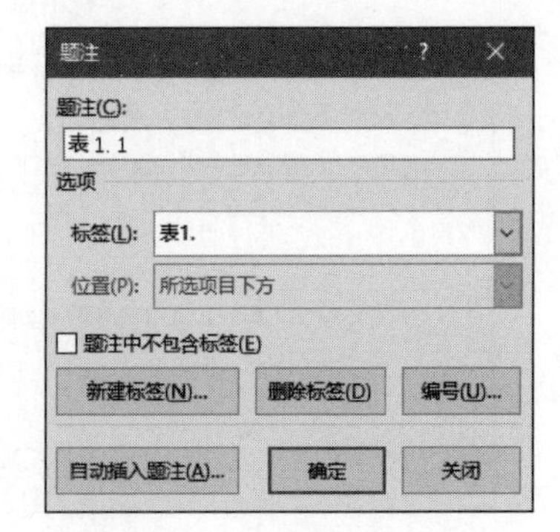

图 3.102　新建题注样式

设置好的题注就可以依次插到每个表格的上方，题注编号会以表 1.1…、表 1.2…形式自动添加。

2. 交叉引用

交叉引用是指在文档中插入一个超链接，而这个超链接是链接文档中的某个图片或表格，而不是链接到文档以外的网址等。交叉引用的操作步骤如下。

（1）在文档中选中要进行交叉引用的文本。

（2）在“引用”选项卡的“题注”组中，单击“交叉引用”按钮，将弹出“交叉引用”对话框，如图 3.103 所示。

（3）在“交叉引用”对话框中，如“引用类型”列表框中选择“图片”，“引用内容”列表框中选择“只有标签和编号”，“引用哪一个题注”列表选择“图片 1 习主席发表重要讲话”，单击“插入”按钮即可。

（4）交叉引用的内容“图片 1”将出现在文档中，如图 3.104 所示。把光标指向交叉引用处，按住 Ctrl 键并单击“图片 1”，光标将跳转到文档中图片 1 的位置。

交叉引用
引用类型(T):
图片
引用内容(R):
只有标签和编号
插入为超链接(H)
包括“见上方”/“见下方”(N)
编号分隔符(S)
引用哪一个题注(W):
图片 1 习主席发表重要讲话
图片 2 习主席在杨家岭瞻仰中共七大会址
图片 3 习主席在开班式上发表重要讲话
插入(I)
取消

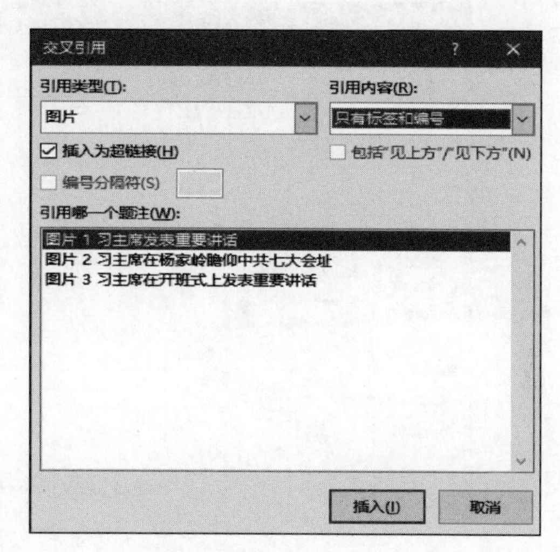

图 3.103 “交叉引用”对话框

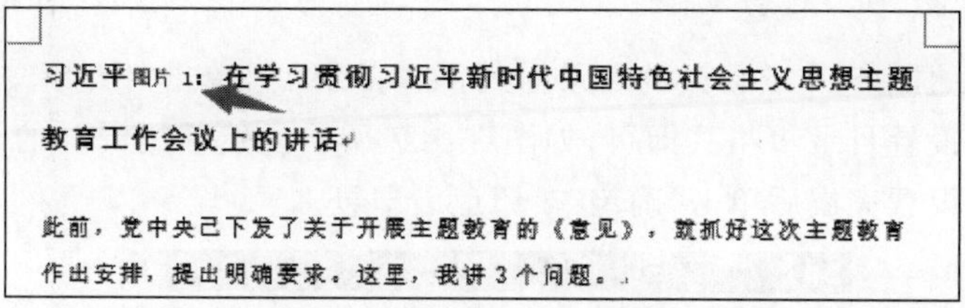

习近平图片 1：在学习贯彻习近平新时代中国特色社会主义思想主题教育工作会议上的讲话
此前，党中央已下发了关于开展主题教育的《意见》，就抓好这次主题教育作出安排，提出明确要求。这里，我讲 3 个问题。

图 3.104 “交叉引用”效果

3.3.8 插入目录

目录是书稿中常见的组成部分，一般由文章的标题和页码组成。目录的作用在于方便阅读者可以快速地检索或定位到感兴趣的内容。Word 2016 提供了内置目录样式和自定义目录两种形式来创建目录。

无论使用哪种形式来生成目录，前提都是文档中的各级标题分别应用了标题样式，如标题 1、标题 2 和标题 3。一般情况下，标题 1 对应一级目录，标题 2 对应二级目录，标题 3 对应三级目录。

1. 插入目录

在文档中插入目录前，都会在正文前另起一空白页用来放置目录，甚至在目录页与正文页之间插入一个分节符来分隔。插入目录的操作步骤如下。

（1）将光标定位到文档中目录要显示的位置，在“引用”选项卡的“目录”组中，单击“目录”下拉按钮，在打开的下拉列表中选择“自动目录 1”或“自动目录 2”。如果所插入的目录有特别的格式要求，可以在下拉列表中选择“自定义目录”命令，使用打开的“目录”对话框完成目录格式设置。“目录”对话框如图 3.105 所示。

(2) 在“目录”对话框中，可以设置目录的显示级别、制表符前导符样式、是否显示页码和页码对齐方式等参数，完成设置后单击“确定”按钮，返回文档编辑区即可查看插入的目录。

(3) 如果对目录的字体或段落格式还有排版要求，可以在“目录”对话框中单击“修改”按钮，进一步打开“样式”对话框，如图 3.106 所示。

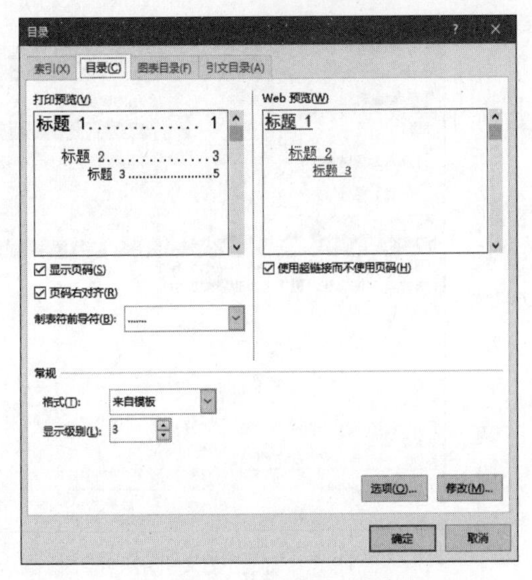

图 3.105 “目录”对话框

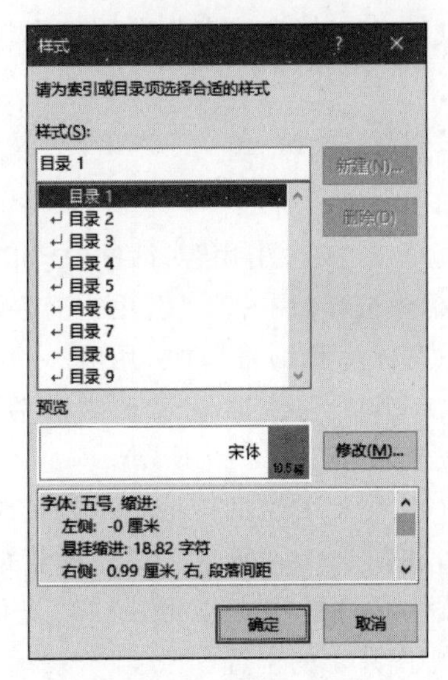

图 3.106 “样式”对话框

(4) 在此对话框中选中要修改的目录样式，如“目录 1”，单击“修改”按钮，在弹出的“修改样式”对话框中设置目录 1 格式即可，如图 3.107 所示。然后用同样的方法设置目录 2、目录 3 的格式，都设置完成后单击“确定”按钮退出即可。

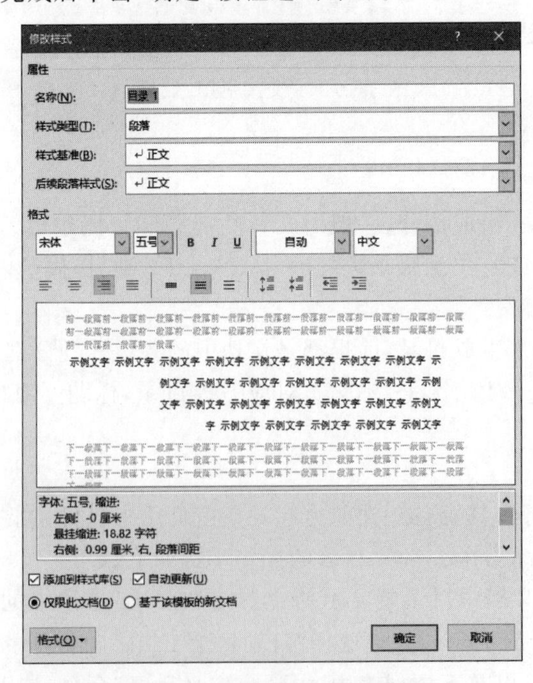

图 3.107 “修改样式”对话框

2. 更新目录

如果文档中的标题内容或页码在插入目录后发生了变化,可以通过更新目录的方法来完成对目录更新。操作方法如下。

(1) 光标定位在目录页中。

(2) 在“引用”选项卡的“目录”组中单击“更新目录”按钮,将弹出“更新目录”对话框,如图 3.108 所示。

(3) 如果只更新页码,则在“更新目录”对话框中选中“只更新页码”单选按钮,单击“确定”按钮即可;如果需要更新整个目录,则在“更新目录”对话框中选中“更新整个目录”单选按钮,单击“确定”按钮即可。

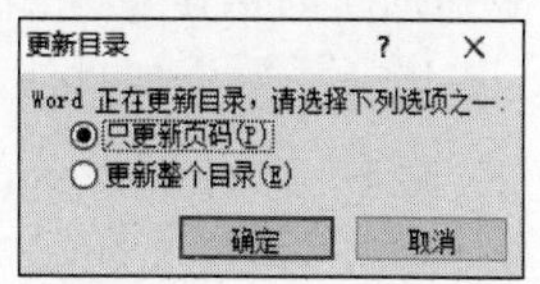

图 3.108 “更新目录”对话框

3.4 文档审阅修订

编辑 Word 文档少不了对文档的审阅和修订等,以提高文档的质量和内容的正确性,其中,Word 2016 自带有审阅功能,包括对文档添加批注、修订、中文简繁转换、校对等。

3.4.1 字数统计

在编辑 Word 文档时想要了解当前文档的页数、字数、字符数(计空格或不计空格)、段落数、行数等可以使用字数统计功能,操作方法如下。

(1) 光标定位在当前文档的任意位置。

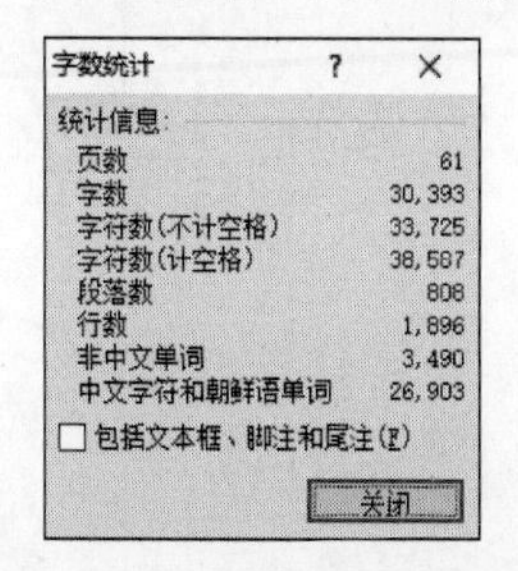

图 3.109 “字数统计”对话框

(2) 单击“审阅”选项卡“校对”组中的“字数统计”按钮,将弹出“字数统计”对话框,如图 3.109 所示。对话框中显示出当前文档的统计信息。

右击 Word 文档底部的状态栏,在弹出的快捷菜单中选中“字数统计”选项,则状态栏处也会显示字数统计信息。如果想要快速了解当前文档的字符数,可以直接查看状态栏信息,如状态栏显示“第 49 页,共 53 页 26535 个字”信息,表示当前文档共 53 页,目前光标定位在第 49 页,该文档共有 26535 个字。

3.4.2 简繁转换

Word 2016 自带有简体字转换为繁体字或者繁体字转换为简体字功能,操作方法如下。

(1) 选中需要转换的字体。

(2) 单击“审阅”选项卡“中文简繁转换”组中的“简转繁”按钮,则把选中的简体字转换为繁体字,或单击“繁转简”按钮,则把选中的繁体字转换为简体字,实现文本的简体字和繁体字之间的转换。也可以单击“中文简繁转换”组中的“简繁转换”按钮,弹出“中文简繁转换”对话框,如图 3.110 所示。在“转换方向”栏选择相应的单选

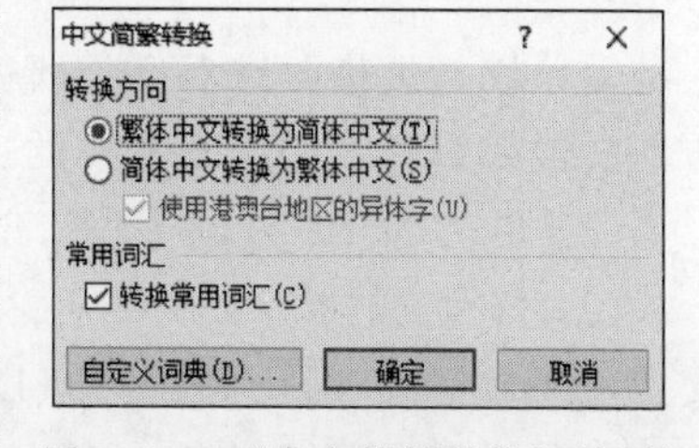

图 3.110 “中文简繁转换”对话框

按钮，单击“确定”按钮即可。

3.4.3 文档批注

文档批注是指对 Word 文档中的某些文本添加注释信息。

1. 添加批注

添加批注的操作步骤如下。

(1) 选择需要添加批注的文本。

(2) 单击“审阅”选项卡“批注”组中的“新建批注”按钮，文档后侧将弹出一个输入批注的标记区，只需在此标记区输入注释内容即可，如图 3.111 所示。插入的批注也可以通过单击“批注”组中的“删除”按钮删除。

2. 删除批注

删除批注的操作步骤如下。

(1) 光标定位到某个批注。

(2) 单击“审阅”选项卡“批注”组中的“删除”下拉列表中的“删除”命令即可。如果要删除文档中的所有批注，则可以选择下拉列表中的“删除文档中的所有批注”命令。

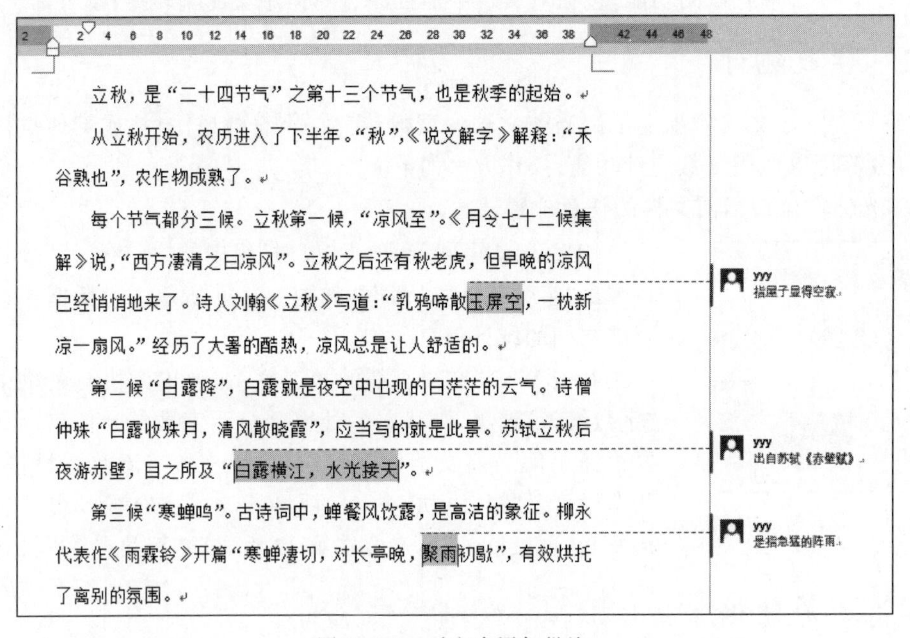

图 3.111 对文本添加批注

3.4.4 文档修订

文档修订是指跟踪对文档所做的更改，包括插入、删除和格式的更改以保留文档原样和方便文档编辑者收到修改文档的提议。操作步骤如下。

(1) 单击“审阅”选项卡“修订”组中的“修订”按钮，这时“修订”按钮变成灰色状态。

(2) 修改文档后，如改错字、补充内容或修改格式等将会以不同的格式显示出来，同时文档右侧显示“|”标记，如图 3.112 所示。另外，把光标放置在所修订的内容上即可显示出修订者和修订时间等信息。

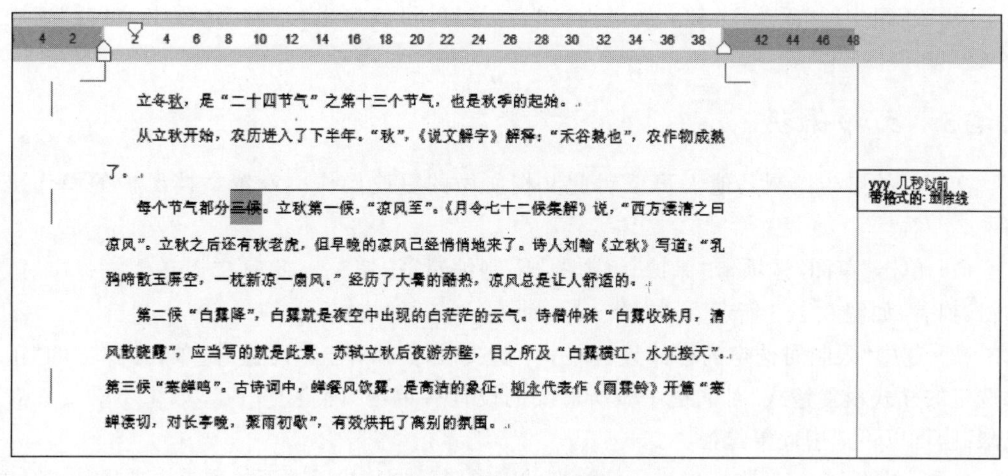

图 3.112　修订文档效果

修订标记如格式、条线颜色、修订作者等都可以设置不同的显示风格，操作方法如下。

（1）单击“审阅”选项卡“修订”组的展开按钮，将打开“修订选项”对话框，如图 3.113 所示。

（2）在“修订选项”对话框中单击“高级选项”按钮，打开“高级修订选项”对话框，如图 3.114 所示。

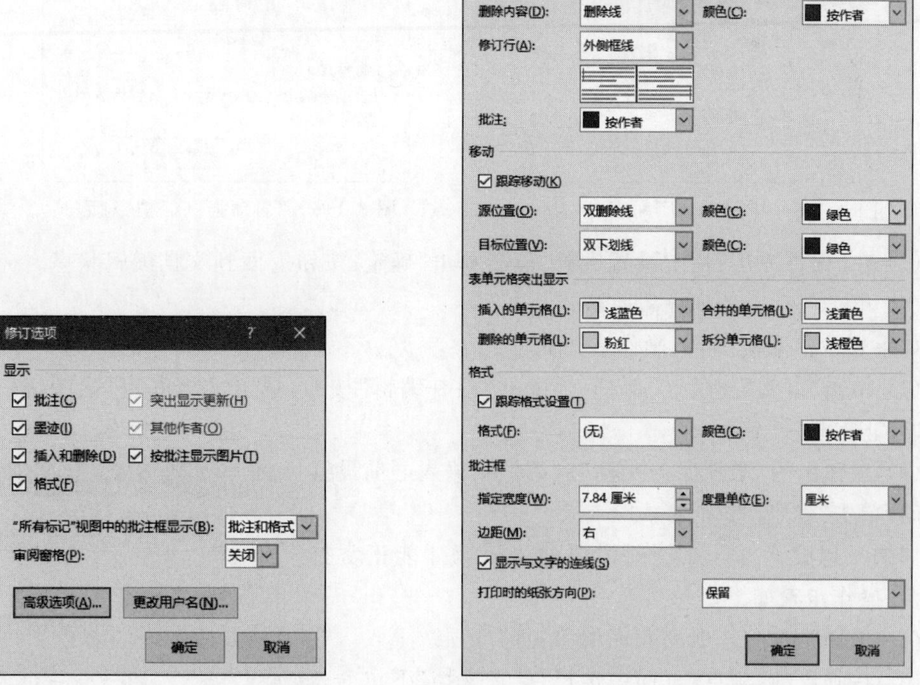

图 3.113　“修订选项”对话框　　　　图 3.114　“高级修订选项”对话框

（3）在“高级修订选项”对话框中进行相应设置后，单击“确定”按钮即可。

作者可以对修订的文档进行接受或者拒绝操作，如果接受当前修订，可以单击“审阅”选项卡“更改”组中的“接受”按钮；如果拒绝当前修订，可以单击“审阅”选项卡“更改”组中的“拒绝”按钮。

3.4.5 文档保护

文档保护是指控制其他人可以对此文档所做的更改操作。设置文档保护的操作步骤如下。

（1）单击“审阅”选项卡“保护”组中的“限制编辑”按钮，此时文档右侧将弹出“限制编辑”列表，如图 3.115 所示。

（2）选中“限制对选定的样式设置格式”复选框，然后单击“设置”选项，在弹出的“限制对选定的样式设置格式”对话框中做所需要的设置后单击“确定”按钮。如果不需要设置样式限制，可以不选中此复选框。

（3）选中“仅允许在文档中进行此类型的编辑”复选框，然后在下拉列表中选择其中一项。

（4）单击“3.启动强制保护”栏中的“是，启动强制保护”按钮，将弹出“启动强制保护”对话框，如图 3.116 所示。

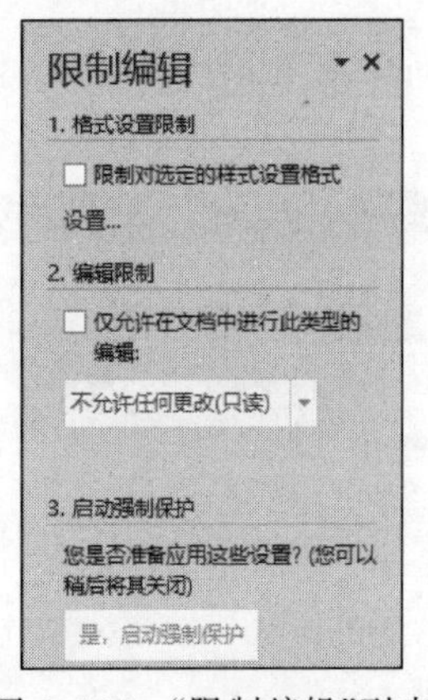

图 3.115 “限制编辑”列表

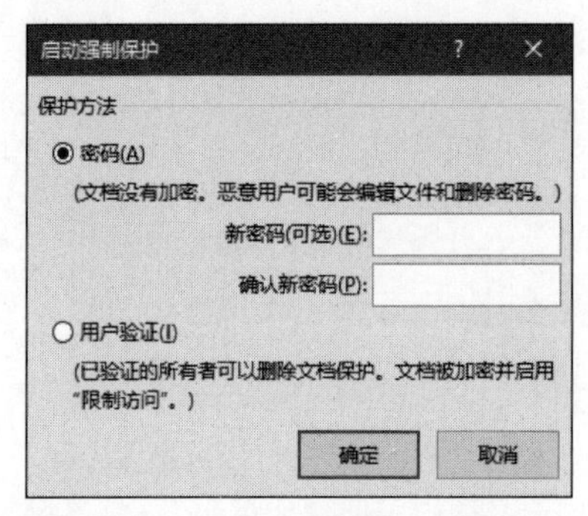

图 3.116 “启动强制保护”对话框

（5）在“保护方法”栏中设置密码，然后单击“确定”按钮返回到文档编辑状态。

（6）单击保存文档即设置完成。

如果想取消限制编辑，操作步骤如下。

（1）单击“审阅”选项卡“保护”组中的“限制编辑”按钮，单击文档右侧“限制编辑”列表下的“停止保护”按钮。

（2）在弹出的“取消保护文档”对话框中输入之前设置的密码，单击“确定”按钮即可。

如果只想设置打开文档时需要输入密码才能正常打开文档，操作步骤如下。

（1）选择“文件”选项列表中的“信息”选项。

（2）在弹出的“信息”页面中选择“保护文档”下拉列表中的“用密码进行加密”，将打开“加密文档”对话框，如图 3.117 所示。

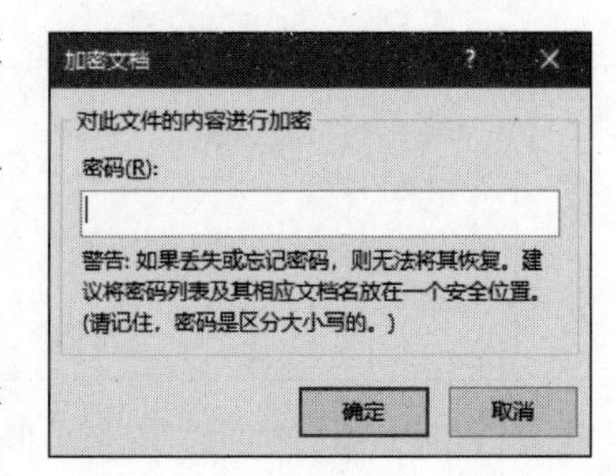

图 3.117 “加密文档”对话框

（3）在“密码”文本框中输入密码，单击“确定”按钮，再次输入密码，单击“确定”按钮即可完成设置。

3.5 高级应用

3.5.1 邮件合并

邮件合并功能是指编辑多个文档主体相同，而其他信息不同的文档，如邀请函、成绩单、录取通知书等。邮件合并功能需要联合 Excel 电子表格作为数据源，并将数据合并到 Word 主体文档。操作步骤如下。

（1）创建数据源文件，如图 3.118 所示。

（2）编辑 Word 文档的主体内容，如图 3.119 所示。

A	B	C	D	E
准考证号	姓名	性别	学历	工作单位
001	张三	男	大专	城西实验小学
002	李四	男	本科	立德小学
003	小红	女	大专	第一实验中学
004	国伟	男	本科	高新开发区小学
005	李平	女	中专	第一学验小学

图 3.118　Excel 数据源

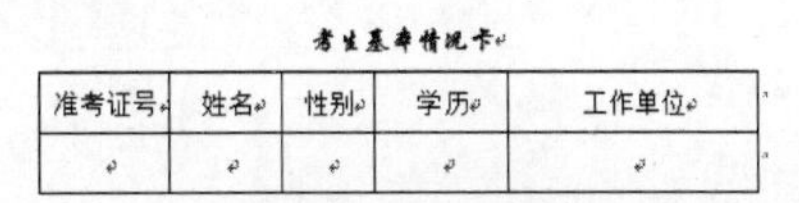

考生基本情况卡

准考证号	姓名	性别	学历	工作单位

图 3.119　Word 主文档

（3）在 Word 文档中选择“邮件”选项卡的“开始邮件合并”组中的“开始邮件合并”下拉列表中的“信函”选项。

（4）选择“开始邮件合并”组中的“选择收件人”下拉列表中的“使用现有列表”选项，打开 Excel 数据源文件，如图 3.120 所示。选择“Sheet1 $”名称选项，然后单击“确定”按钮。

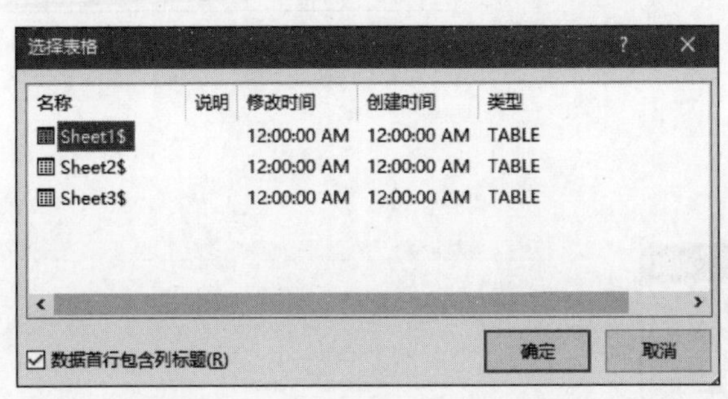

图 3.120　“选择表格”对话框

（5）光标定位到 Word 主文档中需要插入数据域的位置，选择“开始邮件合并”组中的“编辑收表人列表”选项，将打开“邮件合并收件人”对话框，如图 3.121 所示。在此对话框中可以完成排序、筛选等设置，设置完成后单击“确定”按钮。如果不需要做这些设置，可以省略此操作。

（6）选择“编写和插入域”组中的“插入合并域”下拉列表中的各选项，分别插入 Word 主体文档的相应位置，如图 3.122 所示。

（7）选择“完成”组的“完成并合并”下拉列表中的“编辑单个文档”选项，将弹出“合并到新文档”对话框，如图 3.123 所示。

（8）单击“确定”按钮，将自动完成所有合并操作，同时生成“信函 1”Word 文档，如图 3.124 所示。

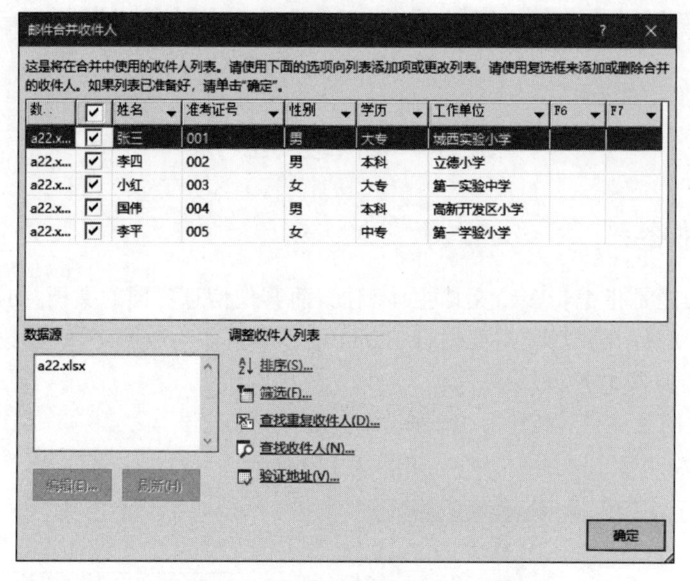

图 3.121 "邮件合并收件人"对话框

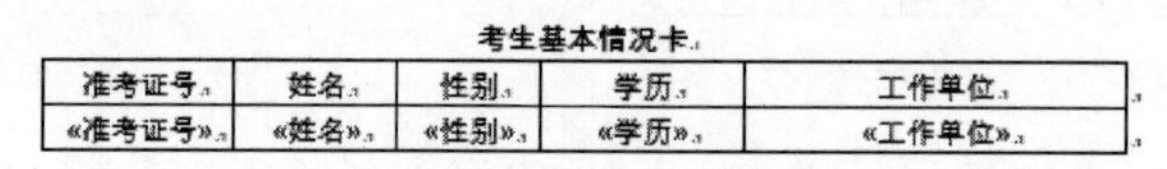

考生基本情况卡

准考证号	姓名	性别	学历	工作单位
«准考证号»	«姓名»	«性别»	«学历»	«工作单位»

图 3.122 插入合并域效果

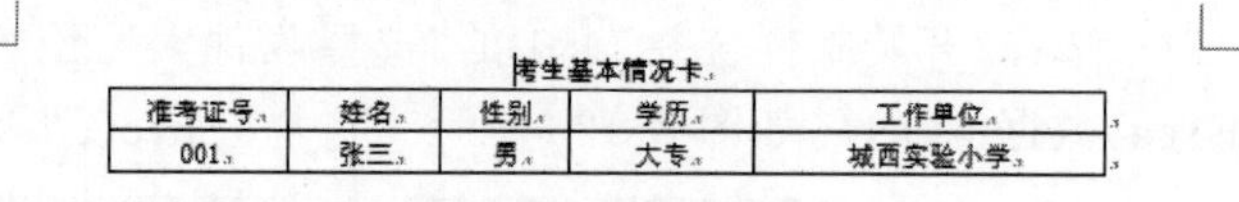

考生基本情况卡

准考证号	姓名	性别	学历	工作单位
001	张三	男	大专	城西实验小学

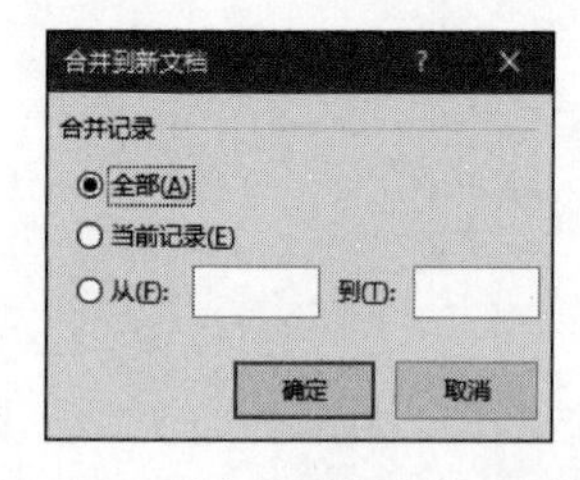

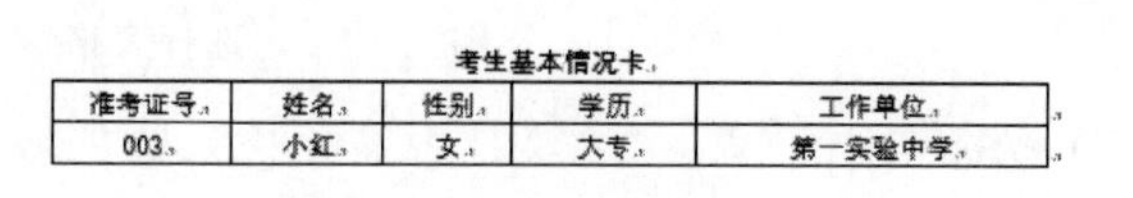

考生基本情况卡

准考证号	姓名	性别	学历	工作单位
003	小红	女	大专	第一实验中学

图 3.123 "合并到新文档"对话框

图 3.124 合并结果

(9) 对新文档和原文档进行保存即可。

3.5.2 使用宏和控件

1. 宏

Word 2016 的宏是指通过录制形成的一组 VBA 语句。操作步骤如下。

(1) 选择"视图"选项卡中的"宏"组中的"宏"下拉列表中的"录制宏"选项，将打开"录制宏"对话框，如图 3.125 所示。

(2) 在对话框的“宏名”栏中输入宏名，在“将宏指定到”栏中“键盘”选项设置快捷键，在“将宏保存在”列表框中选项保存文档，然后单击“确定”按钮，这时光标变成另一种图案，表示录制开始。这时对文档的排版操作都会录制下来，单击“宏”组中的“宏”下拉列表中的“停止录制”将停止宏的录制。

如果需要重复将刚才对 Word 文档的排版操作应用到其他文本中，可以通过“执行宏”命令或快捷键来完成快速排版操作。执行宏的操作步骤如下。

(1) 选择需要排版的文本。

(2) 选择“宏”组中的“宏”下拉列表中的“查看宏”选项，将打开“宏”对话框，如图 3.126 所示。选择宏名，然后单击“运行”按钮即可完成快速排版操作。

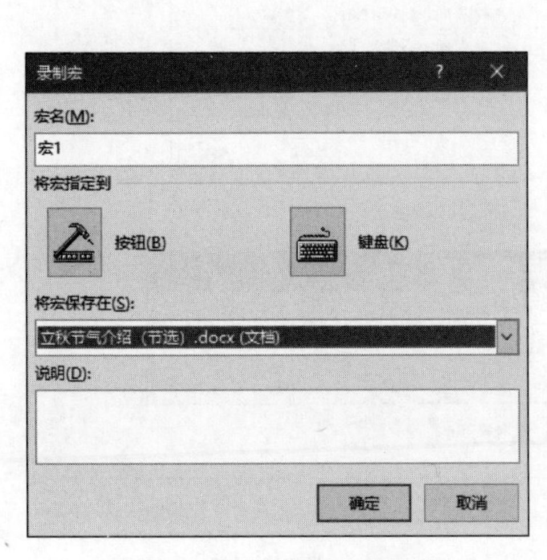

图 3.125 “录制宏”对话框

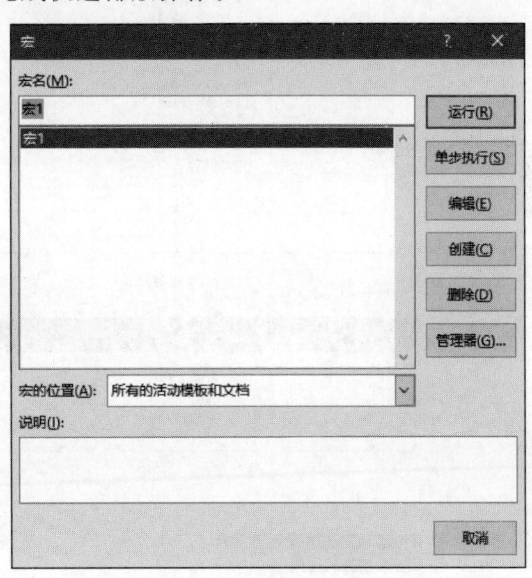

图 3.126 “宏”对话框

2. 控件

Word 2016 控件就是设置 VBA 的可视化界面，操作步骤如下。

(1) 选择“文件”选项下拉列表中的“选项”命令，将打开“Word 选项”对话框，如图 3.127 所示。

(2) 在对话框中选择“自定义功能区”选项，在右侧的“主选项卡”下选中“开发工具”复选框，单击“确定”按钮。

(3) 这时 Word 文档增加了“开发工具”选项，如图 3.128 所示。

(4) 单击“开发工具”选项卡“控件组”中的“旧式工具”按钮，将弹出“旧式窗体”列表和“ActiveX 控件”列表，如图 3.129 所示。

(5) 选中需要添加的控件到 Word 文档即可。如图 3.130 所示，分别向 Word 文档添加了两个单选按钮和四个复选框。

(6) 修改每个控件的默认名称，如右击 OptionButton1，在弹出的快捷菜单中选择“属性”命令，将弹出此控件的属性列表，如图 3.131 所示。在属性列表中选择 Caption，然后在其右侧输入“男”即可。属性列表还提供了其他属性的设置，如字体、颜色等。

(7) 依次设置完成后，保存文档，再次打开文档，控件效果将会生效，如图 3.132 所示。

图 3.127 “Word 选项”对话框

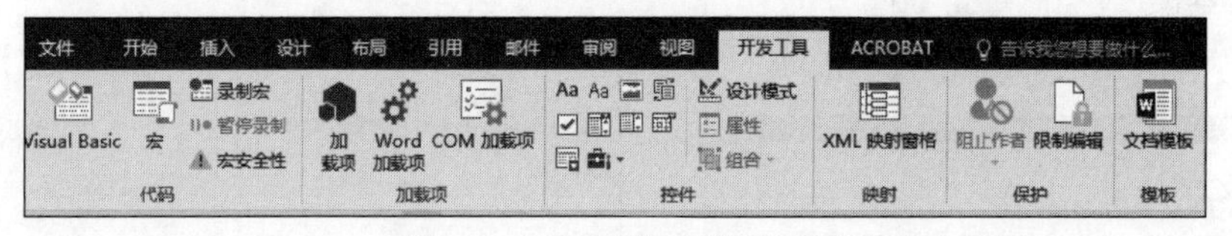

图 3.128 “开发工具”选项

图 3.129 “旧式窗体”和“ActiveX 控件”选项

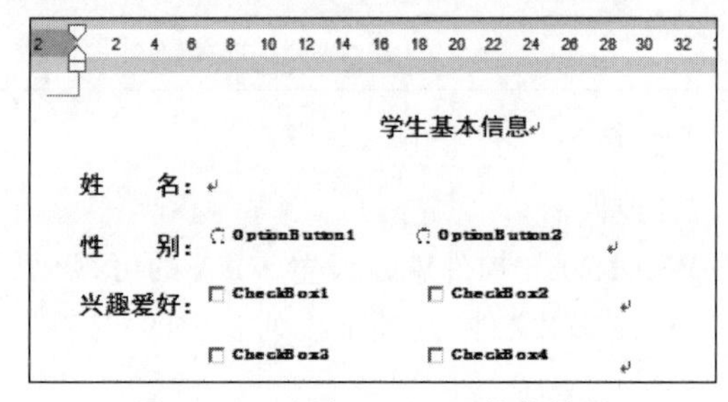

图 3.130 添加 ActiveX 控件效果

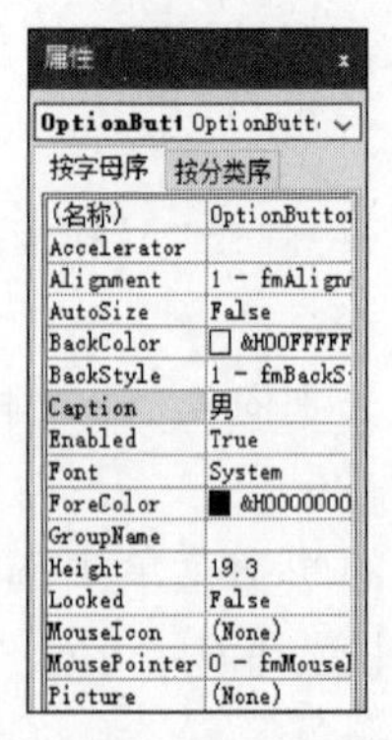
属性

OptionButt1 OptionButt

按字母序 按分类序

(名称)	OptionButto
Accelerator	
Alignment	1 - fmAlign
AutoSize	False
BackColor	&H00FFFFF
BackStyle	1 - fmBackS
Caption	男
Enabled	True
Font	System
ForeColor	&H0000000
GroupName	
Height	19.3
Locked	False
MouseIcon	(None)
MousePointer	0 - fmMouseI
Picture	(None)

图 3.131 OptionButton1 属性列表

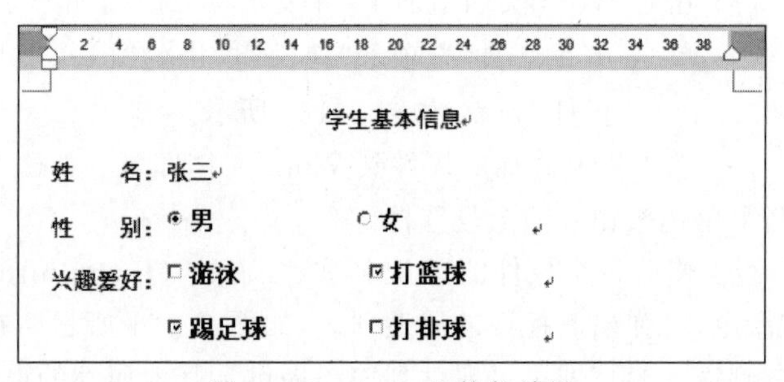

图 3.132 ActiveX 控件效果

3.5.3 使用文档部件

Word 2016 文档部件是指对某一段指定文档内容,如文本、表格、图片、段落等文档对象的保存和重复使用。例如,插入页眉内容为标题 2 的内容,操作步骤如下。

(1) 把光标定位在页眉位置处,选择“插入”选项卡的“文本”组中的“文档部件”下拉列表中的“域”选项,将打开“域”对话框,如图 3.133 所示。

图 3.133 “域”对话框

(2) 在“域名”列表中选择 StyleRef,在“样式名”列表中选择“标题 2”,单击“确定”按钮,则文档中样式为标题 2 的标题内容自动添加到页眉处。

3.6 综合案例

张小亮今年准备本科毕业,其毕业设计论文初稿已经完成,就差排版环节了,而且排版必须按照规定的排版规范完成。请打开“校园二手物品交易平台系统的设计与实现.docx”,根据下列要求帮助张小亮完成论文排版。

(1) 页边距标准:上边距为 2.5cm,下边距为 2.5cm,左边距为 3.0cm,右边距为 2.5cm,装订线 0cm,应用于整篇文档。

(2) 封面页的题目和学号是宋体、小三号;摘要页的正文中文字体和中文关键词是宋体、小四号,英文字体和英文关键词字体为 Times New Roman、小四号。

(3) 正文格式:中文字体为宋体、小四号,文字行距为 1.5 倍行距,字符间距为“标准”,英文字体为 Times New Roman。段落首行缩进 2 个字符。题注和表格内容除外。

(4) 修改标题 1 样式:格式为“黑体、三号、居中”,章标题的段前为 0.5 行,段后为 0.5 行,1.5 倍行距。修改标题 2 样式:格式为“黑体、四号”,段前为 0.5 行,段后为 0.5 行,1.5 倍行距。修改标题 3 样式：格式为“黑体、小四号”，段前为 0.5 行，段后 0.5 行，1.5 倍行距。

(5) 应用样式：把章标题应用“标题 1”样式，二级标题应用“标题 2”样式，三级标题应用“标题 3”样式。每章开始要另起一页。

(6) 插入目录：在正文“第 1 章 绪论”前插入一个“分节符(下一页)”，在插入的空白页输入“目录”标题，标题格式为“黑体三号、居中”。在“目录”标题下插入目录，要求目录一级标题为黑体、四号，目录二级标题和三级标题为宋体、小四号，目录行距为 1.5 倍行距。

(7) 插入页眉：在正文页插入页眉，页眉内容为题目，格式为宋体、五号。封面页到目录页无页眉。

(8) 插入题注：第 3 章的两个图和两个表分别插入图 3.1、图 3.2、表 3.1、表 3.2 题注编号；第 4 章的 4 个图插入图 4.1～图 4.4 题注编号。题注居中。

(9) 设置表格格式：边框线为左右两边无边框线，表格内容为宋体、五号，表头字体居中。

(10) 插入页码：页码格式为 1,2,3,…，字体为 Times New Roman，五号，封面页到目录页无页码。

(11) 修改标题编号 3.2.5 为 3.1.4，修改后更新目录。

(12) 保存文档，另以 PDF 格式保存。

操作步骤：

(1) 选择“布局”选项卡，单击“页面设置”组右下角的 ⧉ 按钮，在弹出的“页面设置”对话框的“页边距”选项卡中完成设置。

(2) 光标定位到封面页，选中题目“校园二手物品交易平台的设计与实现”，选择“开始”选项卡下“字体”组，在“字体”列表框中选择“宋体”，在“字号”列表框中选择“小三”字号，设置完成后用同样方法完成学号的设置。光标定位到摘要页，按住 Ctrl 键，用光标拖选摘要正文和关键字，然后在“字体”组的“字体”列表框中选择“宋体”，在“字号”列表框中选择“小四”字号，继续在“字体”列表框中选择 Times New Roman。

(3) 选择正文，使用 Ctrl 键选择不连续的正文，题注和表格内容不选，选择“开始”选项卡下“字体”组，在“字体”列表框中选择“宋体”，在“字号”列表框中选择“小四”字号，继续在“字体”列表框中选择 Times New Roman，单击“字体”组右下角的 ⧉ 按钮，打开“字体”对话框，选择“高级”选项卡，在“间距”栏设置“标准”，单击“段落”组右下角的 ⧉ 按钮，打开“段落”对话框，选择“缩进和间距”选项卡，在“特殊格式”栏中选择“首行缩进”2 个字符。

(4) 光标定位到正文第 1 行“第 1 章 绪论”处，右击单击“开始”选项卡“样式”组列表中的“标题 1”选项，在弹出的快捷菜单中选择“修改”，在弹出的“修改样式”对话框中“格式”栏设置“黑体、三号、居中”，继续在“修改样式”对话框中单击左下方的“格式”下拉按钮选择“段落”选项，在打开的“段落”对话框中设置段前段后为 0.5 行，在“行距”框设置 1.5 倍行距，设置完成后单击“确定”按钮退出，用同样的方法修改标题 2 样式和标题 3 样式。

(5) 在正文中使用 Ctrl 键选择不连续的章标题，单击“样式”组中的“标题 1”，即把章标题应用为“标题 1”样式。用同样的方法把二级标题应用为“标题 2”样式，把三级标题应用为“标题 3”样式。

(6) 光标定位在“第 1 章绪论”前，选择“布局”选项卡，在“页面设置”组“分隔符”下拉列表中选择“分节符(下一页)”，则在英文摘要页和正文页之间多出一空白页，在空白页第 1 行输入“目录”两字，选中“目录”两字，选择“开始”选项卡下“字体”组，在“字体”列表框中选择“黑体”，在“字号”列表框中选择“三号”字号，继续在“段落”组单击“居中”选项。选择“引用”选项卡“目录”组的“目录”下拉列表，选择“自定义目录”，在打开的“目录”对话框中的“目录”选项卡设置显示级别为3，勾选“显示页码”和“页码右对齐”复选框。继续在“目录”对话框中单击“修改”按钮，在弹出的“样式”对话框中选择“目录1”。继续单击“样式”对话框中的“修改”按钮，进一步弹出“修改样式”对话框，在此对话框中设置字体为“黑体”，字号为“四号”，单击“确定”按钮，返回“修改样式”对话框。重复对目录2、目录3的设置，设置完成单击“确定”按钮退出。这时目录设置完成。

(7) 光标定位到正文页开头位置，选择“插入”选项卡“页眉和页脚”组的“页眉”下拉列表中的“编辑页眉”选项，这时光标定位在正文第1页正上方位置，在弹出的“页眉和页脚工具”选项“导航”组中单击“链接到前一条页眉”选项，即取消“链接到前一条页眉”操作，使封面页、目录页等正文前的页为无页眉。然后在光标处输入“校园二手物品交易平台的设计与实现”内容，并设置字体为“宋体”“五号”。单击“关闭页眉和页脚”按钮即完成对页眉的设置。

(8) 光标定位到文中第一个图的题注前，即“校园二手物品交易平台系统结构图”前，选择“引用”选项卡“题注”组中的“插入题注”选项，在弹出的“题注”对话框中单击“新建标签”按钮，在弹出的“新建标签”对话框中输入“图3.”，单击“确定”按钮，题注栏自动生成“图3.1”字样，单击“确定”按钮。这时第一个图的题注变为“图3.1校园二手物品交易平台系统结构图”，这时题注为左对齐，重新设置为居中即可。完成第一个题注后，光标定位到第二个图的题注前，继续选择“题注”组中的“插入题注”选项，在弹出的“题注”对话框中标题栏自动生成“图3.2”字样，单击“确定”按钮即可。然后用同样的方法设置表格题注和后面章节的图题注。

(9) 选中第一个表格，设置表格内容，选择“开始”选项卡下“字体”组，在“字体”列表框中选择“宋体”，在“字号”列表框中选择“五号”字号。然后单击“表格”→“工具”下的“设计”选项卡下“边框”组中的“边框”下拉列表的“边框和底纹”选项，在弹出的“边框和底纹”对话框中选择“边框”选项卡，在预览框处单击左、右边线，即取消左右边线，设置完成后单击“确定”按钮即可。

(10) 光标定位到正文页第1页底部位置，选择“插入”选项卡“页眉和页脚”组的“页脚”下拉列表中的“编辑页脚”选项，这时光标定位在正文第1页最底部位置，在弹出的“页眉和页脚”→“工具”选项“导航”组中单击“链接到前一条页眉”选项，即取消“链接到前一条页眉”操作，使封面页、目录页等正文前的页为无页码。然后选择“页眉页脚”组的“页码”下拉列表下的“设置页码格式”选项，在弹出的“页码格式”对话框的“编号格式”列表框中选择“1,2,3,…”样式，在“页码编号”栏设置页码起始页为“1”，单击“确定”按钮退出对话框，继续选择“页眉页脚”组的“页码”下拉列表下的“页面底端”下拉列表的“普通数字2”即完成页码的插入。

(11) 光标定位到标题编号3.2.5位置，把编号改为3.1.4。光标定位到目录页，选择“引用”选项卡“目录”组中的“更新目录”选项，在弹出的“更新目录”对话框中选择“更新整个目录”选项，即完成更新目录操作。

(12) 单击“保存”按钮，或单击“文件”选项下拉列表中的“另存为”选项，在“另存为”对话框中把保存类型设置为.pdf，单击“保存”按钮即可。

小　结

Word 2016 是一款功能强大的文字处理软件,它将文字的输入、编辑、排版、存储和打印等功能融为一体,并允许用户将表格、图形、声音等元素嵌入文档中,使得文章的表达层次清晰、图文并茂。

Word 2016 的基本操作如下。

- 创建文档。
- 保存文档。
- 编辑文本。
- 查找和替换。
- 设置字符格式(如字体、大小、颜色等)。
- 设置段落格式(如缩进、间距、对齐方式等)。
- 添加项目符号和编号。
- 文档页面设置(如页边距、纸张大小、方向等)。

图文排版方面主要介绍了以下内容。

- 插入图片并进行调整。
- 插入文本框并编辑内容。
- 插入艺术字(如标题或装饰性文字)。
- 插入智能图形(如流程图、组织结构图等)。
- 插入和编辑表格。
- 插入和修改图表(如柱状图、饼图等)。

长文档编辑方面主要介绍了以下内容。

- 使用视图(如草稿视图、页面视图等)。
- 应用样式来快速格式化文本。
- 插入分隔符(如分节符)。
- 插入超链接。
- 创建目录并更新。
- 设置分栏。
- 插入和编辑页眉页脚。
- 插入脚注和尾注。
- 插入题注并进行交叉引用。

文档审阅修订方面主要介绍了以下内容。

- 统计文档字数。
- 简体与繁体文字的转换。
- 给文档添加批注。
- 修订文档(跟踪更改)。
- 设置文档保护(如限制编辑)。

高级应用方面主要介绍了以下内容。

- 邮件合并(如批量生成个性化文档)。
- 使用宏来自动化任务。
- 使用控件(如表单控件)来创建交互式文档。
- 使用文档部件(如自动图文集)来快速插入常用内容。

练　　习

一、打开"哲学.docx"文件,按以下要求完成文档排版,并保存文件。

1. 为文档设置一个主题"环保",页面颜色设置为"青色 个性 2 淡色 80%"(第 2 行第 6 个)。
2. 用查找/替换功能删除文档中所有的空格,包括全角和半角。
3. 用查找/替换功能删除文档中多余的回车符。
4. 用查找/替换功能将所有"哲学"二字的字体颜色替换为红色。

部分样文如图 3.134 所示。

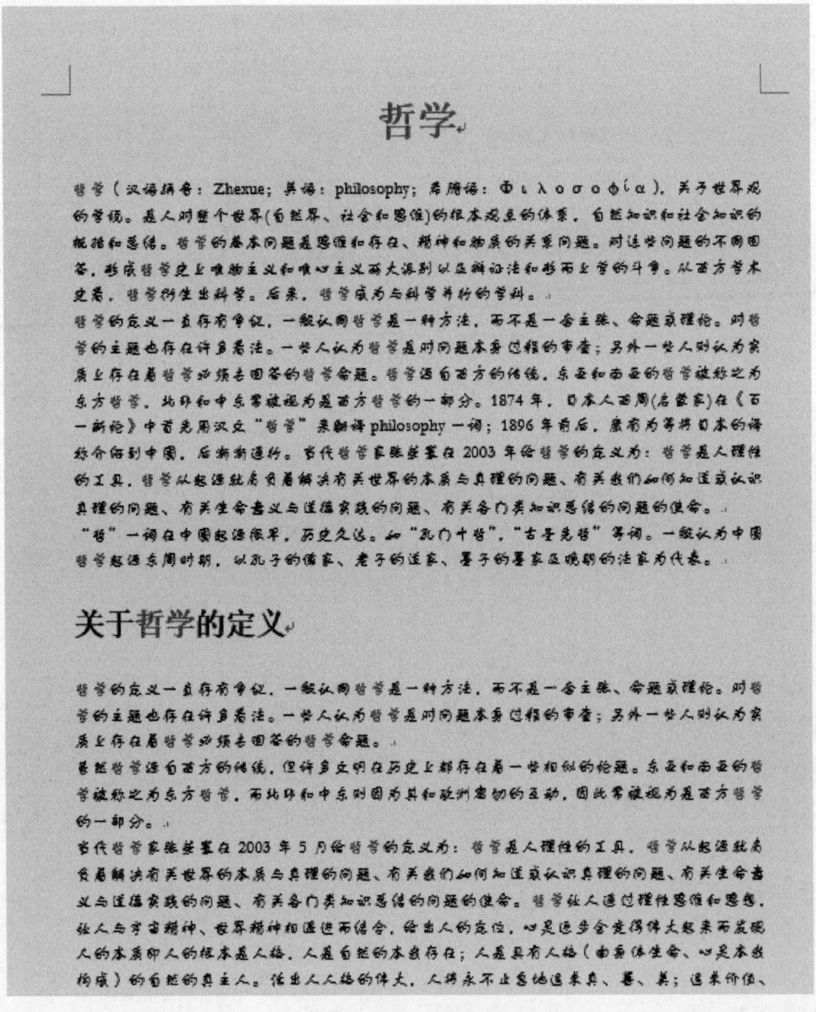

哲学

哲学(汉语拼音:Zhexue;英语:philosophy;希腊语:Φιλοσοφία),关于世界观的学说。是人对整个世界(自然界、社会和思维)的根本观点的体系,自然知识和社会知识的概括和总结。哲学的基本问题是思维和存在、精神和物质的关系问题。对这些问题的不同回答,形成哲学史上唯物主义和唯心主义两大派别以及辩证法和形而上学的斗争。从西方学术史看,哲学衍生出科学。后来,哲学成为与科学并行的学科。

哲学的定义一直存有争议,一般认同哲学是一种方法,而不是一套主张、命题或理论。对哲学的主题也存在许多看法。一些人认为哲学是对问题本身过程的审查;另外一些人则认为实质上存在着哲学必须去回答的哲学命题。哲学源自西方的传统,东亚和南亚的哲学被称之为东方哲学,北非和中东常被视为是西方哲学的一部分。1874 年,日本人西周(启蒙家)在《百一新论》中首先用汉文"哲学"来翻译 philosophy 一词;1896 年前后,康有为等将日本的译称介绍到中国,后渐渐通行。当代哲学家张岱峯在 2003 年给哲学的定义为:哲学是人理性的工具,哲学从起源就肩负着解决有关世界的本质与真理的问题、有关我们如何知道或认识真理的问题、有关生命意义与道德实践的问题、有关各门类知识总结的问题的使命。

"哲"一词在中国起源很早,历史久远。如"孔门十哲","古圣先哲"等词。一般认为中国哲学起源东周时期,以孔子的儒家、老子的道家、墨子的墨家及晚期的法家为代表。

关于哲学的定义

哲学的定义一直存有争议,一般认同哲学是一种方法,而不是一套主张、命题或理论。对哲学的主题也存在许多看法。一些人认为哲学是对问题本身过程的审查;另外一些人则认为实质上存在着哲学必须去回答的哲学命题。

虽然哲学源自西方的传统,但许多文明在历史上都存在着一些相似的论题。东亚和南亚的哲学被称之为东方哲学,而北非和中东则因为其和欧洲密切的互动,因此常被视为是西方哲学的一部分。

当代哲学家张岱峯在 2003 年 5 月给哲学的定义为:哲学是人理性的工具,哲学从起源就肩负着解决有关世界的本质与真理的问题、有关我们如何知道或认识真理的问题、有关生命意义与道德实践的问题、有关各门类知识总结的问题的使命。哲学让人通过理性思维和思想,让人与宇宙精神、世界精神相互递进而结合,给出人的定位,以灵逐步会变得伟大起来而发现人的本质即人的根本是人格,人是自然的本然存在;人是具有人格(由身体生命、心灵本我构成)的自然的真主人。活出人人格的伟大,人将永不止息地追求真、善、美;追求价值、

图 3.134　部分样文

二、打开“钢琴的选购.docx”文件，按以下要求完成文档排版，并保存文件。

1. 字体格式。将标题文字(即“钢琴选购基本知识”)字体设置为“微软雅黑”“二号”，文本效果设置为“填充-红色，着色 2，轮廓-着色 2”。

2. 段落格式。将第二个段落(“钢琴是一种结构精密复杂，……”)的段落格式设置为：段前 18 磅、首行缩进 2 字符。

3. 图文混排。参照样文，在第三段“一、钢琴型号的划分”后插入素材图片“钢琴.jpg”，调整图片大小。将图片的自动换行设置为“四周型环绕”，并设置图片样式为“松散透视-白色”。

4. 表格操作。将“表 1 常见钢琴选购方法”下面的 4 段文字(即“种类～触感”)转换为表格。合理调整表格的宽度与高度，应用表格样式“网络表 3-着色 1”。

5. 编号操作。给“三、钢琴品牌”下的段落(“珠江钢琴～海伦”)加上编号，编号样式为“1.2.3.”。

样文如图 3.135 所示。

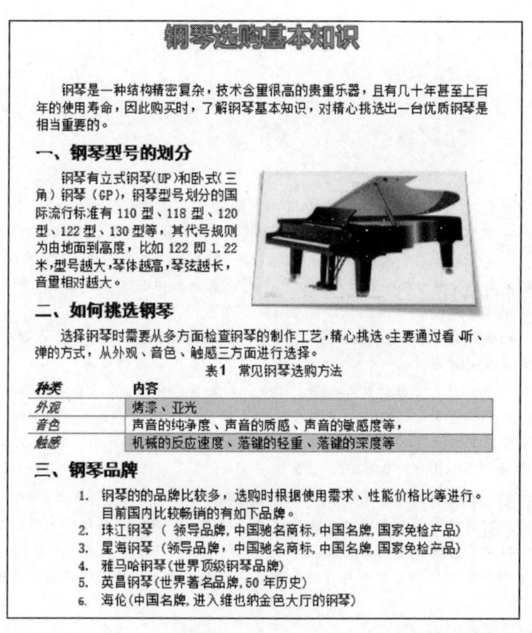

钢琴选购基本知识

钢琴是一种结构精密复杂，技术含里很高的贵重乐器，且有几十年甚至上百年的使用寿命，因此购买时，了解钢琴基本知识，对精心挑选出一台优质钢琴是相当重要的。

一、钢琴型号的划分

钢琴有立式钢琴(UP)和卧式(三角)钢琴(GP)，钢琴型号划分的国际流行标准有 110 型、118 型、120 型、122 型、130 型等，其代号规则为由地面到高度，比如 122 即 1.22 米，型号越大，琴体越高，琴弦越长，音量相对越大。

二、如何挑选钢琴

选择钢琴时需要从多方面检查钢琴的制作工艺，精心挑选。主要通过看、听、弹的方式，从外观、音色、触感三方面进行选择。

表1 常见钢琴选购方法

种类	内容
外观	烤漆、亚光
音色	声音的纯净度、声音的质感、声音的敏感度等，
触感	机械的反应速度、落键的轻重、落键的深度等

三、钢琴品牌

1. 钢琴的的品牌比较多，选购时根据使用需求、性能价格比等进行。目前国内比较畅销的有如下品牌。
2. 珠江钢琴（ 领导品牌，中国驰名商标，中国名牌，国家免检产品）
3. 星海钢琴（领导品牌，中国驰名商标，中国名牌，国家免检产品）
4. 雅马哈钢琴(世界顶级钢琴品牌)
5. 英昌钢琴(世界著名品牌，50 年历史)
6. 海伦(中国名牌，进入维也纳金色大厅的钢琴)

图 3.135 样文

三、打开“莲花山公园.docx”文件，按以下要求完成文档排版，并保存文件。

1. 设置文档属性，标题为“莲花山公园”。

2. 设置纸张大小为 16 开(18.4 厘米×26 厘米)，页边距为“上、下，左、右各 3 厘米”。

3. 在“【在此插入目录】”处插入目录(样式为自动目录 1)，完成后删除“【在此插入目录】”字样。

4. 将第一部分“简介”内的表格设置表格样式为“网格表 2-着色 4”。

5. 在目录与正文之间插入“分节符(下一页)”。

6. 为正文一节插入页眉。页眉内容是样式为“标题 1”的内容(如简介，自然环境……)，封面和目录部分无页眉。

7. 为正文节页脚插入页码，要求起始页码为 1，页码居中对齐，封面和目录部分无页码。

8. 插入“运动型”封面。移动“标题”到适当位置，删除封面上其他内容框。

部分样文如图 3.136 所示。

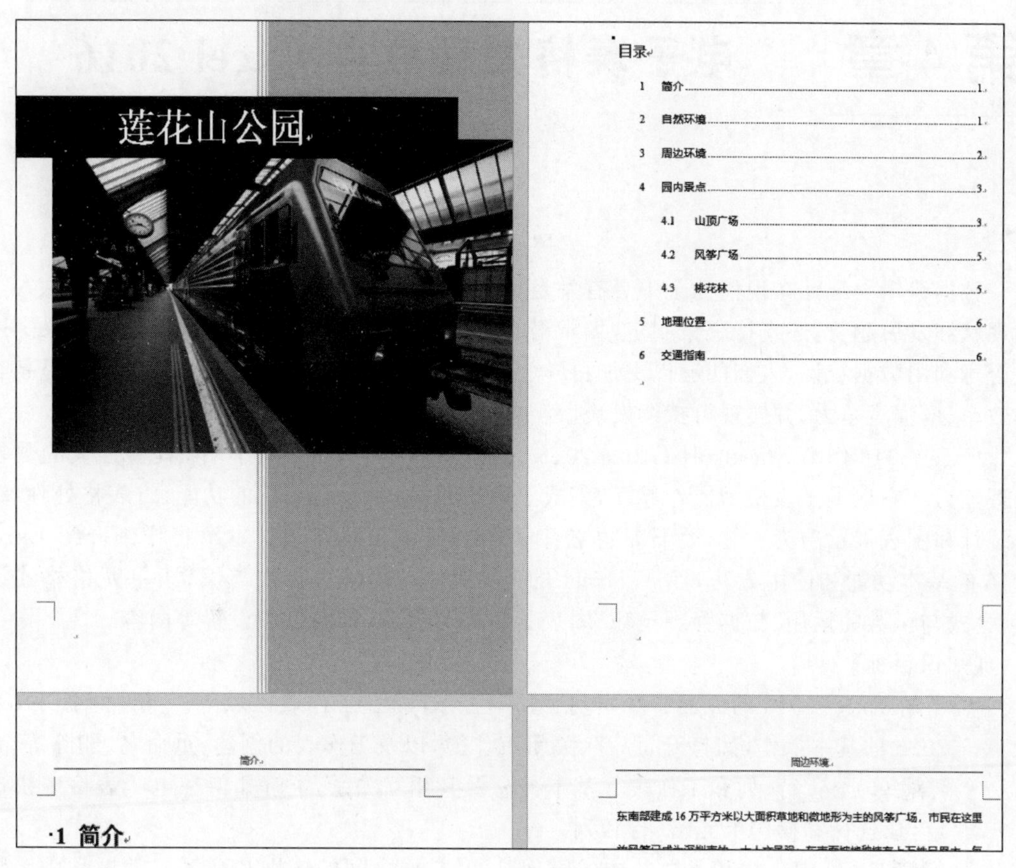

图 3.136 部分样文

第4章 电子表格处理软件 Excel 2016

数据编辑与统计在现代社会中具有举足轻重的意义和价值。它们不仅帮助人们深入了解现状和发展趋势，还支持决策制定，揭示潜在问题和机会，以及监控绩效和评估效果。通过合理利用数据统计，人们能够以更加科学、精准的方式做出决策和管理，从而有效提高工作效率、增强竞争力，并实现可持续发展。

Excel 2016 作为 Microsoft Office 2016 套件中的电子表格处理软件，具备强大的数据处理能力。它以电子表格为操作界面，集成了数据采集、统计与分析的功能，将表格处理、数据统计和图表展示融为一体，是日常办公中不可或缺的工具之一。本章将详细介绍 Excel 2016 的基本功能和使用方法，涵盖 Excel 的基本操作、数据的录入与编辑、单元格格式设置、公式与函数的运用、数据管理技巧、图表的制作与编辑，以及打印设置等内容。

【知识目标】

- 了解 Excel 2016 的界面布局，包括菜单栏、工具栏、工作表区域等。熟练掌握 Excel 2016 的基本操作，如打开、保存、关闭工作簿，以及工作表的创建、重命名、删除等。
- 熟悉单元格、行、列和工作表等基本概念及其相互关系，了解如何在电子表格中快速定位、选择和操作单元格、行和列。
- 了解 Excel 中公式和函数的构成原理，以及它们之间的区别和联系。掌握常用函数（如 SUM、AVERAGE、IF 等）的基本使用方法和运算规则。
- 了解数据处理和分析的基本流程，包括数据录入、整理、计算和可视化等步骤。
- 熟悉 Excel 中各种图表类型（如柱状图、折线图、饼图等）的特点和适用场景。掌握创建、编辑和格式化图表的基本方法，使图表更加直观、易读。
- 了解页面设置的基本选项，如页边距、纸张大小、方向等。掌握打印预览和打印设置的方法，确保打印效果符合预期。

【能力目标】

- 具备基本操作的能力：能够快速、准确地执行基本的文件操作，如新建、打开、保存和关闭工作簿。熟悉工作表、行、列和单元格的基本操作，如插入、删除、移动和复制。
- 具备数据处理能力：熟练输入和编辑数据，包括文本、数字、日期和公式等。掌握数据验证功能，确保输入数据的准确性和一致性。能够使用排序、筛选、查找和替换等功能，高效地处理和分析数据。
- 具备公式与函数应用能力：熟练掌握常用函数的使用方法，并能根据需求选择合适的函数进行计算。学会创建和使用自定义公式，以满足特定的数据处理需求。
- 具备图表与可视化能力：能够根据需求制作美观的数据图表和报告，直观展示数据分析结果。

• 具备数据管理能力：了解数据透视表的基本概念和用途，能够创建和使用数据透视表进行数据汇总和分析。掌握条件格式化的使用方法，能够根据特定条件突出显示数据。学会使用 Excel 的表格功能，对数据进行分类、汇总和筛选。

【素质目标】

• 培养独立分析和解决问题的能力，能够运用 Excel 解决实际工作中的问题。
• 提升自我学习和解决问题的能力，能够主动探索和学习 Excel 的新功能和应用技巧。
• 培养团队协作精神和沟通能力，能够与团队成员有效合作，共同完成任务。
• 提高信息素养和数据处理能力，能够适应信息化时代的发展需求，高效处理和分析数据信息。

4.1 Excel 2016 基础

4.1.1 认识 Excel 2016

2015 年，Excel 2016 预览版发布，相比于以前的 Excel 2013，Excel 2016 进行了一次幅度很大的调整，默认增加了 Power Query 功能，这是一个智能的数据处理工具，可以导入来自不同数据源的数据，并将清洗、整理好的数据传递给数据透视表、Power Pivot、Power View、Power Map 等工具进行数据分析和展示。这一功能原本需要以插件的形式单独安装到 2010 或 2013 版本中才能使用，但在 Excel 2016 中直接集成，极大地提升了数据处理的便利性和效率。同时 Excel 2016 还增加了贴靠和智能滚动等新功能，这些功能有助于提高用户在操作 Excel 时的效率和舒适度，使用户能够更加便捷地浏览和编辑数据。Excel 2016 操作界面对于触控操作非常友好，用户可以通过界面的状态栏在工作簿中切换表单，并浏览选定单元格的常见公式结果。这一改进使得 Excel 2016 在平板电脑等触控设备上也能提供出色的使用体验。

4.1.2 Excel 2016 的启动与退出

1. 启动 Excel 2016

启动 Excel 的方法与启动 Word 类似。以下方法均可启动 Excel 应用程序。

1）通过“开始”菜单启动

单击桌面左下角的“开始”按钮 ⊞，在打开的“开始”菜单中，选择“所有程序”→Microsoft Office→Microsoft Excel 2016 命令。

2）通过桌面快捷图标启动

双击桌面上 Excel 2016 的快捷启动图标。创建桌面上 Excel 2016 的快捷启动图标方法为：单击“开始”菜单→“所有程序”→Microsoft Office→Microsoft Excel 2016，在 Microsoft Excel 2016 命令上单击鼠标右键，在弹出的快捷菜单中选择“发送到”→“桌面快捷方式”命令。

3）双击工作簿启动

双击使用 Excel 2016 创建的工作簿，也可以启动 Excel 2016 并打开该工作簿。

2. 退出 Excel 2016

(1) 单击标题栏右侧的“关闭”按钮 ✕。

(2) 单击“文件”菜单选项卡下的“退出”命令。

(3) 在 Excel 2016 标题栏上单击鼠标右键,在弹出的快捷菜单中选择“关闭”命令。

(4) 若 Excel 2016 操作界面为当前活动窗口,直接按 Alt+F4 组合键。

若在工作界面中进行了部分操作,关闭前未进行保存,在退出该软件时,系统会弹出提示信息框,如图 4.1 所示。

单击“保存”按钮,当前文件保存后退出;单击“不保存”按钮,将不保存文件直接退出;单击“取消”按钮,则取消关闭操作,重新返回编辑窗口。

图 4.1 “关闭”提示对话框

4.1.3 Excel 2016 的窗口组成

Excel 2016 的窗口与 Word 2016 的窗口大致相似,由快速访问工具栏、标题栏、“文件”菜单、功能选项卡、功能区、编辑栏和工作表编辑区等部分组成,如图 4.2 所示。

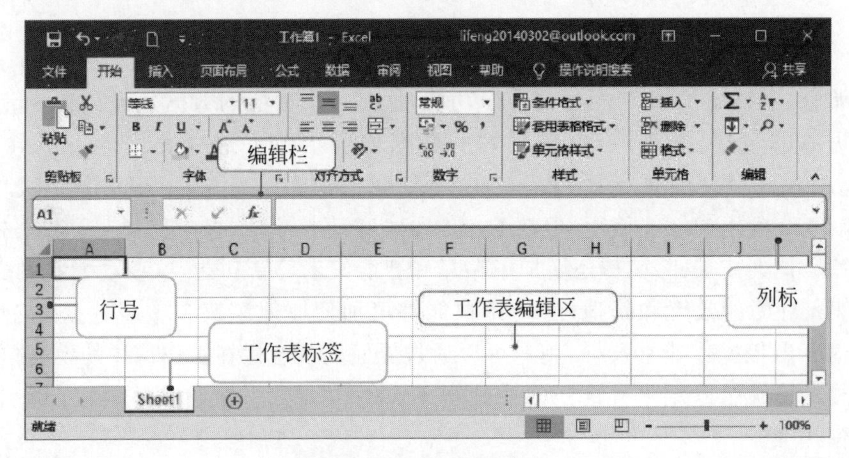

图 4.2 Excel 2016 窗口

1. 编辑栏

编辑栏主要用于显示和编辑当前活动单元格中的数据或公式。在默认情况下,编辑栏中会显示名称框、“插入函数”按钮 fx 和编辑框等部分。当在单元格中输入数据或插入公式与函数时,编辑栏中的“取消”按钮 ✕ 和“输入”按钮 ✓ 也将显示出来,如图 4.3 所示。

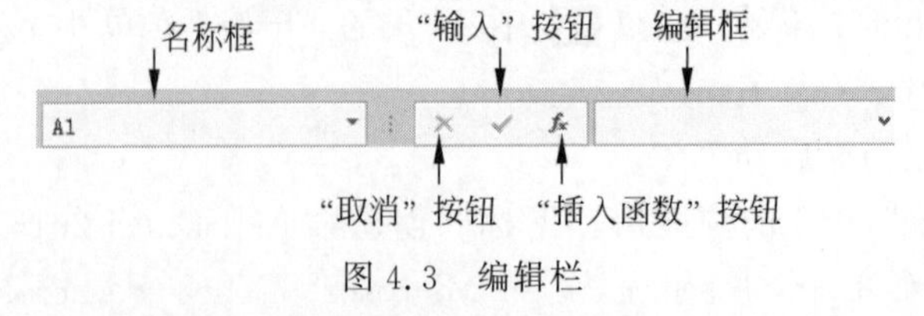

图 4.3 编辑栏

(1) 名称框:用来显示当前单元格的地址和函数名称,或定位单元格。

(2) “取消”按钮:单击该按钮,表示取消当前输入的内容。

(3) “输入”按钮:单击该按钮,表示确定并完成输入。

(4) “插入函数”按钮:单击该按钮,将快速打开“插入函数”对话框,在其中可选择相应的函数插入单元格中。

(5) 编辑框：显示单元格中输入或编辑的内容，也可选择单元格后，直接在编辑框中进行输入和编辑的操作。

2. 工作表编辑区

工作表编辑区是 Excel 编辑数据的主要场所，表格中的内容通常都显示在工作表编辑区中，用户的大部分操作也需通过工作表编辑区进行。工作表编辑区主要包括行号与列标、单元格和工作表标签等部分。

(1) 行号与列标：行号用“1,2,3,…”等阿拉伯数字标识，列标用“A,B,C,…”等大写字母标识。

(2) 单元格：表格数据的基本存储单位，是行、列交叉构成的区域。

(3) 工作表标签：用来显示工作表的名称，Excel 2016 默认只包含一张工作表，单击“新工作表”按钮 ⊕ ，将新建一张工作表。

4.1.4 Excel 2016 的视图方式

Excel 2016 中，可根据需要在操作界面的状态栏中，单击视图按钮组中相应的按钮 ▦▣▥ 来切换视图；或在“视图”选项卡的“工作簿视图”组中，单击相应的按钮来切换视图，方便用户在不同视图模式中查看和编辑表格。系统提供的三种视图模式具体如下。

1. 普通视图

普通视图是 Excel 的默认视图，是在制作表格时常用的视图模式，用于正常显示工作表，在其中可进行数据输入、数据计算、图表制作等操作，如图 4.4 所示。

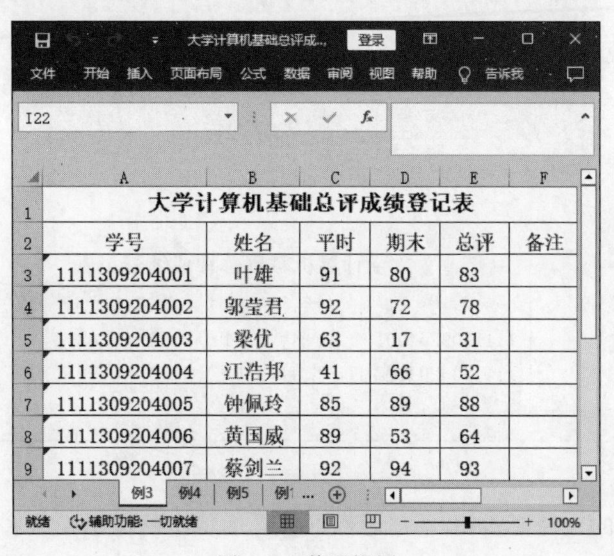

图 4.4 普通视图

2. 分页预览视图

分页预览视图是按打印方式显示工作表的内容的视图模式，视图中显示蓝色的分页符。Excel 能自动按比例调整工作表使其行、列适合页的大小，用户也可以用鼠标拖动分页符以改变显示的页数和每页的显示比例，如图 4.5 所示。

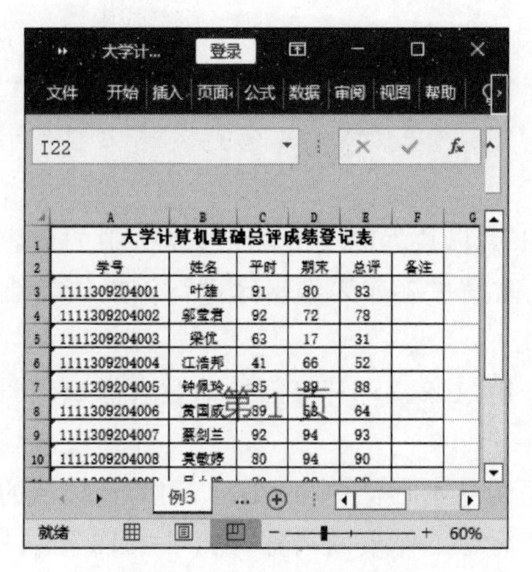

图 4.5　分页预览视图

3. 页面布局视图

在页面布局视图中，每一页都会显示页边距、页眉和页脚，用户可以在此视图模式下编辑数据、添加页眉和页脚，还可以拖动上方或左侧标尺中的浅蓝色控制条设置页面边距，如图 4.6 所示。

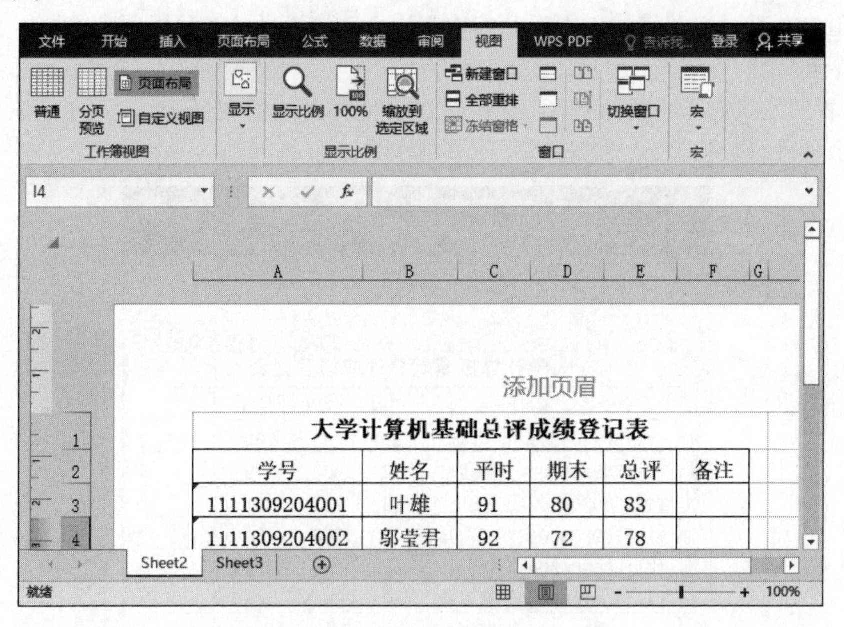

图 4.6　页面布局视图

除了系统提供的三种视图外，用户还可以将自己特定的显示设置和打印设置保存为自定义视图，以便在需要时快速应用自定义视图。自定义视图的设置内容包括显示设置（列宽、行高、隐藏行和列、单元格选择、筛选和窗口设置等）、打印设置（页面设置、页边距、页眉和页脚）、工作表设置等。

4.1.5　Excel 2016 的工作簿及其操作

在使用 Excel 编辑和处理数据之前，首先应新建工作簿，在工作簿中处理完数据后，需保存工作簿。除新建和保存外，工作簿操作还包括打开和关闭。

1. 新建工作簿

工作簿即Excel文件，也称为电子表格。在默认情况下，新建的工作簿以“工作簿1”命名，若继续新建工作簿则以“工作簿2”“工作簿3”…命名，其名称一般会显示在Excel操作界面的标题栏中。新建工作簿的常用方法主要有以下几种。

(1) 启动Excel 2016，系统自动新建一个名为“工作簿”的空白工作簿，用户可以在保存工作簿时进行重命名。

(2) 启动Excel 2016，单击“文件”选项卡下的“新建”命令，在打开的“新建”列表框中选择“空白工作簿”选项，即可新建一个空白工作簿。

(3) 在需新建工作簿的桌面或文件夹空白处单击鼠标右键，在弹出的快捷菜单中选择“新建”→“Microsoft Excel工作表”命令，可新建一个名为“新建Microsoft Excel工作表”的空白工作簿。

(4) 按Ctrl+N组合键可快速新建空白工作簿。

2. 保存工作簿

编辑工作簿后，需要对工作簿进行保存操作。重复编辑的工作簿，用户可根据需要直接进行保存，也可通过“另存为”将工作簿保存为新的文件。

1) 直接保存

(1) 通过快速访问工具栏保存：单击快速访问工具栏中的“保存”按钮。

(2) 通过“保存”命令保存：选择“文件”→“保存”命令。

(3) 通过快捷键保存：按Ctrl+S组合键。

如果是第一次进行保存操作，都将打开“另存为”对话框。在对话框的地址栏中可以选择和设置文件的保存位置；在“文件名”下拉列表框中可输入工作簿的名称，设置完成后单击“保存”按钮即可完成保存操作。如果工作簿已经保存过，再执行保存操作时，不再打开“另存为”对话框，直接完成保存。

2) 另存为

如果需要将编辑过的工作簿保存为新文件，可选择“另存”操作。操作方法为：选择“文件”→“另存为”命令，在打开的“另存为”对话框中选择所需的保存方式进行工作簿的保存即可。

3. 打开工作簿

对工作簿进行查看和再次编辑时，需打开工作簿。打开工作簿的方法有以下几种。

(1) 通过“打开”命令打开：选择“文件”→“打开”命令。

(2) 通过快速访问工具栏打开：单击快速访问工具栏中的“打开”按钮。

(3) 通过快捷键打开：按Ctrl+O组合键。

执行以上任意操作后，都将打开“打开”对话框。在其中选择当前计算机中保存的工作簿，然后单击“打开”按钮打开工作簿。

(4) 直接打开：找到工作簿所在的路径，双击该工作簿可直接打开工作簿；或右击该工作簿，在弹出的快捷菜单中选择“打开”命令，也可以完成工作簿的打开。

4. 关闭工作簿

保存工作簿后，选择“文件”→“关闭”命令，或者按Ctrl+W组合键，可关闭工作簿。

5. 保护工作簿

1）设置工作簿密码

通过为工作簿设置密码，可以增加文档的安全性，防止工作簿被其他人打开和更改。操作方法如下。

（1）打开“文件”菜单→信息→保护工作簿，单击“保护工作簿”下方的按钮，弹出保护工作簿的选项。

（2）单击“用密码进行加密”，弹出“加密文档”对话框，输入密码后，单击“确定”按钮，弹出“确认密码”对话框，重新输入密码后单击“确定”按钮，如图 4.7 所示。

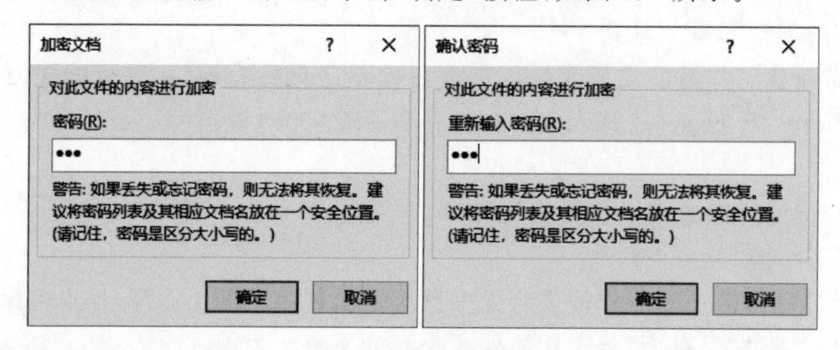

图 4.7　加密工作簿

2）修改和删除工作簿密码

修改工作簿密码的方法与设置密码的步骤相同，在“加密文档”对话框中，按 BackSpace 键删除旧密码，重新输入新密码即可。如果要删除密码，删除旧密码后，单击“确定”按钮，就可以取消密码保护。

4.1.6　Excel 2016 的工作表及其操作

工作表存储在工作簿中，在默认情况下，一张工作簿只包含一张工作表，并以“Sheet1”进行命名，用户可根据需要对工作表进行添加和删除。工作表是显示、编辑和分析数据的场所，主要用于存储和处理数据，每个工作表都是由行、列交叉的单元格组成。工作簿、工作表及单元格之间的关系，如图 4.8 所示。

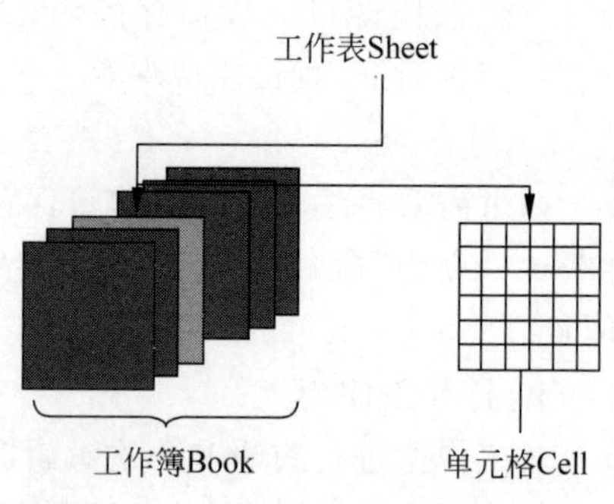

图 4.8　工作簿、工作表和单元格

工作表的基本操作包括选择、重命名、插入、移动、复制、删除、工作表标签颜色等。

1. 插入工作表

默认情况下，工作簿中只包含一个工作表，用户可以根据实际需要，在工作簿中插入工作表。插入工作表的方法如下。

（1）通过按钮插入：在工作表标签中单击“新建工作表”按钮 ⊕，即可插入一张空白的工作表。

（2）通过对话框插入：在工作表名称上单击鼠标右键，在弹出的快捷菜单中选择“插入”命令，打开“插入”对话框，在“常用”选项卡的列表框中选择“工作表”选项，表示插入一张空白工作表。也可以在“电子表格方案”选项卡中选择一种表格样式，单击“确定”按钮，插入一张带格式的工作表。

2. 选择工作表

选择工作表包括选择一张工作表、选择连续的多张工作表、选择不连续的多张工作表、选择所有的工作表。

(1) 选择一张工作表：单击相应的工作表标签，即可选择该工作表。

(2) 选择连续的多张工作表：选择一张工作表后，按住 Shift 键，再选择最后一张工作表，即可选择这两张工作表之间的所有工作表。

(3) 选择不连续的多张工作表：选择一张工作表后，按住 Ctrl 键，再依次单击其他工作表标签，即可同时选择所单击的工作表。

(4) 选择所有工作表：在工作表标签的任意位置单击鼠标右键，在弹出的快捷菜单中选择“选定全部工作表”命令，即可选择所有的工作表。

3. 重命名工作表

默认的工作表名通常是 Sheet1、Sheet2、Sheet3 等，为了便于区分与记忆，可重命名工作表。重命名工作表方法如下。

(1) 双击工作表标签，工作表标签呈可编辑状态，输入新的名称后按 Enter 键。

(2) 右击工作表标签，在弹出的快捷菜单中选择“重命名”命令，工作表标签呈可编辑状态，输入新的名称后按 Enter 键。

4. 移动和复制工作表

1) 拖曳法

在工作表标签中，选中需要移动的工作表，按住鼠标左键，沿着标签栏拖动到目的位置并释放鼠标即可。如果在移动工作表时按住 Ctrl 键，将复制选中的工作表。此方法主要用于在同一工作簿中移动和复制工作表。

2) 菜单法

(1) 右击需要移动或复制的工作表标签，在弹出的快捷菜单中选择“移动或复制”命令，打开“移动或复制工作表”对话框。

(2) 在“工作簿”下拉列表框中，选择需要移动到或复制到的目标工作簿；在“下列选定工作表之前”下拉列表框中，选择工作表要移动或复制的位置；如果是复制工作表，还需要选中“建立副本”复选框，完成设置后单击“确定”按钮，如图 4.9 所示。

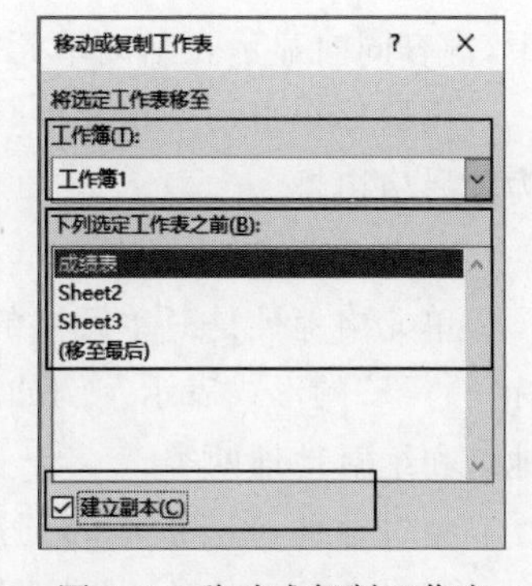

图 4.9　移动或复制工作表

此方法既可用于在同一工作簿中移动和复制工作表，也可用于在不同工作簿中移动和复制工作表。

5. 删除工作表

当工作簿中的某张工作表无用时，可将其进行删除。在工作表标签上单击鼠标右键，从弹出的快捷菜单中选择“删除”命令即可。如果工作表中有数据，删除工作表时将打开提示对话框，单击“删除”按钮确认删除即可。

6. 保护工作表

Excel 2016 不仅提供编辑和存储数据的功能，还提供密码保护功能，用以保护工作表。

具体操作如下。

（1）在需要保护的工作表标签上单击鼠标右键，在弹出的快捷菜单中选择“保护工作表”命令，打开“保护工作表”对话框。

（2）在“取消工作表保护时使用的密码”文本框中输入密码，在“允许此工作表的所有用户进行”列表框中设置用户可以进行的操作，设置完毕单击“确定”按钮，如图4.10所示。

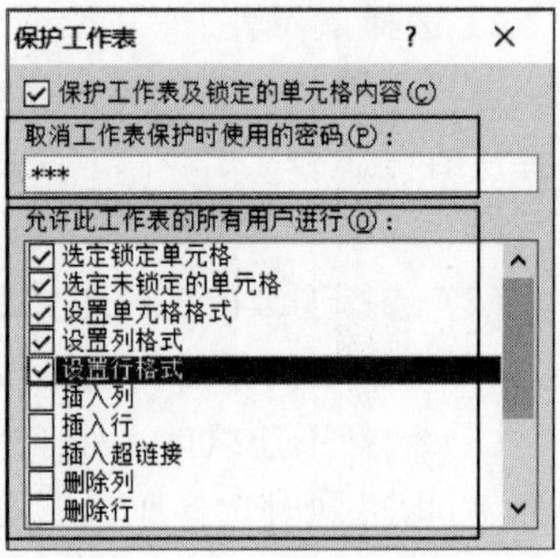

（3）打开“确认密码”对话框，在“重新输入密码”文本框中再次输入密码，单击“确定”按钮。

图4.10　保护工作表

如果需要取消工作表保护，在工作表标签上单击鼠标右键，在弹出的快捷菜单中选择“撤销工作表保护”命令，打开“撤销工作表保护”对话框，在其中输入密码，并单击“确定”按钮。

7. 工作表标签颜色

用户可根据需要，为工作表标签设置标识颜色。在工作表标签上单击鼠标右键，在弹出的快捷菜单中选择“工作表标签颜色”命令，在其子菜单中选择所需的颜色即可。

4.1.7　Excel 2016的单元格及其操作

在编辑电子表格的过程中，通常需要对单元格进行多种操作，包括选择、合并与拆分、插入与删除等。

1. 单元格中的术语

1）活动单元格

活动单元格又称当前单元格，是指正在进行编辑操作的单元格，其地址显示在名称框中，内容同时显示在活动单元格内和编辑框中。

用鼠标单击一个单元格，该单元格就成为活动单元格，其框线变为粗黑线，粗黑框线称为单元格边框。

2）单元格地址

单元格地址是对单元格的标识，表示单元格在工作表中的位置。单元格地址一般用“列标＋行号”的形式表示。例如，“G8”表示第G列第8行的单元格。单元格地址可分为相对地址和绝对地址两类。

相对地址：由列标和行号组成，如A2，B5，C6等。

绝对地址：由列标和行号前加上符号“$”组成，如$A$2，$B$5。

3）区域

区域是由工作表中一个或多个连续单元格组成的矩形块。用户可以对定义的区域进行各种各样的编辑和操作，如复制、移动、删除等。

4）区域地址

区域地址用单元格矩形块左上角和右下角的两个单元格地址表示，中间用冒号“:”相连。例如图4.11所示区域的区域地址为B1:D5。

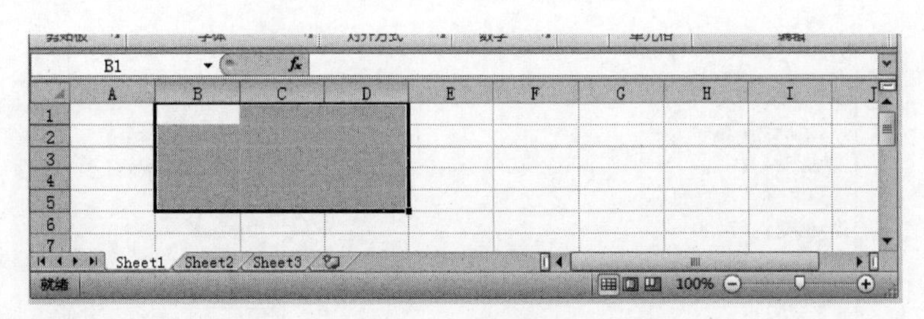

图 4.11　区域地址

2. 选择单元格

1) 使用鼠标选择单元格

(1) 选择一个单元格：单击要选择的单元格或按键盘上的方向键。

(2) 选择多个连续的单元格：选择一个单元格，然后按住鼠标左键并拖动鼠标，可选择多个连续的单元格(即单元格区域)。

(3) 选择不连续的单元格：按住 Ctrl 键，分别单击要选择的单元格，可选择不连续的多个单元格。

(4) 选择整行：单击该行的行号，可选择整行单元格。

(5) 选择整列：单击该列的列标，可选择整列单元格。

(6) 选择工作表中的所有单元格：单击工作表编辑区左上角行号与列标交叉处的按钮，或者按 Ctrl+A 组合键，可选择整个工作表中的所有单元格。

2) 使用“定位”命令选择单元格

单击“开始”选项卡→查找和选择→“定位条件”选项，弹出“定位条件”对话框，根据需要选择单元格的类型或区域的类型，例如，“常量”“公式”等，此时还可以复选“数字”“文本”等，单击“确定”按钮后符合条件的所有单元格将被选中。

3. 插入与删除单元格(行、列)

1) 插入单元格(行、列)

(1) 打开工作簿，选择要编辑的工作表，选择要插入单元格所显示的位置。例如，在 B5 单元格所在位置插入单元格，则需选中 B5 单元格。

(2) 在“开始”选项卡的“单元格”组中，单击“插入”按钮的下拉按钮，在打开的下拉列表中选择“插入单元格”(插入工作表行、插入工作表列)选项；或者在选中的单元格上右击，选择“插入”命令，弹出“插入”对话框，如图 4.12 所示。

(3) 单击选中“活动单元格右移”单选按钮或“活动单元格下移”单选按钮，可在所选单元格的左侧或上方插入一个单元格。单击按钮中“整行”单选按钮或“整列”单选按钮，可在所选单元格的上方插入整行单元格或左侧插入整列单元格。最后单击“确定”按钮即可。

2) 删除单元格(行、列)

(1) 选择要删除的单元格，在“开始”选项卡的“单元格”组中，单击“删除”按钮的下拉按钮，在打开的下拉列表中选择“删除单元格”(删除工作表行、删除工作表列)选项；或者在选中的单元格上右击，选择“删除”命令，弹出“删除”对话框。如图 4.13 所示。

(2) 单击选中相应的单选按钮后，单击“确定”按钮即可删除所选单元格。

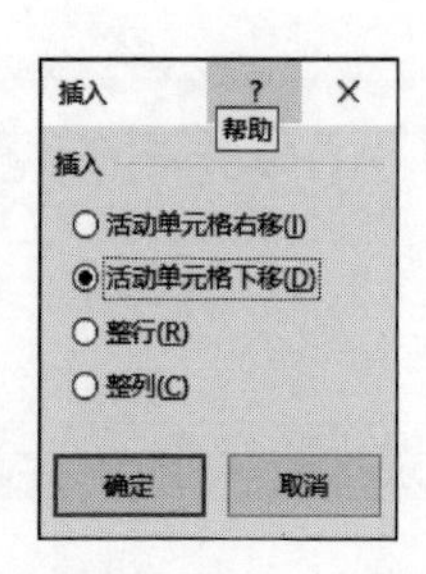

图 4.12 “插入”对话框

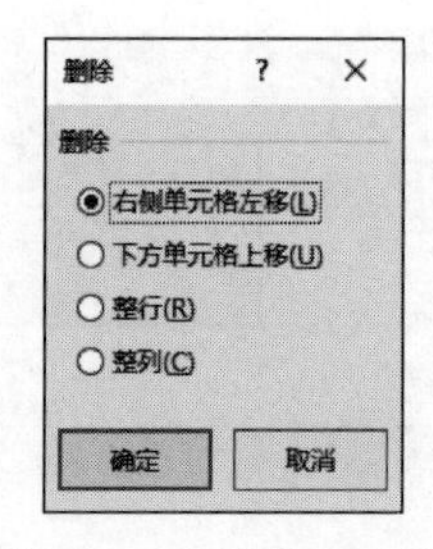

图 4.13 “删除”对话框

4. 重命名单元格

为了能够快速、准确地选定指定的单元格区域,可以对单元格进行重命名。新的单元格名称或单元格区域的名称将显示在工作表编辑栏的名称框中。如果需要选定某个已命名的区域,只需单击名称框中的名称即可。重命名单元格方法如下。

(1) 选定要命名的单元格,如 B4:E8。

(2) 在“公式”选项卡的“定义的名称”组中,单击“定义名称”下拉按钮,弹出“新建名称”对话框,如图 4.14 所示。

(3) 在“名称”文本框中输入想要定义的名称,如“计算机成绩”。单击“确定”按钮,在编辑栏的名称框中将显示重命名的名称,如图 4.15 所示。

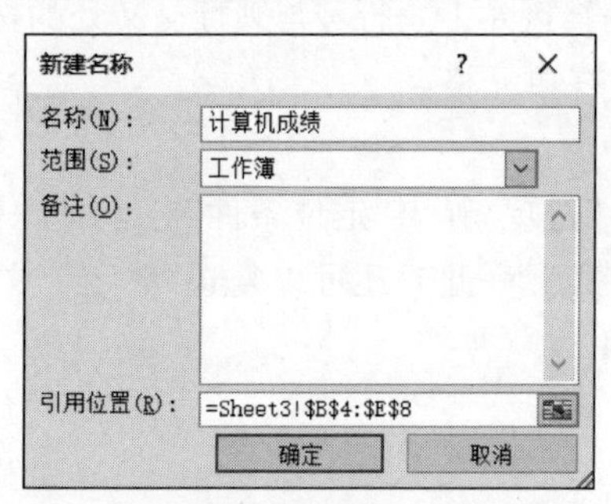

图 4.14 “新建名称”对话框

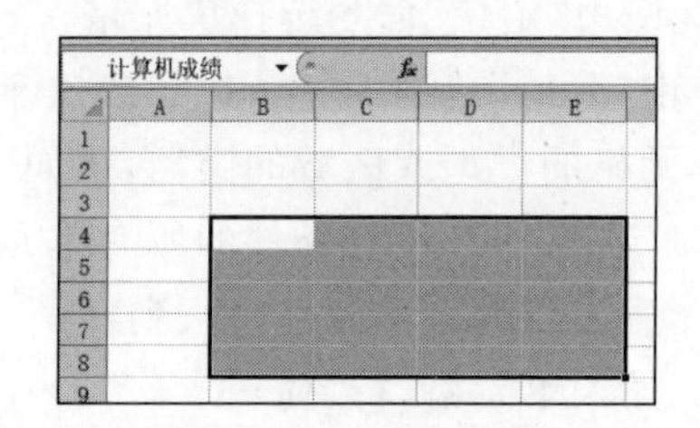

图 4.15 显示新建的名称

5. 合并与拆分单元格

在实际编辑表格的过程中,常常需要对单元格或区域进行合并与拆分操作,以满足表格样式的需要。

1) 合并单元格

(1) 选择需要合并的多个单元格。

(2) 在“开始”选项卡的“对齐方式”组中,单击“合并后居中”按钮右侧的下拉按钮。

(3) 在打开的下拉列表中选择“合并后居中”“跨越合并”“合并单元格”等选项,即可完成对应的单元格合并。

2) 拆分单元格

(1) 选择合并后的单元格。

(2) 在“开始”选项卡的“对齐方式”组中,单击“合并后居中”按钮右侧的下拉按钮。

(3) 在打开的下拉列表中选择"取消单元格合并",即可完成拆分单元格。

6. 注释单元格

批注是附加在单元格中,对单元格的内容进行说明的注释。通过批注,可以更加清楚地了解单元格中数据的含义。注释单元格方法如下。

(1) 选定要注释的单元格,在"审阅"选项卡的"批注"组中,单击"新建批注"按钮;或者在选定的单元格上右击,在弹出的快捷菜单中选择"插入批注"命令。

(2) 在批注框中输入批注内容,输入完毕后,单击其他单元格即可。

7. 冻结工作表窗口

冻结功能是为了在阅读有多页数据时,方便将数据与表头对应起来查看而设计的,从而省去来回翻页的时间。具体操作方法如下。

(1) 选中需要冻结单元格的下一个单元格,如要冻结 A1:F2 则选中 A3。

(2) 在"视图"选项卡的"窗口"组中,单击"冻结窗格"按钮的下拉按钮。

(3) 在打开的下拉列表中选择"冻结窗格"命令,如图 4.16 所示。

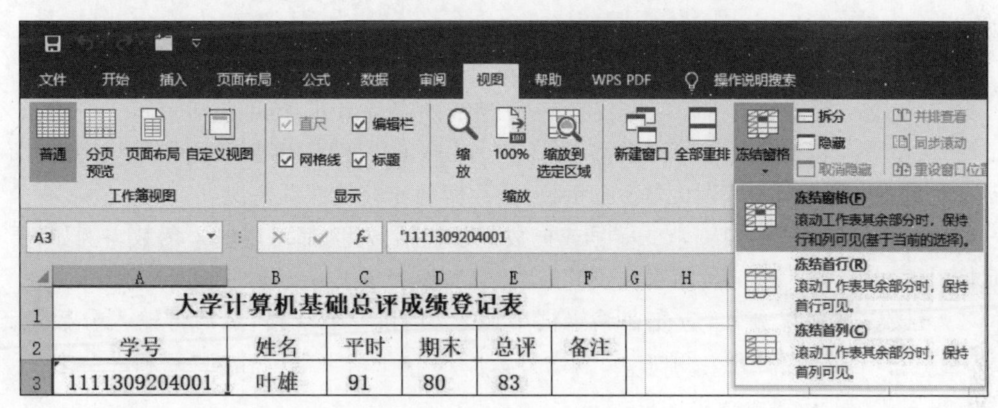

图 4.16　冻结拆分窗口

(4) 设置完毕,在 A3 单元格出现了一条细线,把整个单元格划分为两部分,上半部分已被冻结。拖动 Excel 窗口中的数据,则第 1、2 行中的表头和表格标题将不会随之移动,如图 4.17 所示。

	A	B	C	D	E	F
1	大学计算机基础总评成绩登记表					
2	学号	姓名	平时	期末	总评	备注
12	1111309204010	曾恺	65	93	85	
13	1111309204011	房秋岚	100	91	94	
14	1111309204012	任颖欣	100	70	91	
15	1111309204013	庄粤棉	70	85	81	

图 4.17　冻结后的单元格

4.2　工作表的数据与编辑

4.2.1　数据输入与填充

在 Excel 工作簿中插入工作表后,即可向工作表中输入数据。Excel 支持多种类型的数据输入,对于有规律的数据序列还可利用快速填充功能实现高效输入。

1. 直接输入数据

在 Excel 表格中直接输入数据，主要方法是选择单元格后，直接在单元格或编辑框中输入数据，输入结束按 Enter 键或 Tab 键或单击编辑栏中的“输入”按钮 ✔。输入的数据可以是字符型、数值型、日期和时间型。

1）字符型数据

在 Excel 中，字符型数据是指通过键盘可输入的任何符号，每个单元格最多可容纳 32000 个字符。在默认情况下，字符型数据自动沿单元格左对齐。

当输入的字符数据长度超出了当前单元格的宽度时，如果右侧相邻单元格为空，那么字符数据会往右延伸显示；如果右侧相邻单元格非空，超出的那部分数据就会隐藏起来，只有把单元格的宽度变大后才能完整显示数据。

如果要输入的字符数据全部由数字组成，如邮政编码、电话号码、存折账号等，为了避免 Excel 把它按数值型数据处理，在输入时可以先输入一个英文单引号“'”，再接着输入具体的数字。例如，要在单元格中输入身份证号码“44122819900101312”，应输入“'441228199001013121”，按 Enter 键，出现在单元格里的就是“441228199001013121”，并自动左对齐。

2）数值型数据

在 Excel 中，数值型数据除了由数字 0～9 组成的字符串外，还可包括＋、－、/、E、e、%、货币符号、小数点和千分位等特殊字符，如＄150,000.00。默认情况下，数值型数据自动沿单元格右对齐。在输入过程中，要注意负数、分数两种比较特殊的情况。

(1) 负数：在数值前加一个“－”号或把数值放在括号里，都可以输入负数。例如，要在单元格中输入“－66”，从键盘输入“－66”或“(66)”，然后按 Enter 键即可。

(2) 分数：要输入分数，应先在编辑框中输入“0”和一个空格，然后再输入分数，否则 Excel 会把它当作日期处理。例如，要输入分数“2/3”，在编辑框中输入“0”和一个空格，然后接着输入“2/3”，按 Enter 键即可。

3）日期和时间型数据

Excel 内置了一些日期和时间格式，当输入的数据与这些格式相匹配时，Excel 会自动识别它们。Excel 常见的日期和时间格式为 mm/dd/yy、dd-mm-yy、hh:mm(AM/PM)。其中，日期和时间之间应有空格，AM/PM 与 mm 之间应有空格。例如“16:30PM”，否则将被当作字符处理。

2. 快速填充数据

在输入数据的过程中，如果单元格中的数据多处相同或是有规律的数据序列，可以通过快速填充数据来提高工作效率。快速填充数据主要有使用“序列”对话框填充数据、使用填充柄填充数据等。

1）使用“序列”对话框填充数据

(1) 在起始单元格中输入起始值，如“1”，然后选择需要填充规律数据的单元格区域，如 B1:B10。

(2) 在“开始”选项卡的“编辑”组中，单击“填充”按钮右侧的下拉按钮，在打开的下拉列表中选择“序列”选项，打开“序列”对话框，如图 4.18 所示。

(3) 在“序列产生在”栏中，选择序列产生的位置，这里选择“列”单选按钮。在“类型”栏中，选择序列的特征，这里选择“等差序列”单选按钮。在“步长值”文本框中输入序列的步长，这里输入“1”。单击“确定”按钮，便可填充系列数据，填充数据后的效果如图 4.19 所示。

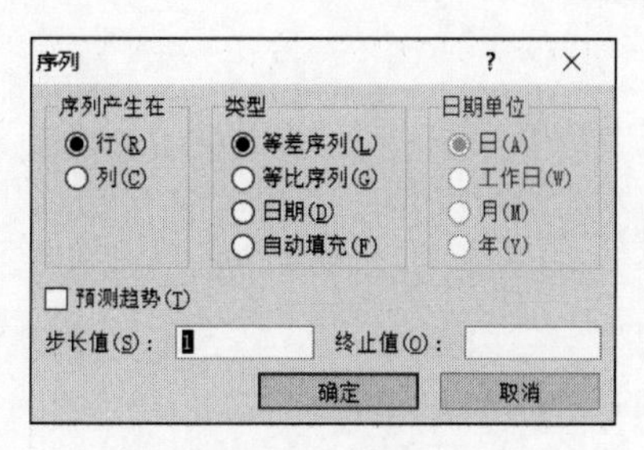

图 4.18　设置序列

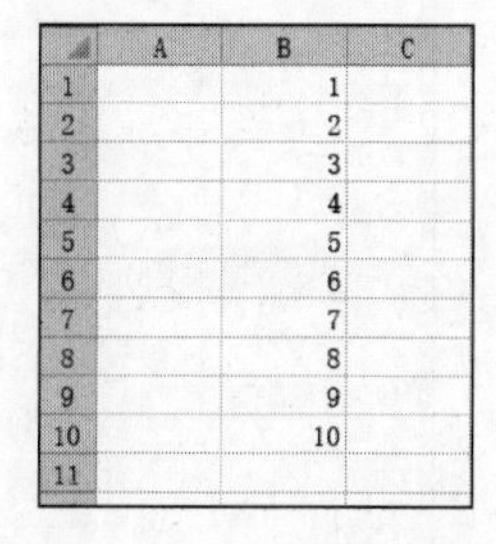

	A	B	C
1		1	
2		2	
3		3	
4		4	
5		5	
6		6	
7		7	
8		8	
9		9	
10		10	
11			

图 4.19　填充系列效果

2）使用填充柄填充数据

用鼠标选中活动单元格，在单元格的右下角出现的小黑方块称为填充柄，如图 4.20 所示，此时鼠标指针变为黑十字，按住鼠标左键，然后向右(行)或向下(列)拖曳至填充的最后一个单元格，即可完成自动填充。利用填充柄可以复制数据；快速填充有规律的数据，如等差序列、等比序列、日期等；快速填充自定义序列；快速复制公式填充，得到计算结果。

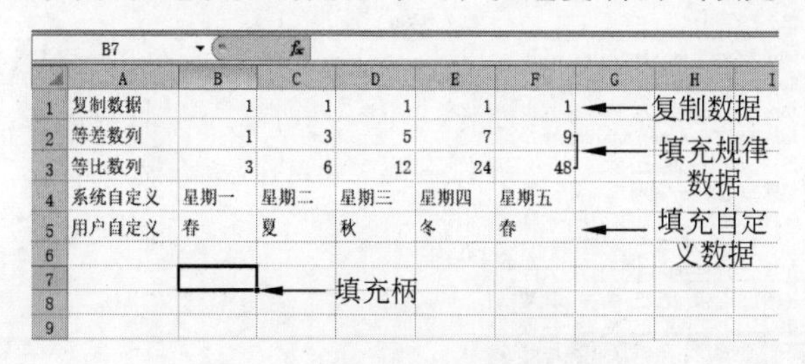

图 4.20　使用填充柄填充数据

(1) 填充相同数据(复制数据)：在起始单元格中输入起始数据，按住鼠标左键，沿水平或垂直方向拖曳填充柄，便会填充相同数据。

(2) 填充规律数据：如果是日期型序列，只需输入一个初始值，然后直接拖曳填充柄即可。如果是数值型系列，则必须输入前两个单元格的数据，然后选中这两个单元格，拖曳填充柄，系统默认为等差数列，在拖曳到的单元格内依次填充等差系列数据。

在起始单元格中输入起始数据，按住 Ctrl 键拖曳填充柄，默认按照等差为 1 的等差数列进行填充。

(3) 填充自定义序列数据：要利用填充柄填充自定义序列数据，必须先建立自定义序列，如“春、夏、秋、冬”。打开“文件”菜单，在弹出的下拉菜单中选择“选项”，打开“Excel 选项”对话框。单击“高级”选项标签，在右侧的“常规”栏中单击“编辑自定义列表”按钮，如图 4.21 所示。打开“自定义序列”对话框，在“输入序列”列表框中直接输入“春、夏、秋、冬”，每输入一个序列按一次 Enter 键，输入完毕后单击“添加”按钮，最后依次单击各对话框中的“确定”按钮，如图 4.22 所示。

返回 Excel 表格，在单元格中输入自定义序列中的第一个选项“春”字，然后拖曳填充柄，至目标位置后释放鼠标，即可完成填充。

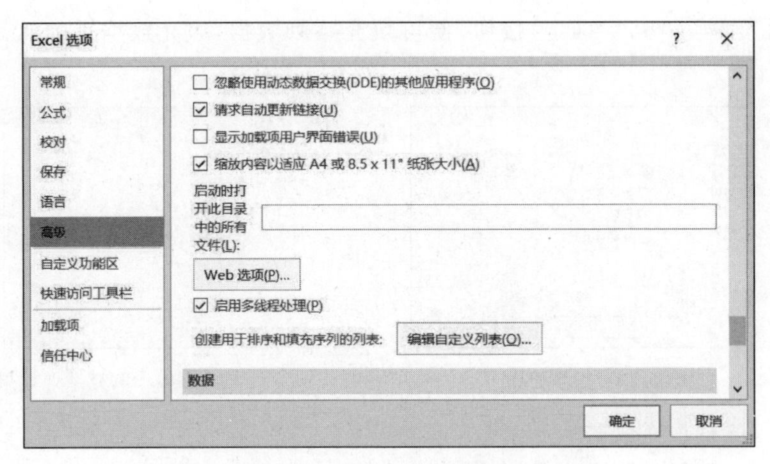

图 4.21 “Excel 选项”对话框

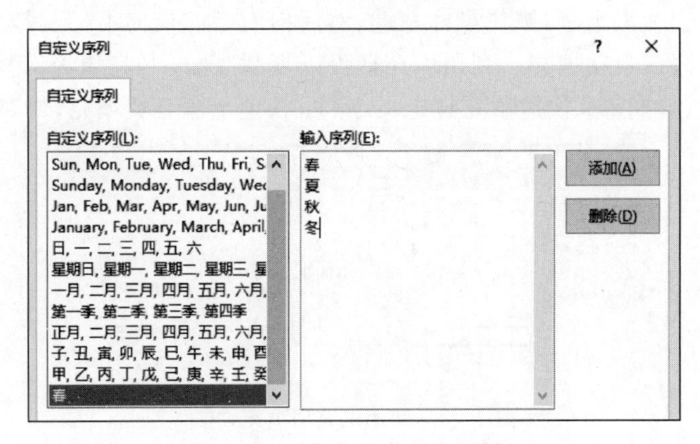

图 4.22 “自定义序列”对话框

4.2.2 数据的编辑

数据输入完毕后，还可根据需要对工作表中的数据进行编辑，使工作表中的数据更准确、合理。

1. 修改和删除数据

在工作表中修改和删除数据主要有以下两种方法。

(1) 在单元格中修改或删除。如果对单元格中的部分数据进行修改或删除，双击需修改或删除数据的单元格，在单元格中定位文本插入点，修改或删除部分数据，然后按 Enter 键完成操作。如果对单元格中的全部数据进行修改或删除时，只需选择该单元格，然后重新输入正确的数据或直接删除。

(2) 在编辑栏中修改或删除。选择单元格，将鼠标指针移到编辑栏中并单击，将文本插入点定位到编辑栏中，修改或删除数据后，按 Enter 键完成操作。

2. 复制和移动数据

在编辑工作表中的数据时，常常会遇到输入相同的数据，或将已有数据从原来位置移至其他位置，可通过复制和移动数据功能来实现。复制和移动数据主要有以下三种方法。

(1) 选择需移动或复制数据的单元格，在“开始”选项卡的“剪贴板”组中，单击“剪切”按钮或“复制”按钮；选择目标单元格，然后单击“剪贴板”组中的“粘贴”按钮。

(2) 选择需移动或复制数据的单元格，单击鼠标右键，在弹出的快捷菜单中选择“剪切”或“复制”命令；选择目标单元格，然后单击鼠标右键，在弹出的快捷菜单中选择“粘贴”命令，即可完成数据的移动或复制。

(3) 选择需移动或复制数据的单元格，按 Ctrl＋X 组合键或 Ctrl＋C 组合键；选择目标单元格，然后按 Ctrl＋V 组合键。

3. 查找和替换数据

在编辑和审阅工作表数据时，如果需要对工作表中多处相同的数据进行修改，可先使用查找功能将其查找出来，然后使用替换功能对数据进行替换，以便提高工作效率。字符、格式都可以使用查找、替换功能。

【例 4.1】 在“追梦公司职工工资表”中，从“姓名”列中提取姓名。

(1) 打开“追梦公司职工工资表”，在“开始”选项卡的“编辑”组中，单击“查找和选择”下拉按钮，在打开的下拉列表中选择“替换”选项，打开“查找和替换”对话框(或按组合键 Ctrl＋H)。

(2) 选中 B3:B10，在“查找内容”文本框中输入“1＊”，单击“全部替换”按钮，如图 4.23 所示。

追梦公司员工工资一览表					
工号	姓名	基本工资	工龄工资	津贴	实发工资
1107001	李小丽13827513241	4800	50	2500	7350
1107002	陈敬瑚13227842135	4000	55	3500	7555
1107003	何平13527512143	5500	100	2800	8400
1107004	林风13256842136	5100	100	4500	9700
1107005	赵亚13707662132	5200	100	3000	8300
1107006	梁凤13827516932	5600	100	1200	6900
1107007	杨帅13956922541	5800	100	1600	7500
1107008	张芷13727510888	5200	100	1300	6600

图 4.23 查找全部

(3) 结果如图 4.24 所示。

追梦公司员工工资一览表					
工号	姓名	基本工资	工龄工资	津贴	实发工资
1107001	李小丽	4800	50	2500	7350
1107002	陈敬瑚	4000	55	3500	7555
1107003	何平	5500	100	2800	8400
1107004	林风	5100	100	4500	9700
1107005	赵亚	5200	100	3000	8300
1107006	梁凤	5600	100	1200	6900
1107007	杨帅	5800	100	1600	7500
1107008	张芷	5200	100	1300	6600

图 4.24 替换数据

说明：查找内容中的＊(星号)为通配符，此通配符可以匹配任意长度的字符；除此之外，通配符“?”可以匹配任意单个字符。

4.3 工作表的格式化

一个好的工作表除了要保证数据的正确性外，为了使工作表中的数据更加清晰明了、美观实用，通常还需对表格进行格式化。工作表的格式化主要包括格式化数据、调整工作表的列宽和行高、设置对齐方式、添加边框和底纹、使用条件格式、自动套用格式等。

4.3.1 数据字符格式化

在 Excel 中，为了美化数据，经常会对数据进行字符格式化，如设置数据字体、字形和字号，为数据添加下画线、删除线、上下标及改变数据颜色等。进行数据字符格式化可通过以下两种方式来实现。

(1) 通过“字体”组设置：选择要设置的单元格，在“开始”选项卡的“字体”组中，单击相应的字符格式化按钮即可。

(2) 通过“设置单元格格式”对话框设置：选择要设置的单元格，单击鼠标右键，在弹出的快捷菜单中选择“设置单元格格式”命令；或者单击“字体”组右下角的 按钮，打开“设置单元格格式”对话框；打开“字体”选项卡，在其中可进行数据字符格式化，如图 4.25 所示。

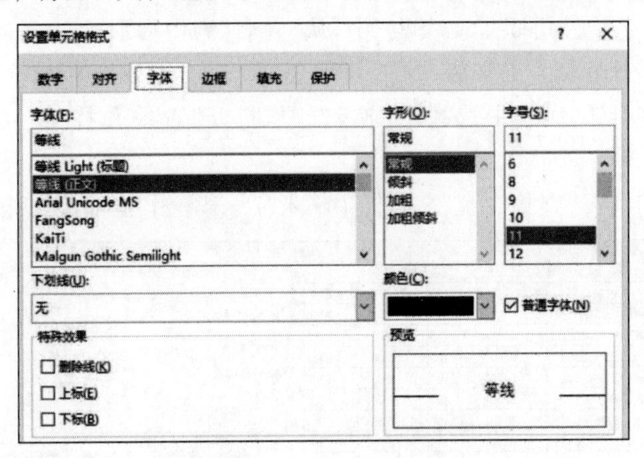

图 4.25 “字体”选项卡

4.3.2 设置列宽与行高

调整工作表的列宽和行高是改善工作表外观经常用到的手段。设置列宽和行高的方法主要有以下两种。

(1) 通过拖动边框线调整：将鼠标指针指向要调整的列宽(或行高)的列标(或行号)之间的分隔线上，当鼠标指针变成一个双向箭头的十字形时，按住鼠标左键，拖曳分隔线到需要的位置即可。此方法主要用于列宽和行高的粗略调整。

(2) 通过对话框设置：在“开始”选项卡的“单元格”组中，单击“格式”下拉按钮 ，在打开的下拉列表中选择“行高”或“列宽”选项，然后在打开的“行高”或“列宽”对话框中输入行高值或列宽值，单击“确定”按钮。此方法主要用于列宽和行高的精确调整。

4.3.3 设置对齐方式

输入单元格中的数据通常具有不同的数据类型，在 Excel 中，不同类型的数据在单元格中默认对齐方式不同。如果对默认的对齐方式不满意，可以改变数据的对齐方式。设置对齐方式主要有以下两种方法。

(1) 通过“对齐方式”组设置：选择要设置的单元格，在“开始”选项卡的“对齐方式”组中，单击“左对齐”按钮 、“居中”按钮 、“右对齐”按钮 等，可快速为单元格设置相应的对齐方式。

(2) 通过"设置单元格格式"对话框设置：选择需要设置对齐方式的单元格或单元格区域，单击鼠标右键，在弹出的快捷菜单中选择"设置单元格格式"命令；或者单击"对齐方式"组右下角的 按钮，打开"设置单元格格式"对话框，打开"对齐"选项卡，可以设置单元格中数据的水平和垂直对齐方式、文字的排列方向和文本控制等，如图 4.26 所示。

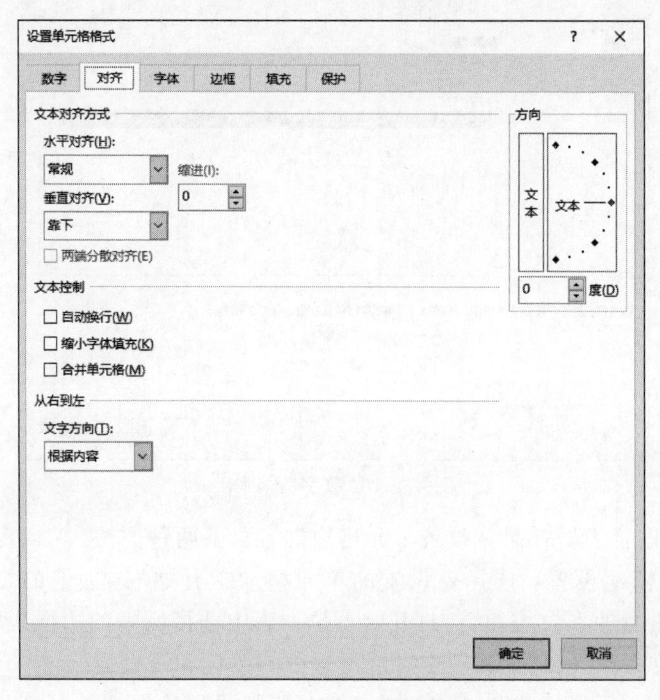

图 4.26 "对齐"选项卡

4.3.4 设置数字格式

在 Excel 中，可以设置不同的小数位数、百分号、货币符号、是否使用千位分隔符等来表示同一个数。如 1234.56、123456%、￥1234.56。屏幕单元格中呈现的都是格式化后的数字，编辑框中显示的是系统实际存储的数据。设置数字格式主要有以下两种方法。

(1) 通过"数字"组设置：选择要设置的单元格，在"开始"选项卡的"数字"组中，单击下拉列表框右侧的下拉按钮，在打开的下拉列表中可以选择一种数字格式。另外，单击"会计数字格式"按钮 、"百分比样式"按钮 %、"千位分隔样式"按钮 ,、"增加小数位数"按钮 、"减少小数位数"按钮 等，可以快速将数据转换为会计数字格式、百分比、千位分隔符等格式。

(2) 通过"设置单元格格式"对话框设置：选择需要设置数据格式的单元格，打开"设置单元格格式"对话框，打开"数字"选项卡，在其中可以设置单元格中的数据类型，如货币型、日期型等，如图 4.27 所示。

4.3.5 设置边框

Excel 中单元格的边框是默认显示的，但默认状态下的边框不能打印，为满足打印需

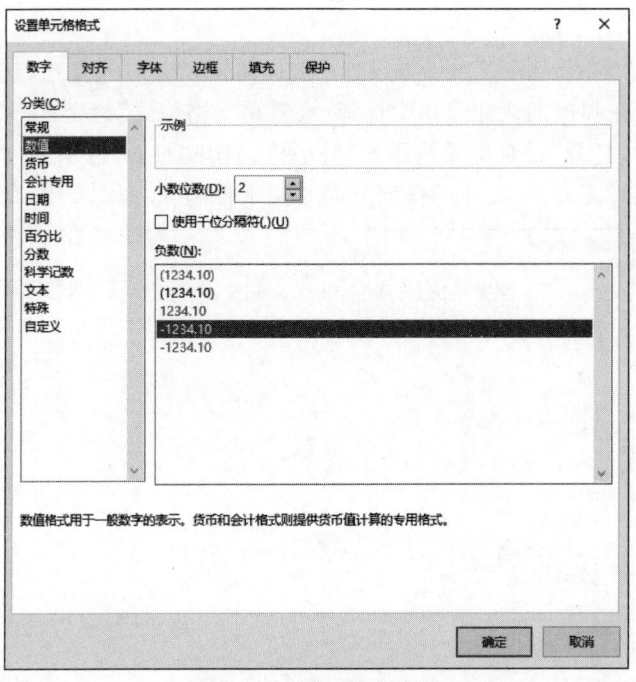

图 4.27 “数字”选项卡

要,可以为单元格设置边框效果。设置单元格边框有以下两种方法。

(1) 通过“字体”组设置：选择要设置的单元格,在“开始”选项卡的“字体”组中,单击“下边框”按钮▦右侧的下拉按钮,在打开的下拉列表中选择所需的边框线样式；在“绘制边框”栏的“线条颜色”和“线型”子选项中可选择边框的颜色和线型。

(2) 通过“设置单元格格式”对话框设置：选择需要设置边框的单元格,打开“设置单元格格式”对话框；打开“边框”选项卡,在其中可设置各种粗细、样式或颜色的边框,如图 4.28 所示。

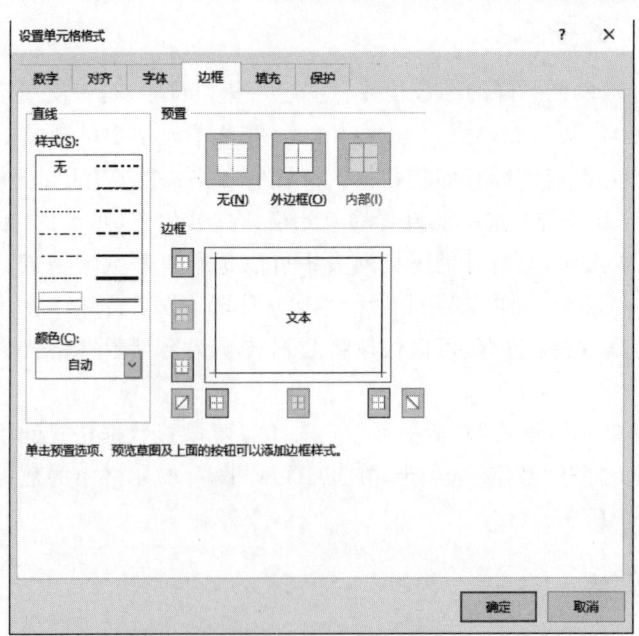

图 4.28 “边框”选项卡

4.3.6 设置填充

(1) 通过“字体”组设置：选择要设置的单元格，在“开始”选项卡的“字体”组中，单击“填充颜色”按钮右侧的下拉按钮，在打开的下拉列表中选择所需的填充颜色。

(2) 通过“设置单元格格式”对话框设置：选择需要设置边框的单元格，打开“设置单元格格式”对话框；打开“填充”选项卡，在其中可设置填充的颜色和图案样式，如图4.29所示。

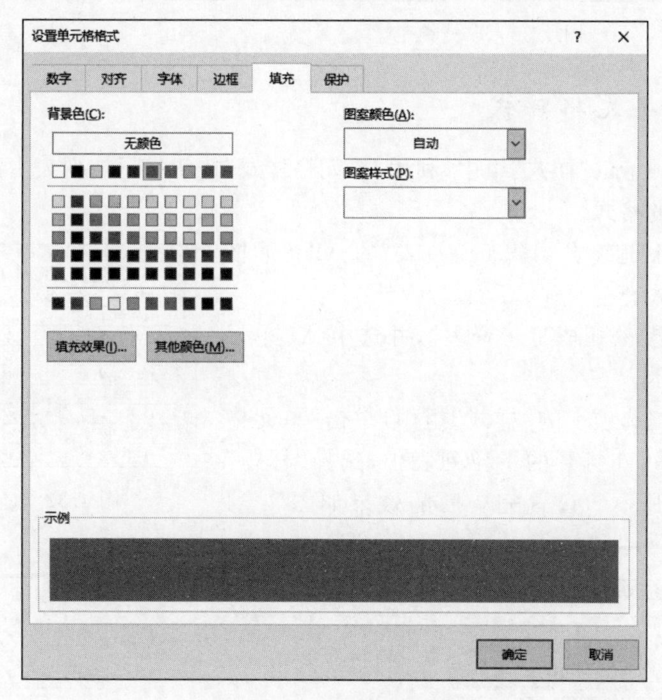

图4.29 “填充”选项卡

4.3.7 保护单元格内容

工作表中有些数据是不能随意进行更改的，可采用保护单元格内容功能来实现。保护单元格内容的设置方法如下。

(1) 打开工作表，选择需要保护的区域，然后单击鼠标右键，选择“设置单元格格式”命令，打开“设置单元格格式”对话框。

(2) 在对话框中选择“保护”选项卡，取消选中“锁定”复选框，如图4.30所示，单击“确定”按钮。

(3) 在“审阅”选项卡的“保护”组中单击“保护工作表”按钮，打开“保护工作表”对话框；在对话框的“取消工作表保护时使用的密码”文本框中输入保护密码，同时勾选“保护工作表及锁定的单元格内容”复选框，单击“确定”按钮，如图4.31所示。

(4) 在打开的“确认密码”对话框中重新输入密码，单击“确定”按钮，完成设置。工作表受保护后，如果尝试修改单元格内容，系统将弹出警告信息。

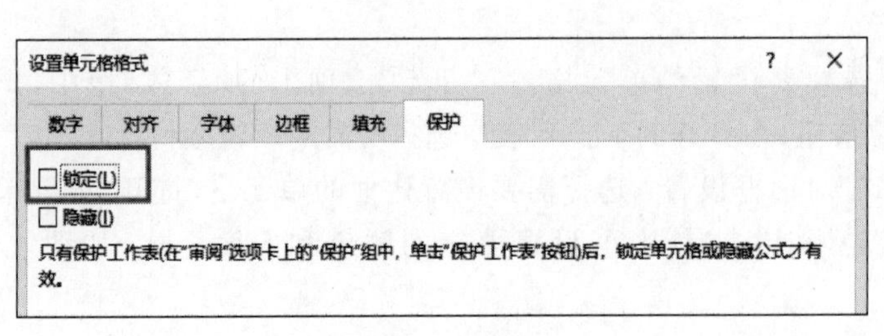

图 4.30　取消锁定

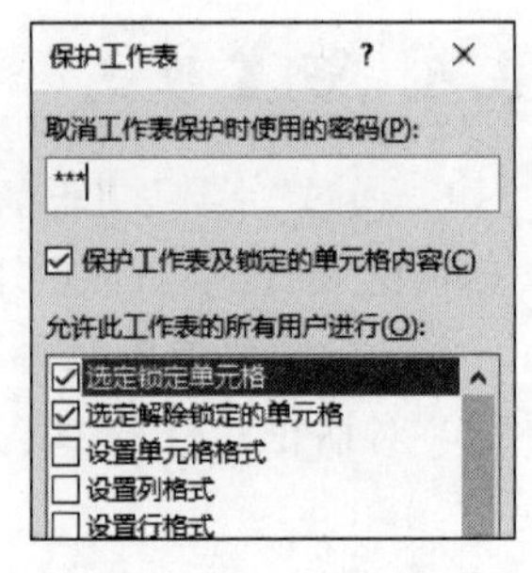

图 4.31　设置密码

4.3.8　设置单元格样式

在"开始"选项卡的"样式"组中，利用"单元格样式"按钮的下拉列表中的内置样式，可以快速设置单元格的格式。

【例 4.2】　将"追梦公司职工工资表"的 A1 单元格设置为"标题"样式。

(1) 打开"追梦公司职工工资表"，并选中 A1 单元格，如图 4.32 所示。

(2) 在"开始"选项卡的"样式"组中，单击"单元格样式"下拉按钮，在打开的下拉列表中，选择"标题"样式，如图 4.33 所示。设置完毕后的效果如图 4.34 所示。

	A	B	C	D	E	F
1	追梦公司员工工资一览表					
2	工号	姓名	基本工资	工龄工资	津贴	实发工资
3	1107001	李小丽	4800	50	2500	7350
4	1107002	陈敬瑚	4000	55	3500	7555
5	1107003	何平	5500	100	2800	8400
6	1107004	林凤	5100	100	4500	9700
7	1107005	赵亚	5200	100	3000	8300
8	1107006	梁凤	5600	100	1200	6900
9	1107007	杨帅	5800	100	1600	7500
10	1107008	张芷	5200	100	1300	6600

图 4.32　选中单元格

好、差和适中					
常规	差	好	适中		
数据和模型					
计算	检查单元格	解释性文本	警告文本	链接单元格	输出
输入	注释				
标题					
标题	标题 1	标题 2	标题 3	标题 4	汇总
主题单元格样式					
20% - 着...	20% - 着...	20% - 着...	20% - 着...	20% - 着...	20% - 着...
40% - 着...	40% - 着...	40% - 着...	40% - 着...	40% - 着...	40% - 着...
60% - 着...	60% - 着...	60% - 着...	60% - 着...	60% - 着...	60% - 着...
着色 1	着色 2	着色 3	着色 4	着色 5	着色 6
数字格式					
百分比	货币	货币[0]	千位分隔	千位分隔[0]	

图 4.33　选择标题式

	A	B	C	D	E	F
1	追梦公司员工工资一览表					
2	工号	姓名	基本工资	工龄工资	津贴	实发工资
3	1107001	李小丽	4800	50	2500	7350
4	1107002	陈敬瑚	4000	55	3500	7555
5	1107003	何平	5500	100	2800	8400
6	1107004	林凤	5100	100	4500	9700
7	1107005	赵亚	5200	100	3000	8300
8	1107006	梁凤	5600	100	1200	6900
9	1107007	杨帅	5800	100	1600	7500
10	1107008	张芷	5200	100	1300	6600

图 4.34　设置单元格样式效果

4.3.9 设置条件格式

通过 Excel 的条件格式功能，可以为表格设置不同的条件格式，使数据在满足不同的条件时，显示不同的格式，用以直观地注释数据以供分析和演示。

1. 快速设置条件格式

Excel 为用户提供了很多常用的条件格式，直接选择所需选项，即可快速进行条件格式的设置。

在“开始”选项卡的“样式”组中，单击“条件格式”下拉按钮，打开的下拉列表可分为三个功能区，第 1、2 区为快捷设置功能区，第 3 区为自定义设置功能区，如图 4.35 所示。第 1、2 功能区的具体功能如图 4.36 和图 4.37 所示。

图 4.35 条件格式功能区

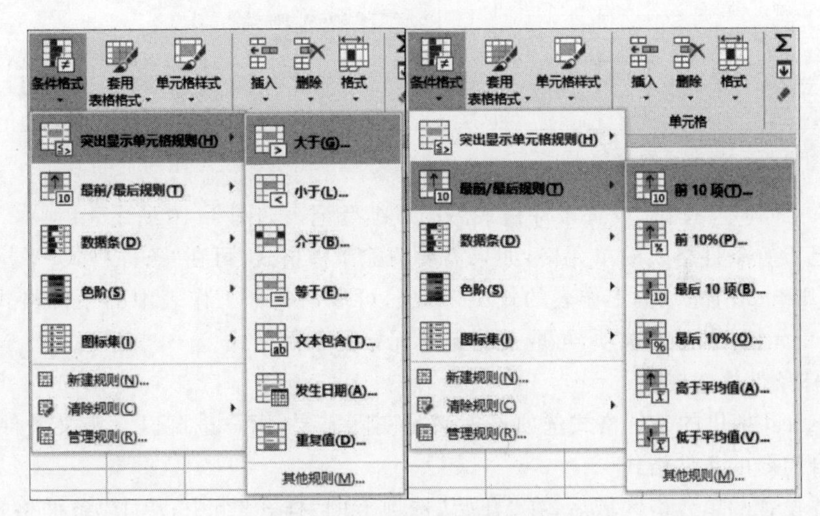

图 4.36 条件格式第 1 功能区

【例 4.3】 将“大学计算机基础总评成绩登记表.xlsx”中总评不及格的成绩设置为“红色文本”。

(1) 打开“大学计算机基础总评成绩登记表.xlsx”的“例 3”工作表，如图 4.38 所示。

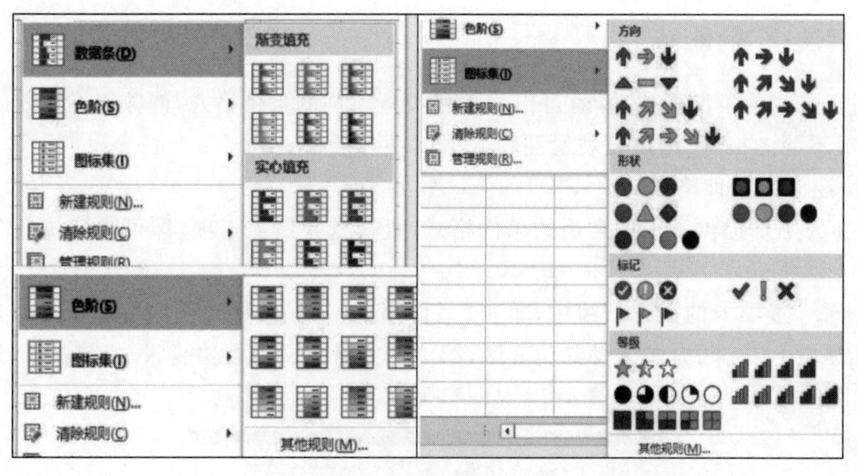

图 4.37 条件格式第 2 功能区

(2) 选中单元格 E3:E15,在“开始”选项卡的“样式”组中,单击“条件格式”下拉按钮,在打开的下拉列表中选择“突出显示单元格规则”命令,并在打开的级联菜单中选择“小于”命令,弹出“小于”对话框。在“为小于以下值的单元格设置格式”文本框中输入“60”,在“设置为”下拉列表中选择“红色文本”,如图 4.39 所示。

	A	B	C	D	E	F
1	大学计算机基础总评成绩登记表					
2	学号	姓名	平时	期末	总评	备注
3	1111309204001	叶雄	91	80	83	
4	1111309204002	邬莹君	92	72	78	
5	1111309204003	梁优	63	17	31	
6	1111309204004	江浩邦	41	66	52	
7	1111309204005	钟佩玲	85	89	88	
8	1111309204006	黄国威	89	53	64	
9	1111309204007	蔡剑兰	92	94	93	
10	1111309204008	莫敏婷	80	94	90	
11	1111309204009	吕小映	80	92	88	
12	1111309204010	曾恺	65	93	85	
13	1111309204011	房秋岚	100	91	94	
14	1111309204012	任颖欣	100	70	91	
15	1111309204013	庄粤棉	70	85	81	

图 4.38 总评成绩登记表

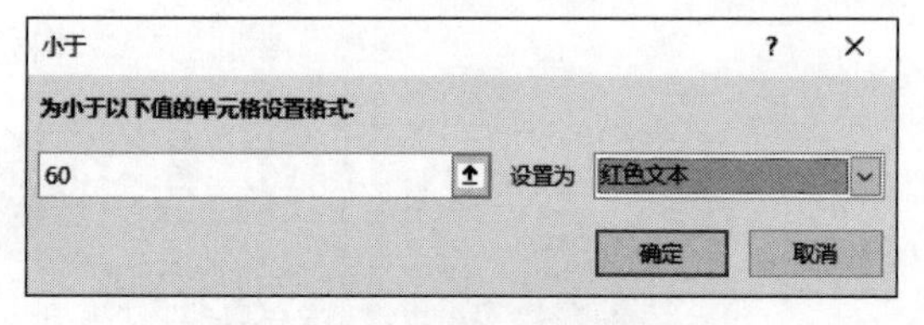

图 4.39 设置“条件格式”

(3) 单击“确定”按钮,设置条件格式后的成绩登记表如图 4.40 所示。

对于已设置条件格式的单元格,如果需要清除条件格式,可在“条件格式”下拉列表中选择“清除规则”→“清除整个工作表的规则”选项,可取消整个工作表中的条件格式;或选择“清除所选单元格的规则”选项,可取消指定单元格的条件格式。

2. 新建条件格式规则

如果 Excel 提供的条件格式选项不能满足实际需要,用户也可以自定义条件格式规则来创建适合需要的条件格式。

选择要设置的单元格区域后,在“开始”选项卡的“样式”组中,单击“条件格式”下拉按钮,在打开的下拉列表中选择“新建规则”命令,打开“新建格式规则”对话框,选择规则类型,并对应用条件格式的单元格格式进行编辑,如图 4.41 所示,设置完毕单击“确定”按钮即可。

	A	B	C	D	E	F
1	大学计算机基础总评成绩登记表					
2	学号	姓名	平时	期末	总评	备注
3	1111309204001	叶雄	91	80	83	
4	1111309204002	鄢莹君	92	72	78	
5	1111309204003	梁优	63	17	31	
6	1111309204004	江浩邦	41	66	52	
7	1111309204005	钟佩玲	85	89	88	
8	1111309204006	黄国威	89	53	64	
9	1111309204007	蔡剑兰	92	94	93	
10	1111309204008	莫敏婷	80	94	90	
11	1111309204009	吕小映	80	92	88	
12	1111309204010	曾恺	65	93	85	
13	1111309204011	房秋岚	100	91	94	
14	1111309204012	任颖欣	100	70	91	
15	1111309204013	庄粤棉	70	85	81	

图 4.40　设置条件格式的总评成绩登记表

新建格式规则　?　×
选择规则类型(S):
► 基于各自值设置所有单元格的格式
► 只为包含以下内容的单元格设置格式
► 仅对排名靠前或靠后的数值设置格式
► 仅对高于或低于平均值的数值设置格式
► 仅对唯一值或重复值设置格式
► 使用公式确定要设置格式的单元格
编辑规则说明(E):
基于各自值设置所有单元格的格式:
格式样式(O): 双色刻度
最小值　最大值
类型(T): 最低值　最高值
值(V): (最低值)　(最高值)
颜色(C):
预览:
确定　取消

图 4.41　“新建格式规则”对话框

4.3.10　套用表格格式

自动套用格式是一组已定义好的格式的组合，包括数字、字体、对齐、边框、填充、行高和列宽等格式。Excel 2016 提供了许多漂亮、专业的表格自动套用格式，可以快速实现工作表格式化。套用表格格式操作方法如下。

(1) 选择需要自动套用格式的单元格区域。

(2) 在“开始”选项卡的“样式”组中单击“套用表格格式”下拉按钮，在打开的下拉列表中直接选择一种 Excel 预置的表格格式，单击“确定”按钮即可，如图 4.42 所示。

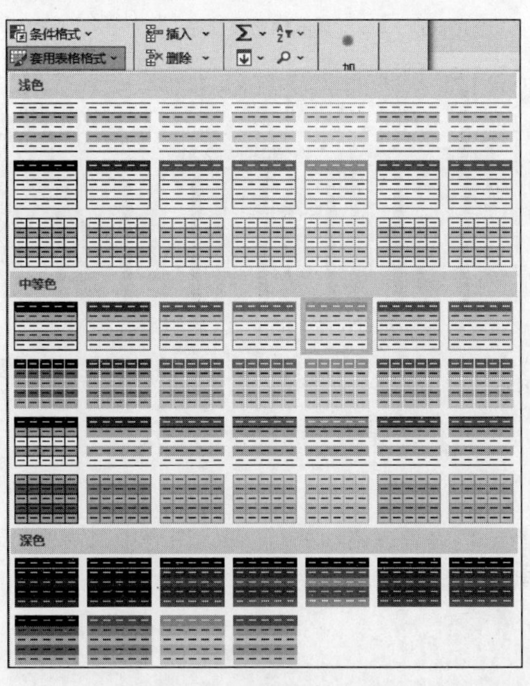

图 4.42　套用表格格式

【例 4.4】 在电子表格软件中打开文件“大学计算机基础总评成绩登记表.xlsx”，选择“例 4”的表格区域，套用表格样式：蓝色，表样式中等深浅 2。

(1) 打开“大学计算机基础总评成绩登记表.xlsx”的“例 4”工作表。

(2) 选中单元格 A2:F15，在“开始”选项卡的“样式”组中单击“套用表格格式”下拉按钮，在打开的下拉列表中选项“蓝色，表样式中等深浅 2”样式，操作完毕，效果如图 4.43 所示。

	A	B	C	D	E	F
1	大学计算机基础总评成绩登记表					
2	学号	姓名	平时	期末	总评	备注
3	1111309204001	叶雄	91	80	83	
4	1111309204002	邬莹君	92	72	78	
5	1111309204003	梁优	63	17	31	
6	1111309204004	江浩邦	41	66	52	
7	1111309204005	钟佩玲	85	89	88	
8	1111309204006	黄国威	89	53	64	
9	1111309204007	蔡剑兰	92	94	93	
10	1111309204008	莫敏婷	80	94	90	
11	1111309204009	吕小映	80	92	88	
12	1111309204010	曾恺	65	93	85	
13	1111309204011	房秋岚	100	91	94	
14	1111309204012	任颖欣	100	70	91	
15	1111309204013	庄粤榕	70	85	81	

图 4.43　套用表格格式效果

4.4 图表及应用

4.4.1 图表概述

Excel 提供了强大的图表和图形功能，能将电子表格中的数据转换成各种类型的统计图表，更直观地揭示数据之间的关系，反映数据的变化规律和发展趋势，使用户能一目了然地进行数据分析。当工作表中的数据发生变化时，图表会自动随之改变，不需要重新绘制。

Excel 2016 提供了多种图表类型，如柱形图、条形图、折线图、饼图等，每一种类型又有若干种子类型，并且有很多二维和三维图表类型可供选择。通常情况下，图表是由图表区、绘图区两部分构成。图表区是指图表的整个背景区域，绘图区则包括数据系列、坐标轴、图表标题、数据标签和图例等部分，如图 4.44 所示。

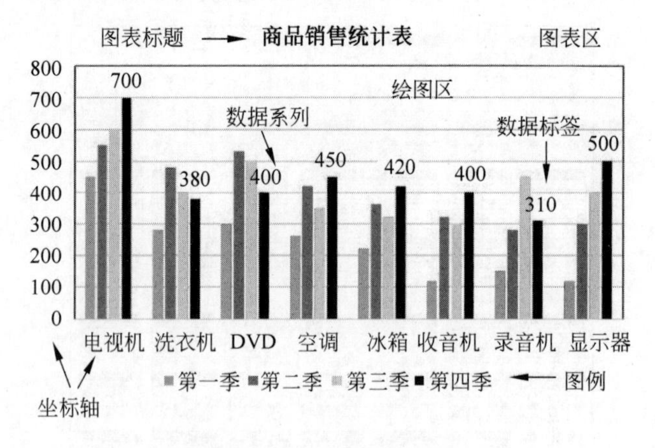

图 4.44　图表区和绘图区

1. 数据系列

图表中的相关数据点，代表着表格中的行、列。图表中每一个数据系列都具有不同的颜色和图案，且各个数据系列的含义将通过图例体现出来。在图表中，可以绘制一个或多个数据系列。

2. 数据标签

为数据标记附加信息的标签，通常代表表格中某单元格的数据点或值。

3. 坐标轴

度量参考线，X 轴为水平轴，通常表示分类；Y 轴为垂直坐标轴，通常表示数据。

4. 图表标题

图表名称，一般自动与坐标轴或图表顶部居中对齐。

5. 图例

表示图表的数据系列，通常有多少数据系列，就有多少图例色块，其颜色或图案与数据系列相对应。

4.4.2 创建图表

图表是根据 Excel 表格数据建立的，因此在插入图表前，需要先对表格中的数据进行编辑。数据编辑完毕后，选择数据区域，在“插入”选项卡的“图表”组中，单击“推荐的图表”按钮 ，打开“插入图表”对话框，如图 4.45 所示，在“推荐的图表”选项卡中提供了适合当前数据的图表类型，在“所有图表”选项卡中显示了可以使用的所有图表，选择所需的图表类型后，单击“确定”按钮，即可在工作表中创建图表。

【例 4.5】 使用“良信电器品销售表.xlsx”工作簿的“图表”工作表中的 A2:E10 数据创建一个簇状柱形图，数据表如图 4.46 所示。

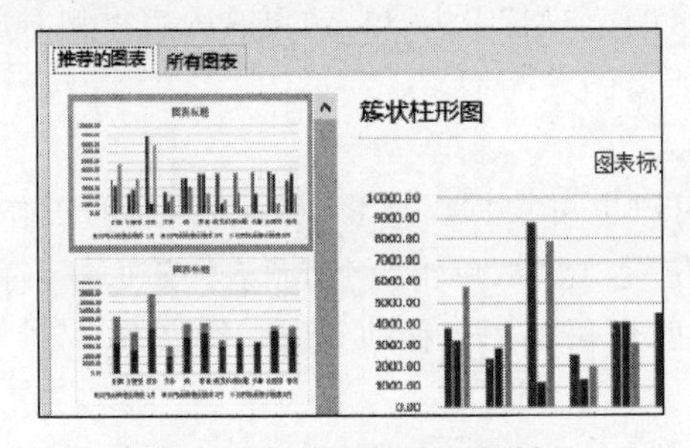

图 4.45 “插入图表”对话框

	A	B	C	D	E
1	良信电器总汇2023年部分商品销售统计表				
2	商品名称	第一季	第二季	第三季	第四季
3	电视机	450	550	600	700
4	洗衣机	280	480	400	380
5	DVD	300	530	500	400
6	空调	260	420	350	450
7	冰箱	220	360	320	420
8	收音机	120	320	300	400
9	录音机	150	280	450	310
10	显示器	120	300	400	500

图 4.46 数据表

(1) 选定需要建立图表的数据单元格区域 A2:E10。

(2) 在“插入”选项卡的“图表”组中，单击“推荐的图表”按钮，打开“插入图表”对话框，选择“所有图表”选项卡，在打开的下拉列表中选择“柱形图”，并在右侧的子类型栏中选择“簇状柱形图”，单击“确定”按钮。创建的簇状柱形图如图 4.47 所示。

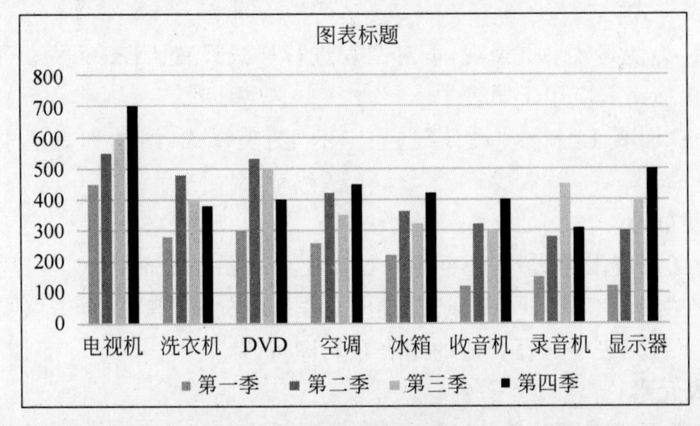

图 4.47 创建的簇状柱形图

在默认情况下,图表将被插入编辑区的中心位置,如果需要对图表位置和大小进行调整。选择图表,将鼠标指针移动到图表中,按住鼠标左键可拖动调整图表位置;将鼠标指针移动到图表的4个角上,按住鼠标左键可拖动调整图表的大小。对于图表中不需要的部分,选中后按Delete键或BackSpace键,可将其删除。

4.4.3 编辑图表

在创建图表之后,还可以对图表进行编辑,包括更改图表类型、编辑图表数据、设置图表样式、设置图表布局等。这些编辑操作可通过"图表工具"→"设计"选项卡中的相应按钮来实现,如图4.48所示。在该选项卡中可进行如下操作。

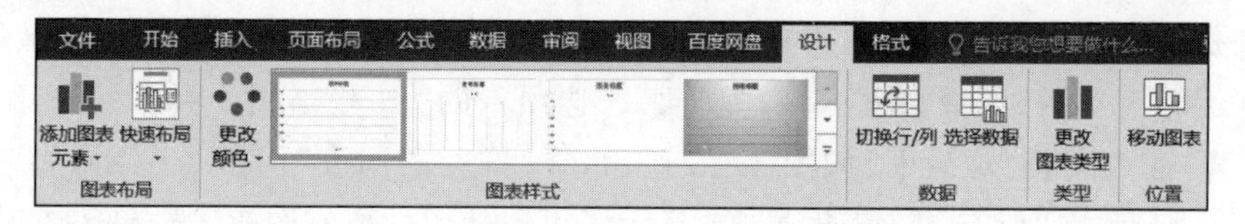

图4.48 "图表工具"→"设计"选项卡

1. 更改图表类型

如果所选的图表类型不适合表达当前的数据,可对图表类型进行更换,重新选择合适的图表。选择图表,在"图表工具"→"设计"选项卡的"类型"组中,单击"更改图表类型"按钮,在打开的"更改图表类型"对话框中重新选择所需图表类型。

2. 移动图表

图表创建时的默认位置是当前工作表,用户也可根据需要将其移动到新的工作表中。选择图表,在"图表工具"→"设计"选项卡的"位置"组中,单击"移动图表"按钮,打开"移动图表"对话框,单击选中"新工作表"单选按钮,即可将图表移动到新工作表中。

3. 编辑图表数据

如果表格中的数据发生了变化,如增加或修改,Excel会自动更新图表。如果图表所选的数据区域有误,则需要用户手动进行更改。

在"图表工具"→"设计"选项卡的"数据"组中,单击"选择数据"按钮,打开"选择数据源"对话框,在对话框中可重新选择和设置数据。单击"切换行/列"按钮,可将图表的X轴数据和Y轴数据进行对调。

4. 设置图表样式

图表创建后,为使其效果更美观,可对图表进行样式设置。Excel提供了多种预设的布局和样式,可以快速将其应用于图表中。

选择图表,在"图表工具"→"设计"选项卡的"图表样式"组的列表框中选择所需样式即可。

5. 设置图表布局

除了可以为图表应用样式外,还可以根据需要更改图表的布局。

选择图表,在"图表工具"→"设计"选项卡的"图表布局"组中,单击"快速布局"下拉按钮,在打开的下拉列表中选择合适的图表布局即可。

6. 编辑图表元素

在选择图表类型或应用图表布局后,图表中各元素的样式都会随之改变。根据需要可添加或修改图表标题、坐标轴标题、图例、数据标签和趋势线等。

选择图表，在“图表工具”→“设计”选项卡的“图表布局”组中，单击“添加图表元素”下拉按钮，在打开的下拉列表中选择需要调整的图表元素，并在子列表中选择相应的选项即可。

4.4.4 格式化图表

图表创建后，为了获得更理想的显示效果，可以对图表的各个对象进行格式化，可以通过“图表工具”→“格式”选项卡中的相应按钮来完成，如图 4.49 所示；也可以双击要进行格式设置的图表对象，在打开的格式对话框中进行设置。

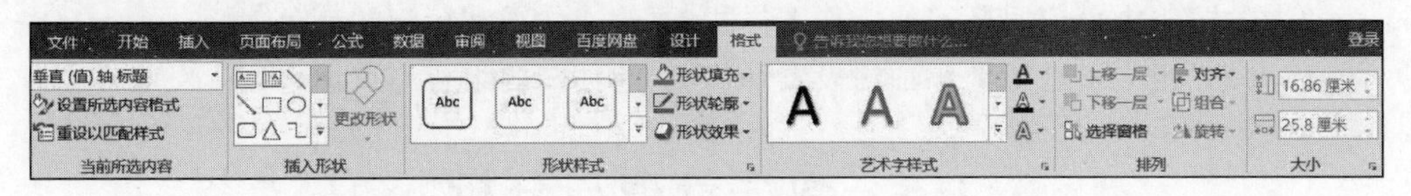

图 4.49 “图表工具”→“格式”选项卡

4.4.5 迷你图

在 Excel 中，迷你图实际上是放入单元格中的微型图表，以可视化方式在数据旁边汇总趋势或突出显示。由于迷你图太小，无法在图中显示数据内容，所以迷你图与表格是不能分离的。

迷你图包括折线图、柱形图、盈亏三种类型。其中，折线图用于返回数据的变化情况，柱形图用于表示数据间的对比情况，盈亏则可以将业绩的盈亏情况形象地表现出来。

1. 创建迷你图

(1) 选择需要插入的一个或多个迷你图的空白单元格或一组空白单元格。

(2) 在“插入”选项卡的“迷你图”组中，选择需要创建的迷你图类型，打开“创建迷你图”对话框，如图 4.50 所示。

(3) 在对话框的“数据范围”数值框中输入或选择迷你图所基于的数据区域，在“位置范围”数值框中选择迷你图放置的位置，单击“确定”按钮，即可创建迷你图，如图 4.51 所示。

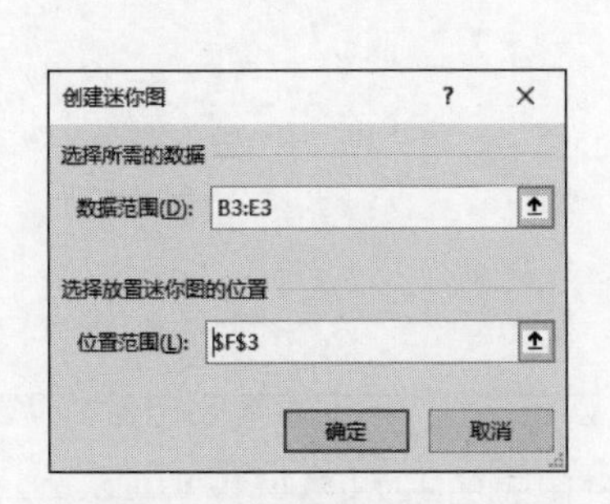

图 4.50 “创建迷你图”对话框

	A	B	C	D	E	F
1	良信电器总汇2023年部分商品销售统计表					
2	商品名称	第一季	第二季	第三季	第四季	迷你图
3	电视机	450	550	600	700	
4	洗衣机	280	480	400	380	
5	投影仪	300	530	500	400	
6	空调	260	420	350	450	
7	冰箱	220	360	320	420	
8	收音机	120	320	300	400	
9	智能音箱	150	280	450	310	
10	显示器	120	300	400	500	

图 4.51 创建迷你图

2. 编辑迷你图

迷你图创建完毕后，还可根据需要对其进行编辑和格式化。这些编辑和格式化操作可通过“迷你图工具”→“设计”选项卡中的相应按钮来实现，如图 4.52 所示。

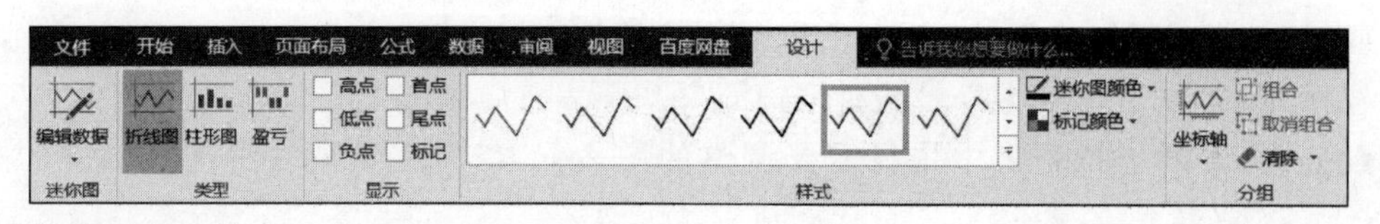

图 4.52 “设计”选项卡

(1) “迷你图”组中的“编辑数据”按钮,可以实现“编辑单个迷你图的数据”“编辑组位置和数据”“隐藏和清空单元格”。

(2) “类型”组中单击相应的按钮可以更改迷你图的类型。

(3) “显示”组中勾选复选框,可在迷你图中显示对应的数据点。

(4) “样式”组中可应用所需的迷你图样式、更改迷你图和标记的颜色。

(5) “分组”组中可进行坐标轴的设置和修改,迷你图的组合与取消组合。

4.5 数据管理与分析

Excel 不仅具有数据计算处理能力,而且具有数据管理的一些功能。它可以方便、快捷地对数据进行排序、筛选、分类、汇总、合并计算、创建数据透视表等统计分析工作。

4.5.1 数据验证

数据验证是指从规则列表中进行选择,以限制可以在单元格中输入的数据类型。

【例 4.6】 将“大学计算机基础总评成绩登记表.xlsx”工作簿的“例 6”工作表中的平时、期末成绩的数值范围设置为[0,100]。

操作步骤:

(1) 打开工作表,选中 C3:D15,在“数据”选项卡中的“数据工具”组中单击“数据验证”下列按钮,在弹出的“数据验证”对话框中进行“验证条件”的设置,如图 4.53 所示。

(2) 设置完毕,单击“确定”按钮。尝试在 C3 单元格中输入“102”时,会弹出警告,如图 4.54 所示。

图 4.53 数据验证设置

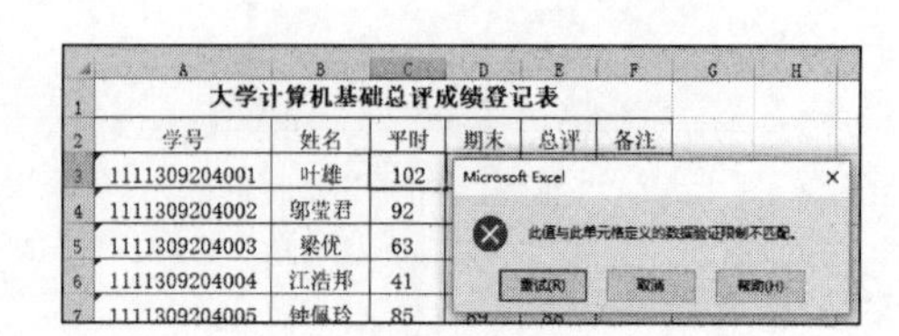

图 4.54 数据验证效果

【例 4.7】 打开“学生信息表”,将“性别”列设置为下拉列表菜单,选项为：男、女。

操作步骤：

(1) 打开工作表,选中 C3:C5,在“数据”选项卡中的“数据工具”组中单击“数据验证”下列按钮,在弹出的“数据验证”对话框中,进行“验证条件”的设置。在“来源”文本框中输入要在下拉列表中显示的内容“男,女”。注意：不同选项之间要使用英文半角的逗号隔开,如图 4.55 所示。

(2) 设置完毕,单击“确定”按钮,输入性别时,可直接在下拉列表中进行选择,如图 4.56 所示。

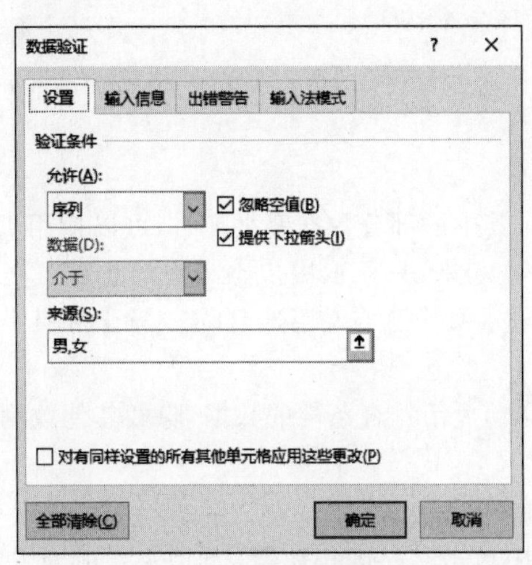

图 4.55 数据序列验证

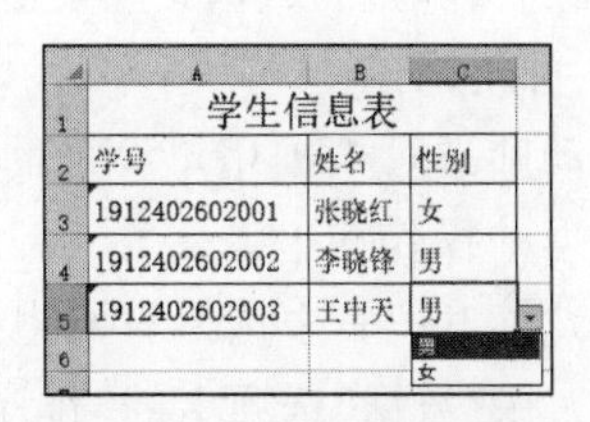

图 4.56 下拉菜单效果

4.5.2 数据排序

为方便查找和使用数据,可以按一定顺序对数据清单进行重新排序。例如,数值按大小排序,时间按先后排序,英文按字母顺序排序,中文按拼音首字母排序等。

用来排序的字段称为关键字,排序方式有升序(递增)和降序(递减),排序方向有按行排序和按列排序。此外,还可以自定义排序。数据排序通常有快速排序、组合排序两种方式。

1. 快速排序

快速排序是指对一个关键字进行升序或降序排序。在要排序的列中选择任意单元格,在“数据”选项卡的“排序和筛选”组中单击“升序”按钮或“降序”按钮,即可实现数据的升序或降序操作。

2. 组合排序

组合排序是指对多个关键字进行升序或降序排序。当第一关键字的值相同时,可按第二关键字继续排序,以此类推。

(1) 单击数据区中要进行排序的任意单元格或选择所要排序的所有数据范围。

(2) 在“数据”选项卡的“排序和筛选”组中单击“排序”按钮,打开“排序”对话框,如图 4.57 所示。

(3) 在“主要关键字”下拉列表中选择主关键字字段,并根据需要选择“排序依据”和“次序”。如果还需添加新的关键字,单击“添加条件”按钮,添加“次要关键字”条件。

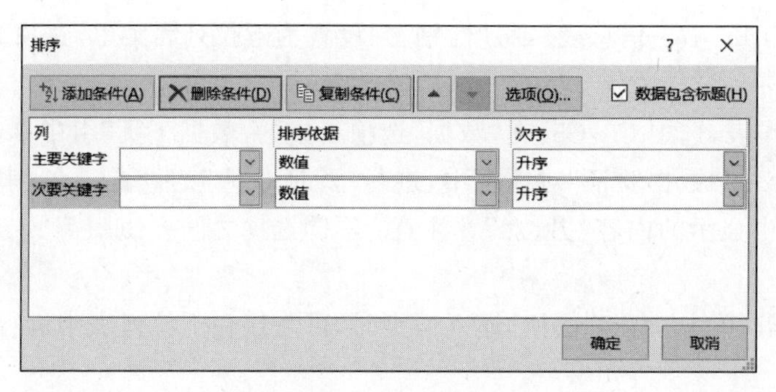

图 4.57 “排序”对话框

(4) 设置完毕,单击“确定”按钮,返回工作表编辑区,即可看到单元格已完成排序。

4.5.3 数据筛选

当数据列表中的数据较多,但用户却只对其中的部分数据感兴趣时,可以使用 Excel 的数据筛选功能将用户不感兴趣的数据暂时隐藏起来,只显示用户感兴趣的数据。当筛选条件被清除后,隐藏的数据又恢复显示。数据筛选主要分为自动筛选、自定义筛选和高级筛选。

1. 自动筛选

自动筛选可根据用户设定的筛选条件,自动显示符合条件的数据,隐藏其他数据。自动筛选数据的操作如下。

(1) 在工作表中选择需要进行自动筛选的单元格区域。

(2) 在“数据”选项卡的“排序和筛选”组中单击“筛选”按钮,此时系统自动在表头每个字段的右侧添加一个下拉按钮,如图 4.58 所示。

(3) 单击筛选字段右侧的下拉按钮,在打开的下拉列表中选择需要筛选的选项或取消选择不需要显示的数据,不满足条件的数据将自动隐藏。如图 4.59 所示在商品名称中只选择了电视机和显示器。

	A	B	C	D	E
1	良信电器总汇2023年部分商品销售统计表				
2	商品名称	第一季	第二季	第三季	第四季
3	电视机	450	550	600	700
4	洗衣机	280	480	400	380
5	投影仪	300	530	500	400
6	空调	260	420	350	450
7	冰箱	220	360	320	420
8	收音机	120	320	300	400
9	智能音箱	150	280	450	310
10	显示器	120	300	400	500

图 4.58 自动筛选

	A	B	C	D	E
1	良信电器总汇2023年部分商品销售统计表				
2	商品名称	第一季	第二季	第三季	第四季
3	电视机	450	550	600	700
10	显示器	120	300	400	500

图 4.59 自动筛选结果

(4) 若要恢复所有的记录,单击筛选下拉按钮,在打开的下拉列表中选择“全选”。若要取消自动筛选,再次单击“排序和筛选”组中的“筛选”按钮即可。

2. 自定义筛选

在自动筛选中,如果所需筛选的字段名下拉列表中没有符合的筛选条件,则可根据需要进行自定义筛选。自定义筛选是建立在自动筛选的基础上,可更灵活地筛选出所需数据。自定义筛选操作如下。

(1) 在工作表中选择需要进行自定义筛选的单元格区域,并在该单元格区域内先完成自动筛选。

(2) 单击所需筛选字段名右侧的下拉按钮▾,在打开的下拉列表中选择“数字筛选”→“自定义筛选”选项,打开“自定义自动筛选”对话框,如图 4.60 所示。

(3) 在对话框中设置筛选条件,设置完成后单击“确定”按钮,完成自定义筛选操作,如图 4.61 所示。

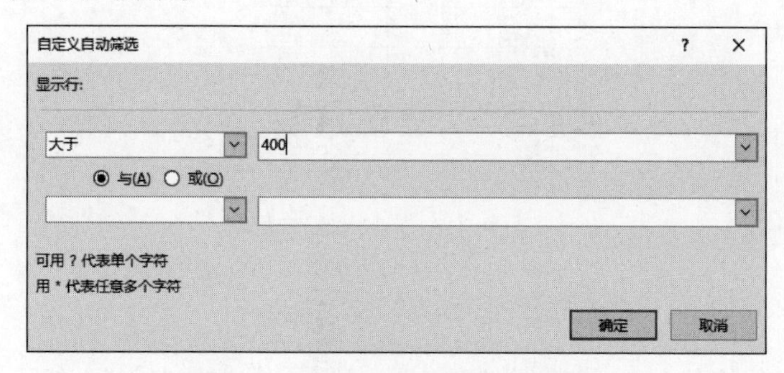

图 4.60 “自定义自动筛选”对话框

良信电器总汇2023年部分商品销售统计表				
商品名称	第一季	第二季	第三季	第四季
电视机	450	550	600	700
空调	260	420	350	450
冰箱	220	360	320	420
显示器	120	300	400	500

图 4.61 自定义筛选结果

3. 高级筛选

高级筛选可以使用多个条件来对数据清单进行筛选,这些条件包括“与条件”“或条件”“或与条件”等,还可以使用计算条件。

在进行高级筛选时,字段名的右边不会出现筛选按钮,而是先要在数据清单以外建立一个条件区域,并输入筛选条件。在输入筛选条件时,首行输入条件字段名,从第二行开始输入筛选条件,输入在同一行上的条件关系为“与关系”(条件必须同时满足),输入在不同行上的条件关系为“或关系”(条件只需满足其一)。高级筛选的结果可以在原始数据清单位置显示,也可以在数据清单以外的位置显示。

【例 4.8】 在“良信电器商品销售表”的“高级筛选”表中,筛选第三季销量大于或等于 350、第四季销售量大于或等于 400 的所有记录,并将筛选结果显示在 A13 开始区域,条件区建在 G2:H3。

(1) 建立条件筛选区,在 G2 中输入“第三季”,G3 中输入“>=350”,H2 中输入“第四季”,H3 中输入“>=400”,如图 4.62 所示。

(2) 单击 A13,在“数据”选项卡的“排序和筛选”组中单击“高级”按钮,打开“高级筛选”对话框。

	A	B	C	D	E	F	G	H
1	良信电器总汇2023年部分商品销售统计表							
2	商品名称	第一季	第二季	第三季	第四季		第三季	第四季
3	电视机	450	550	600	700		>=350	>=400
4	洗衣机	280	480	400	380			
5	投影仪	300	530	500	400			
6	空调	260	420	350	450			
7	冰箱	220	360	320	420		条件区	
8	收音机	120	320	300	400			
9	智能音箱	150	280	450	310			
10	显示器	120	300	400	500			

图 4.62 建立条件区域

(3) 在对话框中,选中“将筛选结果复制到其他位置”单选按钮,再确认给出的列表区域是否正确,如不正确,可单击“列表区域”文本框右侧的按钮,用鼠标在工作表中重新选择后再单击该按钮返回。单击“条件区域”文本框右侧的按钮,用鼠标在工作表中选择条件区域,再单击该按钮返回,如图 4.63 所示。单击“确定”按钮,即可完成高级筛选,如图 4.64 所示。

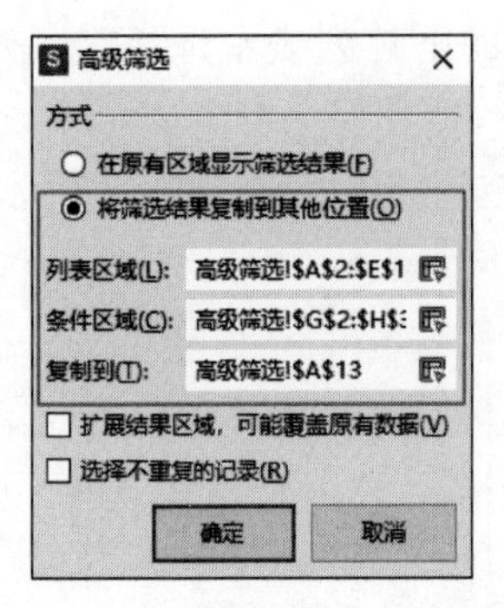

图 4.63 “高级筛选”对话框

	A	B	C	D	E	F	G	H
1	良信电器总汇2023年部分商品销售统计表							
2	商品名称	第一季	第二季	第三季	第四季		第三季	第四季
3	电视机	450	550	600	700		>=350	>=400
4	洗衣机	280	480	400	380			
5	投影仪	300	530	500	400			
6	空调	260	420	350	450			
7	冰箱	220	360	320	420			
8	收音机	120	320	300	400			
9	智能音箱	150	280	450	310			
10	显示器	120	300	400	500			
11								
12								
13	商品名称	第一季	第二季	第三季	第四季			
14	电视机	450	550	600	700			
15	投影仪	300	530	500	400			
16	空调	260	420	350	450			
17	显示器	120	300	400	500			

条件区

筛选结果

图 4.64 高级筛选结果

4.5.4 分类汇总

分类汇总就是将表格中的数据按某个字段进行分类，将同一类别的数据放在一起，然后再进行求和、求平均值、计数等汇总运算。针对同一个分类字段，可进行多种方式的汇总。

在分类汇总前，必须先对分类字段进行排序，否则将得不到正确的分类汇总结果。其次，在分类汇总时要清楚对哪个字段分类，对哪些字段汇总及汇总方式，这些都需要在“分类汇总”对话框中进行设置。分类汇总主要包括简单分类汇总和嵌套分类汇总。

1. 简单分类汇总

简单分类汇总是指对数据清单中的一个或多个字段进行一种方式的汇总。

【例 4.9】 在“利达公司建筑材料销售统计表”Sheet1 中，求各销售地区的销售总金额。

(1) 选择 B 列(“销售地区”数据)，在“数据”选项卡的“排序和筛选”组中单击“升序”按钮 A↓Z，对“销售地区”升序排序。

(2) 单击数据清单中任意单元格，在“数据”选项卡的“分级显示”组中，单击“分类汇总”按钮 ，打开“分类汇总”对话框。

(3) 在“分类字段”下拉列表框中选择“销售地区”，在“汇总方式”下拉列表框中选择“求和”，在“选定汇总项”列表框中选择“销售额”，并清除其余默认汇总项，如图 4.65 所示。单击“确定”按钮，则分类汇总的结果如图 4.66 所示。

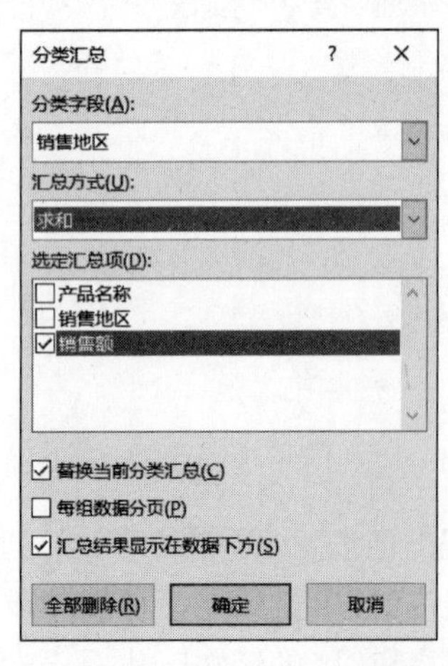

图 4.65 “分类汇总”对话框

	A	B	C
1	利达公司建筑材料销售统计（万元）		
2	产品名称	销售地区	销售额
3	钢材	东北区	7243
4	搅拌机	东北区	7321
5	木材	东北区	3868
6	水泥	东北区	8642
7	塑料	东北区	4863
8		**东北区 汇总**	31937
14		**华北区 汇总**	29230
20		**华南区 汇总**	30557
26		**华中区 汇总**	31300
32		**西北区 汇总**	25129
38		**西南区 汇总**	31946
39		**总计**	180099

图 4.66 分类汇总结果

分类汇总后，默认情况下，数据会分为 3 级显示，可单击分级显示区上方的 1 2 3 控制按钮。单击 1，只显示清单中的列标题和总计结果；单击 2，显示各个分类汇总结果和总计结果；单击 3，显示全部数据。

如果需要取消分类汇总，在“分类汇总”对话框中单击“全部删除”按钮即可。

2. 嵌套分类汇总

嵌套分类汇总是指对同一字段进行多种不同方式的汇总。在完成基础分类汇总后，在“数据”选项卡的“分级显示”组中，单击“分类汇总”按钮，打开“分类汇总”对话框，在“分类字段”下拉列表框中选择一个新的分类选项，再对汇总方式、汇总项进行设置，撤销选中“替换当前分类汇总”复选框，单击“确定”按钮，即可完成嵌套分类汇总的设置。

4.5.5 合并计算

如果需要将几张工作表中的数据合并到一张工作表中，可以使用 Excel 的合并计算功能。合并后的工作表可以与主工作表位于同一工作簿中，也可以位于其他工作簿中。

【例 4.10】 在“利达公司建筑材料销售统计表”的 Sheet2 中，把利达公司的西南区建筑材料销售统计与西北区的建筑材料销售统计进行合并计算，把结果放到下方的总计表格中，如图 4.67 所示。

	A	B	C	D	E
1	西南区建筑材料销售统计（万元）			西北区建筑材料销售统计（万元）	
2	产品名称	销售额		产品名称	销售额
3	塑料	6854		塑料	2340
4	水泥	8123		搅拌机	8648
5	木材	2258		木材	2586
6	搅拌机	5847		钢材	6875
7	钢材	8864		水泥	4680
8					
9					
10	宏达公司建筑材料销售总计（万元）				
11	产品名称	销售额			
12					
13					
14					

图 4.67 合并计算数据清单

(1) 选择显示合并计算结果的目标单元格，这里选择 A12 单元格。

(2) 在“数据”选项卡的“数据工具”组中，单击“合并计算”按钮，打开“合并计算”对话框。

(3) 在“函数”下拉列表中选择“求和”；在“引用位置”中输入或选择第一个被引用的单元格，单击“添加”按钮，将其添加到“所有引用位置”列表框中。

(4) 继续选择第二个被引用的单元格，并将其添加到“所有引用位置”列表框中。全部被引用的单元格选择完毕后，根据需要勾选“标签位置”栏中的“首行”或“最左列”复选框，如图 4.68 所示。单击“确定”按钮 Excel 会自动汇总同类项，得出合并计算结果，如图 4.69 所示。

4.5.6 数据透视表

分类汇总适合按一个字段进行分类，对一个或多个字段进行汇总。如果需要对多个字段进行分类并汇总，则需利用数据透视表。在数据透视表中，可以旋转其行或列以查看对源数据的不同汇总，也可以通过显示不同的页来筛选数据，还可以显示所关心区域的数据明细。

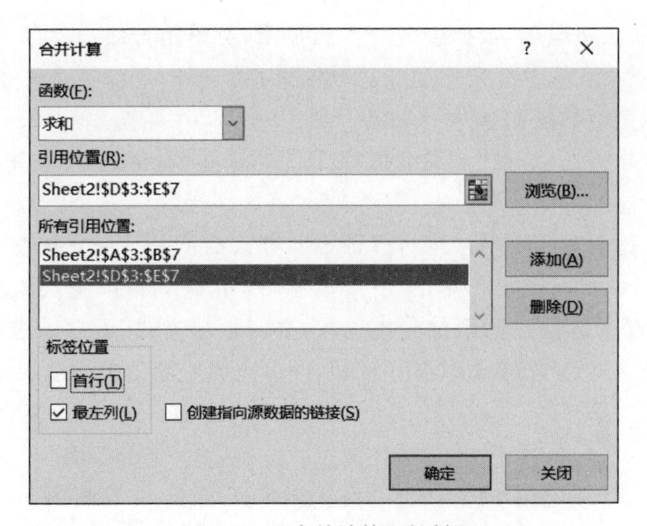

图 4.68 “合并计算”对话框

	A	B	C	D	E
1	西南区建筑材料销售统计（万元）			西北区建筑材料销售统计（万元）	
2	产品名称	销售额		产品名称	销售额
3	塑料	6854		塑料	2340
4	水泥	8123		搅拌机	8648
5	木材	2258		木材	2586
6	搅拌机	5847		钢材	6875
7	钢材	8864		水泥	4680
8					
9					
10	宏达公司建筑材料销售总计（万元）				
11	产品名称	销售额			
12	塑料	9194			
13	水泥	12803			
14	木材	4844			
15	搅拌机	14495			
16	钢材	15739			

图 4.69 合并计算效果

【例 4.11】 在“利达公司建筑材料销售统计表”的 Sheet3 中，利用“数据源”表中的数据，建立数据透视表。

(1) 选择数据清单中的任意单元格。

(2) 在“插入”选项卡的“表格”组中，单击“数据透视表”按钮，打开“来自表格或区域的数据透视表”对话框。确认选择要分析的数据范围(如果系统给出的单元格区域选择不正确，可用鼠标重新选择单元格区域)及数据透视表的放置位置(可以放在新建表中，也可以放在现有工作表中)，如图 4.70 所示。

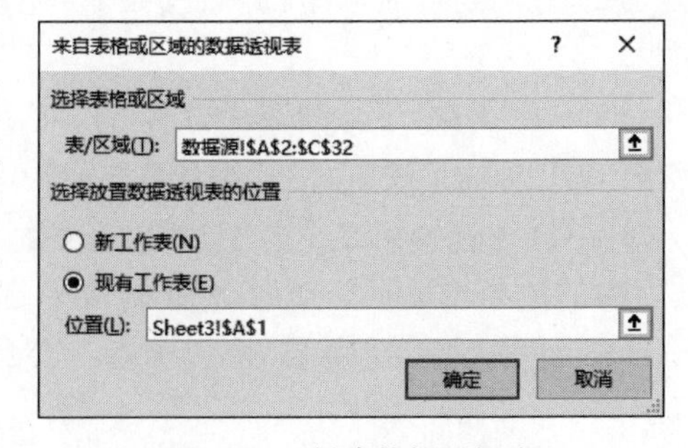

图 4.70 创建数据透视表

(3) 单击“确定”按钮，此时出现“数据透视表字段”任务窗格，把要分类的字段拖入“行”列表框、“列”列表框，使之成为数据透视表的行、列标题；把要汇总的字段拖入“值”列表框，并选择汇总方式。本例中“销售地区”字段作为行，“产品名称”字段作为列，汇总统计的数据项是“销售额”，汇总方式是求和，如图 4.71 所示。

(4) 如需对数据的汇总方式进行修改，单击汇总字段右侧的下拉按钮，打开“值字段设

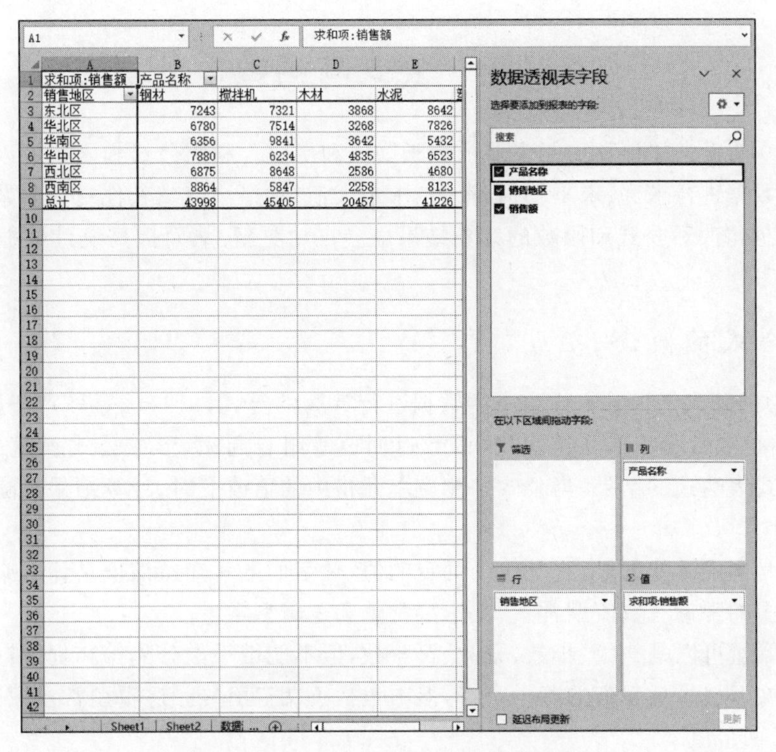

求和项:销售额	产品名称			
销售地区	钢材	搅拌机	木材	水泥
东北区	7243	7321	3868	8642
华北区	6780	7514	3268	7826
华南区	6356	9841	3642	5432
华中区	7880	6234	4835	6523
西北区	6875	8648	2586	4680
西南区	8864	5847	2258	8123
总计	43998	45405	20457	41226

图 4.71 “数据透视表字段”任务窗格

置”窗口,如图 4.72 所示,在窗口内选择所需的汇总方式后单击“确定”按钮。

在建立的数据透视表上,可以很方便地进行多角度的统计与分析。例如,要了解各个销售地区的钢材销售情况,可在“产品名称”下拉列表中选择“钢材”,然后单击“确定”按钮,则钢材的销售情况如图 4.73 所示。

创建好数据透视表后,“数据透视表工具”选项卡会自动出现,它可以用来修改数据透视表,如更改数据透视表布局、改变汇总方式、数据更新等。

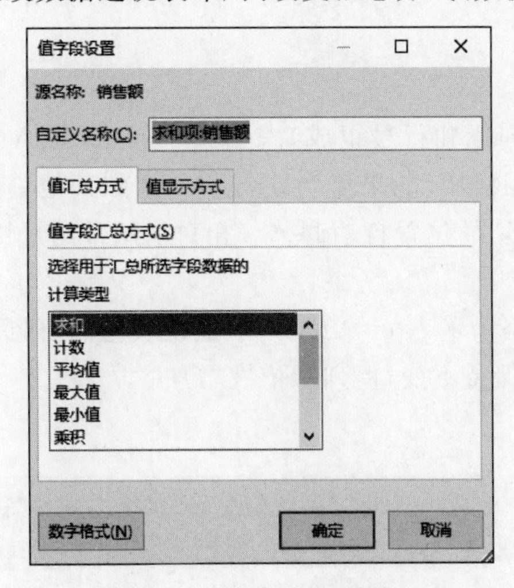

图 4.72 “值字段设置”窗口

求和项:销售额	产品名称	
销售地区	钢材	总计
东北区	7243	7243
华北区	6780	6780
华南区	6356	6356
华中区	7880	7880
西北区	6875	6875
西南区	8864	8864
总计	43998	43998

图 4.73 筛选钢材销售情况

4.6 公式与函数

Excel 2016 强大的计算功能主要依赖于公式和函数。利用公式和函数可以对工作表中某一区域的数据进行求和、求平均值、计数、求最大值、求最小值及其他更为复杂的运算。在 Excel 中,数据修改后公式和函数的计算结果也会自动更新,从而提高统计数据的工作效率及计算准确率。

4.6.1 公式的概念

Excel 中的公式是指对工作表中的数据进行计算的等式,以"=(等号)"开始,通过各种运算符号,将值或常量和单元格引用、函数返回值等组合起来,形成公式表达式。Excel 可自动计算公式表达式的结果,当公式中相应单元格中的值改变时,计算结果也随之改变。

1. 常量

常量就是固定不变的量,它是一个固定的值,从字面上就知道该值是什么或它的大小是多少。公式中的常量有数值型常量、文本型常量和逻辑型常量。

数值型常量可以是整数、小数、分数、百分数,但不能带千位分隔符和货币符号。文本型常量是由英文双引号括起来的若干字符,但不包括英文双引号。逻辑型常量只有 True(真)和 False(假)两个值。

2. 单元格引用

单元格引用是指引用数据的单元格地址。在公式和函数中,之所以不用数据本身而是用单元格的引用地址,如 A2、B4 等,是为了使计算分析的结果始终准确地反映单元格的当前数据。只要改变了数据单元格中的内容,公式和函数单元格中的结果也立刻随之改变。如果在公式和函数中直接书写数据,那么一旦数据单元格中的数据发生变化,公式和函数的结果就不会自动更新。

Excel 提供了相对引用、绝对引用和混合引用三种引用类型,可以根据实际情况选择引用的类型。

1) 相对引用

相对引用是指直接通过单元格地址(由列标和行号组成)来引用单元格,如 A1、B2、C3 等,是 Excel 默认的引用方式。相对引用单元格后,如果复制或剪切公式到其他单元格,那么公式中引用的单元格地址会根据复制或剪切的位置自动调整。相对引用常用来快速实现大量数据的同类运算。

如图 4.74 所示为相对引用,在 B1 单元格中输入"=A1",向下拖动填充柄,列标保持不变,但行号依次增加;向右拖动填充柄,行号保持不变,但列标依次增加。

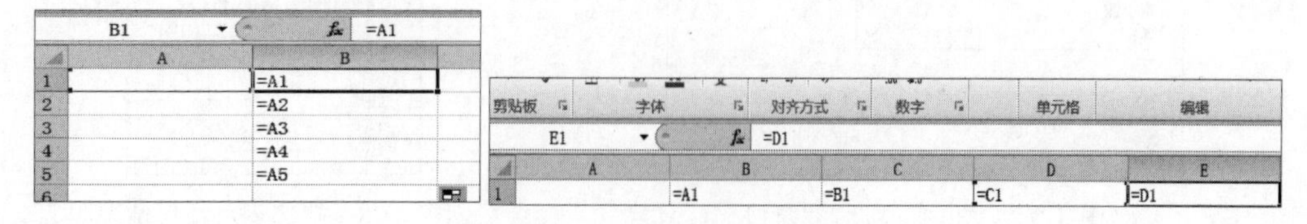

图 4.74 相对引用

2）绝对引用

绝对引用是指在单元格的列标和行号前都加上符号“$”，如$C$4。它的特点是在公式复制或移动时，该单元格地址均不会发生变化，如图4.75所示。符号“$”就好像一个钉子，钉住了参与运算的单元格，使其不会随着公式位置的变化而变化。

3）混合引用

混合引用是指在单元格的列标或行号前加上符号“$”，是相对引用地址和绝对引用地址的混合使用。混合引用有两种形式，一种是行绝对、列相对，如“A$3”，表示行不发生变化，但是列会随着新的位置发生变化；另一种是行相对、列绝对，如“$A3”，表示列保持不变，但是行会随着新的位置而发生变化，如图4.76所示。

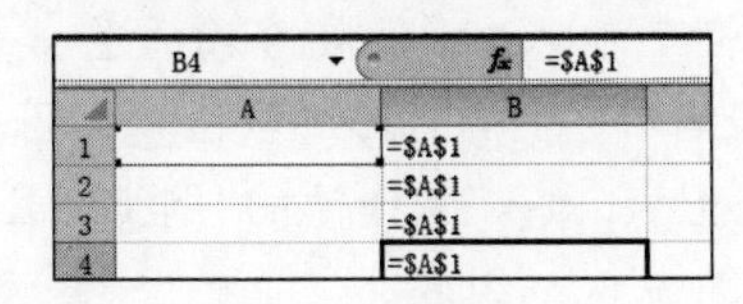

图4.75　绝对引用

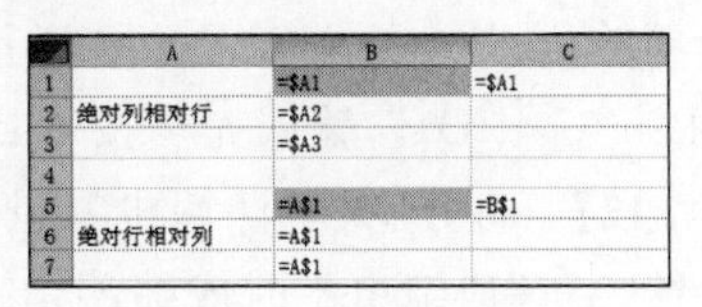

图4.76　混合引用

3. 运算符

运算符即一个标记或符号，指定表达式内执行运算的类型。Excel公式中常用的运算符分为4类，如表4.1所示。

表4.1　运算符

类　型	表示形式	优先级
算术运算符	＋(加)、－(减)、*(乘)、/(除)、%(百分比)、^(乘方)	从高到低分为三级：百分比和乘方、乘和除、加和减。优先级相同时，从左到右顺序计算
关系运算符	＝(等于)、＞(大于)、＜(小于)、＞＝(大于或等于)、＜＝(小于或等于)、＜＞(不等于)	优先级相同
文本运算符	&(文本连接符)	
引用运算符	:(区域)、,(联合)、空格(交叉)	从高到低依次为区域、联合、交叉

（1）算术运算符：用来对数值进行算术运算，运算结果还是数值型，其优先级从高到低分为三级。例如，算式“2＋3%－4^2/5*6”的计算顺序是“%、^、/、*、＋、－”，计算结果是“－1717%”。

（2）关系运算符：又称比较运算符，用来比较两个文本、数值、日期、时间大小关系的运算符，计算结果是一个逻辑值TRUE或FALSE。

（3）文本运算符：用来将多个文本连接成一个文本。例如，“中国”&“北京”的结果为“中国北京”。

（4）引用运算符：用于对单元格区域进行合并计算，具体含义如表4.2所示。

表4.2　引用运算符

引用运算符	含　义	示　例
:(区域)	包括两个引用在内的所有单元格的引用	A2:D2表示引用从A2到D2的所有单元格
,(联合)	将多个引用合并为一个引用	SUM(A1:D1,B1:F1)表示引用A1:D1和B1:F1两个单元格区域
空格(交叉)	产生同时属于两个引用的单元格区域的引用	SUM(A1:D1 B1:B5)表示引用两个区域相交叉的B1单元格

(5) 4 类运算符的优先级：4 类运算符的优先级从高到低依次为引用运算符、算术运算符、文本运算符、关系运算符。当公式中存在多个运算符时，按运算符的优先级进行运算，优先级相同时，按从左到右的顺序运算。

4.6.2 公式的使用

1. 输入公式

Excel 中的输入公式指的是只包含运算符、数值型常量、单元格引用、单元格区域引用的简单公式，公式可以在单元格或编辑框中直接输入，且公式必须以等号(=)开始，否则 Excel 会将输入的内容作为文本型数据处理。

选择要输入公式的单元格，在单元格或编辑栏中输入"="，接着输入公式内容，如"=A1+B2+C3+D4"，输入完毕按 Enter 键或单击编辑栏上的"输入"按钮 ✓ 即可。

【例 4.12】 打开"大学计算机基础总评成绩登记表.xlsx"工作簿的"例 12"工作表，计算总评成绩，总评成绩由平时成绩占 40%和期末成绩占 60%组成。

(1) 选取要输入公式的单元格，本例是 E3。

(2) 在编辑栏中直接输入公式"=C3 * 0.4+D3 * 0.6"，如图 4.77 所示。

(3) 单击编辑栏左侧的"输入"按钮或按 Enter 键，即可完成公式的输入。

2. 编辑公式

当公式输入有误时，可以对其进行修改。修改公式的方法是：选择需要修改公式的单元格，将光标定位在编辑栏或单元格中需要修改的位置，按 BackSpace 或 Delete 键删除多余或错误的内容，再输入正确的内容，完成后按 Enter 键即可完成公式的编辑，编辑完成后，Excel 将自动对新公式进行计算。

3. 填充公式

在输入公式完成计算后，如果该行或该列的其他单元格都需要使用该公式进行计算，可通过填充公式的方式快速完成其他单元格的计算。

【例 4.13】 利用填充公式的方法，完成例 4.12 中其他同学总评成绩的计算。

(1) 选择已输入公式的单元格，本例为 E3 单元格。

(2) 将鼠标指针移至该单元格右下角的控制手柄上，当其变为"+"形状时，按住鼠标左键并拖动至所需位置，然后释放鼠标，即可在选择的单元格区域填充相同的公式并完成计算，如图 4.78 所示。

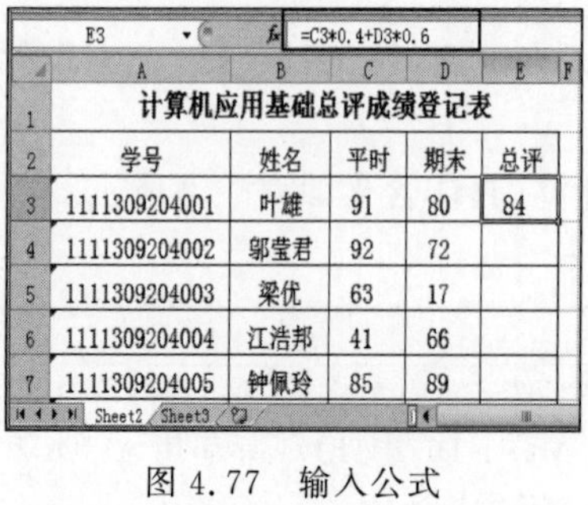

E3 =C3*0.4+D3*0.6

	A	B	C	D	E
1	计算机应用基础总评成绩登记表				
2	学号	姓名	平时	期末	总评
3	1111309204001	叶雄	91	80	84
4	1111309204002	邬莹君	92	72	
5	1111309204003	梁优	63	17	
6	1111309204004	江浩邦	41	66	
7	1111309204005	钟佩玲	85	89	

图 4.77 输入公式

E4 =C4*0.4+D4*0.6

	A	B	C	D	E
1	计算机应用基础总评成绩登记表				
2	学号	姓名	平时	期末	总评
3	1111309204001	叶雄	91	80	84
4	1111309204002	邬莹君	92	72	80
5	1111309204003	梁优	63	17	
6	1111309204004	江浩邦	41	66	
7	1111309204005	钟佩玲	85	89	

拖动

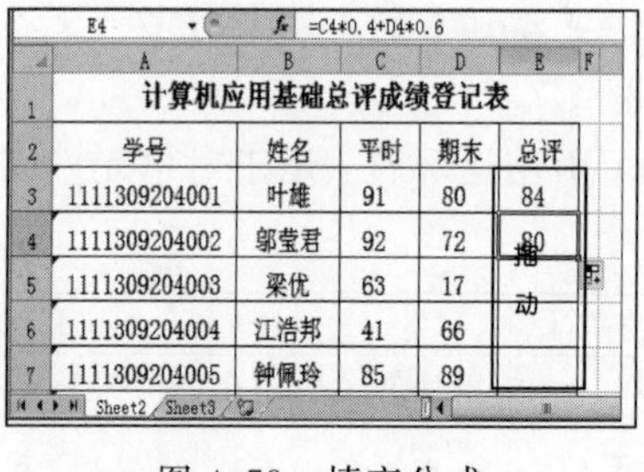

图 4.78 填充公式

4. 复制和移动公式

在 Excel 中，通过复制和移动公式也可以快速完成单元格数据的计算。在复制公式过程中，Excel 会自动调整引用单元格的地址，避免手动输入公式的麻烦。复制公式的操作方法与复制数据的操作方法相同。

移动公式即将原始单元格的公式移动到目标单元格中，公式在移动过程中不会根据单元格的位移情况发生改变。移动公式的操作方法与移动数据的操作方法相同。

4.6.3 函数的使用

函数是 Excel 自带的已经定义好的公式，利用函数可以简化公式输入过程，提高计算效率，减少出错概率。函数的一般格式为：函数名称(参数 1，参数 2，…)，其中，函数名称表示函数的功能，每个函数都具有唯一的函数名。参数是指函数的运算对象，可以是常量、单元格、单元格区域、公式、其他函数等。

Excel 2016 提供了许多功能完备且易于使用的函数，包括财务、统计、逻辑、文本、日期和时间、查找和引用、数学和三角函数、工程、多维数据集、信息等。

1. 插入函数

在 Excel 中插入函数主要有以下两种方式。

(1) 选择要插入函数的单元格，单击编辑栏中的“插入函数”按钮 *fx*，或在“公式”选项卡的“函数库”组中单击“插入函数”按钮 *fx*，在打开的“插入函数”对话框中选择所需的函数，单击“确定”按钮即可插入函数。

(2) 选择要插入函数的单元格，在“公式”选项卡的“函数库”组中，单击对应的分类函数下拉按钮，在打开的下拉列表中选择需要的函数，单击“确定”按钮即可插入函数。

插入函数后，通常都会打开“函数参数”对话框，在对话框中对参数值进行准确设置后，单击“确定”按钮，即可在单元格中显示计算结果。

2. 常用函数

函数作为 Excel 处理数据的一个最重要手段，功能是十分强大的，在生活和工作实践中可以有多种应用，这里重点介绍以下常用函数，如表 4.3 所示。

表 4.3 常用函数

语法结构	功能	参数及含义
SUM(number1，number2，…)	对选择的单元格或单元格区域进行求和	number1，number2，…为 1 个至多个需要求和的数值、区域或引用
AVERAGE (number1，number2，…)	对选择的单元格或单元格区域进行求平均值计算	number1，number2，…为 1 个至多个需要求平均值的数值、区域或引用
COUNT (value1，value2，…)	计算区域包含数字的单元格个数	value1，value2，…为包含或引用各种类型数据的参数，但只有数值类型数据才被统计
MAX/MIN (number1，number2，…)	返回所选单元格区域中所有数值的最大值/最小值	number1，number2，…为 1 个至多个要筛选的数值、区域或引用
IF(logical_test，value_if_true，value_if_false)	判断是否满足某个条件，如果满足返回一个值，如果不满足则返回另一个值	logical_test 是计算结果为 true 或 false 的任意值或表达式；value_if_true 是 logical_test 为 true 时要返回的值，可以是任意数据；value_if_false 是 logical_test 为 false 时要返回的值，也可以是任意数据

续表

语法结构	功能	参数及含义
SUMIF(range, criteria, sum_range)	根据指定条件对若干单元格、区域或引用求和	range 为条件区域,用于条件判断的单元格区域;criteria 是求和条件,由数字、逻辑表达式等组成;sum_ range 为符合条件后求和的区域,省略时,则条件区域就是求和区域
COUNTIF(range,criteria)	对指定区域中符合指定条件的单元格进行计数	range 是要计算其中满足条件的单元格数目的区域;criteria 用于确定哪些单元格将被计算在内的条件。它可以是数字、表达式单元格引用或文本字符串
RANK(number,ref,order)	返回一个数值在数值列表中的排位。数值的排位是与数值列表中其他数值的相对大小(如果数据已经排过序了,则数值的排位就是它当前的位置)	number 为需要确定排位的数字。ref 为数值列表或对数值列表的引用,ref 中的非数值型参数将被忽略。order 为指明排位方式的数字,如果 order 为 0 或省略,Excel 将 ref 当作按降序排列的数据清单进行排位;如果 order 不为零,Excel 将 ref 当作按升序排列的数据清单进行排位
VLOOKUP(lookup_ value, table _ array, col _ index _ num, range_lookup)	在数据表的首列查找指定的数值,并由此返回数据表当前行中指定列处的数值	lookup_value 为需要在数据表第一列中进行查找的数值,可以是数值、引用或文本字符串,省略时,表示用 0 查找。table_array 为需要在其中查找数据的单元格区域。col_ index_ num 为在 table_array 区域中待返回的匹配值的列序号(当 col_index_num 为 1 时,返回 table_array 第 1 列中的数值;为 2 时,返回第 2 列的值,以此类推)。range_lookup 为一逻辑值,指明函数 VLOOKUP 查找时是精确匹配,还是近似匹配,如果为 TRUE、1 或省略,则返回近似匹配值;如果为 FALSE、0,则返回精确匹配值;如果找不到,则返回错误值#N/A
MID(string, starting _ at, extract_length)	MID 函数是截取字符串函数,主要功能是从一个文本字符串的指定位置开始,截取指定数目的字符	string(必填):包含要提取字符的文本字符串。starting_at(必填):文本中要提取的第一个字符的位置。extract_length(必填):希望从文本中返回的字符数。例如:=MID("Sheet",1,2)返回"Sh"

3. 快速计算与自动求和

Excel 中的 5 个基本函数除了可以用插入函数的方法进行计算外,还可以利用快速计算、自动求和来实现其功能。

1) 快速计算

选择需要进行计算(求和、求平均值、计数、求最大值、求最小值)的单元格或单元格区域,在 Excel 操作界面的状态栏中,可以直接查看计算结果,如图 4.79 所示。

2) 自动求和

选择需要进行计算(求和、求平均值、计数、求最大值、求最小值)的单元格或单元格区域,在"公式"选项卡的"函数库"组中,单击"自动求和"下拉按钮Σ,在打开的下拉列表中选择所需的计算类别，如图 4.80 所示，即可在所选单元格或单元格区域下方单元格中显示计算结果。

利达公司工资表						
姓名	部门	职称	基本工资	奖金	津贴	实发工资
张勇	工程部	工程师	1000	568	180	1748
司慧霞	工程部	助理工程师	950	604	140	1694
谭通	工程部	工程师	945	640	180	1765
周健华	工程部	技术员	885	576	100	1561
韩锋	工程部	技术员	825	612	100	1537
周惠敏	工程部	助理工程师	895	630	140	1665
梁秀丽	工程部	工程师	1000	568	180	1748

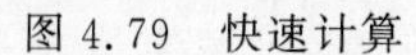

图 4.79 快速计算

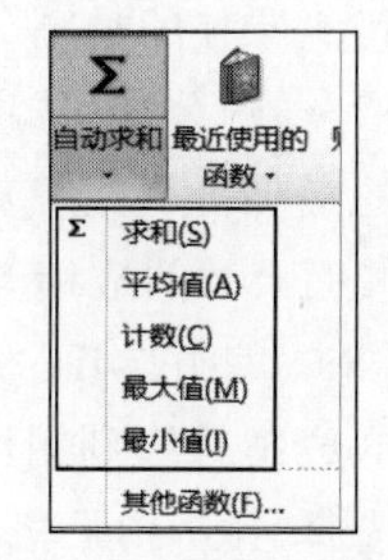

图 4.80 自动求和

【例 4.14】 小李大学毕业后，积极响应国家号召，去西部地区教育资源相对匮乏的学校支教，由于学校地处偏远地区，缺乏必要的教学设施，只有一台配置不太高的 PC 可以使用。他在这台 PC 中安装了 Microsoft Office，来帮助老师通过 Excel 来管理学生成绩，以弥补学校缺少数据库管理系统的不足。现在，请打开“学生成绩的统计与分析. xlsx”，如图 4.81 所示，根据下列要求帮助小李对成绩单进行整理和分析。

	A	B	C	D	E	F	G	H	I	J	K
1	学生成绩表										
2	学号	姓名	性别	数学	物理	外语	化学	平均分	成绩等级	总分	名次
3	3021269101	王大林	男	54	54	54	65	56.8		227	
4	3021269102	朱梅花	女	65	56	69	89	69.8		279	
5	3021269103	王宁宁	男	78	49	84	89	74.9		300	
6	3021269104	张力	男	97	87	缺考	85	89.5		269	
7	3021269105	孙霞	女	59	85	35	78	64.3		257	
8	3021269106	肖红举	女	65	41	69	78	63.3		253	
9	3021269107	沈爱梅	女	97	65	89	78	82.3		329	
10	3021269108	童天园	女	89	78	87	78	83.0		332	
11	3021269109	陆玲	女	56	89	78	78	75.3		301	
12	3021269110	任重	男	68	71	58	68	66.0		264	
13	各科总分							男生数学总分	男生物理总分	男生外语总分	男生化学总分
14	各科平均分										
15	各科最高分							女生数学总分	女生物理总分	女生外语总分	女生化学总分
16	各科最低分										
17	各科90分以上人数										
18	各科[60, 90）段人数										
19	各科不及格人数										
20	参加科目考试人数										
21	各科及格率										

图 4.81 学生成绩统计与分析表

（1）统计各科成绩总分、平均分、最高分和最低分。

（2）根据每个学生的平均分，用 IF 函数计算成绩等级，其中，[90,100]为“优秀”，[80,90)为“良好”，[60,80)为“及格”，[0,60)为“不及格”。

（3）根据学生的总分计算每个同学的名次。

（4）统计男生、女生的数学、物理、外语、化学总分。

（5）统计各科 90 分以上人数，各科[60,90)分数段人数，各科不及格人数、参加科目考试人数和各科及格率。

操作步骤：

（1）求数学总分：单击 D13 单元格→在“公式”选项中单击“自动求和”→“求和”→单击编辑栏的“输入”按钮 ✓，其他课程的总分利用填充公式或复制公式的方法完成。求数学的平均分：单击 D14 单元格→在“公式”选项中单击“自动求和”→“平均值”→单击编辑栏的

“输入”按钮 ✓,其他课程的平均分利用填充公式或复制公式的方法完成。求数学的最高分：单击 D15 单元格→在“公式”选项中单击“自动求和”→“最大值”→单击编辑栏的“输入”按钮 ✓,其他课程的最高分利用填充公式或复制公式的方法完成。求数学的最低分：单击 D16 单元格→在“公式”选项中单击“自动求和”→“最小值”→单击编辑栏的“输入”按钮 ✓,其他课程的最低分利用填充公式或复制公式的方法完成。

(2) 求王大林的成绩等级：单击 I3 单元格,在编辑栏中输入“=IF(H3>=90,"优秀",IF(H3>=80,"良好",IF(H3>=60,"及格","不及格")))”,单击编辑栏中的“输入”按钮 ✓；其他同学的成绩等级利用填充公式或复制公式的方法完成。

(3) 选择 K3 单元格,在单元格中插入 RANK 函数,打开“函数参数”对话框,对 number、ref、order 三个参数进行设置,如图 4.82 所示,设置完毕单击“确定”按钮；利用填充公式或复制公式的方法完成其他同学排位数据的计算。

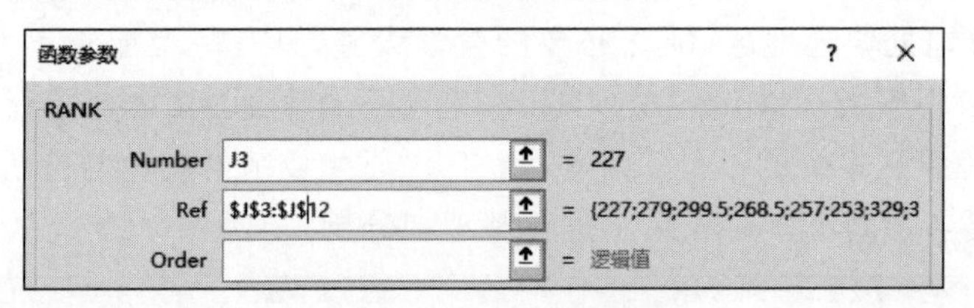

图 4.82　RANK 函数参数

(4) 统计男生数学总分,在 H14 单元格中插入 SUMIF 函数,在弹出的“函数参数”对话框中,输入区域、条件、求和区域参数,如图 4.83 所示,设置完毕单击“确定”按钮。男生其他课程的总分同理计算,如果采用填充公式或复制公式的方法来计算男生其他课程的总分,则条件区域需要采用绝对地址引用,男生数学总分=SUMIF($C$3:$C$12,"男",D3:D12)。统计女生各科总分方法与男生类似,不同之处是求和条件为“女”。

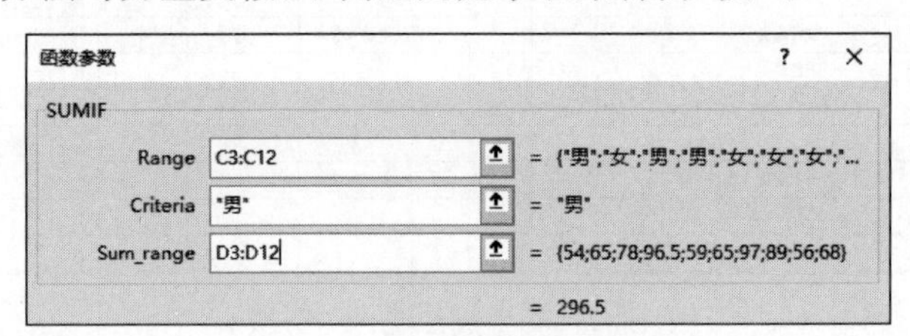

图 4.83　统计男生数学总分

(5) 统计数学 90 分以上的人数：在 D17 单元格中插入 COUNTIF 函数,在弹出的“函数参数”对话框中输入函数参数,如图 4.84 所示,设置完毕单击“确定”按钮。其他科目 90 分以上的人数可用填充公式或复制公式的方法计算。

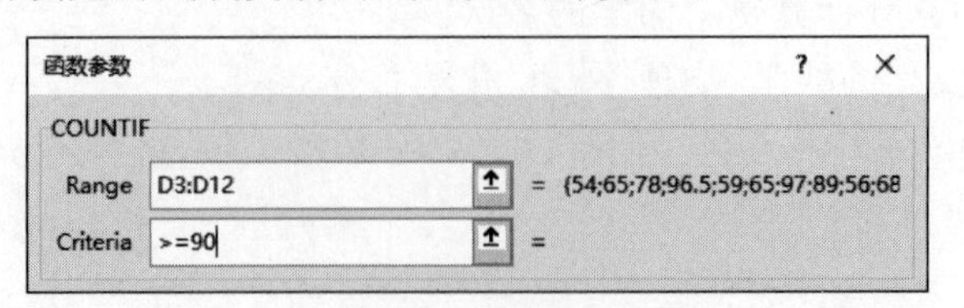

图 4.84　统计数学 90 分以上的人数

统计数学[60,90)分数段人数：选择 D18 单元格,在编辑栏中输入：=COUNTIF(D3:D12,">=60")-D17,单击“确定”按钮 ✓。其他科目[60,90)分数段人数可用填充公式或复制公式的方法计算。

统计数学不及格人数：在 D19 单元格中插入 COUNTIF 函数，在弹出的“函数参数”对话框中输入函数参数，如图 4.85 所示，设置完毕单击“确定”按钮。其他科目不及格人数可用填充公式或复制公式的方法计算。

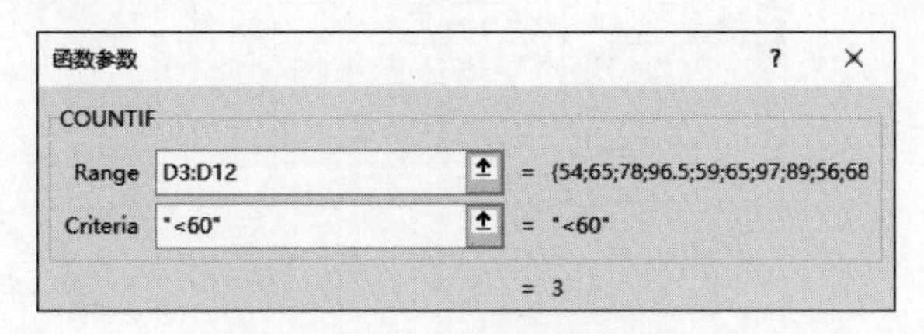

图 4.85 统计数学不及格人数

统计数学的考试人数：在 D20 单元格中插入 COUNT 函数，在弹出的“函数参数”对话框中，输入 Value 参数，如图 4.86 所示，设置完毕单击“确定”按钮。其他科目的考试人数统计可用填充公式或复制公式的方法计算。

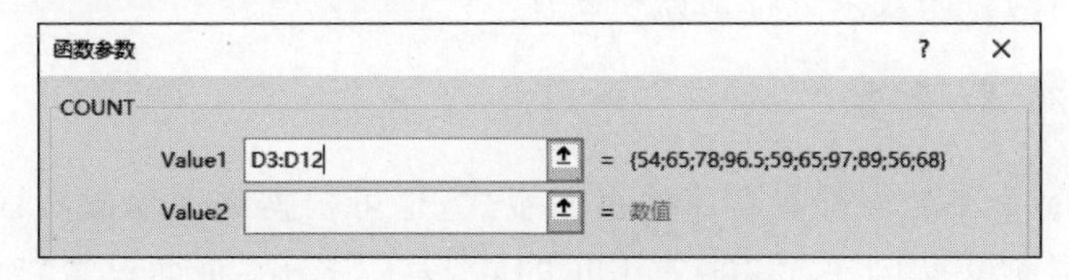

图 4.86 统计数学的考试人数

统计数学的及格率：选择 D21 单元格，在编辑栏中输入：＝COUNTIF(D3:D12,">＝60")/D20，单击“确定”按钮 ✓。其他科目及格率可用填充公式或复制公式的方法计算。

【例 4.15】 打开“图书销售信息表.xlsx”，根据“图书信息表”的数据，完成“图书销售情况表”中的书名和单价的填写，如图 4.87 所示。

书编号	书名	定价
101	计算机	30.2
102	英语	35
103	数学	50

日期	书号	书名	单价	销量	销售额
2023/1/1	103			4	
2023/1/1	101			5	
2023/1/2	102			2	
2023/1/2	101			10	
2023/1/2	101			8	

图 4.87 图书销售信息表

操作步骤：

(1) 查找销售日期为 2023/1/1，书号为 103 的书名：选择 C2 单元格，在单元格中插入 VLOOKUP 函数，在打开的“函数参数”对话框中，进行函数参数设置，如图 4.88 所示。设置完毕单击“确定”按钮。其他记录的书名可用填充公式或复制公式的方法查找。

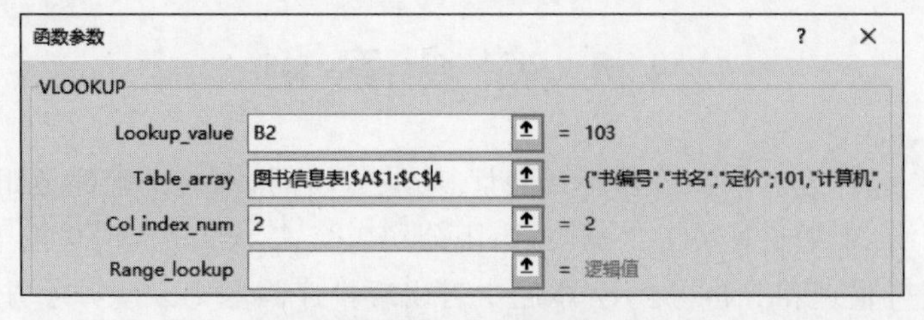

图 4.88 VLOOKUP 函数参数

(2) 查找销售日期为 2023/1/1，书号为 103 的单价：选择 D2 单元格，用第(1)步的方法完成单价查询及公式的填充。查找结果如图 4.89 所示。

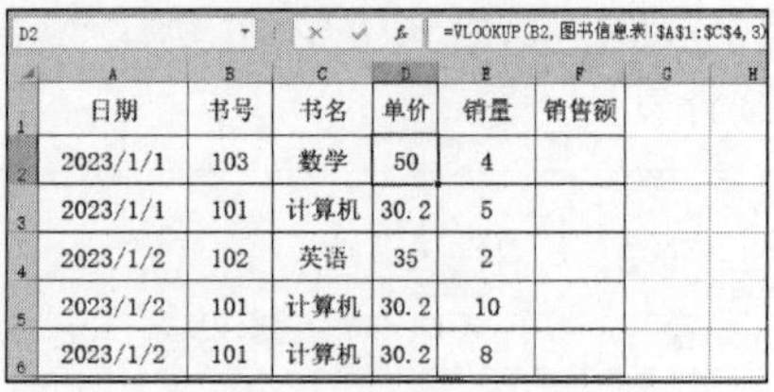

D2 =VLOOKUP(B2,图书信息表!$A$1:$C$4,3)

日期	书号	书名	单价	销量	销售额
2023/1/1	103	数学	50	4	
2023/1/1	101	计算机	30.2	5	
2023/1/2	102	英语	35	2	
2023/1/2	101	计算机	30.2	10	
2023/1/2	101	计算机	30.2	8	

图 4.89 VLOOKUP 查找结果

4.7 打印工作表

在实际应用中，通常需要对电子表格进行打印。Excel 的打印功能不仅可以打印表格，还可以对电子表格的打印效果进行预览和设置。

4.7.1 页面布局设置

在 Excel 中，每个工作表都有默认的页面版式，也可根据需要修改页面版式。在“页面布局”选项卡的“页面设置”组中，单击右下角的 按钮，打开“页面设置”对话框，对话框中包含“页面”“页边距”“页眉/页脚”“工作表”4 个选项卡，利用它可完成工作表页面版式的设置。

4.7.2 打印预览

打印预览有利于避免打印过程中的错误，提高打印质量。选择“文件”→“打印”命令，打开“打印”页面，在该页面右侧即可预览打印效果。如果工作表中内容较多，可以单击页面下方的 ▶ 按钮或 ◀ 按钮，切换到下一页或上一页。单击“显示边距”按钮 可以显示页边距，拖动边距线可以调整页边距。

4.7.3 打印设置

确认打印效果无误后，就可以打印表格。选择“文件”→“打印”命令，打开“打印”页面，在“打印”栏的“份数”数值框中输入打印数量；在“打印机”下拉列表中选择当前可使用的打印机；在“设置”下拉列表中选择打印范围；在“单面打印”“调整”“纵向”“自定义页面大小”下拉列表中可分别对打印方式、打印方向等进行设置，设置完成后单击“打印”按钮即可。

4.8 综合案例

陈真大学毕业后，进入向阳公司担任会计，为节省时间，同时又确保记账的准确性，她使用 Excel 编制了 2023 年 6 月员工工资表“向阳公司工资表.xlsx”。请根据下列要求帮助陈真对该工资表进行整理和分析(提示：本题中若出现排序问题则采用升序方式)。

(1) 通过合并单元格，将表名“向阳公司 2023 年 6 月员工工资表”放于整个表的上端、居中，并调整字体、字号。

(2) 在“序号”列中分别填入 1～15，将其数据格式设置为数值、保留 0 位小数、居中。

(3) 将“基础工资”(含)往右各列设置为会计专用格式、保留 2 位小数、无货币符号。

(4) 调整表格各列宽度、对齐方式，使得显示更加美观。并设置纸张大小为 A4、横向，整个工作表需调整在一个打印页内。

(5) 参考“工资薪金所得税率”表，利用 if 函数计算“应交个人所得税”列。(提示：应交个人所得税＝应纳税所得额×对应税率－对应速算扣除数)。

(6) 利用公式计算“实发工资”列，公式为：实发工资＝应付工资合计－扣除社保－应交个人所得税。

(7) 复制工作表“2023 年 6 月”，将副本放置到原表的右侧，并命名为“分类汇总”。

(8) 在“分类汇总”工作表中通过分类汇总功能求出各部门“应发工资”“实发工资”的和，每组数据不分页。

操作步骤：

(1) 打开素材文件夹下的“向阳公司工资表. xlsx”，在“2023 年 6 月”工作表中选中 A1:M1 单元格，单击“开始”选项卡下“对齐方式”组中的“合并后居中”按钮。选中表名，切换至“开始”选项卡下“字体”组，设置合适的字体和字号。

(2) 在“2023 年 6 月”工作表 A3 单元格中输入“1”，按住 Ctrl 键拖动 A3 单元格右下角的智能填充柄，向下填充至 A17 单元格。选中“序号”列，单击鼠标右键，在弹出的快捷菜单中选择“设置单元格格式”命令，弹出“设置单元格格式”对话框。切换至“数字”选项卡，在“分类”列表框中选择“数值”命令，在右侧的“小数位数”微调框中输入“0”。在“设置单元格格式”对话框中切换至“对齐”选项卡，在“文本对齐方式”组中“水平对齐”下拉列表框中选择“居中”，单击“确定”按钮关闭对话框。

(3) 在“2023 年 6 月”工作表中选中 E:M 列，单击鼠标右键，在弹出的快捷菜单中选择“设置单元格格式”命令，弹出“设置单元格格式”对话框。切换至“数字”选项卡，在“分类”列表框中选择“会计专用”，在“小数位数”微调框中输入“2”，在“货币符号”下拉列表框中选择“无”。

(4) 在“2023 年 6 月”工作表中，单击“页面布局”选项卡下“页面设置”组中的“纸张大小”按钮，在弹出的下拉列表中选择“A4”。单击“页面布局”选项卡下“页面设置”组中的“纸张方向”按钮，在弹出的下拉列表中选择“横向”。通过拖动各列列号之间的分隔线适当调整表格各列宽度。通过“开始”选项卡“对齐方式”组适当调整对齐方式，使得表格显示更加美观。单击“文件”选项卡下的“打印”按钮，右侧出现预览效果，观察工作表是否在一个打印页内，如果超出一个打印页则需重新调整列宽直至整个工作表在一个打印页内。

(5) 在“2023 年 6 月”工作表 L3 单元格中输入“＝IF(K3＜＝1500,K3＊3%,IF(K3＜＝4500,K3＊10%－105,IF(K3＜＝9000,K3＊2%－555,IF(K3＜＝35000,K3＊25%－1005,IF(K3＜＝55000,K3＊30%－2755,IF(K3＜＝80000,K3＊35%－550,K3＊45%－13505))))))”，按 Enter 键后完成“应交个人所得税”的填充，然后向下填充公式到 L17 即可。

(6) 在“2023 年 6 月”工作表 M3 单元格中输入“＝I3－J3－L3”，按 Enter 键后完成“实发工资”的填充，然后向下填充公式到 M17 即可。

(7) 选中“2023 年 6 月”工作表，单击鼠标右键，在弹出的快捷菜单中选择“移动或复制”命令。在弹出的“移动或复制工作表”对话框中，在“下列选定工作表之前”列表框中选择“工资薪金所得税率”，勾选“建立副本”复选框。设置完成后单击“确定”按钮即可。选中“2023 年 6 月(2)”工作表，单击鼠标右键，在弹出的快捷菜单中选择“重命名”命令，更改“2023 年 6 月(2)”为“分类汇总”。

(8) 数据排序。在“分类汇总”工作表中选中 D3：D17 数据区域，在“数据”选项卡“排序和筛选”组中单击“排序”按钮，在弹出的“排序提醒”对话框中单击“排序”按钮。

弹出“排序”对话框，在弹出的对话框中，选择“列”排序依据为“部门”字段，单击“确定”按钮，完成数据表的排序。

数据分类汇总。选中 A2:M17 单元格区域，在“数据”选项卡中，单击“分级显示”组中的“分类汇总”按钮，打开“分类汇总”对话框，进行如下设置：在“分类字段”下拉框中选择“部门”；在“汇总方式”下拉框中选择“求和”；在“选定汇总项”列表框中勾选“应发工资”“实发工资”复选框；不勾选“每组数据分页”复选框；单击“确定”按钮。单击“保存”按钮保存文件。

小　结

Excel 2016 是一款强大的数据处理和分析工具，它将表格处理、数据统计和图表显示等功能集于一体，是常用的办公软件之一。

Excel 2016 的基本操作涵盖启动与退出、视图的切换、工作簿和工作表的创建，以及单元格中数据的输入、填充和编辑。这些基本操作是用户进行数据处理和分析的基础。

在工作表的格式化方面，Excel 2016 提供了字符格式化、列宽和行高的调整、数据的对齐方式设置、边框和底纹的设计，以及表格外观的自定义设置等功能。这些功能有助于用户美化表格，提高数据的可读性。

Excel 2016 支持多种图表类型，如柱形图、条形图、折线图、饼图等，每种类型下又有多种子类型可供选择，包括二维和三维图表。这些图表能够直观地展示数据的变化趋势和关系。

除了数据处理和分析功能外，Excel 2016 还具备强大的数据管理功能。用户可以方便地对数据进行排序、筛选、分类、汇总、合并计算和创建数据透视表等操作，从而高效地完成统计分析工作。

Excel 2016 强大的计算功能主要依赖于公式和函数。用户可以利用这些公式和函数对工作表中的数据进行求和、求平均值、计数、求最大值、求最小值以及其他更为复杂的运算。当数据修改后，公式和函数的计算结果也会自动更新，极大地提高了统计数据的工作效率和准确性。

此外，Excel 2016 还提供了强大的打印功能。用户不仅可以轻松打印表格，还可以对电子表格的打印效果进行预览和详细设置，确保打印输出的质量和效果满足需求。

练　习

小梁是一名参加工作不久的大学生。他习惯使用 Excel 表格来记录每月的个人开支情况，在 2023 年年底，小梁将每个月各类支出的明细数据录入了文件名为“开支明细表. xlsx”的 Excel 工作文档中。请根据下列要求帮助小梁对明细表进行整理和分拆。

1. 在工作表“小梁的美好生活”的第一行添加表标题“小梁 2023 年开支明细表”，并通过合并单元格，放于整个表的上端、居中。

2. 将工作表应用一种主题，并增大字号，适当加大行高列宽，设置居中对齐方式，除表标题“小梁 2023 年开支明细表”外为工作表分别增加恰当的边框和底纹以使工作表更加美观。

3. 将每月各类支出及总支出对应的单元格数据类型都设为“货币”类型，无小数、有人民币货币符号。

4. 通过函数计算每个月的总支出、各个类别月均支出、每月平均总支出；并按每个月总支出升序对工作表进行排序。

5. 利用“条件格式”功能：将月单项开支金额中大于 1000 元的数据所在单元格以不同的字体颜色与填充颜色突出显示；将月总支出额中大于月均总支出 110％的数据所在单元格以另一种颜色显示，所用颜色深浅以不遮挡数据为宜。

6. 在“年月”与“服装服饰”列之间插入新列“季度”，数据根据月份由函数生成，例如，1～3 月对应“1 季度”、4～6 月对应“2 季度”……

7. 复制工作表“小赵的美好生活”，将副本放置到原表右侧；改变该副本表标签的颜色，并重命名为“按季度汇总”；删除“月均开销”对应行。

8. 通过分类汇总功能，按季度升序求出每个季度各类开支的月均支出金额。

9. 在“按季度汇总”工作表后面新建名为“折线图”的工作表，在该工作表中以分类汇总结果为基础，创建一个带数据标记的折线图，水平轴标签为各类开支，对各类开支的季度平均支出进行比较，给每类开支的最高季度月均支出值添加数据标签。

第5章　演示文稿软件 PowerPoint 2016

PowerPoint 2016 是由微软公司推出的演示文稿软件，也是办公自动化软件系列中的重要组件之一，主要用于制作和设计电子幻灯片，它的素材可包括文字、图表、图片、动画、音频和视频等。演示文稿现已广泛应用于工作汇报、企业宣传、会议交流、课堂教学、产品宣传等领域，是一款强大的制作软件，也成为人们工作生活中的重要信息交流工具。本章主要介绍 PowerPoint 2016 的基本功能和使用方法，包括演示文稿的相关操作、动画效果设置、幻灯片放映与打印等内容。

【知识目标】

- 了解 PowerPoint 2016 的基础知识。
- 掌握演示文稿的创建方法。
- 掌握演示文稿的编辑和设置方法。
- 掌握幻灯片动画效果的设置方法。
- 熟悉幻灯片的放映与打印方法。

【能力目标】

具备创作有特色的幻灯片、为幻灯片添加动画、幻灯片排版和熟悉使用各菜单功能等的能力。

【素质目标】

- 培养学生独立创新、灵活表达的品质和审美意识。
- 让学生体会信息技术手段与语言表达叠加组合的魅力，体会科技的发展能增强表达与展示的效果。

5.1　概　　述

5.1.1　演示文稿界面视图

启动 PowerPoint 2016 后，在打开的界面中将显示最近使用的文档信息，并提示用户创建一个新的演示文稿，单击“空白演示文稿”或其他内置的演示文稿模板，即进入 PowerPoint 2016 工作界面，如图 5.1 所示。

PowerPoint 2016 窗口与其他 Office 组件窗口大致类似，主要包括快速访问工具栏、标题栏、功能区、幻灯片窗格、幻灯片编辑区、备注窗格、状态栏和滚动条等。

(1) 幻灯片编辑区：位于演示文稿编辑工作界面的中心，用于显示和编辑幻灯片的内容。默认情况下，第一页幻灯片是“标题幻灯片”版式，幻灯片中包含一个正标题占位符，一

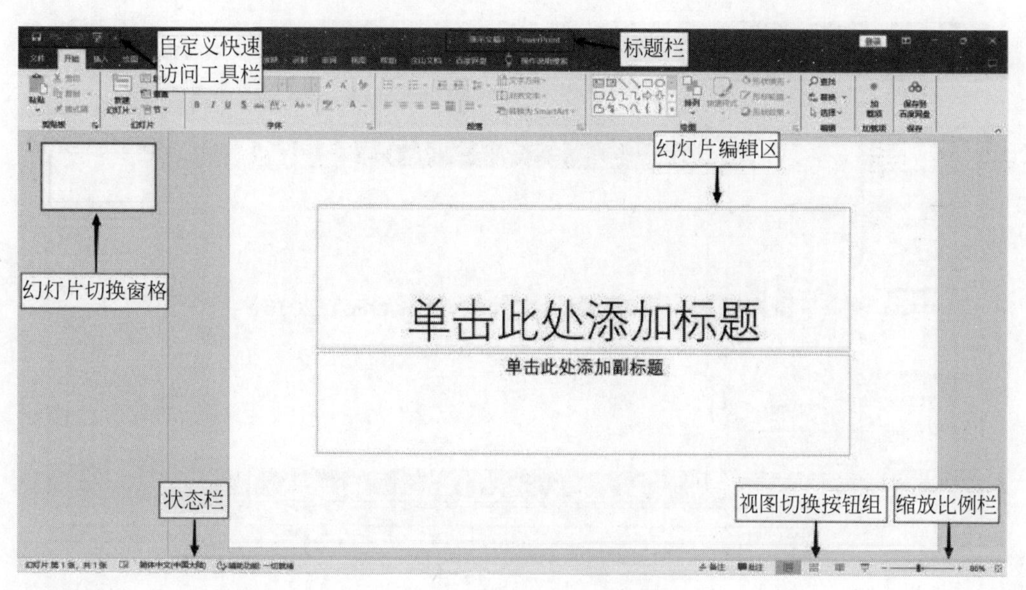

图 5.1　PowerPoint 2016 界面视图

个副标题占位符。

(2)“幻灯片切换”窗格：位于幻灯片编辑区的左侧，用于显示当前演示文稿所有幻灯片的缩略图，单击选中具体幻灯片即可进行切换，并在右侧的幻灯片编辑区中显示该幻灯片的内容。

(3) 状态栏：位于操作界面的底端，用于显示当前幻灯片的页面信息，主要由状态提示栏、“备注”按钮、“批注”按钮、视图切换按钮组、显示比例栏 5 部分组成，还可显示幻灯片编号和语言。

(4) 视图：PowerPoint 2016 提供了 5 种演示文稿视图模式，分别为普通视图、大纲视图、幻灯片浏览视图、备注页视图和阅读视图。在“视图”选项卡的“演示文稿视图”工作组中单击相应的视图切换按钮，如图 5.2 所示，或在窗口下方的状态栏中单击相应的视图切换按钮 ，皆可完成视图的切换。

图 5.2　视图切换按钮

1) 普通视图

普通视图是 PowerPoint 2016 的默认视图模式，也是编辑幻灯片时常用的视图模式。在普通视图中，左侧为当前演示文稿的所有幻灯片缩略图导航栏，可进行幻灯片的切换或演示文稿整体的调整，中间是一个显示当前幻灯片的大窗口，可对当前幻灯片进行编辑，其下方还显示了备注栏区域，可为当前幻灯片输入演讲者备注内容，如图 5.3 所示。

2) 大纲视图

大纲视图与普通视图相接近。在大纲视图中，左侧窗格以大纲形式显示幻灯片中的文本内容，可以清晰查看演示文稿的组织架构，还可以编辑幻灯片文字内容、调整幻灯片的标题层次级别和标题顺序，如图 5.4 所示。

图 5.3　普通视图

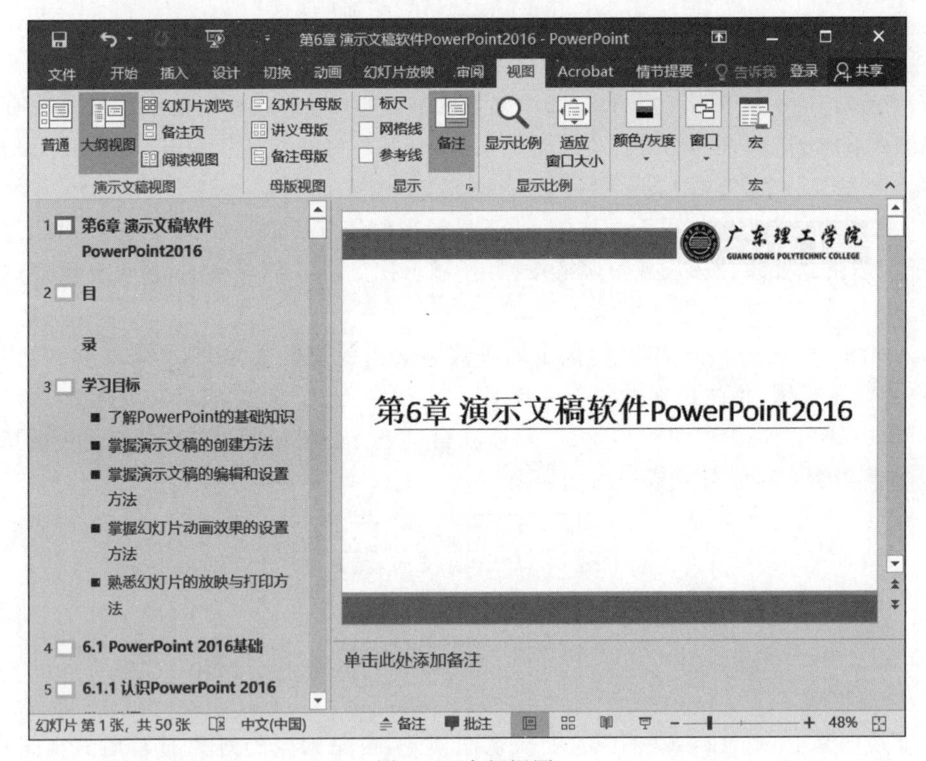

图 5.4　大纲视图

3）幻灯片浏览视图

在幻灯片浏览视图中，会以缩略图形式显示整个演示文稿的所有幻灯片，如图 5.5 所示。在该视图中可以直观地浏览演示文稿整体效果，并且对其整体结构进行调整，如对幻灯片进行复制、移动、删除、隐藏、调整背景格式等操作，但是不能对幻灯片中的内容进行编辑。

4）备注页视图

在备注页视图中，可以查看备注和幻灯片一起打印的效果，每个页面都包含一张幻灯片

图 5.5 幻灯片浏览视图

和备注内容，单击页面下方占位符即可对备注内容进行编辑，并且只能编辑备注内容，不可以对幻灯片内容进行编辑，如图 5.6 所示。

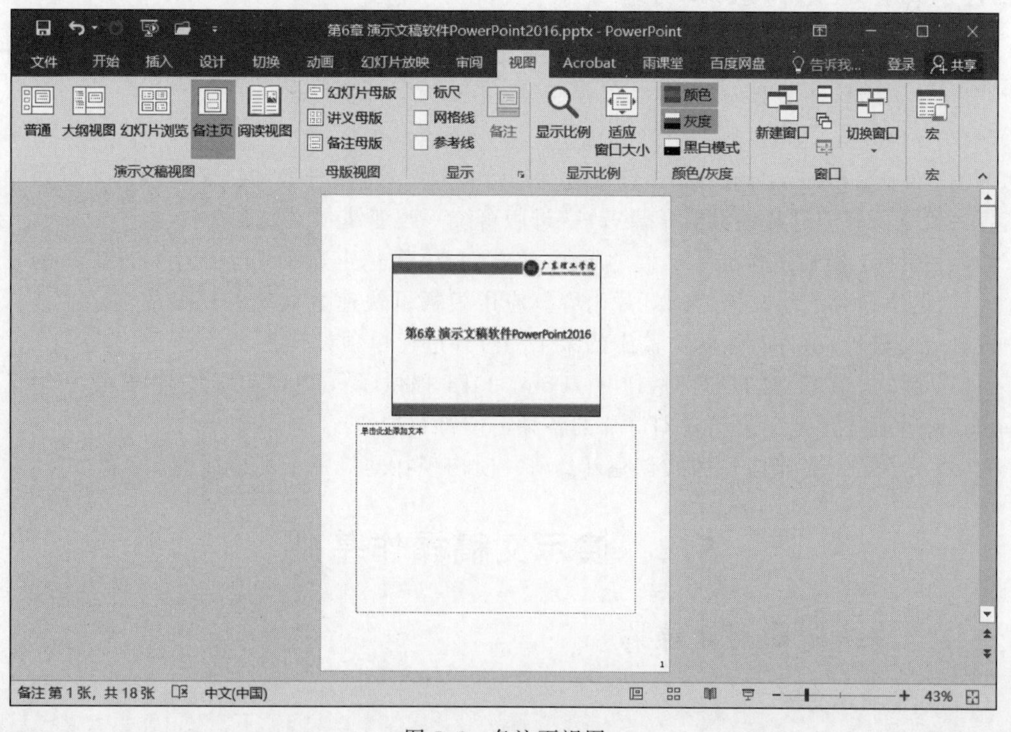

图 5.6 备注页视图

5）阅读视图

在阅读视图中，是以窗口的形式播放幻灯片，看到的动画效果和放映效果即为演示文稿的最终效果。右下角有“上一张”按钮和“下一张”按钮，单击即可切换幻灯片，如图5.7所示。

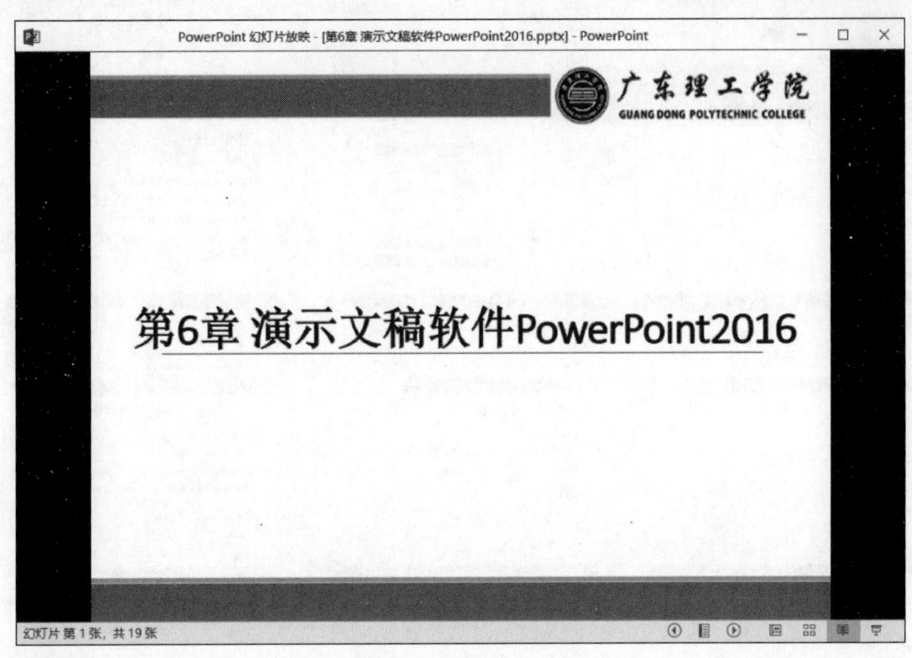

图5.7　阅读视图

5.1.2　演示文稿基本概念

（1）演示文稿：指由PowerPoint创建的文档，一般包括为某一演示目的而制作的所有幻灯片、演讲者备注和旁白等内容，保存时以.pptx为文件扩展名。

（2）幻灯片：是指由用户创建和编辑的每一个演示单页。

（3）母版：PowerPoint 2016母版包括幻灯片母版、备注母版和讲义母版等。母版中的信息一般是所有幻灯片的共有信息，改变母版可统一改变演示文稿。

（4）模板：模板包含演示文稿的母版、格式定义、颜色定义和用于产生特殊效果的字体样式等，但不包含演示文稿的幻灯片内容。应用模板可快速生成统一风格的演示文稿。用户可自定义模板，也可对演示文稿中的某个幻灯片进行单独设计。

（5）版式：在新建幻灯片时，PowerPoint 2016提供了一些自动版式，用户可从中选择一种。每种版式预定义了新建幻灯片的各种占位符布局情况。

（6）占位符：是指应用版式创建新幻灯片时出现在幻灯片上的虚线框。

5.2　演示文稿操作基础

5.2.1　演示文稿新建保存

1. 新建演示文稿

利用PowerPoint新建演示文稿常用的方法有“新建空白演示文稿”和“使用模板新建演

示文稿”，用户可根据实际需求进行选择。

1）新建空白演示文稿

启动 PowerPoint 2016，在打开的窗口中选择“空白演示文稿”选项，即可新建一个名为“演示文稿 1”的空白演示文稿。也可单击“文件”选项卡中的“新建”命令，在打开的“新建”列表框中选择“空白演示文稿”来新建一个演示文稿。

2）使用模板新建演示文稿

模板包括 PowerPoint 内置的模板、联机模板和个人模板，用户可以根据演示目的选择不同风格和主题的模板。

(1) 内置模板：可以快速创建带有主题、版式的演示文稿。

(2) 联机模板：即在 Office.com 上搜索和下载的模板。

(3) 个人模板：需先在 PowerPoint 里创建并保存一个模板，然后在下次新建空白演示文稿时就可直接在“个人”选项卡里使用之前创建的模板。

2. 保存演示文稿

保存演示文稿的方法与其他 Office 组件相似，可以在修改后直接保存，或另存为新文件，还可以把制作好的演示文稿保存为模板。

1）直接保存

若当前编辑的演示文稿是第一次进行保存操作，都将自动跳转到“另存为”操作页面，此时可选择和设置文件保存的位置，选择好保存位置后在“文件名”下拉列表框中输入演示文稿的名称，并单击“保存”，即完成了保存操作。如当前演示文稿非第一次保存，再执行直接保存操作时将直接完成保存，不会再有任何提示。直接保存有以下操作方法。

(1) 通过快速访问工具栏保存：单击快速访问工具栏中的“保存”按钮。

(2) 通过“保存”命令保存：打开“文件”选项卡，选择“保存”命令。

(3) 通过快捷键保存：按 Ctrl+S 组合键。

如果演示文稿已经保存过，再执行保存操作时，不再打开“另存为”对话框，直接完成保存。

2）另存为

如果需要将当前已完成编辑的演示文稿保存为新文件，可选择“另存”操作。操作方法为：打开“文件”选项卡，选择“另存为”命令，在打开的“另存为”操作界面进行演示文稿的保存即可。

3）将演示文稿保存为模板

在工作或学习的过程中，经常需要制作同类型的演示文稿，用户可将设计和制作好的演示文稿保存为模板，方便再次使用。操作方法和“另存为”操作一致，只需要在“保存类型”下拉列表框中选择“PowerPoint 模板”选项，再单击“确定”按钮即可。

5.2.2 幻灯片基本操作

一个演示文稿通常由多张幻灯片组成，在制作演示文稿的过程中常常需要对幻灯片进行操作，如选择幻灯片、新建幻灯片、移动和复制幻灯片、删除幻灯片等。

1. 选择幻灯片

在查看或制作演示文稿的时候，经常需要选择幻灯片，而根据不同的操作需求，选择幻灯片主要有以下几种方法。

1）选择单张幻灯片

在普通视图左侧的幻灯片缩略图导航栏中或幻灯片浏览视图中，先单击幻灯片缩略图，即可将幻灯片选中。

2）选择多张幻灯片

选择多张幻灯片分为选择连续的和选择不连续的幻灯片。

(1) 选择连续的幻灯片：在普通视图左侧的幻灯片缩略图导航栏中或幻灯片浏览视图中，先单击需要被选中的起始幻灯片，然后按 Shift 键并单击结束幻灯片，即可把多张连续的幻灯片选中。

(2) 选择不连续的幻灯片：在普通视图左侧的幻灯片缩略图导航栏中或幻灯片浏览视图中，先单击需要被选中的起始幻灯片，然后按 Ctrl 键并单击每张要选中的幻灯片，即可把多张不连续的幻灯片选中。

(3) 选择全部幻灯片：在普通视图左侧的幻灯片缩略图导航栏中或幻灯片浏览视图中，按 Ctrl＋A 组合键，即可把整个演示文稿全部幻灯片选中。

2. 新建幻灯片

用户在编辑演示文稿的时候，新建幻灯片是常用的操作，主要有以下方法。

(1) 直接按 Enter 键：普通视图中，在左侧的幻灯片缩略图导航栏中单击需要新建幻灯片的位置或已有幻灯片，直接按 Enter 键，即会新建一张幻灯片，其版式和前一张幻灯片一样，演示文稿标题页除外。

(2) 利用快捷菜单新建：普通视图中，在左侧的幻灯片缩略图导航栏中单击需要新建幻灯片的位置或已有幻灯片，单击鼠标右键，在弹出的快捷菜单中选择“新建幻灯片”命令。

(3) 利用“新建”按钮新建：在普通视图或幻灯片浏览视图中选择一张幻灯片，在“开始”选项卡的“幻灯片”工作组中，单击“新建幻灯片”按钮下方的下拉按钮，在打开的下拉列表中选择新建幻灯片的版式即可。

3. 移动和复制幻灯片

在实际制作和设计演示文稿的过程中，少不了对幻灯片进行移动和复制，其操作方法与 Windows 中移动和复制文件的步骤相似，在普通视图中，具体有以下操作方法。

1）移动幻灯片

(1) 通过鼠标：先在左侧缩略图中选择需要进行移动的幻灯片，按住鼠标左键，拖动到目标位置后再释放鼠标。

(2) 通过“剪切”命令：先在左侧缩略图中选择需要进行移动的幻灯片，直接按快捷键 Ctrl＋X，或单击鼠标右键，在弹出的菜单中选择“剪切”命令，然后将鼠标定位到目标位置，按快捷键 Ctrl＋V，或单击鼠标右键，在弹出的菜单中选择“粘贴”命令。

(3) 通过剪贴板：先在左侧缩略图中选择需要复制的幻灯片，单击“开始”选项卡中“剪贴板”工作组中的“剪切”按钮 剪切，然后将鼠标定位到目标位置，再单击“剪贴板”工作组中的“粘贴”按钮 粘贴。

2）复制幻灯片

(1) 通过鼠标：先在左侧缩略图中选择需要复制的幻灯片，按住鼠标左键接着按 Ctrl 键，然后拖动鼠标到目标位置后释放鼠标，即可实现幻灯片的复制。

（2）通过“复制”命令：先在左侧缩略图中选择需要进行移动的幻灯片，直接按快捷键 Ctrl+C，或单击鼠标右键，在弹出的菜单中选择“复制”命令，然后将鼠标定位到目标位置，按快捷键 Ctrl+V，或单击鼠标右键，在弹出的菜单中选择“粘贴”命令。

（3）通过剪贴板：先在左侧缩略图中选择需要复制的幻灯片，单击“开始”选项卡中“剪贴板”工作组中的“复制”按钮，然后将鼠标定位到目标位置，再单击“剪贴板”工作组中的“粘贴”按钮。

4. 删除幻灯片

先在左侧缩略图中选择需要删除的幻灯片，按 Delete 键或单击鼠标右键，在弹出的快捷菜单中选择“删除幻灯片”命令。

5.2.3 幻灯片页面设置

可以根据演示需要更改幻灯片的大小、方向等，在“设计”选项卡上，在最右端的“自定义组”中，单击“幻灯片大小”，选择“自定义幻灯片大小”，进入页面设置界面，如图 5.8 所示。可以选择纵向幻灯片或横向幻灯片，也可根据演示场地设备的尺寸或其他演示目的设置幻灯片大小。

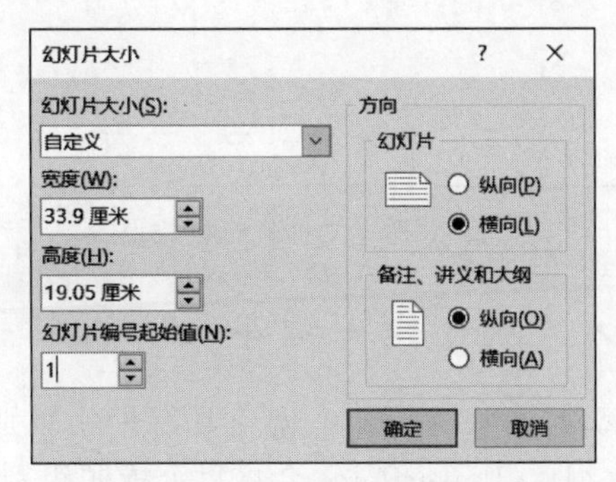

图 5.8 幻灯片页面设置

5.2.4 演示内容录入：插入文本框

PowerPoint 中，文本框是非常常用的一个元素，可以用来展示文字、数字等内容，是使用频率较高的功能。对文本框的格式进行美化和设计还能提升演示文稿的整体效果。以下是主要步骤。

（1）打开 PowerPoint，创建或打开一个演示文稿。

（2）在“插入”选项卡中单击“文本框”按钮，默认是插入横排文本框，还可以选择插入竖排文本框。

（3）在幻灯片空白处按住鼠标左键并拖动鼠标，即可在幻灯片中绘制出一个文本框，然后便可在文本框中输入文字。

（4）单击选中文本框，工具栏上方出现“绘图工具”栏，可以设置文本框的轮廓、填充颜色等，还可以打开“开始”选项卡对文字的字体、大小、行距等布局进行设置。

（5）单击按住文本框，可以拖动到幻灯片中任意合适的位置，也可以用鼠标拖动文本框的边缘或角落即可调整大小。

（6）选中文本框，通过按快捷键 Ctrl＋C 复制文本框，然后按 Ctrl＋V 组合键可在其他幻灯片中粘贴文本框内容。

【例 5.1】 打开“名人故事.pptx”，在第二页幻灯片插入横排文本框，输入内容“目录”，并设置文本框格式：形状填充-黄色，字体-居中。

操作步骤：

（1）打开“名人故事.pptx”，选中第二页幻灯片。

（2）单击“插入”选项卡中的“文本框”按钮，在幻灯片空白处按住鼠标左键并拖动鼠标，绘制出文本框后，输入文字“目录”。

（3）选中文本框，在顶端弹出的“绘图工具”栏中单击“形状填充”，选择“黄色”，段落设置中选择“居中”，如图 5.9 所示。

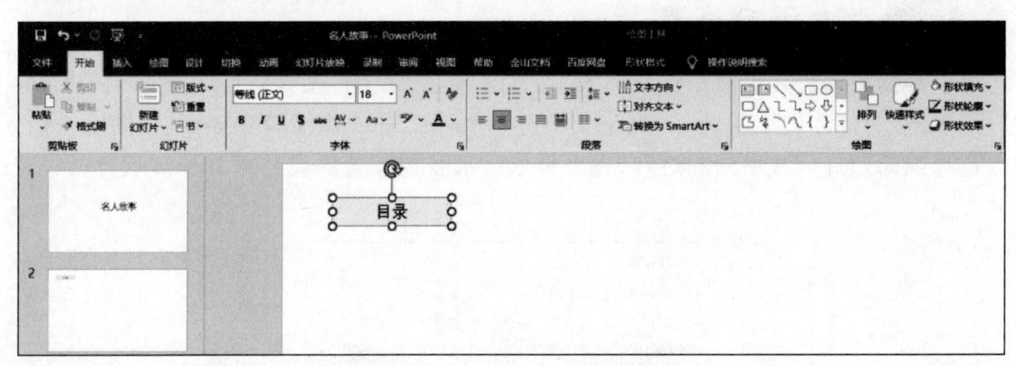

图 5.9 对文本框进行格式设置

5.2.5 演示内容录入：从文字大纲导入

若要快速创建演示文稿，也可在 Word 中创建具有标题级别的大纲，然后将大纲导入 PowerPoint。导入 Word 大纲后，PowerPoint 会将每个标题级别的内容识别为相应的文本框，并按照大纲结构进行层级展示。可以根据需要对导入的大纲内容进行格式化，包括字体、颜色、对齐方式等。以下是主要步骤。

（1）打开 PowerPoint，创建一个演示文稿。

（2）在“开始”选项卡中单击“新建幻灯片”。

（3）在弹出的菜单中选择“幻灯片(从大纲)”。

（4）在“插入大纲”对话框中，查找并选择本机设备的 Word 大纲，单击“插入”按钮。

【例 5.2】 把“计算机的特点与分类.docx”通过从大纲导入功能转换成 PowerPoint 演示文稿。

操作步骤：

（1）打开 PowerPoint，创建一个演示文稿。

（2）在“开始”选项卡中单击“新建幻灯片”。

（3）在弹出的菜单中选择“幻灯片(从大纲)”。

（4）在“插入大纲”对话框中，查找并选择“计算机的特点与分类.docx”文件，单击“插入”按钮，如图 5.10 和图 5.11 所示，保存演示文稿。

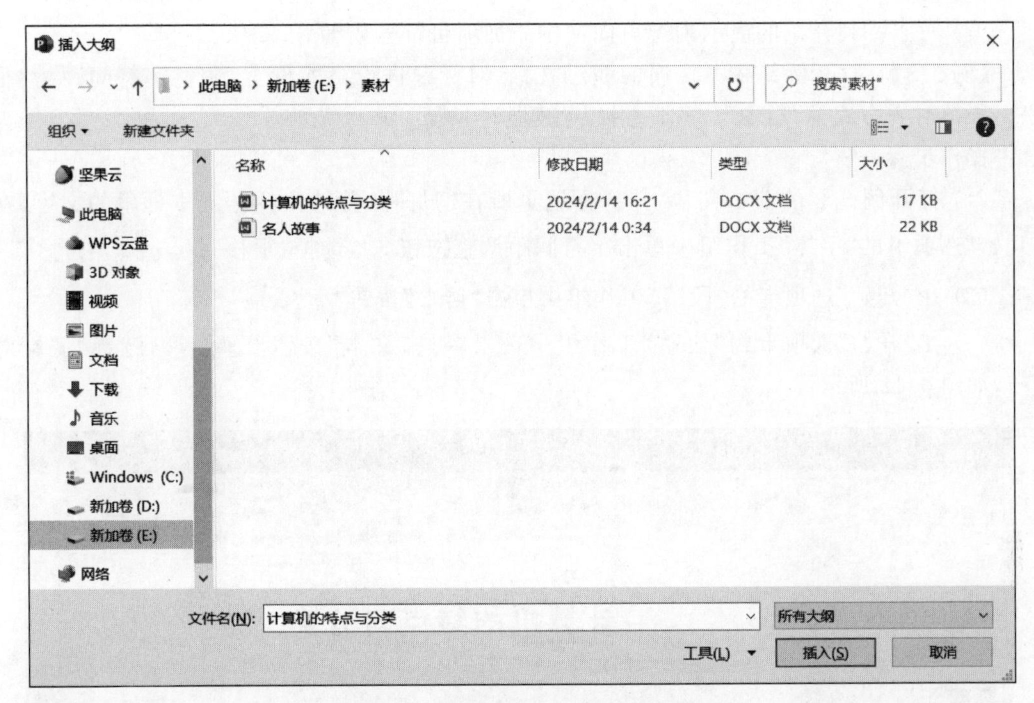

图 5.10　查找并选择 Word 大纲

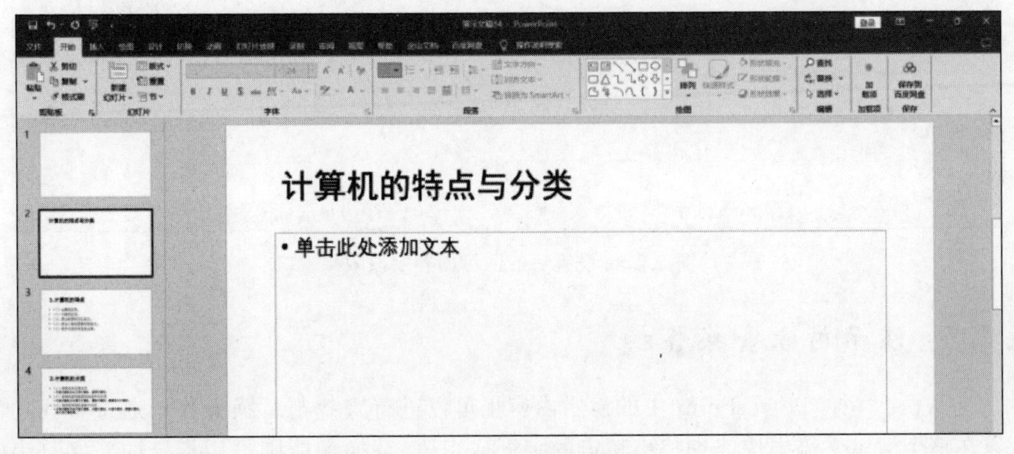

图 5.11　从大纲导入效果

5.2.6　演示内容字段效果

若要使幻灯片上的文本更易于阅读或更美观，可以对幻灯片上的文字与段落进行格式设置。PowerPoint 中的字段格式设置操作步骤与 Word 中的文字段落设置基本一致。以下是主要步骤。

(1) 打开 PowerPoint，创建或打开一个演示文稿。

(2) 选中要美化的文字或段落，工具栏上方会出现“绘图工具”栏，即可对文字设置艺术字样式。打开“开始”选项卡，对演示内容的字体与段落进行设置，包括更改字体、字号、文字对齐方式等。

(3) 对于并列介绍的演示内容可向文本添加项目符号或编号。

【例 5.3】 打开例 5.2 中转换的演示文稿，对标题进行格式设置，调整字符间距为“很松”，段落对齐方式为“居中”，对齐文本为“底端对齐”。

操作步骤：

(1) 打开例 5.2 的演示文稿，选择标题页所在幻灯片，并选中标题文本框里的文字，在“开始”选项卡的“字体”工作组中单击字符间距调整按钮 AV，选择“很松”。

(2) 在“开始”选项卡的“段落”工作组中单击“居中”按钮 ≡ 。

(3) 在“开始”选项卡的“段落”工作组中单击“对齐文本”按钮 对齐文本，选择“底端对齐”，如图 5.12 所示。

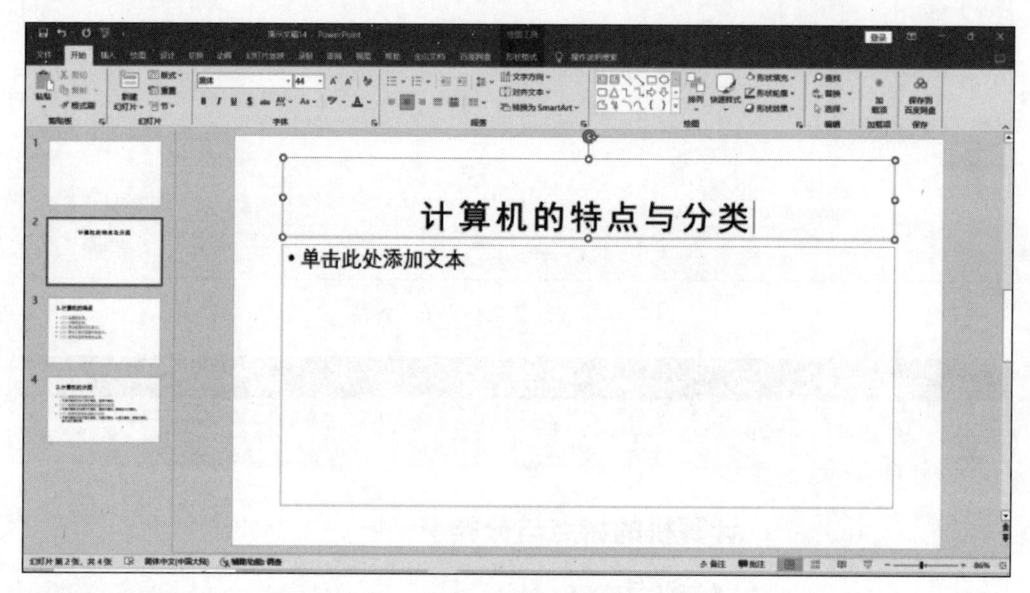

图 5.12 设置后的演示内容字段效果

5.2.7 演示内容查找替换

与 Word 一样，PowerPoint 中的演示内容也可以进行查找与替换操作。通过查找功能可以在整个演示文稿中快速查找出特定的字词或短语，替换功能则可用指定的新字符串替换原有的旧字符串。操作步骤与 Word 基本相同，可通过按 Ctrl＋F 组合键或单击“开始”选项卡中“编辑”工作组中的“查找”按钮 查找，如图 5.13 所示。

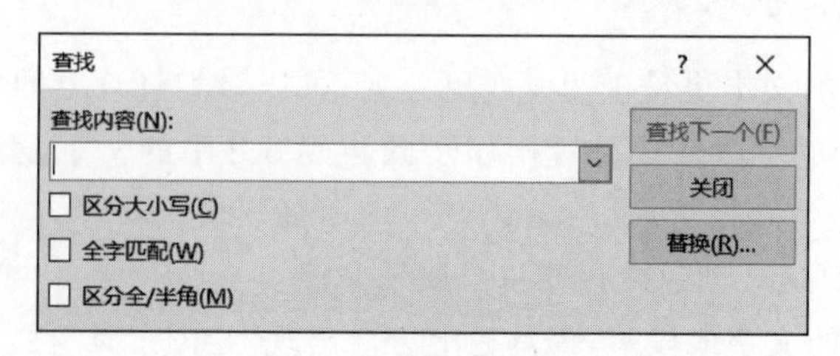

图 5.13 查找与替换

5.3 演示文稿图文混排

5.3.1 插入形状

PowerPoint 自带丰富的形状库,可根据需要将它们添加到幻灯片中,插入形状可以使幻灯片内容更好地呈现。以下是具体步骤。

(1) 打开 PowerPoint,创建或打开一个演示文稿。

(2) 在“插入”选项卡中,单击“形状”按钮,弹出形状库。

(3) 在形状库中选择想要添加的形状。

(4) 在幻灯片上单击并按住鼠标,拖动鼠标以确定“形状”的大小,然后松开鼠标,形状即被添加到幻灯片中。

(5) 单击选中形状即可对形状的颜色、轮廓和效果等进行更改,还可拖动到幻灯片中合适的位置。

(6) 双击选中形状,形状中央出现闪烁光标即可输入文字。

5.3.2 插入艺术字

PowerPoint 和 Word 一样,可以通过插入艺术字来美化演示文稿,艺术字是一种独特且具有吸引力的文本效果,可以让演示文稿更加美观。以下是具体步骤。

(1) 打开 PowerPoint,创建或打开一个演示文稿。

(2) 在“插入”选项卡中,单击“艺术字”按钮。

(3) 选择一种艺术字类型。

(4) 在弹出的编辑框中输入文字。

(5) 单击选择上面的旋转按钮,可以任意旋转文字。

(6) 单击选中艺术字,工具栏上方会出现“绘图工具”栏,可以对艺术字进行样式设计和修改,如图 5.14 所示。

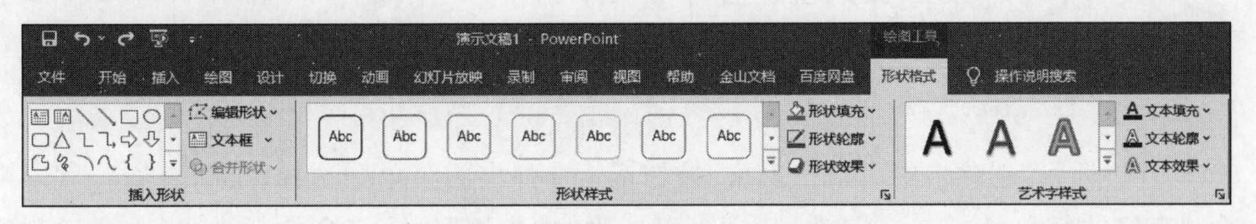

图 5.14 艺术字绘图工具栏

5.3.3 插入图片

在幻灯片中插入图片,有情景再现和辅助说明等作用,而且图文并茂的幻灯片更有效果,有利于演示文稿阅读者更直观地了解幻灯片内容。在 PowerPoint 中插入图片有以下常用方法。

(1) 在“插入”选项卡中单击“图片”按钮,在弹出的窗口中找到本机设备的图片进行插入。

(2) 在一些已设定版式或主题的幻灯片中,会带有添加图片的按钮图标,直接单击该图标进行图片添加。

(3) 通过复制粘贴进行图片插入。先在本机找到合适的图片，单击鼠标右键，在弹出的菜单中单击“复制”，图片就复制到剪贴板中了，再回到幻灯片单击“粘贴”，图片即被添加到该幻灯片中。

(4) 单击选中插入后的图片，工具栏上方会出现“图片工具”栏，可以对图片进行美化和添加效果等，如图 5.15 所示。

图 5.15　图片工具栏

5.3.4　插入表格

幻灯片中经常要展示数据，通过添加表格进行数据的展示，可以帮助观众更加直观地了解演示内容，还可以通过插入表格形象地展示大量的数据。在 PowerPoint 中插入表格有以下常用方法。

(1) 在“插入”选项卡中，单击“表格”按钮，在弹出的格子上拖动鼠标选择行数和列数，然后单击鼠标左键，表格即生成在该幻灯片中，如图 5.16 所示。

(2) 在“插入”选项卡中，单击“表格”按钮，在弹出的菜单中选择“插入表格”，手动输入行数和列数，然后单击“确定”按钮，即生成表格，如图 5.17 所示。

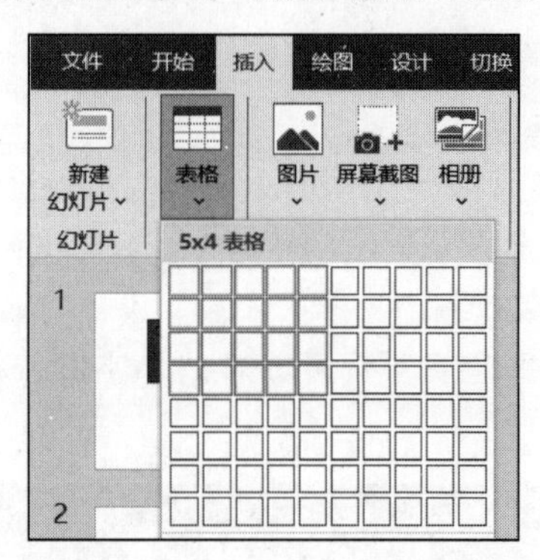

图 5.16　选择表格行数与列数

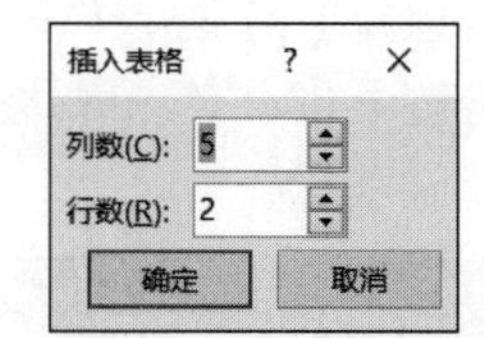

图 5.17　插入表格

(3) 在“插入”选项卡中，单击“表格”按钮，在弹出的菜单中选择“绘制表格”，可以亲自绘制表格的行和列，自行设计表格，还可以通过“橡皮擦”删除多余的表格线，或通过删除特定边框以达到合并单元格的效果。

(4) 在“插入”选项卡中，单击“表格”按钮，在弹出的菜单中选择“Excel 电子表格”，幻灯片中间出现 Excel 的空白表格，输入数据后用鼠标在幻灯片的空白位置单击，表格即插入成功，将鼠标放到表格右下角可以调整表格大小，鼠标双击表格即回到 Excel 编辑界面。

(5) 在一些已设定版式或主题的幻灯片中，会带有添加表格的按钮图标，直接单击该图标进行表格添加。

(6) 单击已插入的表格，工具栏上方即会出现“表格工具”栏，可对表格进行各种修改与设计，如图 5.18 所示。

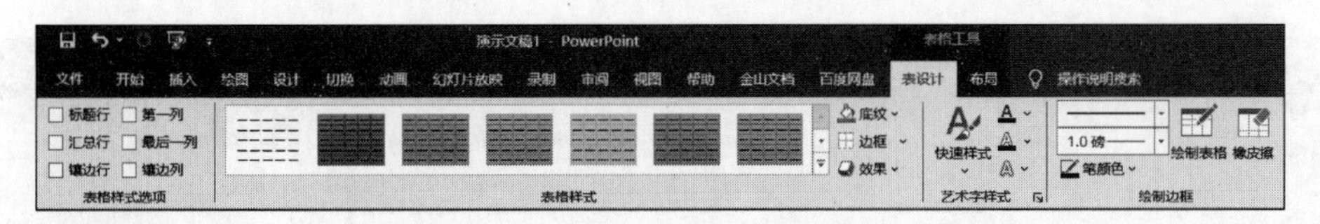

图 5.18　表格工具栏

5.3.5　插入图表

在幻灯片中插入图表可用于演示与比较数据，是常用的演示手段。而 PowerPoint 中含有多种不同的类型的图表，如柱形图、饼图、折线图等，可以满足用户不同的演示场景需求。以下是具体步骤。

(1) 打开 PowerPoint，创建或打开一个演示文稿。

(2) 在“插入”选项卡中，单击“图表”按钮 。

(3) 选择图表类型并单击“确定”按钮。

(4) 插入图表后在弹出的 Excel 表里进行数据填充，图表内容会同步更改，图表参数设置方法与 Excel 相同。

(5) 单击图表，工具栏上方会出现“图表工具”栏，可以对图表进行格式修改和设计，如图 5.19 所示。

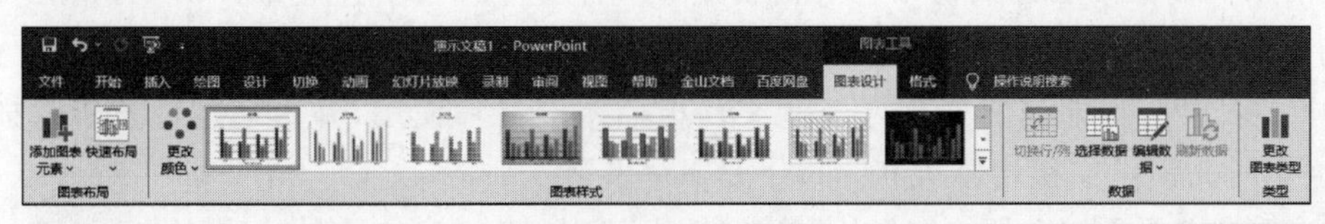

图 5.19　图表工具栏

5.3.6　插入智能图形

智能图形是一种直观的信息交流方式，是指 PowerPoint 中内置的复杂的图形组合，方便用户直接插入使用，省去排版的步骤，包含列表、关系图、流程图、关系结构图等。以下是具体步骤。

(1) 打开 PowerPoint，创建或打开一个演示文稿。

(2) 在“插入”选项卡中，单击 SmartArt 按钮 。

(3) 选择符合信息表达要求的图形类型，并单击“确定”按钮。

(4) 返回幻灯片界面即出现成功添加的 SmartArt 图形，单击即可在旁边的编辑框进行内容的编辑，以达到信息表达效果，如图 5.20 所示。同时也可在页面顶端出现的“SmartArt 工具”栏中进行样式的修改与设计。

5.3.7　插入音频/视频媒体

为了增加演示文稿的吸引力和效果，用户可以在演示文稿中插入音频、视频等多媒体素材。音频和视频文件在插入时都可以选择“直接插入”或“链接到文件”。“直接插入”即插入嵌入式的文件，会增加演示文稿的文件大小；“链接到文件”则可以保持较小的文件大小，但为了保证链接的有效性，应先保持多媒体素材和演示文稿存放的文件夹相同，然后再链接到此文件夹。

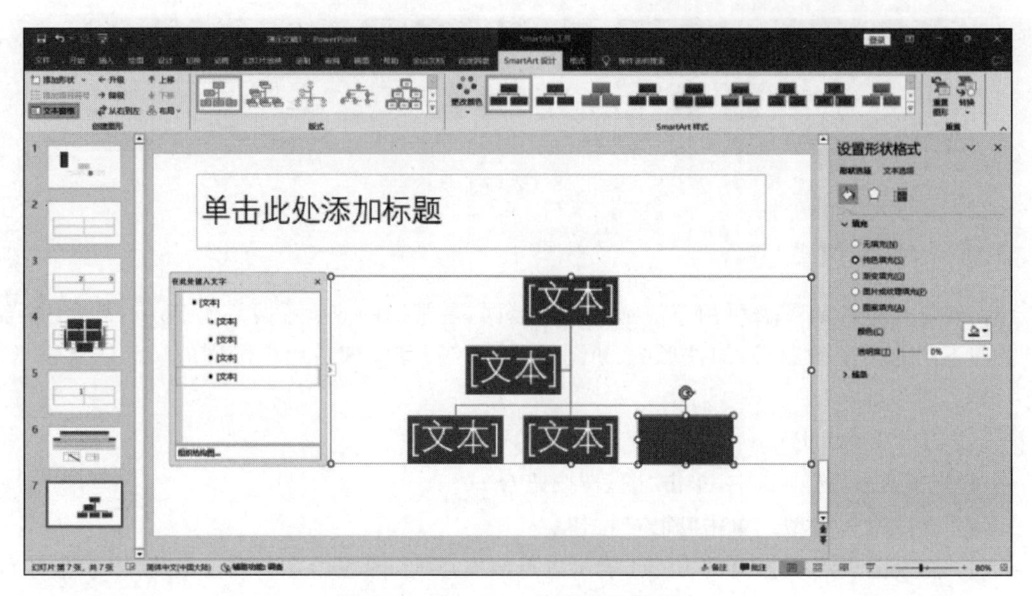

图 5.20 SmartArt 图形编辑状态图

1. 插入音频

在演示文稿中添加背景音乐、旁白、歌曲等声音文件可以增强效果，PowerPoint 支持插入本机计算机上的音频和录制音频，支持的音频格式包括 MP3、MID、WAV、WMA、AU 等，用户可以根据需求提前处理好音频文件再插入幻灯片使用，并可通过设置音频播放规则，在演示时为演示文稿增添气氛。以下是具体步骤。

(1) 选择需要添加音频的幻灯片，单击“插入”选项卡中“媒体”工作组中的“音频”按钮🔊，在打开的下拉列表中选择“PC 上的音频”或“录制音频”。

(2) 选择“PC 上的音频”，将打开“插入音频”对话框，找到需要插入的音频文件并单击“插入”按钮，当前幻灯片上即会出现音频图标🔊。

(3) 设置音频播放规则，选中音频图标，工具栏上方会出现“音频工具”栏，包含“音频格式”和“播放”选项卡，用户可以根据情况编辑音频、设置音频选项和样式等。

(4) 选择“录制音频”，在弹出的音频录制框中进行录音，且必须确保设备麦克风是打开的，录制后可对音频重命名。

【例 5.4】 打开“练习(插入音频). pptx”，在第 1 张幻灯片中插入音乐“music. mp3”，自动播放。

操作步骤：

(1) 打开“练习(插入音频). pptx”，选择第 1 张幻灯片。

(2) 单击“插入”选项卡“媒体”组中的“音频”按钮，并选择“PC 上的音频”。

(3) 在打开的“插入音频”对话框中，选择要插入的音频文件“music. mp3”，单击“插入”按钮，音频将插入幻灯片中，系统默认的播放方式是单击。

(4) 单击“音频工具”栏中的“播放”选项卡，在“音频选项”工作组的“开始”下拉菜单中选择“自动”。

2. 插入视频

要让演示文稿更生动和直观，可以插入视频。视频是一种可以提升演示文稿视觉效果的多媒体元素。在 PowerPoint 中可插入本机视频和联机视频，支持的视频文件格式主要有 AVI、MP4、WMV、MPG、ASF 等。以下是具体步骤。

(1) 选择需要添加视频的幻灯片，单击“插入”选项卡中“媒体”工作组中的“视频”按钮，在打开的下拉列表中选择“PC 上的视频”或“联机视频”。

(2) 选择“PC 上的视频”，将打开“插入视频文件”对话框，选择需插入的视频文件，单击“插入”按钮，或在下拉菜单中选择“链接到文件”，当前幻灯片即出现该视频。

(3) 设置视频播放规则，单击选中视频后，工具栏上方会出现“视频工具”栏，包含“视频格式”和“播放”选项卡，可以根据需要编辑视频、设置视频选项等，如图 5.21 所示。

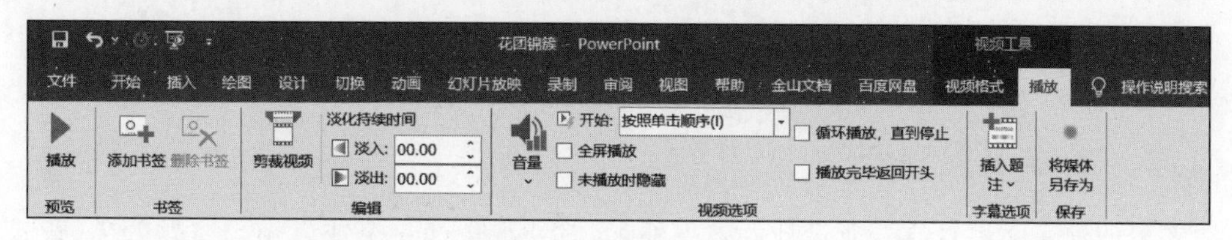

图 5.21　视频工具栏

5.3.8　插入备注、批注

1. 备注

在演示期间，演讲者可以在显示器上看到演讲者备注，而观众则看不到。因此，“备注”窗格是一个用于存储演讲者在进行演示时想要提及的讨论点的地方，演讲者在演示过程中可以根据备注查看参考内容，提高演示的精度。以下为操作步骤。

“备注”窗格是一个方框，位于每张幻灯片的下方。空白的“备注”窗格将会带有以下提示文本“单击此处添加备注”，请在此处输入演讲者备注，如图 5.22 所示。也可打开“视图”选项卡，在“显示”工作组中单击“备注”按钮。计算机连接到投影仪且用户启动幻灯片放映时，使用“演示者视图”，用户可在演示时查看备注，而观众只能看到幻灯片。

图 5.22　插入备注

2. 批注

如果希望别人审阅你创建的演示文稿并提供反馈，或者如果同事希望你给出对某个演示文稿的反馈，便可使用批注。批注是一条注释，可以将其关联至幻灯片上的一个字母或单词，或者整张幻灯片。以下为操作步骤。

首先选中需要进行批注的位置，可以是幻灯片中某一个词或图片等其他对象，单击“插入”选项卡中的“批注”按钮；页面右侧即会出现批注工作窗格，输入批注内容即可，插入批注后关联的对象则会出现一个红色的对话气泡图标，单击该图标即会显示该批注，如图 5.23 所示。

也可单击“审阅”选项卡中“批注”工作组中的“新建批注”按钮插入批注，“批注”工作组中还有删除批注、显示上一条/下一条等批注的相关操作。

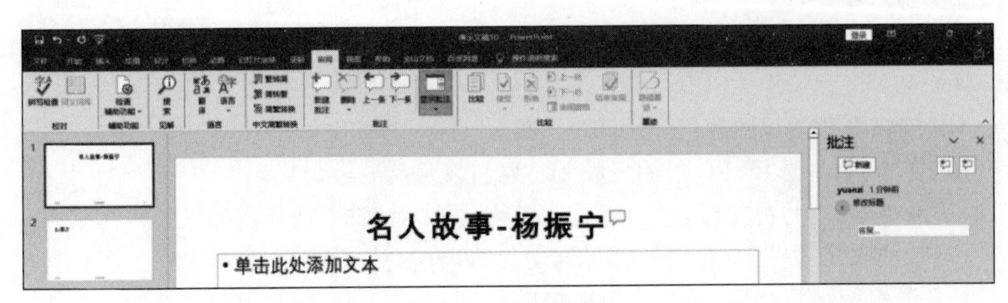

图 5.23　插入批注

5.4　文稿修饰美化

5.4.1　文稿主题设计

若要使演示文稿具有专业设计的效果外观（该外观包括一个或多个与主题颜色、背景、主题字体和主题效果协调的版式），可应用幻灯片主题。主题还可应用于幻灯片中的表格、SmartArt 图形、形状或图表。

PowerPoint 2016 提供了多种主题样式，用户可以直接应用主题，也可以对主题颜色、主题字体或主题效果进行修改。

1. 套用主题

选择要应用主题的幻灯片，打开“设计”选项卡的“主题”工作组中，单击下拉列表中选择所需的主题选项即可，如图 5.24 所示。

图 5.24　主题样式列表

2. 修改主题

1）修改主题颜色方案

在“设计”选项卡的“变体”工作组中，单击右下角的“其他”下拉按钮，在打开的下拉列表中选择“颜色”选项，再在打开的子列表中选择一种主题颜色，即可将颜色方案应用于所有幻灯片，如图 5.25 所示。用户也可通过“自定义颜色”选项，打开“新建主题颜色”对话框，对幻灯片的主题颜色进行自定义设置。

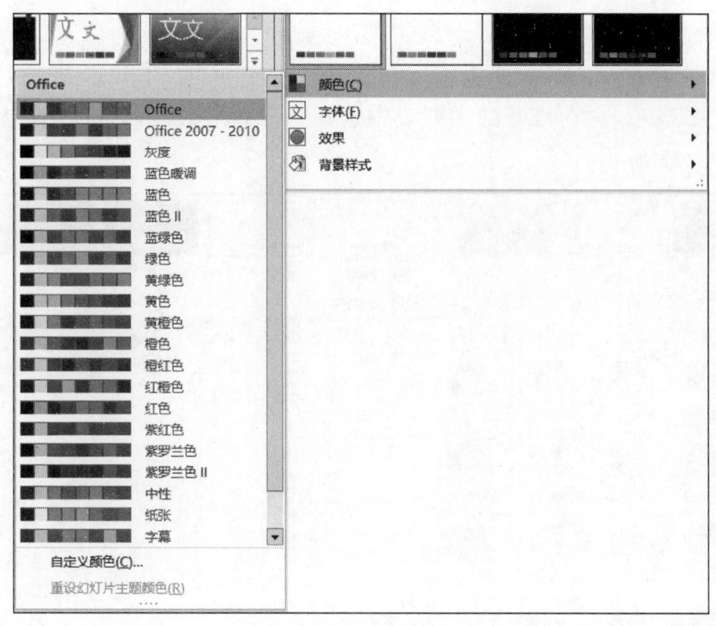

图 5.25　修改主题颜色

2）修改字体方案

在“设计”选项卡的“变体”工作组中，单击右下角的“其他”下拉按钮，在打开的下拉列表中选择“字体”选项，再在打开的子列表中选择一种字体选项，即可将字体方案应用于所有幻灯片，如图 5.26 所示。用户也可通过“自定义字体”选项，打开“新建主题字体”对话框，对幻灯片中的标题和正文字体进行自定义设置。

图 5.26　修改字体

3）修改效果方案

在“设计”选项卡的“变体”工作组中，单击右下角的“其他”下拉按钮，在打开的下拉列表中选择“效果”选项，再在打开的子列表中选择一种效果选项，即可将效果方案应用于所有幻灯片，如图 5.27 所示。

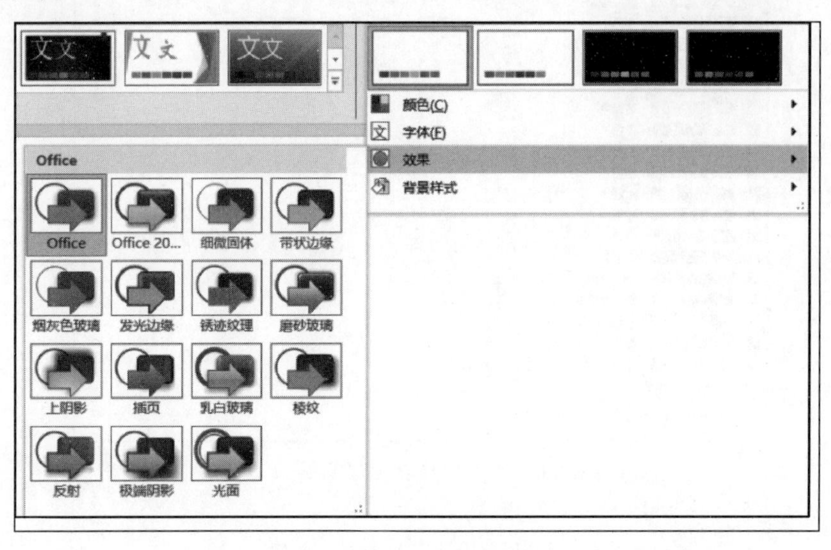

图 5.27　修改主题效果

5.4.2　幻灯片背景格式

对于演示文稿中的幻灯片，可以为其填充纯色、渐变色、图片、纹理、图案等效果的背景，从而美化与优化幻灯片。

选中需要进行背景设置的幻灯片，在“设计”选项卡的“自定义”工作组中，单击“设置背景格式”按钮；或者在幻灯片上右击，在弹出的快捷菜单中选择“设置背景格式”命令，打开“设置背景格式”对话框，如图 5.28 所示。在对话框中可根据需要进行幻灯片背景的设置。

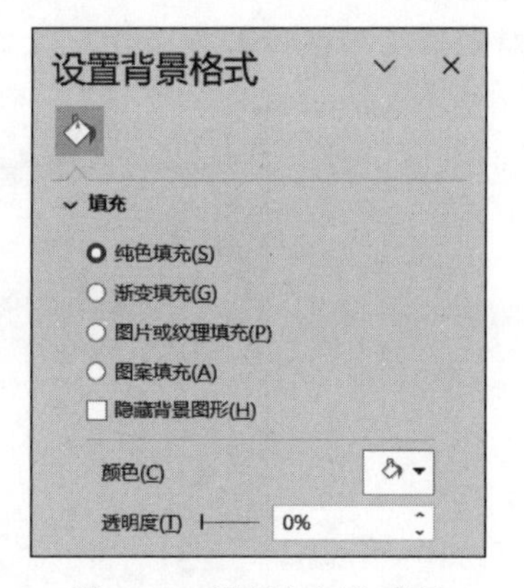

图 5.28　设置幻灯片背景

5.4.3　幻灯片版式应用

幻灯片版式是 PowerPoint 中的一种常规排版格式，即幻灯片内容在幻灯片上的排列方式，通过应用版式，可以使幻灯片的内容布局更合理和美观。版式由占位符组成，占位符是幻灯片版式上的虚线容器，可以放置各种类型的对象，如标题、正文、文本、表格、图表、SmartArt 图形、图片、剪贴画、视频和声音等内容。幻灯片版式还包含幻灯片的“颜色”“字体”“效果”和“背景”（统称为主题），应用方法如下。

（1）选中要应用或修改版式的幻灯片，单击“开始”选项卡中“幻灯片”工作组中的“版式”按钮，在下拉菜单中选择合适的版式；或者鼠标右击选中目标幻灯片，在弹出的菜单中选择“版式”命令，以上均可将选择的幻灯片版式应用于当前幻灯片中，如图 5.29 所示。

（2）通过新建幻灯片，直接新建选定版式的幻灯片。单击“开始”选项卡中“幻灯片”工

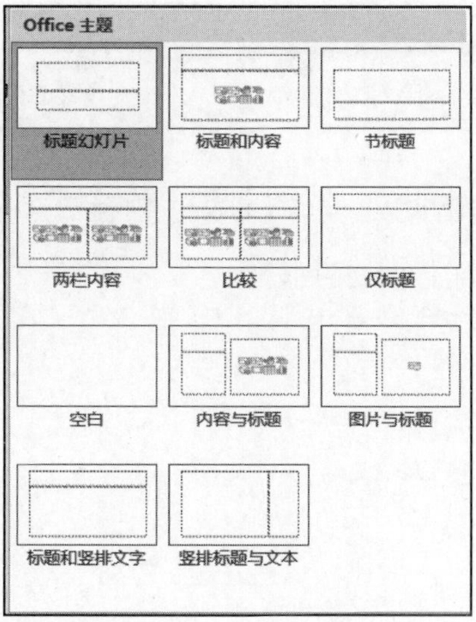

图 5.29　幻灯片版式列表

作组中的“新建幻灯片”按钮，在下拉菜单中选择合适的版式。

（3）新建演示文稿的第一页幻灯片默认是“标题幻灯片”版式。

5.4.4　幻灯片母版设计

母版可以统一幻灯片的风格和布局，整个演示文稿中每一张幻灯片上可出现的显示内容都包含在母版内，如占位符、动作按钮、图片等。PowerPoint 母版包含幻灯片母版、讲义母版和备注母版，它们的作用和视图模式各不相同。

1. 幻灯片母版

幻灯片母版是母版中最常用的，如果要使整个演示文稿中所有幻灯片使用相同的字体样式和图像（如徽标），用户可以通过幻灯片母版设计实现幻灯片统一风格。幻灯片母版控制着整个演示文稿的外观，如果要统一修改多张幻灯片的外观，只需在相应幻灯片版式的母版上进行修改即可。

在“视图”选项卡的“母版视图”工作组中，单击“幻灯片母版”按钮，进入幻灯片母版视图。视图中的左侧为“幻灯片版式选择”窗格，右侧为“幻灯片母版编辑”窗口，如图 5.30 所示。

在“幻灯片版式选择”窗格中选择相应的幻灯片版式后，便可在右侧的“幻灯片母版编辑”窗口中对幻灯片的标题、文本格式、形状样式、背景效果、页面设置等进行设置。幻灯片母版中还可以插入文本、图片、声音、SmartArt 图等对象，但通常只添加通用对象，即在大部分幻灯片中都需要使用的对象，插入的方法与在幻灯片中插入的方法类似，完成编辑后单击“关闭母版视图”按钮，即可退出母版。在幻灯片母版中更改和设置的内容将应用于同一演示文稿中所有应用了该版式的幻灯片。

2. 讲义母版

在“视图”选项卡的“母版视图”工作组中，单击“讲义母版”按钮，即可进入讲义母版视图，如图 5.31 所示。在“讲义母版”选项卡中，包含“页面设置”“占位符”“编辑主题”“背景”4 个组，利用它们可完成讲义母版的相应设置。

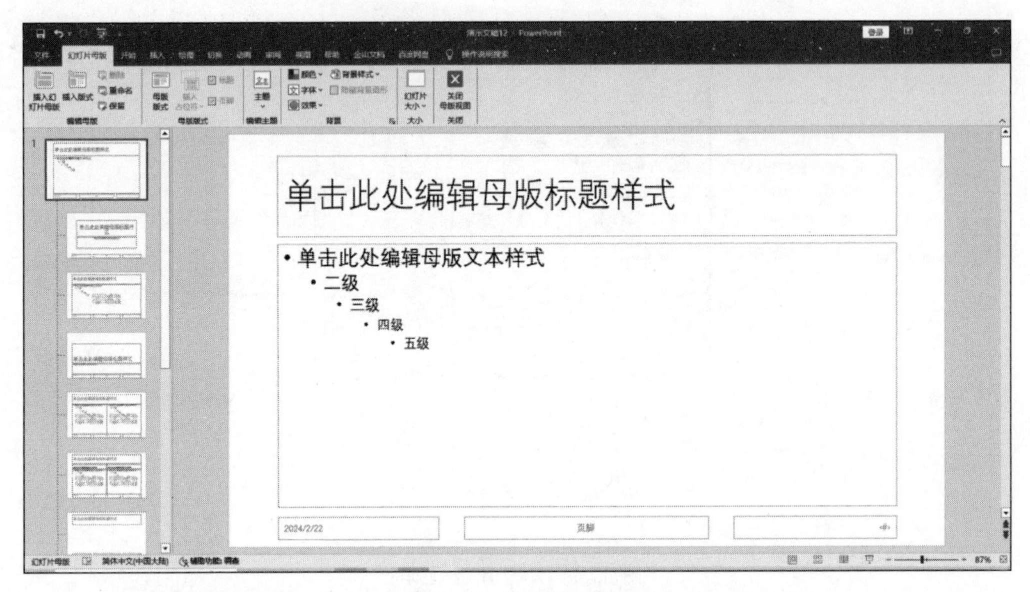

图 5.30　幻灯片母版

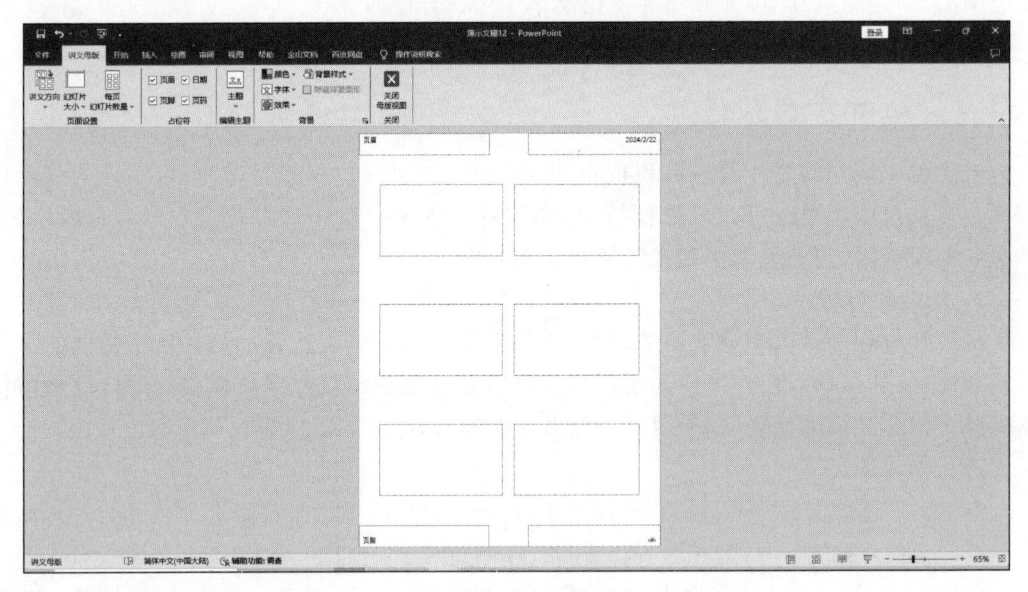

图 5.31　讲义母版

3. 备注母版

在“视图”选项卡的“母版视图”工作组中，单击“备注母版”按钮，即可进入备注母版视图。备注母版主要用于对幻灯片备注窗格中的内容进行格式设置，选择各级标题文本后即可对其字体格式等进行设置。

5.4.5　幻灯片页眉页脚

页眉和页脚的内容将在每个打印页的顶端和底端重复显示，主要可以用于展示幻灯片或讲义与备注的页码、编号、日期和时间等。设置页眉和页脚可以提高演示文稿的可读性和排版清晰度。以下是操作步骤。

(1) 在“插入”选项卡里单击“页眉与页脚”按钮 ，在弹出的窗口中选择“幻灯片”选项卡或“备注和讲义”选项卡，如图 5.32 所示。

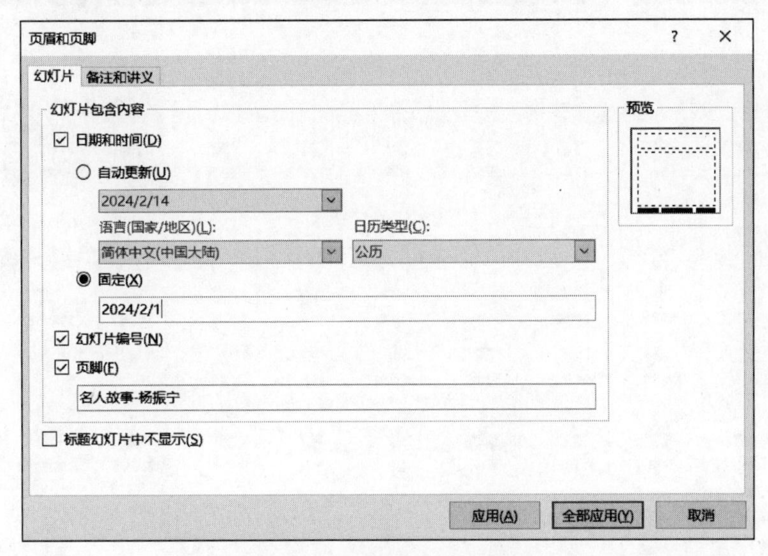

图 5.32　设置页眉和页脚

(2) 幻灯片可勾选“日期和时间”“幻灯片编号”和“页脚”。

(3) 备注和讲义可勾选“日期和时间”“页码”“页眉和页脚”。

(4) 页眉和页脚可以根据演示文稿自行编辑内容。

5.5　文稿交互优化设计

5.5.1　添加对象动画

动画可以为幻灯片注入活力，使演示文稿更有生气，是一种常用的表现效果。动画包括进入动画、退出动画、强调动画和动作路径动画，用户可以根据幻灯片中的文本、图片、表格等对象的特点和演示目的设置不同的动画效果。每一种动画效果又包含基本型、细微型、温和型、华丽型 4 种。

进入动画：对象在幻灯片放映时进入放映界面的动画效果。

退出动画：对象在幻灯片放映时退出放映界面的动画效果。

强调动画：对象在幻灯片放映过程中需要强调的动画效果。

动作路径动画：指定某个对象在幻灯片放映过程中的运动轨迹。

1. 添加动画

1) 添加单一动画

添加单一动画效果是指为某个对象或多个对象添加单一的进入、退出、强调或动作路径动画。

(1) 在幻灯片中选中要添加单一动画效果的对象，单击“动画”选项卡中的“动画”工作组，默认显示的是“进入”动画，可单击下拉菜单按钮选择其他动画，如图 5.33 所示。

(2) 如果下拉菜单中的动画效果都不满足需求，可以选择“更多 ** 效果”的命令，弹出

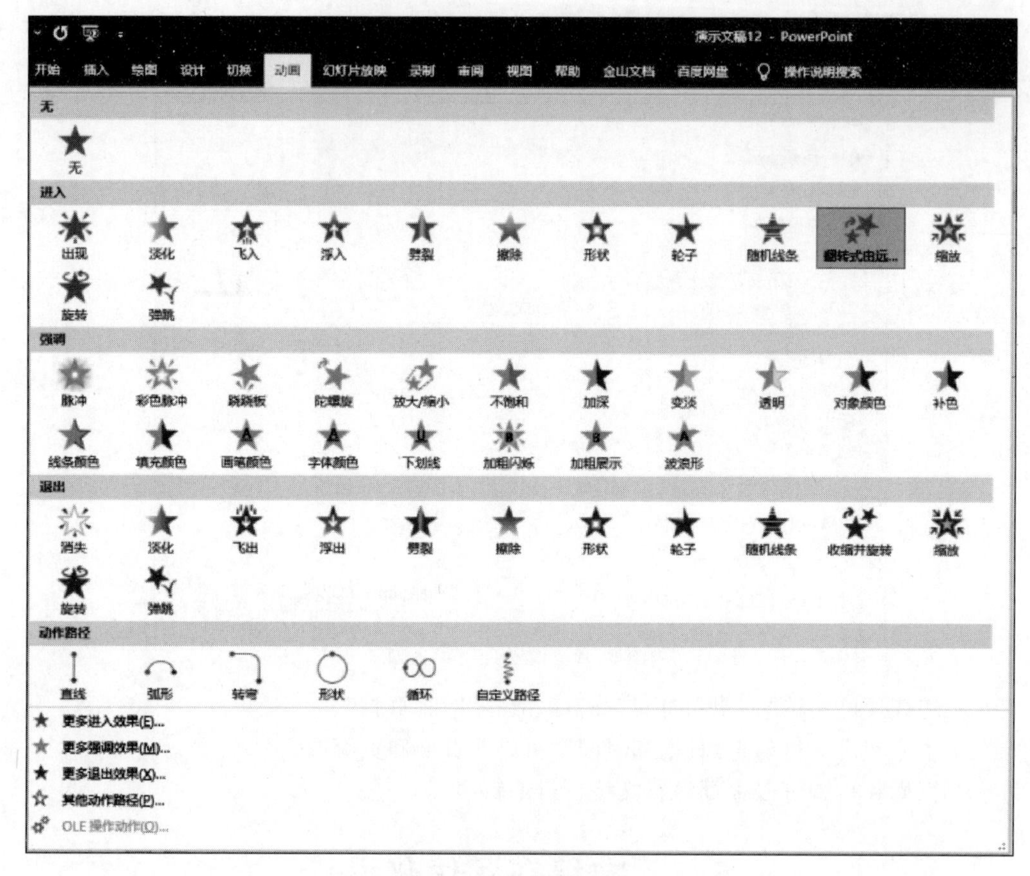

图 5.33　动画样式列表

的窗口中包含该动画 4 种类型的所有效果，选择合适的动画效果后单击“确定”按钮即可。

(3) 为对象添加动画效果后，该对象左上角会出现数字标识，数字顺序代表动画播放的顺序，单击数字标识可以设置动画或直接按 Delete 键删除动画。

2) 添加组合动画

添加组合动画效果是指为同一个对象同时添加进入、退出、强调或动作路径中的多个动画。

(1) 在幻灯片中选中要添加组合动画效果的对象，单击“动画”选项卡中“高级动画”工作组中的“添加动画”按钮，在下拉菜单中选择第一个动画，再重复以上操作选择多个动画，添加组合动画后，该对象左上角会出现重叠的多个数字标识。

(2) 单击“高级动画”工作组中的“动画窗格”按钮 动画窗格 ，可以在出现的动画窗格中对添加的多个动画进行移动、删除和动作设置等操作，如图 5.34 所示。

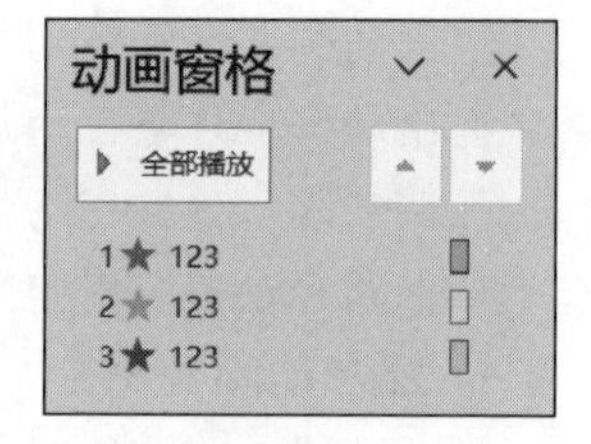

图 5.34　动画窗格

2. 编辑动画

添加动画后，还可以对动画方向、运行方式、顺序、声音、动画长度等内容进行编辑，使动画效果在播放时更具条理性，每种动画都有不同的效果选项。编辑动画可通过“动画”选项卡中的“动画”工作组、“高级动画”工作组、“计时”工作组中的相应按钮来完成，如图 5.35 所示。

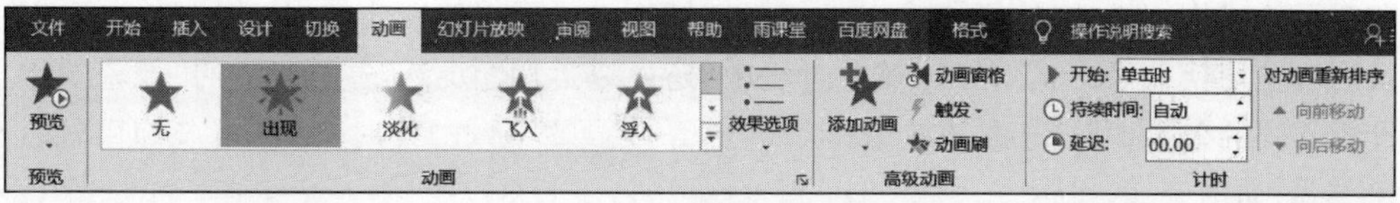

图 5.35 “动画”选项卡

(1) 改变动画效果：效果主要包括方向、序列、消失点等，可通过“动画”工作组的“效果选项”下拉按钮完成，不同的动画其对应的“效果选项”图标都有所不同。根据不同的动画，“效果选项”里会有不同的内容，如“飞入”的效果选项有方向、序列，“轮子”的效果选项则有轮辐图案和序列。

(2) 设置动画运行方式：动画运行方式包括“单击时”“与上一动画同时”“上一动画之后”三种方式，可在“计时”工作组的“开始”下拉列表中选择。

(3) 改变动画顺序：选定对象，单击“计时”组中的“向前移动”“向后移动”按钮可对动画重新排序，同时对象左上角的动画序号也会相应变化。也可在“动画窗格”里用鼠标直接拖动更换顺序。

(4) 给动画添加声音：单击“动画”选项卡“动画”工作组右下角的按钮，在弹出的其他效果对话框中选择“效果”选项卡，在“声音”下拉列表中选择合适的声音，如图 5.36 所示。

(5) 设置动画运行时长：动画运行时长包括非常快(0.5 秒)、快速(1 秒)、中速(2 秒)、慢速(3 秒)、非常慢(5 秒)、20 秒(非常慢)6 种。单击“动画”选项卡“动画”工作组右下角的按钮，打开“计时”选项卡，在“期间”下拉列表中进行选择即可，如图 5.37 所示。

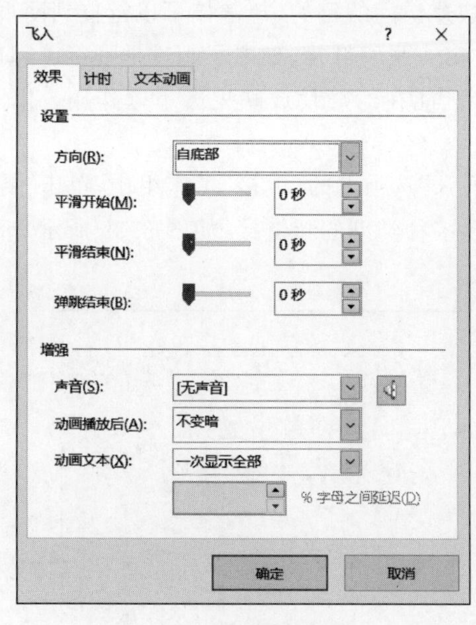

图 5.36　给动画添加声音

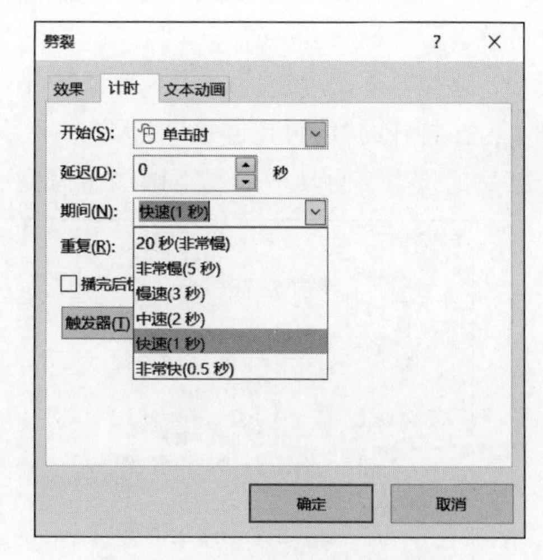

图 5.37　动画运行时长的设置

5.5.2　添加切换效果

幻灯片切换指在演示文稿放映期间，从一张幻灯片到另一张幻灯片出现的视觉效果，使幻灯片之间的衔接和过渡更加自然、生动。切换效果分为细微、华丽、动态内容三种，每一种又有多种样式供用户选择，用户可以为每张幻灯片设置不同的切换效果，也可整个演示文稿设置同一种切换效果。在幻灯片切换过程中，还可以运用“切换”选项卡中的“效果选项”按钮设置不同的效果，如切换的方向、形状、轨道等，还可以通过“计时”工作组添加声音、设置换片方式，如图 5.38 所示。

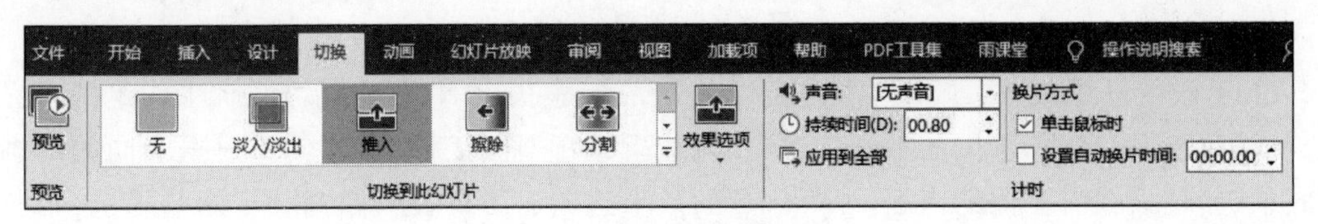

图 5.38 “切换”选项卡

【例 5.5】 在“动画素材.pptx”中完成以下任务：设置幻灯片切换效果为“华丽”的形状效果选项为“溶解”，持续时间为 0.8，换片方式为“单击鼠标时”，全部幻灯片应用该切换效果。

操作步骤：

(1) 打开“动画素材.pptx”，在“切换”选项卡的“切换到此幻灯片”组中，单击“其他”下拉按钮，在打开的对话框中选择“华丽型”栏中的“溶解”。

(2) “计时”组中，在“持续时间”下拉列表中设置持续时间为 0.8；“换片方式”栏中勾选“单击鼠标时”复选框；单击“应用到全部”按钮。

5.5.3 添加超链接

在 PowerPoint 中，可以通过创建链接达到快速访问的目的，超链接可以链接到网页、文件，也可以是从一张幻灯片到不同演示文稿中的另一张幻灯片、到电子邮件地址等。超链接可以从文本、图像、图形等对象上创建，且超链接只能在幻灯片放映视图下起作用。以下是操作方法。

(1) 选择要创建超链接的文本或对象，在“插入”选项卡的“链接”工作组中，单击“链接”按钮，在打开的“编辑超链接”对话框中可设置多种类型的超链接，如图 5.39 所示。添加超链接后的文本会自动增加了下画线作为提示。

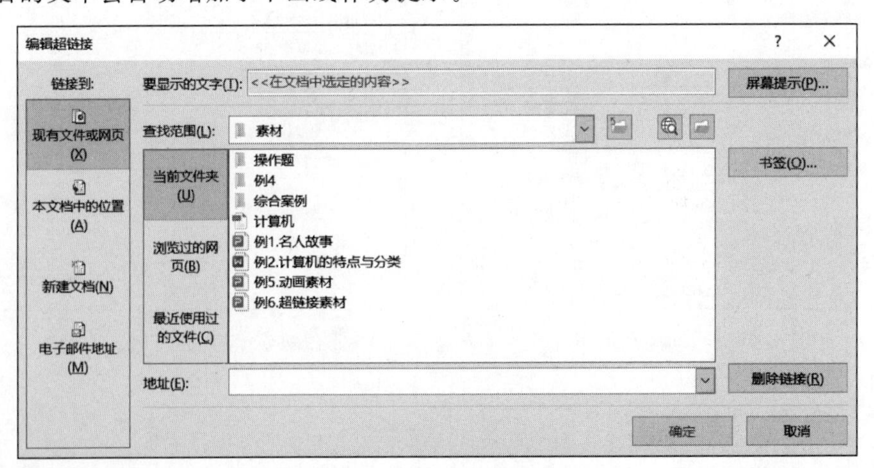

图 5.39 “编辑超链接”对话框

(2) 以动作按钮表示超链接，在“插入”选项卡的“插图”工作组中，单击“形状”下拉按钮，在下拉菜单中的“动作按钮”区中选择所需的动作按钮，如图 5.40 所示。插入动作按钮后，将自动打开“操作设置”对话框，如图 5.41 所示。在对话框中可设置动作按钮的超链接，如下一张幻灯片、上一张幻灯片、第一幻灯片、最后一张幻灯片、结束放映等。

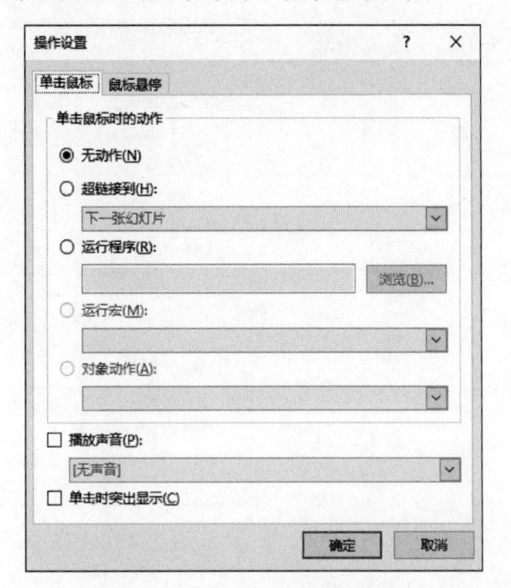

图 5.40 动作按钮区

图 5.41 “操作设置”对话框

【例 5.6】 打开“超链接素材.pptx”，完成超链接设置。为第一张幻灯片“第一章”插入超链接，链接到网址“https://www.baidu.com/”；为第二张幻灯片设置使用动作按钮链接转到主页。

操作步骤：

(1) 打开“超链接素材.pptx”，在第一张幻灯片中选择“第一章”，单击“插入”选项卡“链接”组中的“链接”按钮，打开“编辑超链接”对话框，选择“现有文件或网页”选项，在“地址”文本框中输入“https://www.baidu.com/”，单击“确定”按钮，如图 5.42 所示。

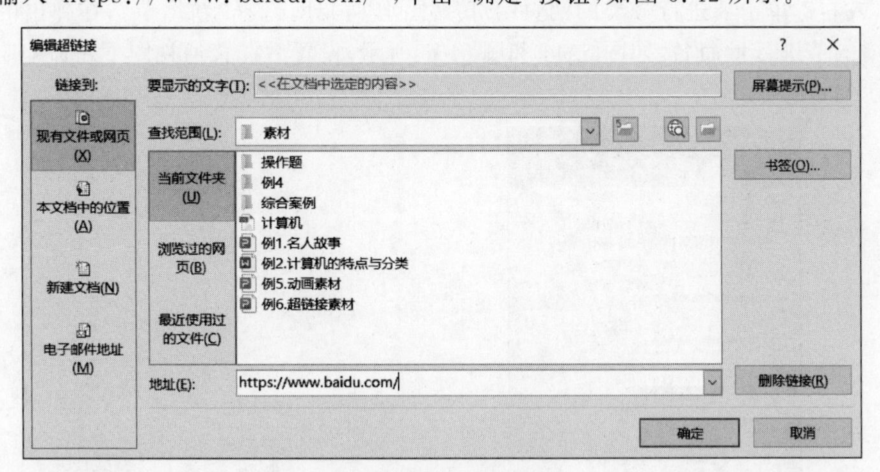

图 5.42 超链接网页

(2) 打开第二张幻灯片，单击“插入”选项卡中“插图”工作组中的“形状”按钮，在下拉菜单中的“动作按钮”区单击“转到主页”按钮，并在幻灯片空白处拖动鼠标插入。

(3) 插入按钮后随即会弹出“操作设置”对话框，在“单击鼠标”选项卡中的“超链接到”下拉菜单中选择“第一张幻灯片”，如图 5.43 所示。

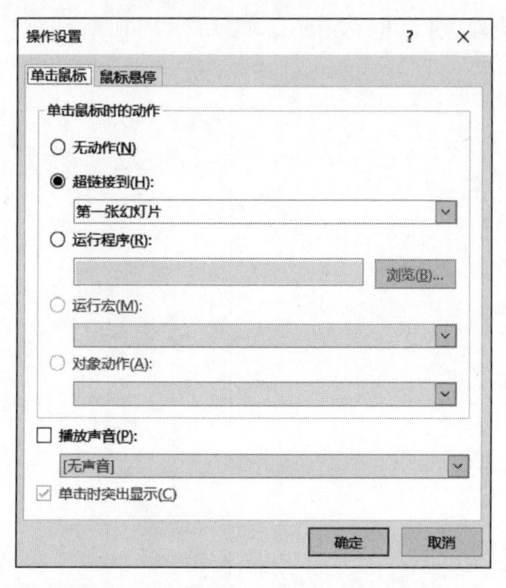

图 5.43　超链接本文档中的幻灯片

5.5.4　按节组织幻灯片

有时候，整个演示文稿的幻灯片页数和内容较多，需要对其进行分组整理，使用“节”的功能，可以实现幻灯片的分组与整理，包括新增节、重命名节和删除节。“节”是一个用于对幻灯片页进行组织和管理的工具。它的主要作用是对幻灯片进行分类，类似于文件夹功能，可以协助用户更有效地规划和整理演示文稿的内容结构。

1. 新增节、重命名节

鼠标选中要进行分节的起始幻灯片，单击“开始”选项卡中“幻灯片”工具区里的“节”按钮 节 ，或右键单击要进行分类的两页幻灯片之间空白处，选择“新增节”，在弹出的对话框中对新增的节进行重命名，如图 5.44 和图 5.45 所示，设置后在普通视图下左边缩略图即会按节显示幻灯片分布。

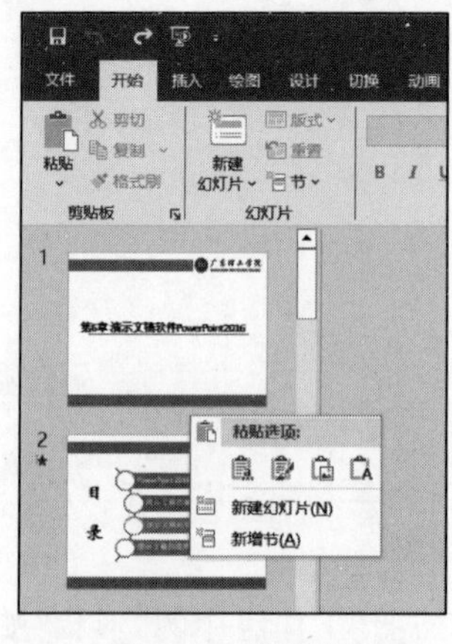

图 5.44　新增节

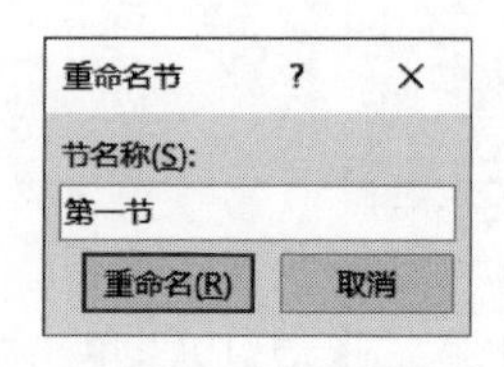

图 5.45　重命名节

2. 删除节

删除节功能可以删除某一节或删除演示文稿所有节，单击“开始”选项卡中“幻灯片”工具区里的“节”按钮 ，选择“删除节”或“删除所有节”。

5.6 文稿放映输出

5.6.1 幻灯片放映设置

幻灯片放映即整个演示文稿设计与制作好后，可以开始进行向观众演示，放映功能也是PowerPoint与其他办公软件的一个重要区别。

1. 放映幻灯片

在PowerPoint中，幻灯片放映方式包括“从头开始”“从当前幻灯片开始”和“自定义幻灯片放映”。

1）从头开始放映

（1）在“幻灯片放映”选项卡的“开始放映幻灯片”工作组中，单击“从头开始”按钮 。

（2）按F5键，将从第一张幻灯片开始放映。

2）从当前幻灯片开始放映

（1）在“幻灯片放映”选项卡的“开始放映幻灯片”工作组中，单击“从当前幻灯片开始”按钮 。

（2）或者按Shift＋F5组合键。

（3）单击底部状态栏上的“幻灯片放映”按钮 ，将从当前幻灯片开始放映。

3）自定义幻灯片放映

该模式仅显示用户选择的幻灯片，需要通过新建自定义放映来实现。

（1）在“幻灯片放映”选项卡的“开始放映幻灯片”工作组中，单击“自定义幻灯片放映”按钮 。

（2）在弹出的“自定义放映”对话框中单击“新建”按钮。

（3）在弹出的“定义自定义放映”对话框中设置自定义放映的名称，并在左侧选中要添加的幻灯片，单击“添加”按钮，再单击“确定”按钮。

（4）新建的放映会出现在“自定义放映”对话框中，选中并单击“放映”按钮。

2. 切换放映

在放映幻灯片的过程中，经常需要切换放映，如切换到上一张或切换到下一张幻灯片，此时就需要使用幻灯片放映的切换功能。

（1）切换到上一张幻灯片：按PageUp键、按←键、按BackSpace键或向上滚动鼠标滑轮。

（2）切换到下一张幻灯片：单击鼠标左键、按空格键、按Enter键或按→键或向下滚动鼠标滑轮。

5.6.2 文稿打印输出

1. 演示文稿打印

演示文稿设计和制作好后，可以进行打印，打开“文件”选项卡，选择“打印”命令，打印前需要进行打印设置，如演示文稿打印的范围、打印的版式、颜色等。

2. 演示文稿输出

演示文稿制作完毕后，可以导出为不同格式的文件，在导出命令中，PowerPoint 中支持“创建 PDF/XPS 文档”“创建视频”“将演示文稿打包成 CD”“创建讲义”和“更改文件类型”。打开“文件”选项卡，选择“导出”命令，根据需求选择即可。

5.7 综合案例

打开“计算机的特点与分类.pptx”，进行幻灯片的美化。

(1) 为第一页幻灯片添加标题“大学计算机基础”，设置字体与字号为“黑体，80 磅”，并为标题选择一款自带的艺术字样式。

(2) 打开第二页标题为“计算机的特点与分类”的幻灯片，更改版式为“内容与图片”版式。在图片栏中插入素材“计算机.jpg”，为图片添加“柔化边缘，25 磅”的效果。为图片添加超链接，链接到下一张幻灯片。

(3) 打开第三页标题为“1. 计算机的特点”的幻灯片，更改正文内容的项目符号为“◆”，并为正文内容添加进入效果动画“随机线条”，选择垂直方向、按段落的序列。

(4) 打开第四页标题为“2. 计算机的分类”的幻灯片，将该幻灯片的正文内容转换为 SmartArt 图形中的“垂直项目符号列表”，并设置 SmartArt 图形样式为“优雅”。

(5) 选择一种模板并应用到所有幻灯片。

(6) 保存并关闭修改好的演示文稿。

操作步骤：

(1) 打开“计算机的特点与分类.pptx”，选择第一页空白页，在显示“单击此处添加标题”处输入文字“大学计算机基础”，选中输入好的文字，打开“开始”选项卡，设置字体为“黑体”，字号为“80 磅”，接着打开“绘图工具”栏下方的“形状格式”选项卡，在“艺术字样式”中选择任意一款样式，如图 5.46 所示。

图 5.46 设置标题文字样式

(2) 打开第二页标题为“计算机的特点与分类”的幻灯片，右键单击该幻灯片，选择“版式”→“图片与标题”，如图 5.47 所示。接着在右侧图片栏中单击“图片插入”按钮，找到本机素材“计算机.jpg”，单击“插入”按钮，插入后选中图片，在顶端弹出的“绘图工具”栏中打开“形状格式”选项卡，在“图片样式”工作组中单击“图片效果”→“柔化边缘”→“柔化边缘变体”→“25 磅”，如图 5.48 所示。然后再次选中图片单击鼠标右键，在弹出的菜单中选择“超链接”→链接到“本文档中的位置”→“下一张幻灯片”，最后单击“确定”按钮，即完成超链接的添加，如图 5.49 所示。

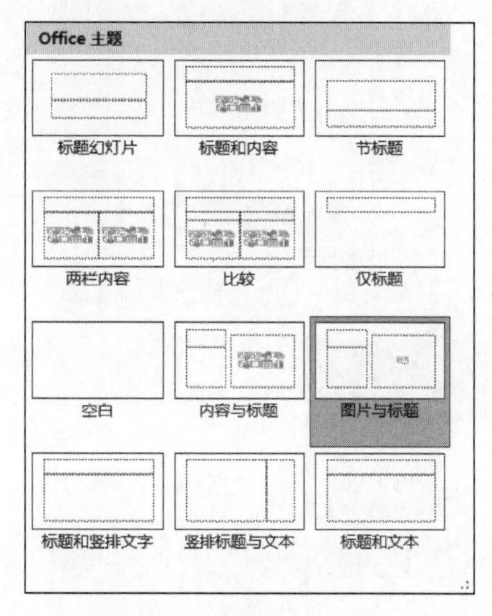

图 5.47　更改幻灯片版式

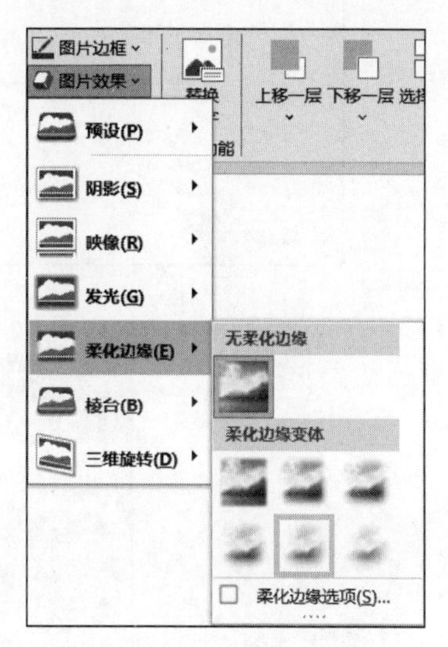

图 5.48　设置图片效果

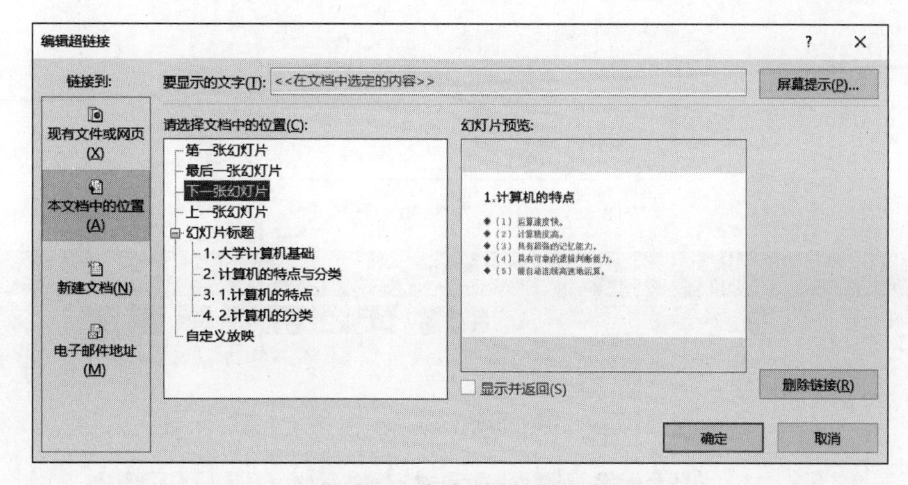

图 5.49　为图片添加超链接

（3）打开第三页标题为“1.计算机的特点”的幻灯片，单击正文文本框，打开“开始”选项卡，在“段落”工作组中单击项目符号旁边的下拉菜单，选择“◆”项目符号，如图 5.50 所示。然后，再次选中正文文本框，打开“动画”选项卡，选择效果“进入”→“随机线条”，单击“效果选项”，在方向中选择“垂直”，在序列中选择“按段落”，如图 5.51 所示。

（4）打开第四页标题为“2.计算机的分类”的幻灯片，选中正文文本框，打开“开始”选项卡，在“段落”工作组中单击“转换为 SmartArt 图形”按钮 转换为 SmartArt，选择“垂直项目符号列表”，如图 5.52 所示。接着在自动弹出的“SmartArt 工具”栏中打开“SmartArt 设计”选择卡，选择样式名称为“优雅”的 SmartArt 样式，如图 5.53 所示。

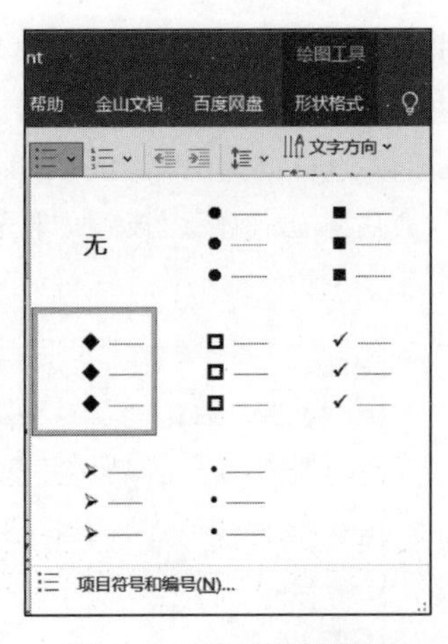

图 5.50　设置项目符号

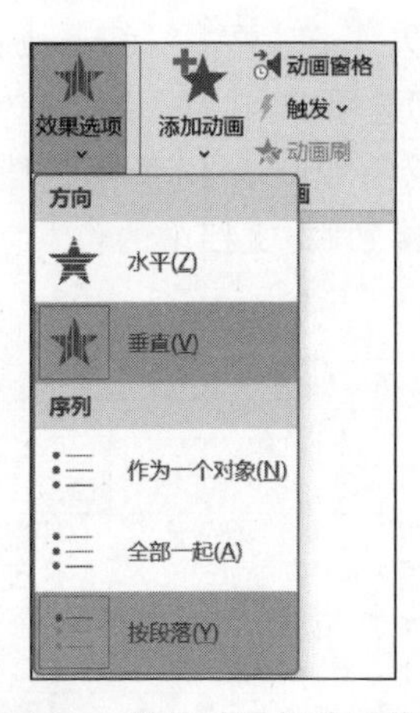

图 5.51　设置动画与动画效果

图 5.52　转换为 SmartArt 图形

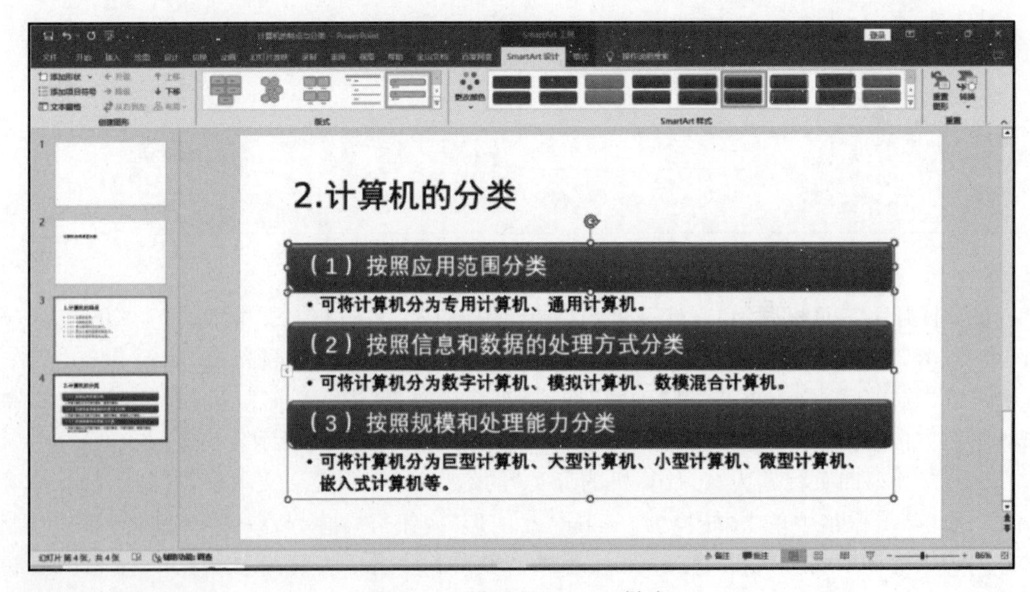

图 5.53　设置 SmartArt 样式

(5) 选中任意一页幻灯片，打开“设计”选项卡，选择任意一款主题样式并应用到所有幻灯片，如图 5.54 所示。

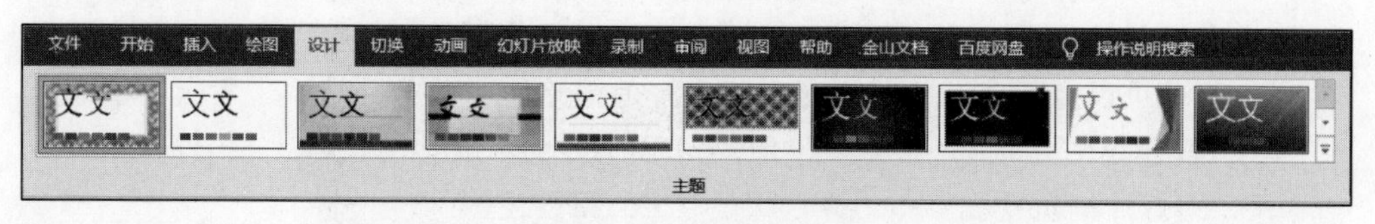

图 5.54　应用主题

(6) 单击“保存”按钮 保存修改好的演示文稿，也可通过按快捷键 Ctrl+S 保存，然后关闭演示文稿。

小　　结

本章主要介绍了 PowerPoint 2016 演示文稿的新建、编辑、放映和打印操作，涵盖了动画效果的设置、幻灯片切换方式的定制、动作按钮和超级链接的创建，以及演示文稿的打印设置。通过本章的系统学习，读者将能够全面理解 PowerPoint 2016 的基本概念与基础知识，并熟练掌握其相关基本操作，为制作高质量的演示文稿奠定坚实基础。

练　　习

一、单项选择题

1. PowerPoint 2016 文档的后缀名是(　　)。

A. docx　　B. pptx　　C. xlsx　　D. gif

2. PowerPoint 2016 幻灯片中可以插入的对象是(　　)。

A. 文字　　B. SmartArt 形状　　C. 视频或音频　　D. 以上都是

3. PowerPoint 2016 默认的视图是(　　)。

A. 幻灯片浏览视图　　B. 普通视图

C. 幻灯片放映视图　　D. 阅读视图

4. 幻灯片中占位符的作用是(　　)。

A. 表示文本长度　　B. 限制插入对象的数量

C. 表示图形大小　　D. 为文本、图形预留位置

5. (　　)控制整个演示文稿的外观，包括颜色、字体、背景、效果和其他所有内容。

A. 幻灯片母版　　B. 讲义母版　　C. 备注母版　　D. 幻灯片版式

6. 在放映演示文稿期间，从一张幻灯片移到下一张幻灯片时出现的视觉效果是应用(　　)功能。

A. 动画　　B. 切换　　C. 放映　　D. 超链接

7. 添加有关此文档的注释可以用(　　)功能。

A. 批注　　B. 备注　　C. 插入　　D. 绘图

8. 以下不属于动画的基本类型的是(　　)。

A. 进入　　B. 退出　　C. 强调　　D. 删除

9. PowerPoint 2016 中的“超链接”命令可以实现以下哪种情况？（　　）

A. 链接到现在文件或网页　　B. 新建文档

C. 电子邮件地址　　D. 以上都可以

10. （　　）可以查看演示文稿中所有幻灯片的缩略图。

A. 普通视图　　B. 大纲视图

C. 幻灯片浏览视图　　D. 阅读视图

二、操作题

根据素材制作“最美奋斗者.pptx”演示文稿，要求如下。

1. 新建演示文稿，演示文稿需包含 4 张幻灯片。

2. 把标题、“个人简介”“人物事迹”“所获荣誉”4 项内容分别在 4 张幻灯片上展示。

3. 标题页设置为“标题幻灯片”版式，在副标题处插入个人姓名和固定日期、时间。

4. “个人简介”页版式设置为“两栏内容”版式，一栏插入文字，一栏插入图片，并为图片添加效果。

5. “人物事迹”页版式设置为“内容与标题”版式，为左侧正文内容文本框添加进入动画“浮入”，效果“上浮”。

6. “所获荣誉”页版式设置为“标题与内容”版式，运用“SmartArt 图形”展示“所获荣誉”。

7. 为演示文稿应用一款美观的主题。

8. 为演示文稿设置切换样式“形状”，效果“圆形”。

9. 保存演示文稿，命名为“最美奋斗者.pptx”。

第6章　计算机新技术

随着通信技术和网络技术的迅猛发展，计算机应用技术正经历着前所未有的变革和创新。这些技术革新不仅为IT界带来了深远的影响，更在推动社会进步和经济发展方面发挥着积极的作用。本章将重点介绍人工智能、大数据、云计算、物联网和新媒体等计算机新技术及其在各领域的应用。

【知识目标】

- 了解人工智能的基本定义、分类和基本原理，熟悉人工智能在各个行业中的应用。
- 了解大数据、云计算、物联网、新媒体、电子商务的概念、发展和应用等知识。

【能力目标】

- 能够分析不同行业中人工智能技术的应用场景和潜在价值。
- 理解大数据处理和分析的能力，理解云计算的服务模式和应用场景。
- 理解物联网的基本原理和关键技术，熟悉物联网在各个领域的应用。
- 深入理解新媒体与电子商务，熟悉新媒体平台和电子商务的发展。

【素质目标】

- 能够适应新技术和新应用的出现，保持对新技术的好奇心，提高学生的跨学科综合素养。
- 培养学生对计算机新技术的敏锐洞察力，鼓励他们勇于探索未知领域，激发创新思维，并能够独立分析问题，提出解决方案。

6.1　人工智能

6.1.1　人工智能的概念

人工智能(Artificial Intelligence，AI)。是研究、开发用于模拟、延伸和扩展人的智能的理论、方法、技术及应用系统的一门新的技术科学。人工智能是新一轮科技革命和产业变革的重要驱动力量。

人工智能是研究使用计算机来模拟人的某些思维过程和智能行为的学科，如学习、推理、思考、规划等，主要包括计算机实现智能的原理、制造类似于人脑智能的计算机，使计算机能实现更高层次的应用。人工智能涉及计算机科学、心理学、哲学和语言学等学科，可以说几乎是自然科学和社会科学的所有学科，其范围已远远超出了计算机科学的范畴。人工智能与思维科学的关系是实践和理论的关系，人工智能是处于思维科学的技术应用层次，是它的一个应用分支。

6.1.2 人工智能的应用

1. 机器学习

机器学习模型可以根据输入的数据预测结果或进行分类。常见的机器学习算法包括线性回归、逻辑回归、决策树、随机森林、支持向量机等。

2. 深度学习

深度学习模型可以处理大量的复杂数据,并从中提取出有用的特征。常见的深度学习模型包括卷积神经网络(CNN)、循环神经网络(RNN)和长短期记忆网络(LSTM)等。

3. 自然语言处理

自然语言处理是让计算机理解和生成人类语言的能力。自然语言处理技术可以应用于语音识别、机器翻译、聊天机器人等场景。常见的自然语言处理算法包括词嵌入、循环神经网络和注意力机制等。

4. 计算机视觉

计算机视觉是让计算机能够像人类一样看懂和理解图像的技术。计算机视觉技术可以应用于图像分类、目标检测、人脸识别等场景。常见的计算机视觉算法包括卷积神经网络、支持向量机和随机森林等。

5. 语音识别与合成

语音识别技术可以让计算机将语音转换成文本,而语音合成技术则可以将文本转换成语音。语音识别与合成技术可以应用于智能助手、语音翻译等场景。常见的语音识别与合成算法包括动态时间规整(DTW)、隐马尔可夫模型(HMM)和深度神经网络等。

6. 知识表示与推理

知识表示与推理是让计算机能够理解人类的知识,并进行推理的能力。知识表示与推理技术可以应用于专家系统、智能问答等场景。常见的方法包括谓词逻辑表示法、产生式表示法和框架表示法等。

7. 强化学习

强化学习是让计算机系统通过不断试错来学习如何做出最优决策的方法。强化学习系统通过与环境的交互,不断优化自己的策略,最终达到目标。常见的强化学习算法包括Q-learning、SARSA 和深度 Q 网络等。

8. 专家系统

专家系统是利用计算机程序来模拟专家的知识和经验,解决特定领域问题的系统。专家系统通常包含大量的规则和事实,可以根据输入的数据进行推理和判断,并给出专业的建议或结论。常见的专家系统有医疗诊断系统、金融评估系统等。

9. 遗传算法

遗传算法是一种模拟自然选择和遗传机制的优化算法。它通过模拟生物进化过程中的基因突变和自然选择过程,寻找最优解。遗传算法可以应用于函数优化、机器学习等领域。

10. 神经网络与神经计算

神经网络是模拟人类神经系统运作的一种计算模型,由大量的神经元组成,可以实现复杂的映射和分类功能。神经网络在模式识别、数据分类、预测等领域有广泛应用。神经计算则是研究如何利用神经网络进行信息处理和计算的理论和方法,它是人工智能的重要基础之一。

6.1.3 应用：小度

小度以小度 AI 智能助手(DuerOS)为核心，以硬件为重要载体，跨场景布局，旨在为大众用户提供不同场景下，更加精准、便捷、多元的 AI 智能服务。百度 AI 服务机器人如图 6.1 所示。

图 6.1 百度 AI 服务机器人

小度 AI 智能助手已成为中国最大的对话式 AI 智能操作系统，搭载小度 AI 智能助手的设备单月语音交互次数达 71 亿次，可连接的 IoT 智能家居设备已超 3 亿，覆盖品类 70 多个。

小度软硬件一体化的创新产品已为超 4000 万家庭、上亿用户的日常生活提供了便利。

自有智能硬件已涵盖智能屏/智能音箱、智能摄像头电视、智能健身镜、智能词典笔、智能学习平板、智能耳机、添添自由屏、添添闺蜜机、小度青禾学习手机及 IoT 等多品类。其中，小度智能屏、智能音箱、学习平板、添添闺蜜机、健身镜等多品类创新产品在业内占据绝对领先的市场地位。在专利方面，小度目前已获得近 1000 项国内外专利授权，其中发明专利约 700 余项。

除自身发展外，小度还为酒店地产、车载智能、移动穿戴等多个领域、超 1500 家企业提供语音交互等 AI 技术支持，助推行业创新发展。在酒店领域，小度为全国超 100 万间客房提供智能产品，每年为超 400 个城市、约 3 亿人次提供服务；在车载智能方面，小度和极越等多家知名车企开展深度合作，开辟了车载系统智能化、车家互联等多种全新出行体验。

以下是小度常用的功能介绍。

(1) 语音助手：小度可以像智能助手一样回答用户的问题，提供各类信息查询、电影票订购、天气预报、快递查询等服务。

(2) 智能家居控制：小度可以与家中的智能设备配对，如智能灯泡、智能插座、智能门锁等，实现语音控制，让用户可以通过语音指令来控制家居设备的开关与调节。

(3) 闹钟与提醒：小度可以设置闹钟，并在设定的时间提醒用户起床或做其他事情。此外，小度还可以提醒用户完成日程表中的任务，让用户不再错过重要的事情。

(4) 音乐播放：小度可以播放用户喜欢的音乐，支持音乐平台的搜索与播放，用户可以通过语音指令来操作小度播放特定的歌曲、歌手、专辑等。

(5) 教育与学习：小度提供了一系列的教育与学习功能，可以回答用户的学习问题，提供学科知识的查询与解答。并且可以朗读英语文章、念诗、讲故事等，帮助用户提升语言能力。

(6) 新闻与资讯：小度可以播放最新的新闻资讯，用户可以通过语音指令获取特定的新闻、音频书籍、有声小说等。

(7) 娱乐与游戏：小度还有一些娱乐与游戏功能，例如，可以播放笑话、讲段子、智力问答等，为用户提供一些轻松的娱乐。

(8) 健康与运动：小度支持运动与健康相关的功能，用户可以通过语音指令查询健康资讯、健康食谱、运动计划等。

(9) 语音交互：小度可以进行语音演唱对话，用户可以通过语音指令与小度进行互动，进行一些简单的语音交流。

(10) 实时翻译：小度还支持语音翻译功能，可以将用户说的中文翻译成其他语言，并进行实时语音播放。

总之，小度作为智能音箱产品，在用户生活中提供了许多便捷的功能，涵盖了各个方面，能够满足用户的多样化需求。不仅解放了双手，还提升了用户的生活体验。

6.1.4 应用：文心一言

文心一言(英文名：ERNIE Bot)是百度全新一代知识增强大语言模型，文心大模型家族的新成员，能够与人对话互动、回答问题、协助创作，高效便捷地帮助人们获取信息、知识和灵感。文心一言从数万亿数据和数千亿知识中融合学习，得到预训练大模型，在此基础上采用有监督精调、人类反馈强化学习、提示等技术，具备知识增强、检索增强和对话增强的技术优势。文心一言的网址为 https://yiyan.baidu.com/welcome，在浏览器中打开文心一言如图 6.2 所示。

图 6.2 文心一言

文心一言具备以下功能。

(1) 回答问题：文心一言可以回答各种问题，涵盖了各种领域，无论是科学、历史、艺术、文化还是日常生活问题。

(2) 文本创作：文心一言可以为文学创作提供灵感和帮助，例如，小说、诗歌、散文等。

(3) 知识推理：文心一言可以进行逻辑推理和数学计算，例如，数学题目、逻辑推理题目等。

(4) 聊天交流：文心一言可以与用户进行自然而流畅的对话和交流，帮助用户解决问题、获取信息或者进行娱乐。

(5) 生成图片：文心一言可以根据用户的文字描述，生成符合要求的图片或画作。

(6) 处理自然语言任务：文心一言可以理解和处理自然语言，例如，分词、词性标注、句法分析等。

(7) 翻译：文心一言可以将一种语言翻译成另一种语言，支持多种语言之间的翻译。

(8) 控制智能家居设备：文心一言可以通过语音或文字控制智能家居设备，例如，智能灯泡、智能音响等。

(9) 个人助手：文心一言可以提供日程管理、提醒、待办事项等功能，帮助用户更好地管理时间和任务。

(10) 情感分析：文心一言可以对文本进行情感分析，判断文本的情感极性（正面、负面或中性）以及情感强度。

总的来说，文心一言是一个多功能的语言模型，可以应用于各种场景，为用户提供高效、便捷的服务。

6.2 大 数 据

大数据是指存储在某种介质上包含信息的物理符号。近年来，随着计算技术、数据采集技术、数据存储技术、数据传输技术等信息技术的飞速发展，人们生产数据的能力和数量得到飞速的提升，产生的数以亿计的海量数据，如滚滚洪流汹涌而至，如何有效接收、存储、处理和利用这些海量数据，成为人们面临的一个巨大挑战。

6.2.1 大数据的概念与技术

大数据（Big Data）也称海量数据或巨量数据，是指数据量大到无法利用传统数据处理技术在合理的时间内获取、存储、管理和分析的数据集合。"大数据"一词除用来描述信息时代产生的海量数据外，也被用来命名与之相关的技术、创新与应用。维基百科将大数据描述为：大数据是现有数据库管理工具和传统数据处理应用很难处理的大型、复杂的数据集，大数据的挑战包括采集、存储、搜索、共享、传输、分析和可视化。

研究机构 Gartner 对大数据给出如下定义：大数据是需要新处理模式才能具有更强的决策力、洞察发现力和流程优化能力的海量、高增长率和多样化的信息资产。

麦肯锡说：大数据指的是所涉及的数据集规模已经超过了传统数据库软件获取、存储、管理和分析能力。这是一个主观性定义，并且是一个关于多大的数据集才能被认为是大数据的可变定义。

大数据是"未来的新石油"，为区别于过去的海量数据，大数据的特征可以概况为 5 个 V：Volume、Variety、Velocity、Value 和 Veracity，即大量、多样、快速、价值和真实。

(1) 大量化（Volume）：数据存储量大，GB、TB 等常用单位已无法有效地描述大数据，一般情况下，大数据需以 PB、EB、ZB、YB、NB 为单位进行计量。数据增量大，从 2013 年到 2020 年，人类的数据规模扩大 50 倍，每年产生的数据量增长到 44 万亿 GB，相当于美国国家图书馆数据量的数百万倍，且每 18 个月翻一番。

(2) 多样化(Variety)：与传统数据相比，大数据来源广、维度多、类型杂，包括结构化、半结构化和非结构化数据，如网络日志、音频、视频、图片、地理位置信息等。各种机器仪表在自动产生数据的同时，人类自身的生活行为也在不断创造数据；不仅有企业组织内部的业务数据，还有海量相关的外部数据。

(3) 快速化(Velocity)：大数据的"快速"指快速接收乃至处理数据，数据通常直接流入内存而非写入磁盘。在实际应用中，某些联网的智能产品需要实时或近乎实时地运行，要求基于数据实时评估和操作，而大数据只有具备"高速"特性才能满足这些要求。

(4) 价值化(Value)：大数据经过采集、清洗、深度挖掘、数据分析之后，具有巨大的、潜在商业价值。但同其呈几何指数爆发式增长相比，某一对象或模块数据的价值密度较低，给开发海量数据增加了难度和成本。

(5) 真实化(Veracity)：大数据中的内容是与真实世界中发生的事件紧密相连，研究大数据就是从庞大的网络数据中提取能够解释和预测现实事件的过程。

大数据处理的数据源类型多种多样，在不同的场合通常需要使用不同的处理方法。在处理大数据的过程中，通常需要经过采集、导入、预处理、统计分析、数据挖掘和数据展现等步骤。大数据的处理流程可以定义为在适合工具的辅助下，对广泛异构的数据源进行抽取和集成，结果按照一定的标准统一存储，并利用合适的数据分析技术对存储的数据进行分析，从中提取有益的信息并选择合适的方式将结果展示给终端用户。大数据处理的基本流程如图 6.3 所示。

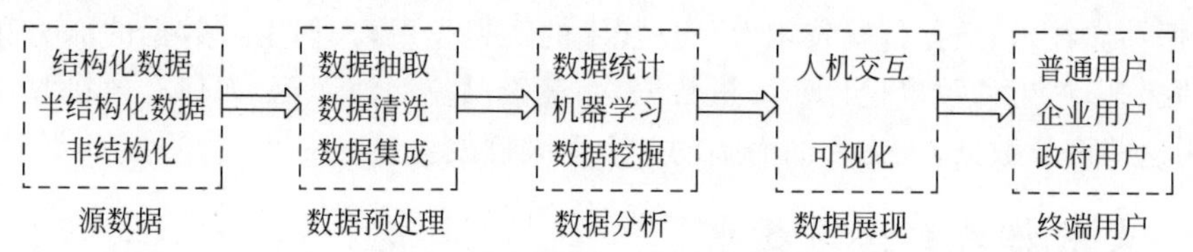

图 6.3　大数据处理的基本流程

数据预处理：由于大数据的数据来源广、维度多、类型杂，数据预处理(数据抽取、数据清洗、数据集成)是大数据处理的第一步，从数据集中提取出关系和实体，经过关联或聚合等操作，按照统一定义的格式对提取的数据进行存储。现在主流的数据预处理方法有：基于物化或 ETL 方法的引擎、基于联邦数据库或中间件方法的引擎、基于数据流的方法引擎。

数据分析：数据分析是数据处理的核心步骤，通过数据预处理，从异构的数据源中获得用于大数据处理的原始数据，用户可根据自己的需求对这些原始数据进行各类分析处理，如数据统计、机器学习、数据挖掘等。数据分析广泛用于决策支持、推荐系统、商用智能、个性化营销、互联网金融等。

数据展现：在完成数据分析后，应该使用合适的、易于理解的展现方式将正确的数据处理结果展示给终端用户。数据展现的主要技术有人机交互和可视化。

大数据处理关键技术一般包括海量数据存储技术、实时数据处理技术、数据高速传输技术、搜索技术、数据分析技术。大数据处理涉及的关键技术如表 6.1 所示。

表 6.1 大数据处理涉及的关键技术

需　　求	技　　术	描　　述
海量数据存储技术	Hadoop，x86/MPP，Map Reduce	分布式文件系统
实时数据处理技术	Streaming Data	流计算引擎
数据高速传输技术	Infini Band	服务器/存储间高速通信
搜索技术	Enterprise Search	文本检索、智能检索、实时搜索
数据分析技术	Text Analytics Engine Visual Data Modeling	自然语言处理、文本情感分析、机器学习、聚类关联、数据模型

6.2.2 应用：大数据让营销更加精确

大数据其实是一种综合性信息资源，可以通过对海量数据的采集、存储、关联、分析和挖掘，获取新知识，发现新规律，创造新价值。近几年来，大数据作为新兴产业的代表，已经成为推动经济发展的新动能，对经济社会发展具有重要意义。在大数据时代，企业营销活动的开展与实施都离不开大数据技术的支撑。利用大数据技术对新类型的数据进行收集和整合，使得企业营销人员可以更全面地了解消费者的信息，对顾客群体进行细分，然后针对每一个顾客群体采取符合具体需求的专门行动，也就是进行精准营销。简单来讲，大数据精准营销就是指通过对大量数据的整合和分析，了解消费者的需求和行为，从而进行精准的营销策略。这种营销方式可以帮助企业更好地满足消费者的需求，提高销售效果，降低营销成本。

精准营销的最大优势是“精准”，根据市场的细分，对不同的顾客群体进行详细的分析，从而识别出目标对象。大数据技术在精准营销中的具体应用如下。

(1) 通过对顾客需求的分析，实现了产品的个性化定制。在大数据时代，企业可以通过收集和整合顾客的信息，了解不同用户的需求，然后根据这些数据进行分析，从而根据用户的需求来实现产品的个性化定制。在定制过程中，企业可以通过分析和整理顾客的信息来确定消费者的需求。企业可以根据顾客对产品功能和性能的不同要求，进行个性化、多样化的设计，从而提高产品的竞争力。

(2) 通过大数据技术进行市场定位。大数据时代，通过对顾客信息和市场需求进行分析和整理，可以实现市场定位。在大数据时代，企业可以根据顾客的需求来确定自己的目标市场，然后有针对性地制定自己的市场定位。企业可以根据市场需求来确定自己的目标用户，从而在市场上占据更大的优势。

(3) 通过大数据技术进行广告投放，提高了广告投放效率。在大数据时代，企业可以充分利用大数据技术，根据不同的消费者和不同的产品特征，对广告进行有效投放。例如，对于一些新上市的产品，企业可以通过大数据技术了解消费者对其产品的需求和喜好，然后通过这些信息来制定广告策略。

(4) 利用大数据技术进行精准营销，可以提高消费者的购买欲望。在大数据时代，企业可以通过对消费者购买行为的分析来提高广告效果，从而增加商品的销售量。较为典型的例子是“啤酒与尿布”的故事。一家大型连锁超市发现顾客经常一起购买的商品组合，于是将啤酒跟尿布摆在一起，一段时间后，两种商品双双销量增加。应用场景如图 6.4 所示。此外，企业可以根据消费者对不同品牌的购买习惯，来确定哪些产品是热销产品，然后根据热销产品制定相应的广告策略。通过这种方法，企业可以提高广告投放的效率，从而增加商品的销售量。

图 6.4　啤酒与尿布摆放一起

(5) 通过大数据技术进行市场调研，可以了解顾客需求，从而提高产品质量和服务水平。在大数据时代，企业可以通过收集和分析顾客的信息来了解消费者的需求和喜好。然后，企业可以根据这些信息来制定相应的市场调研方案。例如，对于新上市的产品，企业可以通过收集和分析消费者对新产品的购买偏好，来确定新产品的推广策略。

除了上述提到的应用，通过大数据技术，还能够更有效地进行市场需求的预测，并且显著提高市场预测的准确性。在大数据时代，由于竞争对手和消费者都在不断地变化，市场也在不断地变化。因此，企业必须时刻关注市场的变化情况，并根据市场的变化情况来制定相应的营销方案。在这个过程中，企业可以充分利用大数据技术对顾客信息和市场需求进行分析和整理，然后根据这些数据来制定相应的营销方案。例如，对于新上市的产品，企业可以通过收集和分析消费者对新产品的购买意愿来确定该产品是否适合于顾客。在这种情况下，企业可以根据消费者对新产品的购买意愿来制定相应的销售策略，从而提高该产品的销售量。

6.2.3　应用：医疗大数据

早期，大部分医疗相关的数据是以纸质化的形式存在，而非电子数据化存储。例如，官方的医药记录、收费记录、护士医生手写的病例记录、处方药记录、X 光片记录、磁共振成像(MRI)记录、CT 影像记录等。随着海量数据的存储、处理能力和移动互联技术的不断发展，医学数据的爆炸式增长和数字化成为当今医学研究的热点。这些医学资料均已以不同的方式向数字化转变。现今，移动互联网、大数据、云计算等多个领域的科技与健康产业深度融合，新的技术、新的服务模式正在快速渗透到医疗的各个环节：在线问诊、在线预约挂号、远程会诊、处方流转、药品配送等。除此之外，还有远程医疗、互联网医院等新兴服务模式以及移动 APP 应用软件的发展，也大大增加了医疗大数据的价值。

近年来，国家相继出台了《“健康中国 2030”规划纲要》《“十三五”国家科技创新规划》《促进大数据发展行动纲要》等纲领性文件，明确指出要利用大数据提升疾病防治水平，全面推进健康中国建设。通过分析医疗数据，可对疾病进行预测，制定出科学的治疗方案；通过对患者的健康数据进行分析，可以将患者的身体状态、生活习惯等因素与疾病风险联系起来，从而制定出更为精准的预防措施；通过对患者医疗数据的分析，可以制定出更具针对性的医疗方案。通过对医疗大数据的相关应用，可以更好地为患者提供健康管理，提高医疗服务水平。同时，对疾病进行有效预防，提高民众对疾病的预防意识，从而降低因疾病所带来的经济负担及社会压力，促进健康中国的建设。大数据在医疗领域的具体应用如下。

（1）远程医疗。互联网医疗的发展，使得异地看病变得非常方便，尤其是对一些慢性病患者来说，不需要再回到原来的医院去就诊。如高血压、糖尿病等慢性病患者，可以通过互联网医院和医生进行交流，了解自己的身体情况，然后在医生的指导下服用相关药物。这种方式既方便又经济，而且能够有效降低患者的医疗费用。随着大数据、云计算、人工智能等技术的发展，远程医疗将会有更大的发展空间。利用大数据技术，可以通过对患者病情的分析，进行远程会诊，医生在通过远程医疗系统对患者进行诊断后，可以为患者提供更好的治疗方案，提高治疗效果。此外，远程医疗也包括对医疗设备的远程控制，如利用智能监测系统可以控制呼吸机、监护仪、除颤仪等医疗设备，以保证患者的生命安全。同时，也可以将患者控制在一定范围内，避免因医疗设备出现故障而影响到患者的生命安全。远程医疗的应用场景如图 6.5 所示。

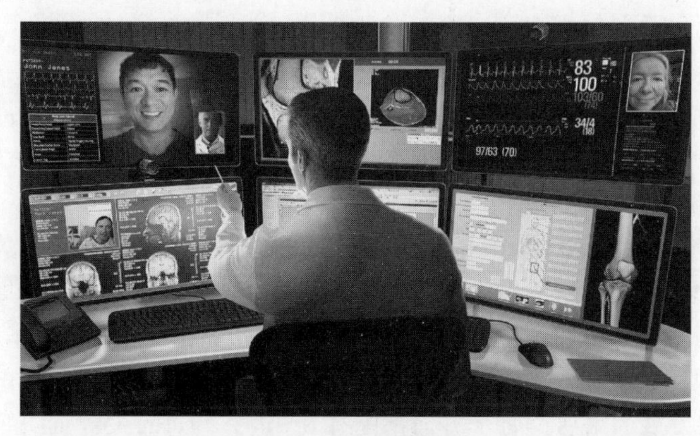

图 6.5　远程医疗

（2）智能监测。智能监测是指通过传感器采集医疗设备的数据并将其转换为数字信号，利用算法进行分析，并将结果显示在手机或平板电脑上。通过大数据技术的应用，可以实时监测患者病情的变化情况，及时发现疾病的症状、病因及变化趋势等。如血压跟踪器，能够在 24 小时内将血压状况反馈给用户，帮助用户了解血压变化趋势，及时发现血压异常情况；GPS 哮喘吸入器，通过实时监测患者的呼吸状况，帮助患者及时发现哮喘发作。智能监测系统是通过大数据技术对医疗设备的数据进行实时监测，并将监测结果反馈给用户，帮助用户及时了解患者病情的变化情况。在此基础上，大数据技术还可以对用户的健康状况进行评估，根据评估结果制定出更具针对性的治疗方案。智能监测应用场景如图 6.6 所示。

（3）数据分析。随着医院数据量的增加，大量纸质文件无法长期保存，不利于数据的后期处理。因此，利用大数据技术可以对医疗数据进行分析、挖掘，从而得到更为全面准确的信息。例如，对患者病历进行分析后，可得到患者的临床数据和相关指标数据等信息。在此基础上，能为患者制定出更为科学有效的治疗方案。另外，通过对患者的临床数据进行分析，还可以了解患者患病发展规律以及患病风险因素等，为疾病预防提供参考依据。

目前，大数据在医疗领域的应用还处于初级阶段，但其在疾病防治、健康管理、个性化治

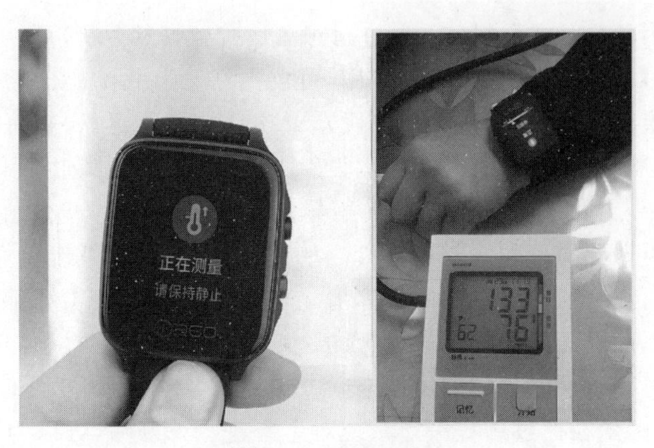

图 6.6 远程医疗

疗等方面的应用前景非常广阔,已经成为促进健康中国建设的重要手段。因此,各地区应加大对大数据技术在医疗领域中应用的投入力度,将其与医学研究有机结合起来,加快大数据技术在医疗领域中的应用步伐,提高医疗服务水平和效率。

6.2.4 应用:大数据押高考作文题

随着大数据技术的快速发展,越来越多的领域开始尝试利用大数据进行预测和分析。在教育领域,大数据也被用于各种备考策略中,其中就有"大数据押高考作文题"。

"大数据押高考作文题"最开始是 2014 年百度利用大数据,准确预测了 12 篇高考作文题。在 2014 年高考前夕,百度预测推出了"高考作文预测"项目,应用场景如图 6.7 所示。该项目通过大数据分析,预测了当年高考作文最有可能的命题方向,并提供了相应的关键词和例文。最终,百度宣布这一预测项目成功押中了当年全国 18 道高考作文题中的 12 道。具体来说,百度预测的 6 大命题方向包括时间的馈赠、生命的多彩、民族的变迁、教育的思辨、心灵的坚守和发展的困惑。每个方向都配有 8～9 个不同的关键词,单击这些关键词就会出现 3 篇例文。考生可以通过查看这些例文和相关素材,来更好地备考高考作文。这一事件展示了大数据在教育和考试领域的应用潜力,也引发了人们对于大数据和人工智能在教育领域的未来发展的关注和讨论。

为了给学生提供更加精准的备考建议,百度投入大量资源研发了基于大数据的高考作文题预测系统。该系统整合了历年高考作文题目、考生作文成绩、社会热点话题、专家分析等多维度数据,并运用先进的算法进行深度挖掘和分析。首先,系统对历年高考作文题目进行了词频分析,找出了高频词汇和短语,从而确定了作文题目中的一些关键词。接着,系统结合当前的社会热点和时事新闻,分析了这些热点与高考作文题目的潜在联系。此外,系统还参考了考生作文成绩和专家分析,对作文题目的难易程度、命题趋势等进行了综合评估。经过一系列的数据处理和算法运算,该系统最终生成了一份高考作文题目预测报告。报告中详细列出了可能出现的作文题目及其相关背景信息、备考建议等。

百度将预测报告分享给了广大考生和教师,受到了广泛的关注和好评。许多考生表示,这份预测报告为他们提供了宝贵的备考方向,使他们在复习过程中更加有针对性。同时,一些教师也认为这份报告对于指导学生备考非常有帮助。这个案例展示了大数据在高考作文备考中的潜在应用价值,预测系统所掌握的数据比 30 年教学经验的名师要多很多,除了作

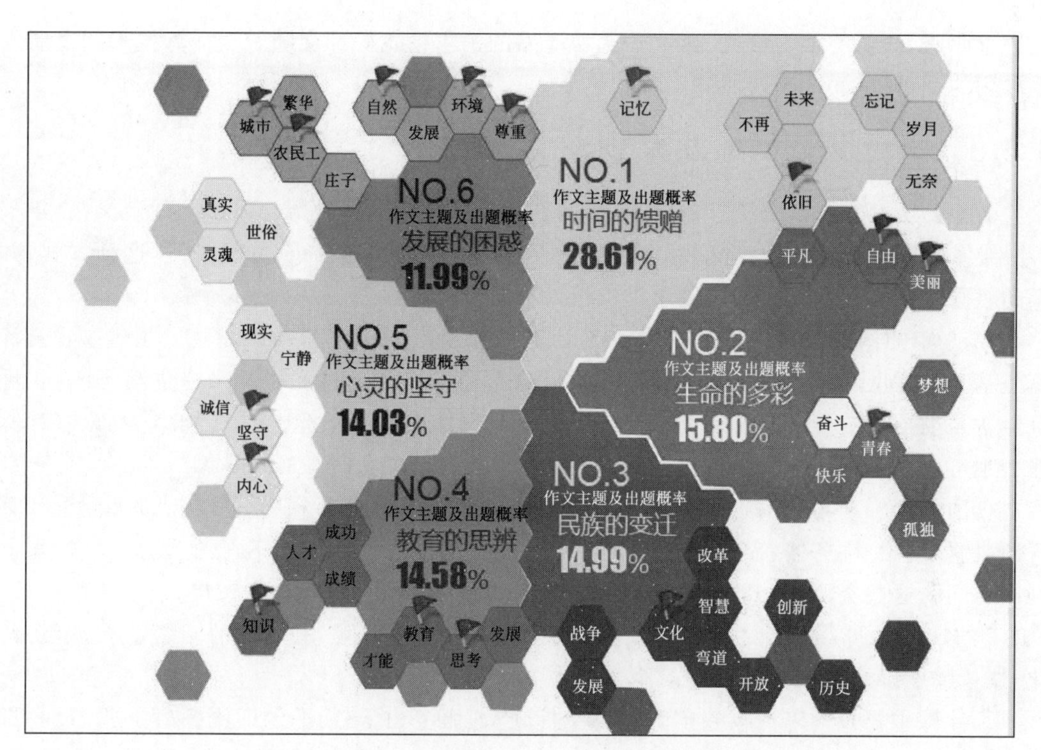

图 6.7 百度预测 2014 年高考作文题

文题目,还有历年热点新闻数据,现有数据和实时数据相结合组成了作文预测的大数据库,再通过技术百度发掘出其中的内在关联,提供素材,供考生灵活运用,提升知识储备,使考生更加全面地了解高考作文题目的趋势和特点,从而为考生提供更加精准的备考建议。

总之,大数据在"大数据押高考作文题"中起到了核心作用。它广泛收集历年高考作文题目、学生写作数据、社会热点等多源信息,形成了一个庞大的数据库。接着,通过复杂的算法和模型,对这些数据进行了深度挖掘和分析,找出了高考作文题目的潜在规律、高频词汇和与社会热点的关联,进而为考生和教师提供了有针对性的备考方向。然而,大数据的预测并不是万能的。高考作文题目的命制涉及多种因素,如命题者的意图、社会热点的变化等,这使得预测结果可能存在一定的误差。因此,虽然大数据为备考提供了一定的参考,但考生和教师仍需注重日常积累和训练,关注社会热点,全面提高自己的写作水平。同时,教育部门也应加强对大数据押题行为的监管,确保教育公平。

6.3 云 计 算

云计算技术是硬件技术和网络技术发展到一定阶段而出现的一种新的技术模型。云计算不是对某一项独立技术的称呼,而是对实现云计算模式所需要的所有技术的总称,分布式计算技术、虚拟化技术、网络技术、服务器技术、数据中心技术、云计算平台技术、分布式存储技术等都属于云计算技术的范畴,同时也包括新出现的 Hadoop、HPCC、Storm、Spark 等技术。

云计算技术作为一项应用范围广、对产业影响深刻的技术,正逐步向信息产业等各种产业进行渗透，产业的结构模式、技术模式和产品的销售模式等都会随着云计算技术的发展发生深刻的变革，进而影响人们的工作和生活。

6.3.1 云计算的概念与类型

云计算至今为止没有统一的定义，不同的组织从不同的角度给出了不同的定义。

维基百科对云计算的定义为：云计算是一种基于互联网的计算方式，通过这种方式，共享的软硬件资源和信息可以按需求提供给计算机和其他设备，如图 6.8 所示。

2012 年的国务院政府工作报告将云计算作为国家战略性新兴产业给出了定义：云计算是基于互联网的服务的增加、使用和交付模式，通常涉及通过互联网来提供动态、易扩展且经常是虚拟化的资源。云计算是传统计算机和网络技术发展融合的产物，它意味着计算能力也可以作为一种商品通过互联网进行流通。

美国国家标准与技术研究院(NIST)对云计算的定义是一种模型，它支持对可配置计算资源(例如网络、服务器、存储、应用程序和服务)的共享池进行无处不在的、便捷的、按需的网络访问。这些资源可以通过最少的管理工作或服务提供者交互来快速供应和释放。NIST 的定义强调了云计算的 5 个基本特征，包括按需自助服务、广泛的网络访问、资源池化、快速弹性以及可测量的服务。

云计算主要包含三种服务类型，即基础设施即服务(IaaS)、平台即服务(PaaS)、软件即服务(SaaS)，如图 6.9 所示。

图 6.8　云计算

图 6.9　云计算的服务类型

基础设施即服务(IaaS)：是指以服务的形式提供虚拟硬件资源，如虚拟主机、存储、网络、数据库管理等资源。用户无须购买服务器、网络设备、存储设备等，只需通过互联网按需租用计算、存储、网络资源，即可搭建自己的应用系统。典型的应用有 Amazon Web Service (AWS)。

平台即服务(PasS)：主要面向软件开发人员。是指将一个完整的计算机平台，包括应用设计、应用开发、应用测试和应用托管，都作为一种服务提供给用户，用户不需要购买硬件和软件，只需利用 PaaS 平台，就能创建、测试和部署应用和服务。典型的应用有 Google App Engine、Force. com、Microsoft Azure 服务平台。

软件即服务(SaaS)：主要面向企业或个人用户。是用户获取软件服务的一种新形式，用户不需要将软件产品安装在自己的计算机或服务器上，而是按某种服务水平协议(SLA)直接通过网络向专门的提供商获取自己所需要的、带有相应软件功能的服务。本质上而言，软件即服务就是软件服务提供商为满足用户某种特定需求而提供其消费的软件的计算能力。例如，Salesforce公司提供的在线客户关系管理系统CRM，微软公司提供的Office 365办公套件都属于SaaS。典型的应用有Google Doc、Salesforce. com、Oracle CRM On Demand、Office Live Workspace。

云计算的部署配置模式主要有三种类型，分别是公有云、私有云和混合云。

公有云：由云服务提供商运营，面向外部用户需求，通过开放网络为用户提供云计算服务。在该方式下，云服务提供商要保证所提供资源的安全性和可能性，而非功能性需求；最终用户不关心具体资源由谁提供、如何实现等问题。

私有云：大型企业按照云计算的架构搭建平台，面向企业内部需求提供云计算服务。与公有云相比，私有云服务中的数据与程序都在组织内管理，且不会受到网络带宽、安全疑虑、法规限制影响；此外，私有云服务让供应者及用户更能掌握云基础架构、改善安全与弹性。

混合云：把“公有云”与“私有云”结合在一起，既能为企业内部，又能为外部用户提供云计算服务。在这种模式中，用户通常将非企业关键信息外包，并在公有云上处理，但同时掌控企业关键服务及数据。

6.3.2 云存储服务

云存储是在云计算(Cloud Computing)概念上延伸和衍生发展出来的一个新的概念。云存储是一种云计算模型，该模型可以通过云计算提供商将数据和文件存储在互联网上，而用户则通过公共互联网或专用的专用网络连接访问这些数据和文件。云存储作为网上在线存储的一种模式，云服务提供商需要安全地存储、管理并维护存储服务器、基础设施和网络，以确保用户在需要时能够以几乎无限的规模和弹性容量访问数据。总的来说，云存储是一种新兴的网络存储技术，可将资源放到云上供用户存取。通过云存储，用户可以在任何时间、任何地方，以任何可联网的装置连接到云上存取数据。借助云存储，用户无须购买和管理自己的数据存储基础设施，这样就可提供敏捷性、可扩展性和耐用性，并可随时随地访问数据，且无须担心数据的安全性、可靠性或可用性。云存储如图6.10所示，优势如下。

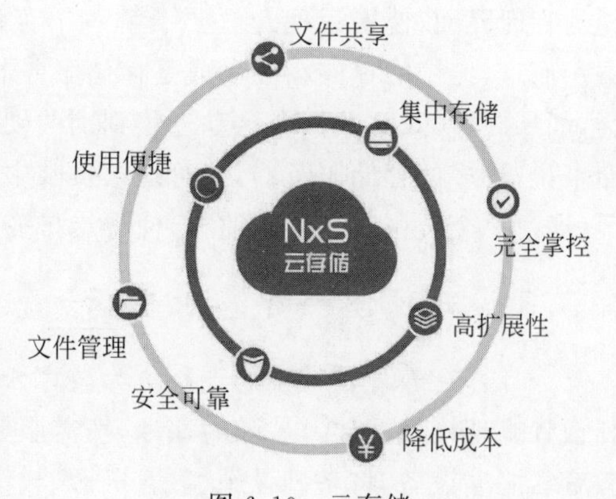

图6.10 云存储

(1) 存储容量大。用户只需要注册一个账户就可以获得无限存储容量。在云存储模式中，云服务商只需要为用户提供一个虚拟的数据中心，然后将用户的数据集中到一起，就可以提供无限的存储容量。如果用户在使用过程中出现了问题，也可以及时地将数据迁移到其他的地方。

(2) 成本效益低。云存储从短期和长期来看,最大的特点就是可以为小企业减少成本。如果小企业想要放在他们自己的服务器上存储,则必须购买硬件和软件,其价格是非常昂贵的。另外,企业还要聘请专业人员来负责这些硬件和软件的维护与更新工作,通过云存储,服务器商可以服务成千上万的中小企业,并将其划分为不同的消费群体。云存储于初创公司而言,是一种最新、最好的存储方式,可以帮助初创公司减少不必要的成本开销。相比传统的存储扩容,云存储架构采用的是并行扩容方式,当客户需要增加容量时,可按照需求采购服务器,简单增加即可实现容量的扩展。新设备仅需安装操作系统及云存储软件后,打开电源接上网络,云存储系统便能自动识别,自动把容量加入存储池中完成扩展。扩容环节无任何限制。

(3) 数据管理高效。通过使用云存储生命周期管理策略,用户可以执行庞大的信息管理任务,如自动分层或锁定数据等。也可以使用云存储,通过复制等工具为分布式团队创建多区域或全局存储;可以通过各种方式组织和管理数据;可以轻松地对数据进行分类和归档,而不必担心硬件、软件或网络的限制。用户可以通过简单的拖放工具对云存储进行访问,并随时查看数据,从而了解系统中所有数据的状态。

(4) 数据安全性较高。云存储服务商通常会采用多重加密技术来保护用户数据的安全性,确保数据在传输和存储过程中不会被窃取或篡改。此外,云存储也会定期备份数据,避免因意外事件导致数据丢失的风险,相比之下,传统本地存储对数据备份和安全性管理相对较为烦琐。

此外,云存储能更好地备份本地数据并可以异地处理日常数据。如果用户所在办公场所发生自然灾害,而数据是异地存储,它是非常安全的。即使自然灾害使得数据不能通过网络访问到,但数据依然存在。如果问题只出现在办公室或者用户所在的公司,那么随便去一个地方用笔记本即可访问重要数据和更新数据。云存储可以保证在恶劣条件下依然保持工作。在以往的存储系统管理中,管理人员需要面对不同的存储设备,不同厂商的设备均有不同的管理界面,使得管理人员要了解每个存储的使用状况(容量、负载等)的工作复杂而繁重。而且,传统的存储在硬盘或是存储服务器损坏时,可能会造成数据丢失,而云存储则不会,如果硬盘坏掉,数据会自动迁移到别的硬盘,大大减轻了管理人员的工作负担。对云存储来说,再多的存储服务器,在管理人员眼中也只是一台存储器,每台存储服务器的使用状况,通过一个统一管理界面监控,使得维护变得简单和易操作。

6.3.3 三网合一智慧教育云

云计算在教育领域中的迁移称为教育云,是未来教育信息化的基础架构。教育云是依托云计算理论及框架,以"随时获取,按需服务"为核心,充分利用云计算技术、多媒体技术和教育云终端设备,将基础设施、教育资源、教学管理、教育服务、校园安全完美结合,致力于为教育界及相关方面提供集管理、教学、学习、社交于一体的丰富开放、安全可靠、通用标准和规范的教育云平台服务。

教育云平台是一种基于云计算技术的教育资源服务平台,旨在为教育机构、教师和学生提供全面的教育资源服务。目前,教育云在教育领域的实际应用主要是根据国家"十二五"规划《素质教育云平台》要求,由亚洲教育网进行研发使用的"三网合一智慧教育云"平台。其中,三网合一(即三网融合)是指电信网、广播电视网和互联网的相互渗透、互相兼容,并逐步整合成为统一的信息通信网络，其中，互联网是核心。只需要引入三个网络中的一个，就能实现电视、互联网、电话的功能，网络资源将得到充分的利用。其内容如图 6.11 所示。

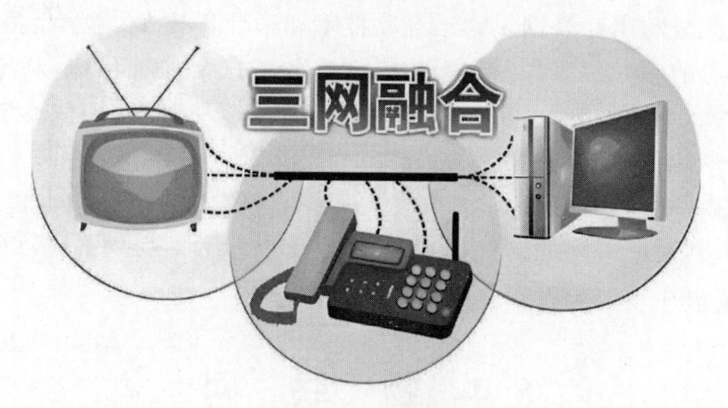

图 6.11　三网融合

“三网合一智慧教育云”平台是一款将网络教育、电教、远程教学三大网络功能进行有机融合，通过整合云平台，打造“互联网＋智慧教育”的综合教育服务平台，它充分融合了计算机、手机和电视机三种应用方式，利用互联网＋移动互联技术和云计算技术，为学生提供全面的信息技术教育、个性化学习的全方位服务。它以培养学生的信息素养为目标，利用云计算、大数据等先进技术手段，建立一套针对中小学学生的多功能在线学习平台，能够实现课堂教学、网络学习、课外自主学习以及课后作业练习等功能。该平台将传统教育中的课堂教学、课后练习与网络教育、远程教育相结合，充分利用现代信息技术手段，建立起一套“三网合一智慧教育云”平台，以培养学生的信息素养为目标。通过这套平台，教师可以进行在线教学、网上辅导以及网上答疑等，学生也可以利用这套平台进行自主学习。

1. 学生自主学习

“三网合一智慧教育云”平台下的各个业务模块都可利用互联网进行远程访问，例如，学生可在“资源中心”选择学习资源、进行在线作业练习、完成在线测试等，实现了学生自主学习。平台可以提供丰富的教育资源，包括各学科的教学视频、课件、教辅资料、试卷等，能够为学生提供丰富的学习资源，提高学生的学习兴趣。学生也可以选择自己感兴趣的资源进行学习，如根据自己的学习进度来选择自己需要学习的课程，并将其加入学习计划中；或通过在线作业来巩固所学知识，并对所学知识进行在线测试。

2. 教师资源共享

在“三网合一智慧教育云”平台下，教师可以对学生进行分组管理。教师把教学内容、教学资源、教学方法等内容进行上传，形成资源共享。这样，教师就可以与其他教师共同学习，共同提高教育教学水平。而学生可通过平台随时查询到自己在学习过程中遇到的问题，同时也可以与他人互相讨论、交流，共同解决问题。教师也可以将自己在课堂上遇到的问题和其他教师交流讨论。

在“三网合一智慧教育云”平台下，教师也能实现教学资源的共享。例如，在教学中需要用到某个知识点的讲解方法时，可以在平台上将资源分享，以便学生反复观看，提高学习效率。此外，在“三网合一智慧教育云”平台下，教师也能通过这个平台进行组班教学。

从另一个方面来说，“三网合一智慧教育云”平台实现了跨校或跨地区教学。例如，某学校的一教师要去外地学习一段时间，那么在这个时间里他就可以利用这个平台进行学习、交流等活动。同时，也能将在外地学习到的先进教学方法、教学理念等内容带回学校和其他教师进行分享。“三网合一智慧教育云”平台将传统教育中的课堂教学、课后练习与网络教育、远程教育相结合，充分利用互联网＋移动互联技术和云计算技术，为学生提供全面的信息技术教育、个性化学习的全方位服务。它以培养学生的信息素养为目标，利用云计算、大数据等先进技术手段，建立一套针对中小学学生的多功能在线学习平台，能够实现课堂教学、网络学习、课外自主学习以及课后作业练习等功能。

教育资源云平台作为一种新兴的教育技术应用，已经在全球范围内得到广泛的应用和推广。通过云计算技术的不断发展和完善，相信未来教育资源云平台将会发挥更大的作用，为教育事业的发展做出更大的贡献。

6.4 物 联 网

从计算机时代到互联网时代，信息技术的发展给人们的生活和工作带来了巨大的变化，互联网已融入人们的生活，成为日常生活、办公、娱乐不可或缺的一部分。同时，伴随全球一体化、工业自动化和信息化进程的不断深入，物联网的研究应运而生。物联网应用场景如图 6.12 所示。

图 6.12 物联网

6.4.1 物联网的用途与构成

物联网主要是面向用户需求，利用所获取的感知数据，经过前期分析和智能处理，为用户提供特定的服务。物联网的应用前景非常广阔，遍及智能交通、环境保护、政府工作、公共安全、平安家居、智能消防、工业监测、环境监测、老人护理、个人健康、花卉栽培、水系监测、食品溯源、敌情侦查和情报搜集等多个领域。

1. 智能交通

智能交通是物联网的一种重要体现形式，它利用信息技术将人、车和路紧密结合起来，以改善交通运输环境、保障交通安全，并提高资源利用率。智能交通主要应用于智能公交、智慧停车、共享单车、车联网、充电桩检测及智能红绿灯等领域。

2. 智能物流

智能物流是指以物联网、人工智能、大数据等信息技术为支撑，在物流的运输、仓储、配送等各个环节实现系统感知、全面分析和处理等功能。智能物流可实现对货物的监测及运输车辆的监测，包括货物车辆的位置、状态、油耗及车速等。

3. 智能安防

传统安防对人员的依赖性较大，而智能安防能够通过设备实现智能判断。智能安防的核心部分是智能安防系统，该系统对拍摄的图像进行传输与存储，并对其进行分析与处理。

一个完整的智能安防系统主要包括门禁、报警和监控三部分，在行业应用中主要以视频监控为主。

4. 智能医疗

在智能医疗领域，物联网能有效地帮助医院实现对人和物的智能化管理。对人的智能化管理是指通过传感器对人的生理状态进行监测，将获取的数据记录到电子健康文件中，方便个人或医生查阅。对物的智能化管理是指通过 RFID 技术对医疗设备、物品进行监控与管理，实现医疗设备、用品可视化，主要表现为数字化医院。

5. 智能家居

智能家居是指使用不同的方法和设备，来提高人们的生活能力，使家庭变得更加舒适和高效。物联网应用于智能家居，能对家居类产品的位置、状态、变化进行监测，分析其变化特征。

智能家居行业发展主要分为单品连接、物物联动和平台集成三个阶段。当前，各智能家居类企业正处于从单品联接向物物联动的过渡阶段。

物联网是一个庞大的体系，主要由感知层、网络层、应用层构成，这三个层次既相对独立又密切相关，相互配合、相互补充，共同构成了一个有机整体。其中，感知层是物联网的基础，处于整个物联网系统的底层。在感知层中，传感器是核心，各种类型的传感器在物联网中都扮演着重要角色。物联网具有很强的异构性，为实现异构设备之间的互联、互通与互操作，物联网需要以一个开放的、分层的、可扩展的网络体系结构为框架。目前，普遍被人们接受的物联网体系结构为三层结构 DCM，如图 6.13 所示。

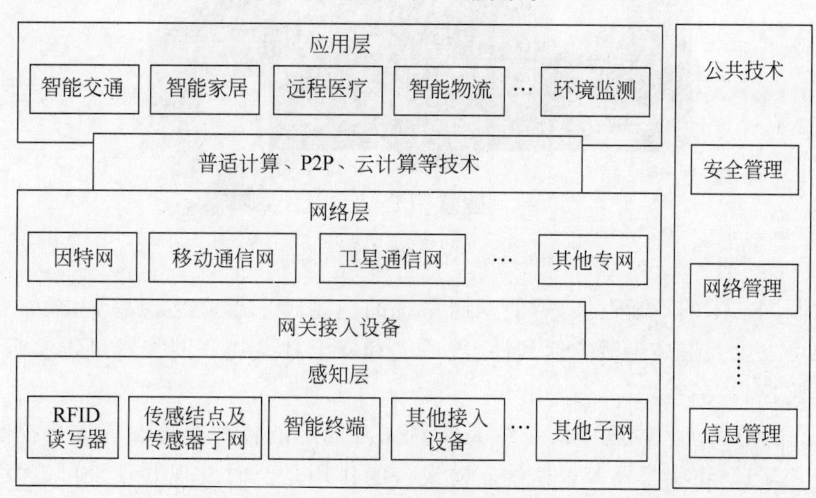

图 6.13　物联网体系结构

感知层(D)：三层结构的第一层，负责全面感知，就是利用射频识别、二维码、传感器等感知、捕获、测量技术随时随地对物体进行信息采集和获取。感知层是实现物的世界连接和感知的基础。

网络层(C)：三层结构的第二层，负责可靠传递，就是通过将物体接入信息网络，依托各种通信网络，随时随地进行可靠的信息交互和共享。网络层是物联网成为普遍服务的前提。

应用层(M)：三层结构的第三层，负责智能处理，就是对海量的感知数据和信息进行分析并处理，实现智能化的决策和控制。应用层是物联网的智能中枢。

物联网是继互联网之后的又一次技术革新，代表着未来计算机与通信的发展方向。这次革新也取决于从 RFID、EPC、传感技术到认知网络、云计算等一些重要领域的动态技术创新。物联网发展的主要关键技术包括无线传感器网络技术、RFID 技术、移动通信网络技术、物联网组网技术、能效管理技术、智能控制技术和其他基础网络技术。

6.4.2 应用：智能家居

随着互联网技术的发展，以及物联网概念的普及，智能家居(Smart Home)正从概念走向现实。所谓智能家居，是以住宅为平台，利用综合布线技术、网络通信技术、安全防范技术、自动控制技术、音视频技术，将家居生活相关的设备集成起来，构建可集中管理、智能控制的住宅设施管理系统，从而提升家居的安全性、便利性、舒适性、艺术性，并实现环保节能的居住环境。简单来说，就是将家居设备通过互联网进行连接，从而实现家居自动化的一种技术。目前，随着智能手机、平板电脑、智能电视等终端设备的普及，家庭智能化已经成为主流趋势。智能家居应用场景如图 6.14 所示。

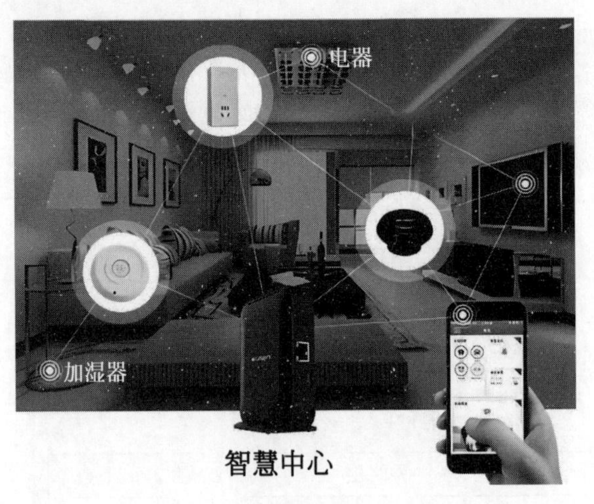

图 6.14　智能家居应用场景

随着物联网技术的不断发展，智能家居系统的应用越来越广泛。基于物联网体系的智能家居系统可以大大提高生活的便利性、舒适度和安全性。物联网技术可以实现智能家居设备的远程监控和控制。

(1) 家庭安防系统。家庭安防系统是指对家庭内部的各种安防设备进行控制和管理，包括烟雾报警器、防盗报警器等。这些安防设备的作用是及时发现并预警可能发生的安全事故，同时还可以对紧急情况进行处理。

(2) 家庭环境控制。家庭环境控制包括温度、湿度、光照等方面的控制。利用物联网技术，可以实现对这些数据进行采集和分析，进而实现对家庭内部环境的智能控制。利用物联网技术，可以实现对家庭内部的语音控制以及各种娱乐设备的控制。例如，利用智能电视等终端设备，实现对各种影视节目的播放和查询。

（3）家居设备控制。在智能家居系统中，利用各种传感器和控制技术，可以实现对这些家电的智能化控制。例如，当温度达到设定的温度时，空调开始启动；当室内测量的湿度超过设定值上限时，加湿器停止工作；当测量的湿度低于设定值下限时，加湿器开始工作。在家庭内部，还有很多电器和设备，如空气净化器、空调、洗碗机、烤箱等。在智能家居系统中，可以将这些电器和设备互联，实现对家庭内部的智能控制。例如，当空气净化器检测到空气质量较差时，将自动开启换气功能，同时会控制空调自动调节温度和风速；当厨房的洗碗机检测到水槽中的污垢较多时，将自动开启洗碗机，同时会控制洗衣机进行脱水功能；当烤箱检测到烤箱中的食物较少时，将自动开启烤箱，同时会控制微波炉进行加热功能。智能化的控制方式不仅可以提高生活的便利性、舒适度，还可以节省家庭的能源。

此外，物联网通过各种传感器，如温度传感器、红外传感器等，在智能家居中的应用还有：利用各种安防监控系统，如摄像头、报警系统等，实现对家庭内部的安全监控；通过远程控制，如手机 App 远程控制智能家居设备；通过计算机网络技术，实现对家庭内部的各种设备进行统一管理和控制；利用 RFID 技术，实现家庭内部物品的识别与跟踪，提高物品管理效率；利用智能照明控制技术，实现对室内灯光的自动控制；利用无线通信技术，实现家庭内部各设备之间的信息交流；利用可穿戴设备，实现对人体生理数据和环境数据的收集和分析。

6.4.3 应用：智能医疗

随着科技的快速发展，物联网技术已广泛应用于各个领域，尤其在智慧医疗中发挥了不可替代的作用。它为医疗行业带来了诸多便利，使得医疗服务更加高效、精准和安全。在智慧医疗领域中，物联网主要是通过多种信息感知设备和技术实现对医院信息化基础设施、医疗设备、医护人员和病患等进行感知，对医院信息化基础设施进行全面监测和控制，从而实现医院信息化基础设施的自动化运行，有效提升医院信息化基础设施的运行效率。以下是物联网在智慧医疗中的主要应用。

（1）实时监控与预警。物联网技术通过各种传感器和设备，能够实时收集患者的生理数据，如心率、血压、血糖等，并传输至医疗机构。医护人员可以及时了解患者的病情变化，一旦发现异常情况，能够迅速做出反应，为患者提供及时的救治。这大大提高了医疗服务的及时性和有效性。

（2）医疗设备智能化管理。物联网技术可以实现医疗设备的智能化管理。通过物联网平台，医疗机构可以对各种医疗设备进行远程监控，实时掌握设备的运行状态、使用情况等信息。这有助于提高设备的运行效率，降低故障率，减少医疗事故的发生。同时，医疗机构可以根据设备的使用情况，合理安排设备维护和检修，延长设备的使用寿命。

（3）医疗数据安全与隐私保护。随着医疗数据的不断增加，数据安全和隐私保护成为医疗行业关注的重点。物联网技术可以通过加密、身份验证等方式，确保医疗数据的安全性和完整性。同时，通过设置访问权限、数据脱敏等措施，可以有效保护患者的隐私。医疗机构需要建立健全医疗数据管理制度，加强数据安全和隐私保护意识，确保患者的个人信息不被泄露和滥用。

(4) 远程医疗与会诊。物联网技术可以实现远程医疗与会诊。患者可以在家中接受医生的远程诊断和治疗,这为患者提供了极大的便利。通过物联网平台,医生可以实时了解患者的病情,为其提供专业的治疗方案。同时,不同地区的医生可以通过物联网平台进行远程会诊,共同探讨患者的病情和治疗方案,提高医疗服务的水平和质量。

(5) 患者健康管理。物联网技术可以帮助患者进行健康管理。患者可以通过智能设备,如智能手环、智能手表等,实时监测自己的生理数据,如心率、血压、血糖等。这些数据可以传输至医疗机构或健康管理平台,帮助患者及时了解自己的健康状况。医护人员可以根据这些数据为患者提供个性化的健康指导和建议,帮助患者预防疾病、改善生活习惯、提高生活质量。

此外,还有智能化医疗设备,物联网技术可以连接各种医疗设备,如智能体温计、智能血压计等,并将收集的数据传输到云端,以便医生全面了解患者的病情,为患者提供更加精准的治疗方案。为实现个人健康数据的采集、传输、存储和分析,智能可穿戴设备也是智慧医疗中的重要角色。通过智能网关,设备收集的数据可以传输到云端进行集中管理和处理,医护人员和用户可以通过手机 App 或网页平台随时访问相关健康数据,并得到个性化的健康建议和指导。一些常见的可穿戴设备健康监测设备有血压监测仪、血氧仪、动态心电图记录仪、智能手表等。

物联网在智慧医疗中的应用广泛而深入,通过物联网技术,医疗机构可以为患者提供更加高效、精准、安全的医疗服务。同时,物联网技术的应用也有助于提高医疗设备的运行效率、保障医疗数据的安全与隐私、优化药品管理和废物处理等环节。未来,随着物联网技术的不断发展和完善,智慧医疗将会为人们带来更加美好的生活体验。智能医疗的应用场景如图 6.15 所示。

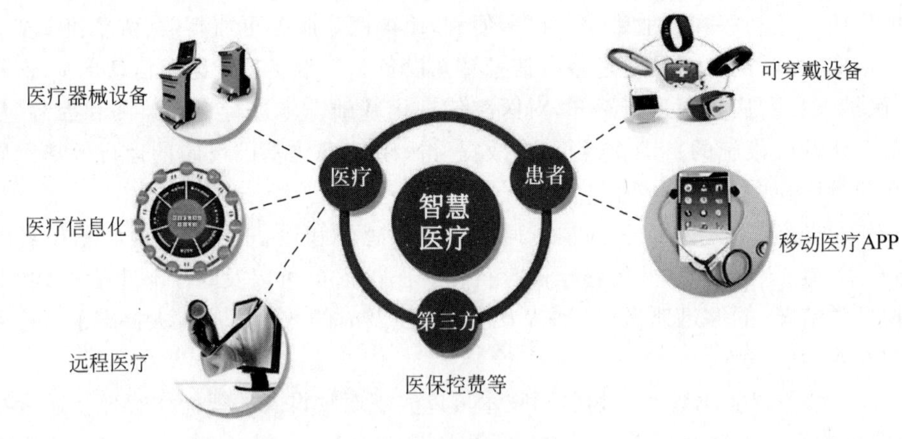

图 6.15　智能医疗

6.5　新　媒　体

新媒体和传统媒体是两个相对的概念,传统媒体指的是传统的信息传播方式,如报纸、杂志、电视和广播等,而新媒体则是指新的技术支撑体系下出现的媒体形态,如数字杂志、数字报纸、数字广播、手机短信、移动电视、网络、桌面视窗、数字电视、数字电影、触摸媒体等。

新媒体是建立在互联网(Internet)基础之上的、以现代化信息技术为支撑、以网络通信为纽带的、具有传播功能的新型媒体。新媒体是传统媒体发展到一定阶段的必然产物,具有传统媒体所不具备的诸多特点和优势,也因此受到广大受众的喜爱。在这场新媒体浪潮中,人们往往用"互联网+"来描述一种全新的媒介生态。新媒体的平台如图 6.16 所示。

图 6.16 新媒体

伴随着互联网的飞速发展,"新媒体"迅速崛起。1967 年,美国哥伦比亚广播电视网(CBS)技术研究所所长 P. 高尔德马克(Podmark)发表了一份关于开发电子录像(EVR)的商品计划书,将"电子录像"称为新媒体(New Media),"新媒体"一词首次出现。随后,美国传播政策总统特别委员会主席 E. 罗斯托(E. Rostow)在向当时的美国总统尼克松提交的报告中多次提到"New Media","新媒体"一词逐渐在美国流行,20 世纪 70 年代扩展到全世界。

广义的新媒体包括两大类:一是基于技术进步引起的媒体形态的变革,尤其是基于无线通信技术和网络技术出现的媒体形态,如数字电视、IPTV(交互式网络电视)、手机终端等;二是随着人们生活方式的转变,以前已经存在,现在才被应用于信息传播的载体,例如,楼宇电视、车载电视等。狭义的新媒体仅指第一类,基于技术进步而产生的媒体形态。实际上,"新媒体"与"互联网"相伴而生,新媒体是伴随着互联网发展,以数字技术、计算机网络技术、移动通信技术为主要支撑,以数字化、交互性、超时空为主要特征的一系列新媒体形态。它相对于传统媒体而言,是报刊、广播、电视等传统媒体以后发展起来的新的媒体形态,是利用数字技术、网络技术、移动技术,通过互联网、无线通信网、卫星等渠道以及计算机、手机、数字电视机等终端,向用户提供信息和娱乐服务的传播形态和媒体形态。严格来说,新媒体应该称为数字化媒体。清华大学的熊澄宇教授认为"新媒体是一个不断变化的概念。在今天网络基础上又有延伸,无线移动的问题,还有出现其他新的媒体形态,跟计算机相关的。这都可以说是新媒体。"可以从技术、渠道、终端、服务 4 个层面理解新媒体的概念。

(1) 技术层面:是利用数字技术、网络技术和移动通信技术。

(2) 渠道层面:通过互联网、宽带局域网、无线通信网和卫星等渠道。

(3) 终端层面:以电视、计算机和手机等作为主要输出终端。

(4) 服务层面:向用户提供视频、音频、语音数据服务、连线游戏、远程教育等集成信息和娱乐服务。

新媒体的发展历程可以概括为以下几个阶段。

(1) 基于互联网的发展阶段(20 世纪 80 年代～21 世纪 00 年代):20 世纪 80 年代,互联网开始出现并发展迅速。20 世纪 90 年代,随着万维网的问世,网站、博客、电子邮件等网络传播形式得以广泛应用和发展。这个时期是新媒体的起步期。

(2) 社交媒体时代(21 世纪 00 年代中期至今):21 世纪 00 年代中期出现了 Web 2.0 的概念,为现代社交媒体的发展奠定了基础。社交媒体平台如 Facebook、Twitter、微信、微博等迅速崛起,并且开始普及互动性和社会性内容的互动、分享和传播。

(3) 移动互联网时代(21 世纪 10 年代至今)：随着智能手机和平板电脑等移动终端的普及，App 等移动应用软件成为主流媒介形态。移动互联网时代的新媒体主要特征是更加便捷、更加个性化、更加移动化，并产生很多新兴媒介形式，如短视频、直播等。

(4) 人工智能驱动的新媒体时代(21 世纪 20 年代)：近年来，人工智能技术的快速发展为新媒体注入了更多的可能性。越来越多的新媒体平台开始采用人工智能技术，例如，利用 AI 技术生成新闻报道、智能语音助手、基于 AI 算法的推荐系统等。

6.6 电子商务

随着信息技术的飞速发展，电子商务已经成为商业运作的主要模式之一。企业通过 Internet/Intranet 开展电子商务活动，以低成本、高效率的方式在全球范围内进行产品和服务的营销，大大拓展了企业的市场空间，加快了企业的发展。电子商务是在全球经济一体化的背景下产生和发展起来的，是在信息技术基础上形成和发展起来的新型商业模式。它以现代信息技术为手段，以网上交易为主要特征，是一种全新的贸易方式。电子商务的应用如图 6.17 所示。

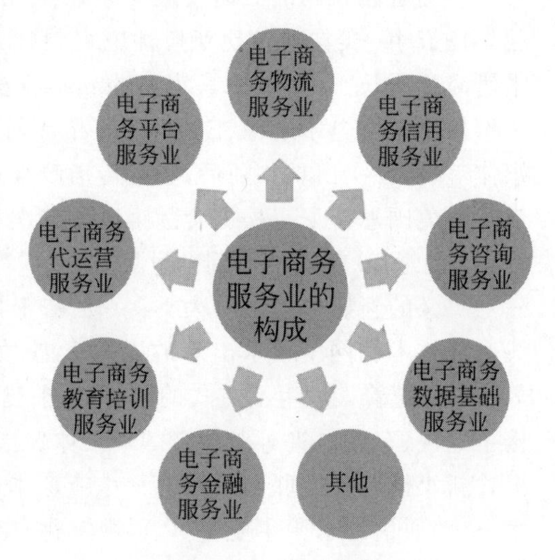

图 6.17　电子商务

电子商务是以网络通信技术进行的商务活动，它在不同领域有不同的定义，但其关键依然是依靠着电子设备和网络技术进行的商业模式。随着电子商务的高速发展，它已不仅包括其购物的主要内涵，还应包括物流配送等附带服务等。电子商务包括电子货币交换、供应链管理、电子交易市场、网络营销、在线事务处理、电子数据交换(EDI)、存货管理和自动数据收集系统。在此过程中，利用到的信息技术包括互联网、外联网、电子邮件、数据库、电子目录和移动电话。

电子商务可以划分为广义和狭义的电子商务。广义的电子商务定义为，使用各种电子工具从事商务活动。通过使用互联网等电子工具，使公司内部、供应商、客户和合作伙伴之间，利用电子业务共享信息，实现企业间业务流程的电子化，配合企业内部的电子化生产管理系统，提高企业的生产、库存、流通和资金等各个环节的效率。狭义电子商务定义为，主要利用 Internet 从事商务或活动。电子商务(Electronic Commerce，EC)是指：通过使用互联网等电子工具(这些工具包括电报、电话、广播、电视、传真、计算机、计算机网络、移动通信等)在全球范围内进行的商务贸易活动，是以计算机网络为基础所进行的各种商务活动，包括商品和服务的提供者、广告商、消费者、中介商等有关各方行为的总和。人们一般理解的电子商务是指狭义上的电子商务。无论是广义的还是狭义的电子商务的概念，电子商务都涵盖了两个方面：一是离不开互联网这个平台，没有了网络，就称不上为电子商务；二是通过互联网完成的是一种商务活动。

随着电子商务概念的提出，电子商务的发展也呈现出不同的特点，大致可以将其划分为以下 5 个发展阶段。

第一阶段(1993—1997 年)：电子商务初步发展阶段。这一时期是电子商务产生与发展的起步阶段，主要是计算机及网络技术在商务中的应用，主要表现为在企业内部或企业之间实现电子交易。在这个时期，企业开始尝试通过 Internet 实现内部办公、客户服务和市场营销等功能。例如，中国的第一家 B2B 电子商务网站——中国企业在线就是在这个时期诞生的。在这个阶段，计算机及网络技术在企业中的应用还处于初步阶段，计算机及网络技术在企业中的应用主要表现为网上办公、电子银行、网上产品展览和网上信息发布等，电子商务还没有真正形成规模。

第二阶段(1997—1999 年)：电子商务起步发展阶段。随着电子商务的初步发展，这一时期形成了一批具有一定规模和影响的电子商务网站，如中国企业在线、中国商网、中国商品交易市场等。这些网站为企业提供了一个网上销售产品、建立网络客户关系、建立网上客户服务系统以及实现网络广告宣传等功能的平台，对中国电子商务的发展起到了很好的推动作用。

第三阶段(1997—1999 年)：电子商务全面发展阶段。随着电子商务应用领域的不断扩展，特别是信息技术在企业内部和企业之间的应用，电子商务的内涵和外延不断丰富，其应用领域更加广泛，从传统的以产品销售为主扩展到企业内部业务处理、客户关系管理以及企业与企业之间的各种商务活动等。在这一时期，电子商务不仅实现了网上交易功能，而且通过电子邮件、传真、电子表格和在线聊天等功能提高了办公效率。

第四阶段(1997—2002 年)：电子商务迅速发展阶段。随着电子商务的迅速发展，特别是互联网的普及和互联网技术在企业中的广泛应用，电子商务进入一个飞速发展阶段。在这个时期，越来越多的企业开始采用互联网来进行销售和管理，同时也有越来越多的企业开始利用互联网开展客户关系管理、市场营销等活动。在这个时期，中国涌现出了一批著名的电子商务网站，如中国商网、中国商品交易市场、中国企业在线等。在这个时期，电子商务网站不仅实现了网上销售功能，而且实现了网上支付和网上银行功能，从而极大地提高了企业的工作效率。

第五阶段(2002 年至今)：电子商务高速发展阶段。随着中国信息产业的飞速发展，互联网的普及和电子商务应用领域的不断扩展，电子商务进入一个高速发展阶段。在这个时期，电子商务不仅是网络购物和网络支付功能，而是包含网上信息发布、企业管理、客户关系管理以及市场营销等多个方面的应用，这为企业带来了一种全新的营销模式和管理模式。在这个时期，越来越多的企业开始利用互联网来实现网上销售、客户关系管理、市场营销以及内部业务处理等功能。同时，也有越来越多的企业开始利用互联网来进行产品展示、技术交流和信息发布等活动。

目前，中国电子商务的发展处于蓬勃发展阶段，已经形成了一些具有一定规模和影响力的电子商务网站，并涌现出一批优秀的电子商务企业，如淘宝网、京东商城、凡客诚品、阿里巴巴等。这些网站在不断完善自身产品和服务的同时，还积极向客户提供了网络营销、网络广告、在线聊天等增值服务，极大地方便了广大客户。然而，在中国电子商务高速发展的同时，也面临着诸多挑战和机遇。随着互联网用户的激增以及 Internet 在全球范围内的迅速普及，网络安全问题日益凸显。

小　结

人工智能(Artificial Intelligence,AI)是一门研究、开发能够模拟、延伸和扩展人类智能的理论、方法、技术及应用系统的科学。它涵盖了机器学习、自然语言处理、计算机视觉等多个领域,旨在创造出能够像人类一样思考、学习和解决问题的智能系统。

大数据指的是那些规模庞大、结构复杂、传统数据库管理工具难以处理的数据集。这些数据的挑战在于其采集、存储、搜索、共享、传输、分析和可视化等方面。大数据技术的应用使得企业能够从中挖掘出有价值的信息,从而做出更明智的决策。

云计算技术是一种基于互联网的新型计算模式,它利用虚拟化技术将计算资源(如服务器、存储、网络等)进行集中管理和动态分配。云计算技术使得用户可以按需获取计算资源,无须购买和维护昂贵的硬件设备,从而降低了成本并提高了效率。

物联网(Internet of Things,IoT)是指通过信息传感设备,如射频识别(RFID)、红外感应器、全球定位系统、激光扫描器等,按约定的协议,将任何物品与互联网连接起来,进行信息交换和通信,以实现智能化识别、定位、跟踪、监控和管理的一种网络。物联网技术为用户提供了更加便捷、高效的服务,推动了智能化社会的发展。

新媒体是建立在互联网技术基础之上的新型媒体形态,它以数字化、网络化、互动化为特征,具有传播速度快、覆盖范围广、互动性强等优势。新媒体的崛起改变了传统媒体的传播方式和受众习惯,为人们提供了更加多元化、个性化的信息获取渠道。在"互联网+"的浪潮下,新媒体成为推动社会发展的重要力量。

电子商务是全球经济一体化和信息技术快速发展的产物,它是一种基于互联网的全新商业模式。电子商务利用现代信息技术手段,通过在线平台实现商品的展示、交易、支付和配送等环节,为消费者提供了更加便捷、安全的购物体验。电子商务的发展不仅促进了全球贸易的繁荣,也推动了相关产业的创新和发展。

练　习

一、单项选择题

1. 下列不属于云计算特点的是(　　)。

   A. 高扩展性　　B. 按需服务　　C. 高可靠性　　D. 非网络化

2. 云存储是一种新兴的(　　)技术。

   A. 网络存储　　B. 网络安全　　C. 网络杀毒　　D. 网络传输

3. 下列不属于典型大数据常用的单位的是(　　)。

   A. EB　　B. MB　　C. PB　　D. ZB

4. (　　)不属于人工智能应用领域。

   A. 自动驾驶　　B. 人脸识别　　C. 3D 打印　　D. 智能搜索引擎

5. 下列数据计量单位的换算中,错误的是(　　)。

   A. 1024EB=1ZB　　B. 1024ZB=1YB

   C. 1024YB=1NB　　D. 1024NB=1PB

二、多项选择题

1. 云计算主要可应用在以下(　　)领域。

   A. 医药医疗　　B. 工业制造　　C. 金融能源　　D. 教育科研

2. 在物联网应用中,主要涉及(　　)几项关键技术。

   A. 传感器技术　　B. 全息影像　　C. RFID 标签　　D. 嵌入式系统

3. 下列属于大数据的典型应用案例的是(　　)。

   A. 高性能物理　　B. 推荐系统　　C. 搜索引擎　　D. 商品营销

4. 以下属于人工智能在计算机视觉领域应用的是(　　)。

   A. 人脸识别进站　B. 实时字幕　　C. 医疗影像诊断　　D. 拍照识别植物

三、判断题

1. 云计算技术具有高可靠性和安全性。(　　)
2. 物联网系统不需要大量的存储资源来保存数据。(　　)
3. 云安全是云计算技术的重要分支,在反病毒领域获得广泛应用。(　　)
4. 搜索引擎是常见的大数据系统。(　　)

附录A　练习题参考答案

第1章　基础理论概述

一、单项选择题

1. D　2. B　3. D　4. C　5. A　6. D　7. B　8. D　9. C　10. A　11. C　12. A　13. A　14. B　15. D　16. D　17. C　18. D　19. B　20. D

二、填空题

1. 同轴电缆、双绞线、光纤
2. 网络接口层、网际层、传输层
3. 广域网、局域网、城域网
4. 寄生性、隐蔽性、潜伏性、破坏性
5. 主动攻击、被动攻击

三、简答题

1. 简述计算机的未来发展趋势。

答案：

(1) 量子计算：利用量子叠加和量子纠缠的特性，量子计算机有望在密码破译、优化问题、机器学习等领域实现超越经典计算机的运算能力。

(2) 人工智能：AI技术正深度融入计算机硬件和软件中，从自然语言处理到图像识别，再到自动化决策，AI的应用已经无处不在。

(3) 云计算：随着数据量的爆炸式增长，云计算提供了高效、灵活、可扩展的存储和计算能力，预计未来云计算将更加普及，成为企业和个人用户的重要选择。

(4) 边缘计算：随着物联网设备和实时数据处理需求的增长，边缘计算成为新的趋势。

(5) 生物计算：随着生物技术和信息技术的融合，生物计算也逐渐崭露头角。利用生物分子的计算能力，生物计算有望在药物研发、基因编辑等领域实现突破。

(6) 可解释性和透明度：随着AI和机器学习技术的发展，模型的可解释性和透明度成为关注的焦点。

(7) 可持续性和绿色计算：随着全球对可持续发展的关注度提高，绿色计算和能源效率成为计算机发展的重要方向。

(8) 软硬件一体化：随着摩尔定律的逐渐失效，软硬件一体化设计成为新的趋势。

2. 简述计算机的应用领域。

答案：

(1) 科学计算(或称为数值计算)：在近代科学和工程技术中，计算机被广泛应用于处理大量复杂的科学问题，如高能物理、工程设计、地震预测、气象预报、航天技术等。

(2) 数据处理(或称为信息处理):据统计,世界上 80%以上的计算机主要用于数据处理。这包括对数值、文字、图表等信息数据的记录、整理、检索、分类、统计、综合和传递等操作,以得出人们所需要的信息。

(3) 过程控制:利用计算机进行生产过程和实时过程的控制,以提高产量和质量,节约原料消耗,降低成本,达到过程的最优控制。

(4) 计算机辅助系统:利用计算机帮助工程技术人员进行设计工作,使设计工作半自动化甚至全自动化。这不仅大大缩短了设计周期、降低了生产成本、节省了人力物力,而且保证了产品质量。例如,计算机辅助设计(CAD)、计算机辅助制造(CAM)、计算机辅助测试(CAT)、计算机辅助教学(CAI)等。

(5) 人工智能:利用计算机模拟人类的感知、推理、学习和理解等智能行为,实现自然语言理解与生成、定理机器证明、自动程序设计、自动翻译、图像识别、声音识别、疾病诊断等功能,并能用于各种专家系统和机器人构造等。

(6) 网络应用:计算机在信息传递、远程教育、在线银行等方面有广泛的应用。

(7) 系统仿真:利用模型来模仿真实系统的技术,建立数学模型并应用数值计算的方法,把数学模型变换成可以直接在计算机中运行的仿真模型。通过对模型的仿真,了解实际系统或过程在各种内外因素变化的条件下,其性能的变化规律。

3. 简述自己专业的培养目标。

答案:本题目答案不唯一,可以在书上找到自己专业的培养目标。

4. CPU 由几个部分组成?

答案:CPU 由三个组成部分:算术逻辑单元(ALU)、寄存器、控制单元。

5. 常见的输入/输出设备有哪些?

答案:常见的输入设备包括键盘、鼠标、触摸屏、扫描仪、摄像头、麦克风等,输出设备包括显示器、打印机、扬声器等。

6. 软件系统由几部分组成?

答案:软件系统由三部分组成,分别是系统软件、支撑软件和应用软件。

7. 计算机网络有哪些常用的性能指标?

答案:计算机网络的常用性能指标有速率、带宽、吞吐量、时延、丢包率、利用率。

8. 按网络的分布范围分类,网络可以分为什么?

答案:按网络的分布范围分类网络可以分为个人区域网、局域网、城域网、广域网。

(1) 个人区域网。

个人区域网(Personal Area Network,PAN)是在个人工作的地方把个人使用的电子设备(如便携式计算机、打印机、鼠标、键盘、耳机等)用无线技术连接起来的网络,因此也常称为无线个人区域网(Wireless PAN,WPAN),其通信范围通常在 10m 以内。

(2) 局域网。

局域网(Local Area Network,LAN)用于连接有限范围内的各种计算机、终端与外部设备。在地理上一般是指几十米到几千米的区域,局域网通常由某个单位单独拥有、使用和维护。按照所使用的传输媒体的不同,局域网又可分为有线局域网和无线局域网。

(3) 城域网。

城域网(Metropolitan Area Network,MAN)的覆盖范围可跨越几个街区甚至整个城市，覆盖范围为5～50km。城域网通常作为城市骨干网，用来将多个局域网进行互联。

(4) 广域网。

广域网(Wide Area Network，WAN)的覆盖范围通常为几十千米到几千千米，可以覆盖一个国家、地区，甚至横跨几个洲，因而广域网有时也称为远程网。广域网是互联网的核心部分，连接广域网的各结点交换机的链路一般都是高速链路，具有较大的通信容量。

9. 网络体系结构为什么要采用分层次结构?

答案：网络通信是一个很复杂的过程，为了降低协议设计和调试过程的复杂性，也为了便于对网络进行研究、实现和维护，促进标准化工作，通常对计算机网络的体系结构以分层的方式进行建模。

10. 简述具有5层协议的网络体系结构的要点，各层的主要功能是什么?

答案：5层协议的体系结构是综合OSI和TCP/IP的优点，为便于对体系结构原理进行学习而采用折中的办法创建的原理体系结构。5层协议的网络体系结构包含物理层、数据链路层、网络层、传输层、应用层。

5层协议体系结构中各层的功能如下。

(1) 物理层。

物理层是体系结构的最底层，完成计算机网络中最基础的任务，功能是在物理媒体上为数据端设备透明地传输原始比特流。

(2) 数据链路层。

数据链路层传送的数据单元称为帧，数据链路层的任务是将网络层传下来的IP数据报组装成帧，数据链路层的功能包括成帧、差错控制、流量控制和传输管理等。

(3) 网络层。

网络层负责为分组交换网上的不同主机提供通信服务，网络层传输的基本单位是数据报。网络层把传输层产生的报文段或用户数据报封装成分组或数据包进行传送。功能包括对分组进行路由选择，并实现流量控制、拥塞控制、差错控制等功能。

(4) 传输层。

传输层传输的单位是报文段(TCP)或用户数据报(UDP)，任务就是向两台主机中进程之间的通信提供通用的数据传输服务，功能是为端到端提供可靠的传输服务。

(5) 应用层。

应用层是网络体系结构中的最高层。应用层的任务是通过应用进程间的交互来完成特定的网络应用。因为用户的实际应用多种多样，这就要求不同的网络应用需要不同的应用层协议来解决不同类型的应用要求。互联网中的应用层协议很多，如支持万维网应用的HTTP、支持电子邮件的SMTP，支持文件传送的FTP等。

11. 简述计算机病毒的主要特征。

答案：计算机病毒的主要特征有寄生性、传染性、隐蔽性、潜伏性、破坏性。

(1) 寄生性。

计算机病毒需要在宿主中寄生才能生存，才能更好地发挥其功能，破坏宿主的正常机能。通常情况下，计算机病毒都是在其他正常程序或数据中寄生，在此基础上利用一定媒介实现传播，在宿主计算机实际运行过程中，一旦达到某种设置条件，计算机病毒就会被激活。随着程序的启动，计算机病毒会对宿主计算机文件进行不断辅助、修改，使其破坏作用得以发挥。

(2) 传染性。

传染是病毒最重要的特征,是判断一段程序代码是否为计算机病毒的依据。计算机病毒依靠其传染性不断将自己复制和扩散。计算机病毒一旦进入计算机并得以执行,它就会搜索其他符合其传染条件的程序或者存储介质,确定目标后再将自身代码插入其中,达到自我繁殖的目的。

(3) 隐蔽性。

病毒一般是具有很高编程技巧、短小精悍的程序。通常附在正常程序中或磁盘较隐蔽的地方,也有个别的以隐含文件形式出现,目的是不让用户发现它的存在。如果不经过代码分析,病毒程序与正常程序是不容易区别开来的。一般在没有防护措施的情况下,计算机病毒程序取得系统控制权后,可以在很短的时间里传染大量程序。而且受到传染后,计算机系统通常仍能正常运行,使用户不会感到任何异常。

(4) 潜伏性。

计算机病毒为了更广泛地传播和扩散,通常完成传染过程后不会立即发作进行破坏活动,而是将自己深深地隐藏起来,找机会进行传染。一个计算机病毒的潜伏性越好,其在系统中存在的时间就会越长,病毒的传染范围就会越广,其危险性和破坏性就越大。

(5) 破坏性。

病毒只要侵入系统,都会对系统及应用程序产生不同程度的影响。轻者会降低计算机工作效率,占用系统资源,重者可导致系统崩溃。

12. 如何防范计算机病毒,保障计算机系统安全?

答案:通过以下几个方面的措施可以减少计算机病毒对计算机带来的破坏。

(1) 安装最新的杀毒软件,定期升级杀毒软件病毒库,定时对计算机进行病毒查杀,上网时要开启杀毒软件的全部监控。培养良好的上网习惯。例如,对不明邮件及附件慎重打开,可能带有病毒的网站尽量别打开,尽可能使用较为复杂的密码,尽可能不要在非官方网站下载应用软件。

(2) 不要执行从网络下载后未经杀毒处理的软件等,不要随便浏览或登录陌生的网站,加强个人保护。

(3) 培养自觉的信息安全意识,在使用移动存储设备时,尽可能不要共享这些设备,因为移动存储也是计算机病毒进行传播的主要途径,也是计算机病毒攻击的主要目标,在对信息安全要求比较高的场所,应将计算机上面的 USB 接口封闭,同时,有条件的情况下应该做到专机专用。

(4) 用 Windows Update 功能打全系统补丁,升级应用软件到最新版本,避免病毒从网页以木马的方式入侵系统或者通过其他应用软件漏洞来进行病毒的传播;将受到病毒侵害的计算机进行尽快隔离,在使用计算机的过程中,若发现计算机上存在病毒或者是计算机异常时,应该及时中断网络,防止病毒进一步通过网络传播。

13. 试述防火墙的作用有哪些。

答案:防火墙技术一般具有以下作用。

(1) 保障网络安全。防火墙允许网络管理员定义一个中心来防止非法用户(如黑客、网络破坏者等)进入内部网络,禁止存在不安全因素的访问进出网络并抵御来自各种线路的攻击。防火墙技术能够简化网络的安全管理、提高网络的安全性。

(2) 安全警报。通过防火墙可以方便地监视网络的安全性并产生报警信号。网络管理员必须审查并记录所有通过防火墙的重要信息。

(3) 部署网络地址转换。防火墙可以通过网络地址转换来完成内部私有地址到外部注册地址的映射。

(4) 监视 Internet 的使用。防火墙可以审查和记录内部人员对 Internet 的使用情况,可以在此对内部访问 Internet 的情况进行记录。

(5) 部署服务器。防火墙除起到安全屏障的作用,也是部署 WWW 服务器和 FTP 服务器的理想位置。允许 Internet 访问上述服务器,而禁止 Internet 对内部受保护的其他系统进行访问。

14. 为什么要使用入侵检测系统? IDS 能够解决什么问题?

答案:防火墙试图在入侵行为发生之前阻止所有可疑的通信,但事实上不可能阻止所有的入侵行为。因此,有必要采取措施在入侵已经开始但还没有造成危害时,或在其造成更大危害前,及时检测到入侵,以便把危害降低到最小。入侵检测系统(Intrusion Detection System,IDS)正是这样一种技术。IDS 对进入网络的分组执行深度分组检查,当观察到可疑分组时,向网络管理员发出告警或执行阻断操作。IDS 能用于检测多种网络攻击,包括端口扫描、DoS 攻击、蠕虫和病毒、系统漏洞攻击等。

15. 常见的网络攻击方式有哪些? 如何防范网络攻击,保障网络安全?

答案:常见的网络攻击方式有网络扫描、网络监听、拒绝服务攻击。针对网络攻击可以采取网络安全技术进行防范,如部署防火墙、入侵检测系统、对传输的信息进行数据加密等。具体地针对网络扫描、网络监听、拒绝服务攻击这几种攻击方式的防范措施如下。

(1) 网络扫描的防范。

网络扫描的行为特征比较明显,例如,在短时间内对一段地址中的每个地址和端口号发起连接等。防范网络扫描主要有以下措施。

① 关闭闲置及危险端口,只打开确实需要的端口。

② 使用 NAT 屏蔽内网主机地址,限制外网主机主动与内网主机通信。

③ 设置防火墙,严格控制进出分组,过滤不必要的 ICMP 报文。

④ 使用入侵检测系统及时发现网络扫描行为和攻击者 IP 地址,配置防火墙对该地址的分组进行阻断。

(2) 网络监听的防范。

为了防止网络监听,首先,要尽量使用交换机而不是集线器,在交换机环境中攻击者更难实施监听,同时很多交换机具备一些安全功能。其次,数据加密也是一种对付网络监听的有效办法,即使监听者获得数据也很难在短时间破译加密信息,同时要避免使用 Telnet 这类不安全的软件。最后,通过使用实体鉴别技术,可以很好地防范中间人攻击。

(3) DoS 攻击的防范。

目前应对 DoS 攻击的主要方法有以下几种。

① 利用网络防火墙对恶意分组进行过滤。例如,为了防范 Smurf 程序通过利用互联网协议(IP) 和互联网控制消息协议(ICMP) 的漏洞攻击,可将防火墙配置为过滤掉所有 ICMP 回送请求报文。

② 路由器源端控制。通常参与 DoS 攻击的分组使用的源 IP 地址都是假冒的,因此如

果能够防止 IP 地址假冒，就能够防止此类 DoS 攻击。通过某种形式的源端过滤可以减少或消除假冒 IP 地址。例如，路由器检查来自与其直接连接的网络分组的源 IP 地址，如果源 IP 地址非法，即与该网络的网络前缀不匹配，则丢弃该分组。

③ 进行 DoS 攻击检测。借助入侵检测系统分析分组首部特征和流量特征检测出正在发生的 DoS 攻击，并进行报警。

第 2 章　操作系统与常用软件

1. 开机，进入 Windows，启动“资源管理器”。

答案：

按主机的开机按钮，进入 Windows 桌面后，单击显示器左下角的“开始”按钮→“Windows 系统”→“文件资源管理器”。

2. 在 D 盘中新建文件夹，文件夹名为自己的姓名。例：张三。

答案：

在 E 盘根据目录空白处右击，在弹出的列表中选择“新建”→“文件夹”→将文件夹的名称更改为自己的姓名。

3. 查找 D 盘中前 5 天创建的文件，并且大小在 40KB 以上，查找完毕后，从窗口复制，保存到自己的文件夹中，文件名为 A1. DOC。

答案：

(1) 在 Windows 10 系统中单击“此电脑”图标，单击窗口右上角的“搜索”按钮。

(2) 这时就可以打开文件管理器的“搜索工具”，单击工具栏上的“搜索”按钮。

(3) 在打开的搜索工具栏上，单击“修改日期”下拉按钮。

(4) 弹出选择日期范围的菜单，选择前 5 日后，再设置大小在 40KB 以上，就可以显示出满足条件的文件了。

(5) 选中文件，然后按 Ctrl+C 组合键，打开自己的文件夹，按 Ctrl+V 组合键。

4. 自定义任务栏，设置任务栏中的时钟隐藏，并且在“开始”菜单中显示小图标。

答案：

(1) 在 Windows 10 上的“开始”菜单中打开“设置”→单击“个性化”→单击左侧边栏“任务栏”→在右侧“通知区域”部分下，单击“打开或关闭系统图标”选项→在打开或关闭系统图标下，关闭时钟切换开关以在任务栏上隐藏时钟。

(2) 在任务栏处右击→单击“任务栏设置”→在任务栏列表中将“使用小任务栏按钮”设置为开的状态。

5. 为“开始”菜单“程序”子菜单中的 Word 2016 创建桌面快捷方式。

答案：

在“开始”菜单中找到 Word 2016，单击 Word→“更多”→打开文件位置，进入文件夹后选择 Word 图标，右击，在弹出的列表中选择“发送到”→“桌面快捷图标”。

6. 将自己的文件夹设置为共享。

答案：

(1) 选择自己的文件夹，右击，在弹出的列表中选择“属性”，弹出属性对话框，打开“共享”选项卡，再单击“高级共享”按钮，如图 A.1 所示。

(2) 在弹出的“高级共享”对话框中，勾选“共享此文件夹”复选框，单击“确定”按钮，如图 A.2 所示。

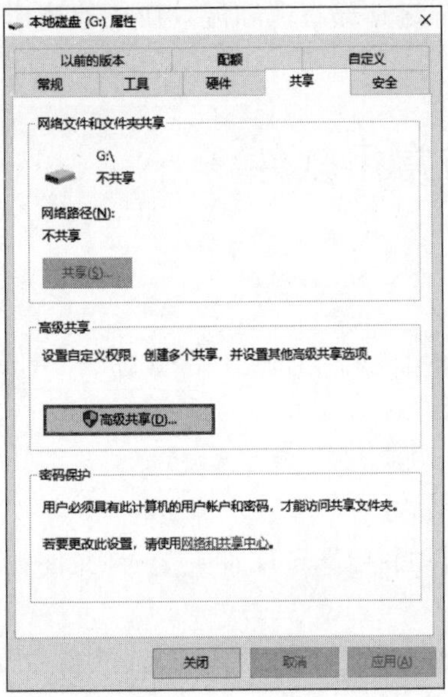

图 A.1　属性对话框

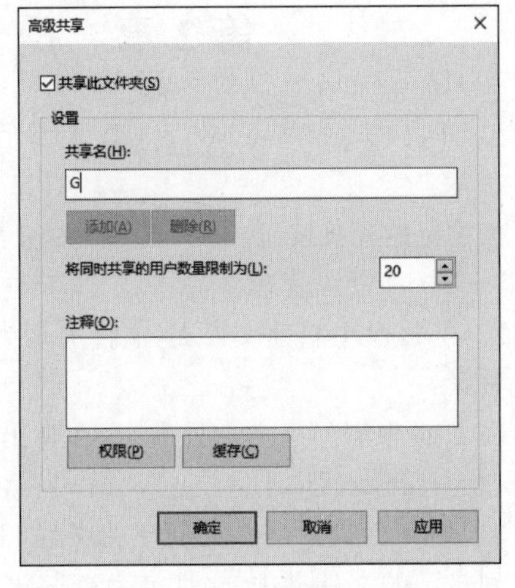

图 A.2　“高级共享”对话框

7. 用磁盘清理程序对 C 驱动器进行清理。

答案：

(1) 单击“开始”菜单→“程序”→“Windows 管理工具”→“磁盘清理程序”→选择 C 盘驱动器→确定。

(2) 弹出“磁盘清理”对话框，如图 A.3 所示。

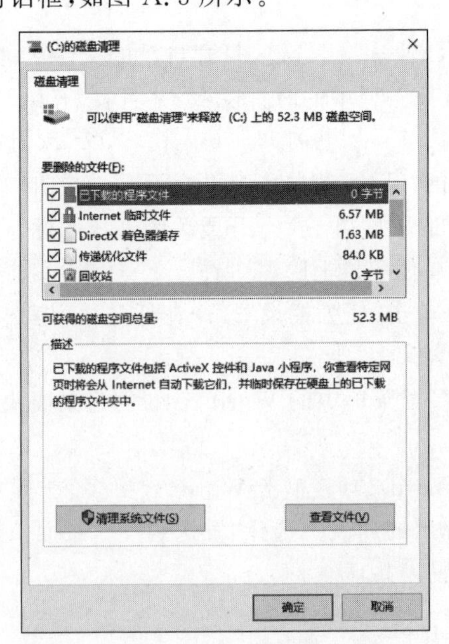

图 A.3　“磁盘清理”对话框

(3) 在弹出的“磁盘清理”框中单击“删除文件”按钮，如图 A.4 所示。

8. 设置当前日期为 2024 年 1 月 1 日，时间为 10 点 30 分，然后恢复原设置。

答案：

(1) 右击显示器右下角的日期时间，在弹出的列表中单击“调整日期/时间”，弹出设置窗口，如图 A.5 所示。

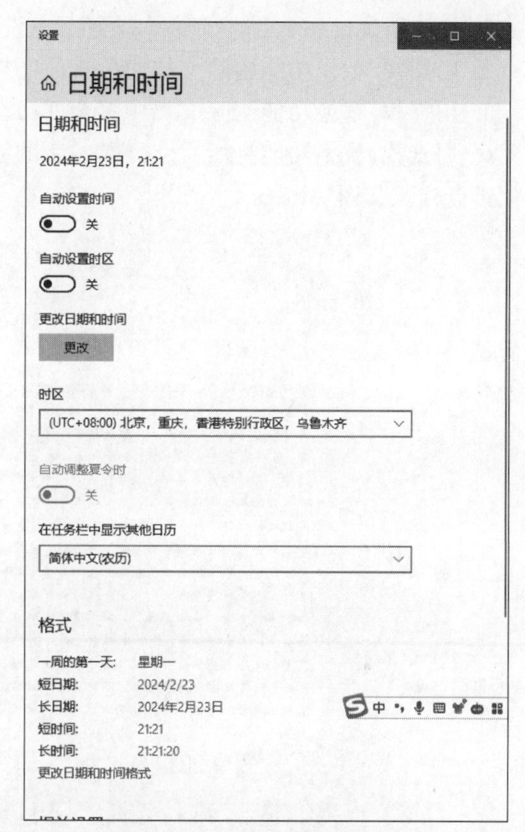

图 A.4 确认删除文件

图 A.5 “日期和时间”窗口

(2) 在设置窗口中的“更改日期和时间”处单击“更改”按钮，弹出“更改日期和时间”对话框，如图 A.6 所示。在对话框中输入 2024 年 1 月 1 日，时间为 10 点 30 分。

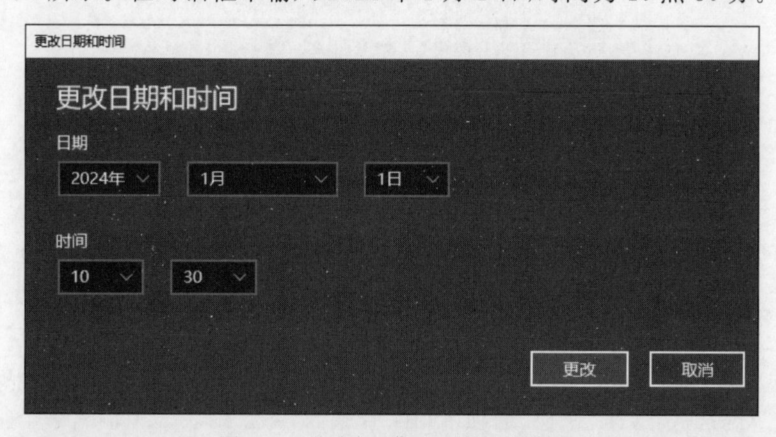

图 A.6 “更改日期和时间”对话框

(3) 恢复操作同理。

第3章　文稿编辑软件 Word 2016

一、打开“哲学.docx”文件，按以下要求完成文档排版，并保存文件。

1. 为文档设置一个主题“环保”，页面颜色设置为“青色 个性2 淡色80%”(第2行第6个)。

2. 用查找/替换功能删除文档中所有的空格，包括全角和半角。

3. 用查找/替换功能删除文档中多余的回车符。

4. 用查找/替换功能将所有“哲学”二字的字体颜色替换为“红色”。

部分样文如图A.7所示。

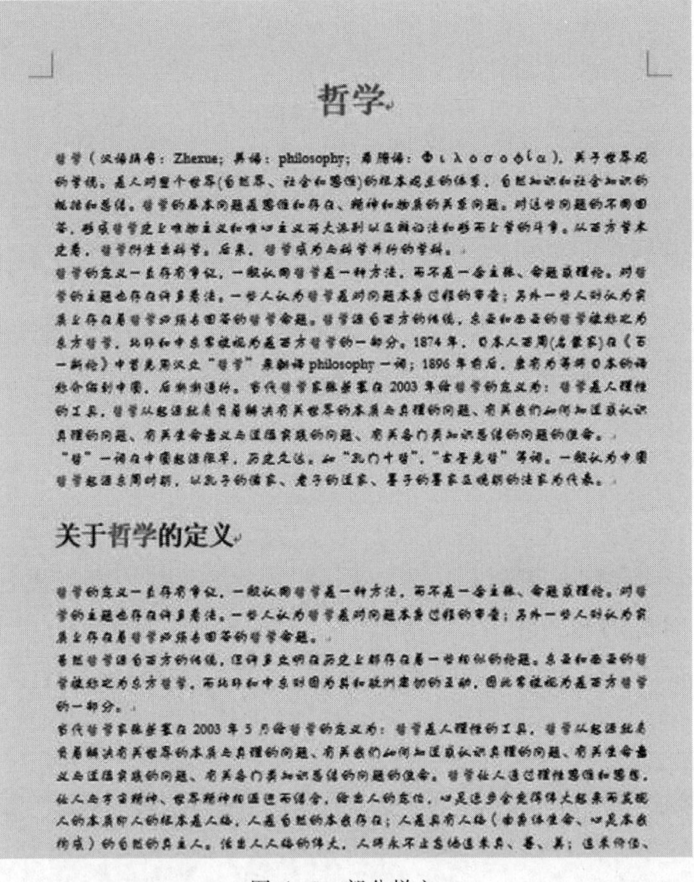

哲学

哲学（汉语拼音：Zhexue；英语：philosophy；希腊语：Φιλοσοφία），关于世界观的学说，是人对整个世界(自然界、社会和思维)的根本观点的体系，自然知识和社会知识的概括和总结。哲学的基本问题是思维和存在、精神和物质的关系问题。对这些问题的不同回答，形成哲学史上唯物主义和唯心主义两大派别以及辩证法和形而上学的斗争。从西方学术史看，哲学衍生出科学，后来，哲学成为与科学并行的学科。

哲学的定义一直存有争议，一般认同哲学是一种方法，而不是一套主张、命题或理论。对哲学的主题也存在许多看法，一些人认为哲学是对问题本身过程的审查；另外一些人则认为实质上存在着哲学必须去回答的哲学命题。哲学源自西方的传统，东亚和南亚的哲学被称之为东方哲学，北非和中东常被视为是西方哲学的一部分。1874年，日本人西周(启蒙家)在《百一新论》中首先用汉字“哲学”来翻译philosophy一词；1896年前后，康有为等将日本的译称介绍到中国，后渐渐通行。当代哲学家[illegible]在2003年给哲学的定义为：哲学是人理性的工具，哲学从起源就肩负着解决有关世界的本质与真理的问题、有关我们如何知道或认识真理的问题、有关生命意义与道德实践的问题、有关各门类知识总结的问题的使命。

“哲”一词在中国起源很早，历史久远，如“孔门十哲”、“古圣先哲”等词。一般认为中国哲学起源东周时期，以孔子的儒家、老子的道家、墨子的墨家及晚期的法家为代表。

关于哲学的定义

哲学的定义一直存有争议，一般认同哲学是一种方法，而不是一套主张、命题或理论。对哲学的主题也存在许多看法，一些人认为哲学是对问题本身过程的审查；另外一些人则认为实质上存在着哲学必须去回答的哲学命题。

虽然哲学源自西方的传统，但许多文明在历史上都存在着一些相似的论题。东亚和南亚的哲学被称之为东方哲学，而北非和中东则因为其和欧洲密切的互动，因此常被视为是西方哲学的一部分。

当代哲学家[illegible]在2003年5月给哲学的定义为：哲学是人理性的工具，哲学从起源就肩负着解决有关世界的本质与真理的问题、有关我们如何知道或认识真理的问题、有关生命意义与道德实践的问题、有关各门类知识总结的问题的使命。哲学让人通过理性思维和思想，让人与宇宙精神、世界精神相互通而结合，给出人的定位，以及逐步全面得体大超越而实现人的本质即人的根本是人格，人是自然的本我存在；人是具有人格（由身体生命、以及本我构成）的自然的真主人。体出人人格的伟大，人将永不止息地追求真、善、美；追求价值、

图A.7　部分样文

操作步骤：

(1) 打开“哲学.docx”文件，选择“设计”选项卡“文档格式”组的“主题”下拉列表中的“环保”。选择“页面背景”组的“页面颜色”下拉列表中的“青色 个性2 淡色80%”(第2行第6个)。

(2) 光标放置在文档最前面处，选择“开始”选项卡“编辑”组中的“替换”选项，在弹出的“查找和替换”对话框中选择“替换”选项卡，在“查找内容为”列表框中输入一个空格，光标定位到“替换为”列表框最开始位置，单击“全部替换”按钮，即完成替换操作。

(3) 光标放置在文档最前面处，选择“开始”选项卡“编辑”组中的“替换”选项，在弹出的“查找和替换”对话框中选择“替换”选项卡，单击“更多”按钮，光标定位在“查找内容为”列表框位置，输入两个“段落标记”(方法：选择对话框中“特殊格式”下拉列表中的“段落标记”)。光标定位在“替换为”列表框位置，输入一个“段落标记”(方法：选择对话框中“特殊格式”下拉列表中的“段落标记”)。单击“全部替换”按钮，即完成替换操作。

(4) 光标放置在文档最前面处，选择“开始”选项卡“编辑”组中的“替换”选项，在弹出的“查找和替换”对话框中选择“替换”选项卡，单击“更多”按钮，光标定位在“查找内容为”列表框位置输入“哲学”，光标定位在“替换为”列表框位置输入“哲学”，这时光标继续放置在“替换为”列表框，单击对话框下方的“格式”按钮，选择“字体”选项，在打开的“字体”对话框中的字体颜色栏设置“红色”，单击“确定”按钮返回“查找和替换”对话框，单击“全部替换”按钮，即完成替换操作。

二、打开“钢琴的选购.docx”文件，按以下要求完成文档排版，并保存文件。

1. 字体格式。将标题文字(即“钢琴选购基本知识”)字体设置为“微软雅黑”“二号”，文本效果设置为“填充-红色，着色 2，轮廓-着色 2”。

2. 段落格式。将第二个段落(“钢琴是一种结构精密复杂，……”)的段落格式设置为：段前 18 磅、首行缩进 2 字符。

3. 图文混排。参照样文，在第三段“一、钢琴型号的划分”后插入素材图片“钢琴.jpg”，调整图片大小。将图片的自动换行设置为“四周型环绕”，并设置图片样式为“松散透视-白色”。

4. 表格操作。将“表 1 常见钢琴选购方法”下面的 4 段文字(即“种类～触感”)转换为表格。合理调整表格的宽度与高度，应用表格样式“网络表 3-着色 1”。

5. 编号操作。给“三、钢琴品牌”下的段落(“珠江钢琴～海伦”)加上编号，编号样式：“1. 2. 3.”。

样文如图 A.8 所示。

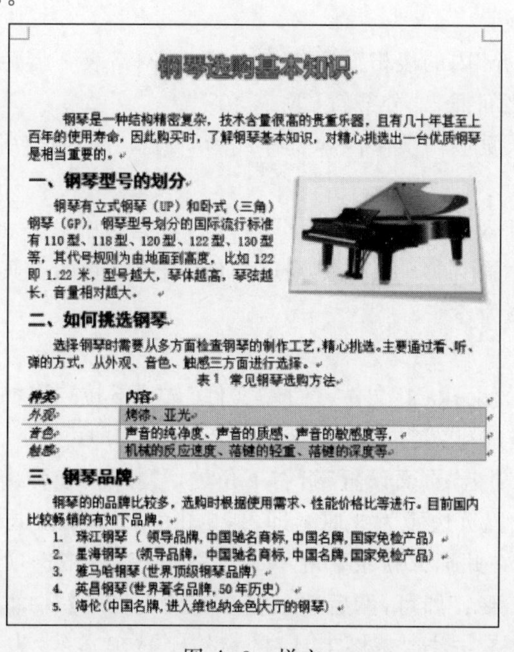

钢琴选购基本知识

钢琴是一种结构精密复杂，技术含量很高的贵重乐器，且有几十年甚至上百年的使用寿命，因此购买时，了解钢琴基本知识，对精心挑选出一台优质钢琴是相当重要的。

一、钢琴型号的划分

钢琴有立式钢琴（UP）和卧式（三角）钢琴（GP），钢琴型号划分的国际流行标准有 110 型、118 型、120 型、122 型、130 型等，其代号规则为由地面到高度，比如 122 即 1.22 米，型号越大，琴体越高，琴弦越长，音量相对越大。

二、如何挑选钢琴

选择钢琴时需要从多方面检查钢琴的制作工艺，精心挑选。主要通过看、听、弹的方式，从外观、音色、触感三方面进行选择。

表 1 常见钢琴选购方法

种类	内容
外观	烤漆、亚光
音色	声音的纯净度、声音的质感、声音的敏感度等，
触感	机械的反应速度、落键的轻重、落键的深度等

三、钢琴品牌

钢琴的的品牌比较多，选购时根据使用需求、性能价格比等进行。目前国内比较畅销的有如下品牌。

1. 珠江钢琴（ 领导品牌，中国驰名商标，中国名牌，国家免检产品）
2. 星海钢琴（领导品牌，中国驰名商标，中国名牌，国家免检产品）
3. 雅马哈钢琴（世界顶级钢琴品牌）
4. 英昌钢琴（世界著名品牌，50 年历史）
5. 海伦（中国名牌，进入维也纳金色大厅的钢琴）

图 A.8 样文

操作步骤：

(1) 打开"钢琴的选购.docx"文件，选中标题的"钢琴选购基本知识"字体，选择"开始"选项卡下"字体"组，在"字体"列表框中选择"微软雅黑"，在"字号"列表框中选择"二号"字号，在"文本效果和版式"下拉列表中选择"填充-红色，着色 2，轮廓-着色 2"。

(2) 选中第 2 段"钢琴是一种结构精密复杂，……"，选择"开始"选项卡下"段落"组右下角的 按钮，在打开的"段落"对话框中的"缩进和间距"选项卡，在"间距"栏下的"段前"列表框中输入"18 磅"，在"特殊格式"栏选择"首行缩进"2 个字符。

(3) 光标定位到第 3 段位置，单击"插入"选项卡"插图"组中的"图片"按钮，选择"钢琴.JPG"，单击"插入"按钮，单击文中的图片，光标定位到图片 4 个角的任意一个点，按住鼠标左键移动来调整图片适合大小。选择"图片工具"选项卡下的"排列"组的"环绕文字"下拉列表的"四周型"，选择"图片样式"组的图片样式列表的"松散透视-白色"样式，再调整图片到合适位置即可。

(4) 选中文中"表 1 常见钢琴选购方法"下面的 4 段文字(即"种类～触感")，选择"插入"选项卡下"表格"组的"表格"下拉列表中的"文本转换成表格"选项，在弹出的"将文字转换成表格"对话框中的"表格尺寸"栏下的"列数"设置为 2 列，单击"确定"按钮即可，适当调整表格的宽度和高度，再次选中表格，选择"表格工具"选项卡的"设计"选项页面下的"表格样式"组，在"表格样式"列表中选择"网络表 3-着色 1"样式即可完成操作。

(5) 选中"珠江钢琴～海伦"段落，选择"开始"选项卡下"段落"组的"编号"下拉列表中的"1.2.3."样式，即完成项目编号的设置。

三、打开"莲花山公园.docx"文件，按以下要求完成文档排版，并保存文件。

1. 设置文档属性，标题为"莲花山公园"。

2. 设置纸张大小为 16 开(18.4×26 厘米)，页边距为"上、下，左、右各 3 厘米"。

3. 在"【在此插入目录】"处，插入目录(样式为自动目录 1)。完成后删除"【在此插入目录】"字样。

4. 将第一部分"简介"内的表格设置表格样式为"网格表 2-着色 4"。

5. 在目录与正文之间插入"分节符(下一页)"。

6. 为正文一节插入页眉。页眉内容是样式为"标题 1"的内容(如简介，自然环境…)，封面和目录部分无页眉。

7. 为正文节页脚插入页码，要求起始页码为 1，页码居中对齐，封面和目录部分无页码。

8. 插入"运动型"封面。移动"标题"到适当位置，删除封面上其他内容框。

部分样文如图 A.9 所示。

操作步骤：

(1) 打开"莲花山公园.docx"文件，选择"文件"选项下拉列表的"信息"选项下的"属性"选项下的"标题"文本框，在此文本框中输入"莲花山公园"即可。

(2) 单击"布局"选项卡"页面设置"组右下角的 按钮，在弹出的"页面设置"对话框中的"页边距"选项页面设置页边距为 3 厘米即可，单击"确定"按钮退出对话框。

(3) 光标定位到"【在此插入目录】"的下一行，选择"引用"选项卡"目录"组下的"目录"下拉列表，选择"自动目录 1"即可，然后选中"【在此插入目录】"文本，按 Delete 键删除。

(4) 选中文中的表格，选择"表格工具"的"设计"选项卡的"表格样式"组下的"表格样

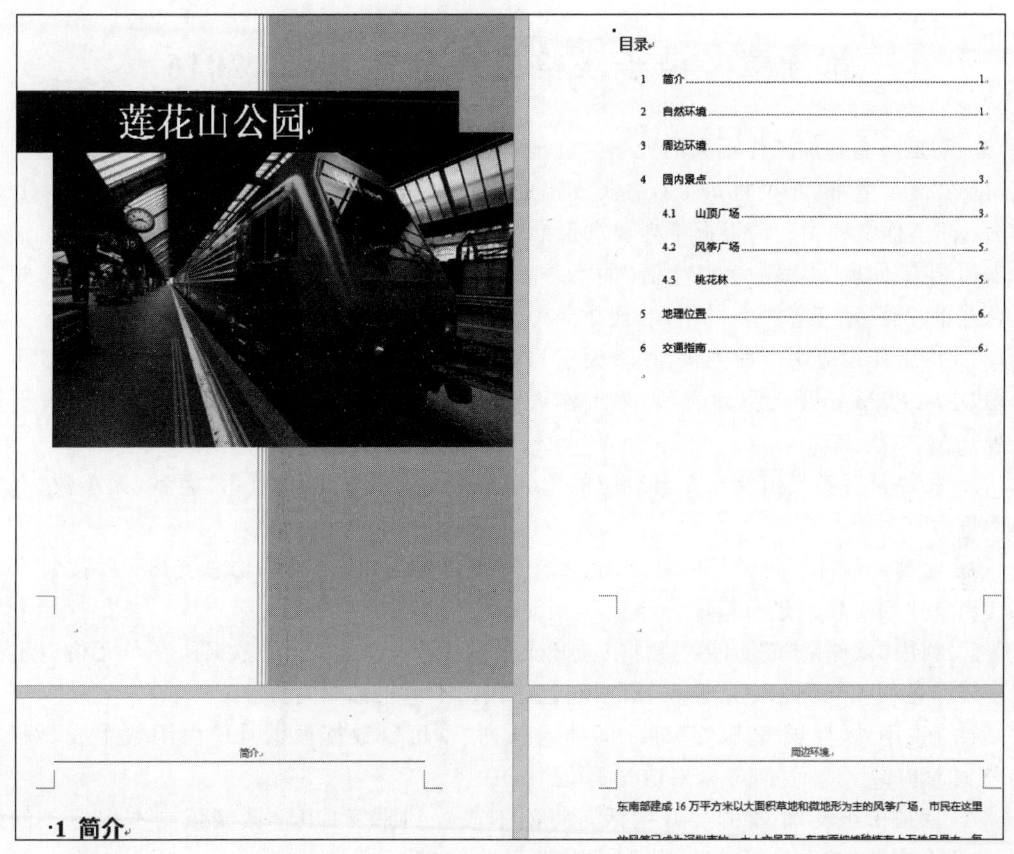

图 A.9　部分样文

式”下拉列表中的“网格表 2-着色 4”样式。

(5) 光标定位到正文前，选择“布局”选项卡，在“页面设置”组“分隔符”下拉列表中选择“分节符(下一页)”。

(6) 把光标定位在页眉位置处，在弹出的“页眉和页脚”→“工具”选项“导航”组中单击“链接到前一条页眉”选项，即取消“链接到前一条页眉”操作，使封面页、目录页等正文前的页为无页眉。然后选择“插入”选项卡的“文本”组中的“文档部件”下拉列表中的“域”选项，将打开“域”对话框。在“域名”列表中选择 StyleRef，在“样式名”列表中选择“标题 1”，单击“确定”按钮，则文档中样式为标题 1 的标题内容自动添加到页眉处。

(7) 光标定位到正文页第 1 页底部位置，选择“插入”选项卡“页眉和页脚”组的“页脚”下拉列表中的“编辑页脚”选项，这时光标定位在正文第 1 页最底部位置，在弹出的“页眉和页脚”→“工具”选项“导航”组中单击“链接到前一条页眉”选项，即取消“链接到前一条页眉”操作，使封面页、目录页等正文前的页为无页码。然后选择“页眉页脚”组的“页码”下拉列表下的“设置页码格式”选项，在弹出的“页码格式”对话框的“编号格式”列表框中选择“1，2，3，…”样式，在“页码编号”栏设置页码起始页为“1”，单击“确定”按钮退出对话框，继续选择“页眉页脚”组的“页码”下拉列表下的“页面底端”下拉列表的“普通数字 2”即完成页码的插入。

(8) 选择“插入”选项卡“页面”组中的“封面”选项下的“运动型”封面，在标题栏处输入“莲花山公园”，然后删除其他信息即可。

第 4 章　电子表格处理软件 Excel 2016

小梁是一名参加工作不久的大学生。他习惯使用 Excel 表格来记录每月的个人开支情况，在 2023 年年底，小梁将每个月各类支出的明细数据录入了文件名为“开支明细表.xlsx”的 Excel 工作文档中。请根据下列要求帮助小梁对明细表进行整理和分拆。

1. 在工作表“小梁的美好生活”的第一行添加表标题“小梁 2023 年开支明细表”，并通过合并单元格，放于整个表的上端、居中。

2. 将工作表应用一种主题，并增大字号，适当加大行高列宽，设置居中对齐方式，除表标题“小梁 2023 年开支明细表”外为工作表分别增加恰当的边框和底纹以使工作表更加美观。

3. 将每月各类支出及总支出对应的单元格数据类型都设为“货币”类型，无小数、有人民币货币符号。

4. 通过函数计算每个月的总支出、各个类别月均支出、每月平均总支出；并按每个月总支出升序对工作表进行排序。

5. 利用“条件格式”功能：将月单项开支金额中大于 1000 元的数据所在单元格以不同的字体颜色与填充颜色突出显示，所用颜色深浅以不遮挡数据为宜。

6. 在“年月”与“服装服饰”列之间插入新列“季度”，数据根据月份由函数生成，例如，1～3 月对应“1 季度”、4～6 月对应“2 季度”……

7. 复制工作表“小梁的美好生活”，将副本放置到原表右侧；改变该副本表标签的颜色，并重命名为“按季度汇总”；删除“月均开销”对应行。

8. 通过分类汇总功能，按季度升序求出每个季度各类开支的月均支出金额。

9. 在“按季度汇总”工作表后面新建名为“折线图”的工作表，在该工作表中以分类汇总结果为基础，创建一个带数据标记的折线图，水平轴标签为各类开支，对各类开支的季度平均支出进行比较，给每类开支的最高季度月均支出值添加数据标签。

操作步骤：

(1) 打开考生文件夹下的“开支明细表.xlsx”素材文件。选择“小梁的美好生活”工作表，在工作表中选择 A1:M1 单元格，切换到“开始”选项卡，单击“对齐方式”下的“合并后居中”按钮。输入“小梁 2023 年开支明细表”文字，按 Enter 键完成输入。

(2) 选中任意单元格，在“页面布局”选项卡下“主题”组中单击“主题”下拉按钮，在下拉列表选项中选择一种主题样式即可。选中工作表所有内容区域，在“开始”选项卡下“字体”组中适当增大字号。选中工作表所有内容区域，在“开始”选项卡下“单元格”组中单击“格式”下拉按钮，在下拉列表选项中选择“行高”和“列宽”，适当加大。选择 A2:M15 单元格，切换到“开始”选项卡，在“对齐方式”选项组中单击对话框启动器按钮，弹出“设置单元格格式”对话框，切换到“对齐”选项卡，将“水平对齐”设置为“居中”；切换到“边框”选项卡，选择一种线条样式和颜色，在“预置”选项组中单击“外边框”和“内部”按钮。切换到“填充”选项卡，选择一种背景颜色，单击“确定”按钮。

(3) 选择 B3:M15，在选定内容上单击鼠标右键，在弹出的快捷菜单中选择“设置单元格格式”，弹出“设置单元格格式”对话框，切换至“数字”选项卡，在“分类”下选择“货币”，将

“小数位数”设置为 0,确定“货币符号”为人民币符号(默认就是),单击“确定”按钮即可。

(4) 选择 M3 单元格,输入“=SUM(B3:L3)”后按 Enter 键确认,拖动 M3 单元格的填充柄填充至 M15 单元格;选择 B15 单元格,输入“=AVERAGE(B3:B14)”后,按 Enter 键确认,拖动 B15 单元格的填充柄填充至 L15 单元格。选择 A2:M14,切换至“数据”选项卡,在“排序和筛选”选项组中单击“排序”按钮,弹出“排序”对话框,在“排序依据”中选择“总支出”,在“次序”中选择“升序”,单击“确定”按钮。

(5) 选择 C3:M14 单元格,切换至“开始”选项卡,单击“样式”选项组下的“条件格式”下拉按钮,在下拉列表中选择“突出显示单元格规则”→“大于”,在“为大于以下值的单元格设置格式”文本框中输入“1000”。在“设置为”下拉框中单击“自定义格式”按钮,打开“设置单元格格式”对话框,在“字体”选项卡下为字体设置一种醒目的颜色,在“填充”选项卡下为背景设置一种不遮挡数据的颜色,依次单击“确定”按钮。

(6) 选择 B 列,鼠标定位在列号上,单击右键,在弹出的快捷菜单中单击“插入”按钮,选择 B2 单元格,输入文本“季度”;选择 B3 单元格,输入“=INT(1+(MONTH(A3)-1)/3)&"季度"",按 Enter 键确认。拖动 B3 单元格的填充柄将其填充至 B14 单元格。

(7) 在“小梁的美好生活”工作表标签处单击鼠标右键,在弹出的快捷菜单中选择“移动或复制”,勾选“建立副本”,选择“(移至最后)”,单击“确定”按钮。在“小梁的美好生活(2)”标签处单击鼠标右键,在弹出的快捷菜单中选择工作表标签颜色,为工作表标签添加一种合适的标签颜色。在“小梁的美好生活(2)”标签处单击鼠标右键选择“重命名”,输入文本“按季度汇总”;选择“按季度汇总”工作表的第 15 行,鼠标定位在行号处,单击鼠标右键,在弹出的快捷菜单中选择“删除”命令。

(8) 在“按季度汇总”工作表中选择 B 列,单击“开始”选项卡下“编辑”选项组中的“排序和筛选”按钮,在弹出的下拉列表中选择“升序”选项,然后在弹出的对话框中单击“排序”按钮。

选择 A2:N14 单元格区域,切换至“数据”选项卡,选择“分级显示”选项组下的“分类汇总”按钮,弹出“分类汇总”对话框,在“分类字段”下拉列表中选择“季度”,在“汇总方式”下拉列表中选择“平均值”,在“选定汇总项”列表中不勾选“年月”“总支出”“季度”,其余全选,单击“确定”按钮。

(9) 单击“按季度汇总”工作表左侧的标签数字“2”(在全选按钮左侧),隐藏数据明细。选择 B2:M18 单元格区域,切换至“插入”选项卡,在“图表”选项组中单击“折线图”下拉按钮,在弹出的下拉列表中选择“带数据标记的折线图”。

选择图表,切换至“图表工具”下的“图表设计”选项卡,选择“数据”选项组中的“切换行例”使水平轴标签为各类开支。在图表空白区域上单击鼠标右键,在弹出的快捷菜单中选择“移动图表”,弹出“移动图表”对话框,选中“新工作表”单选按钮,输入工作表名称“折线图”,单击“确定”按钮。

题目要求“给每类开支的最高季度月均支出值添加数据标签”,先看服装服饰,可看出 1 季度平均值最高,可选中 1 季度折线图,此时折线图每一项上都有选择框。再次单击“服装服饰”选择框,则只选中当前的,右击,在弹出的列表中选择“添加数据标签”。按同样方法给“饮食、水电气房租、交通、通信、阅读培训、社交应酬、医疗保健、休闲旅游个人兴趣、公益活动”这几项的最高季度月均值添加数据标签。把“折线图”工作表移至最后。保存工作表

“开支明细表效果.xlsx”。

第5章　演示文稿软件 PowerPoint 2016

一、单项选择题

1. B　2. D　3. B　4. D　5. A　6. B　7. A　8. D　9. D　10. C

二、操作题

根据素材制作“最美奋斗者.pptx”演示文稿，要求如下。

1. 新建演示文稿，演示文稿需包含4张幻灯片。

(1) 启动 PowerPoint 2016，单击“新建”→“空白演示文稿”。

(2) 单击左侧缩略图直接按 Enter 键新建三张幻灯片。

2. 把标题、“个人简介”“人物事迹”“所获荣誉”4项内容分别在4张幻灯片上展示，如图A.10所示。

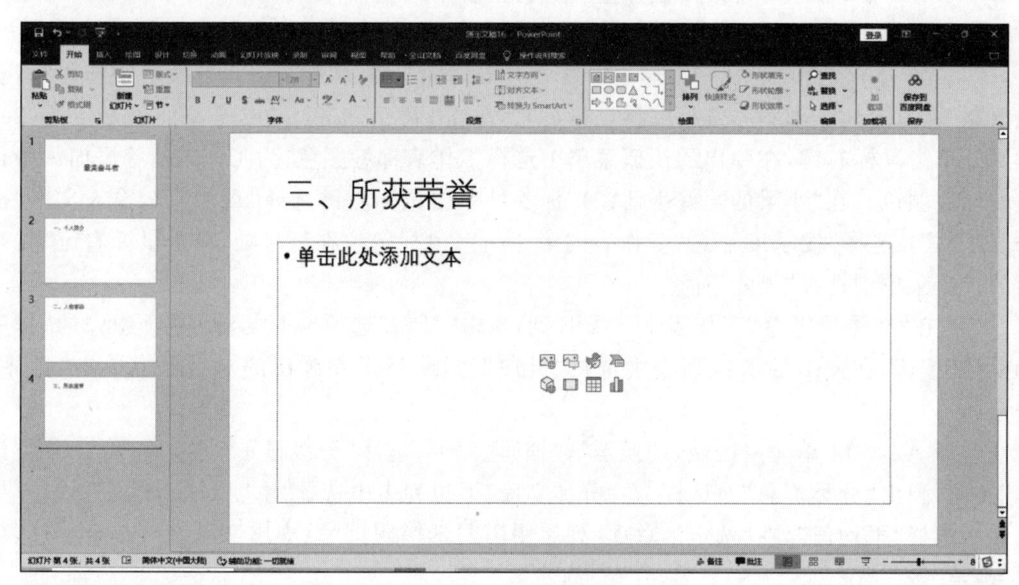

图 A.10　4个页面的幻灯片

3. 标题页设置为“标题幻灯片”版式，在副标题处插入个人姓名和日期、时间。

(1) 打开第一张幻灯片，默认是“标题幻灯片”版式，直接在副标题占位符处输入姓名。

(2) 打开“插入”选项卡，在“文本”工作组中单击“日期与时间”按钮，在弹出的对话框中勾选“日期和时间”和“固定”，如图A.11所示。

4. “个人简介”页版式设置为“两栏内容”版式，一栏插入文字，一栏插入图片，并为图片添加效果。

(1) 选中第二张幻灯片，右键单击并在弹出的菜单中选择“版式”命令，单击“两栏内容”版式。

(2) 在 Word 文档上复制“一、个人简介”的文字内容，粘贴到第二张幻灯片左侧占位符处。

(3) 单击右侧插入图片按钮，找到素材“照片.jpg”，并单击“插入”按钮，如图A.12所示。

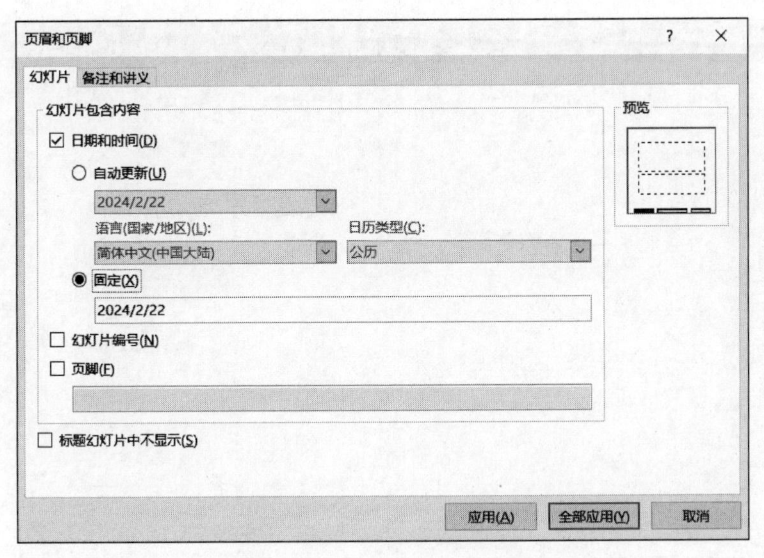

图 A.11 “页眉和页脚”对话框

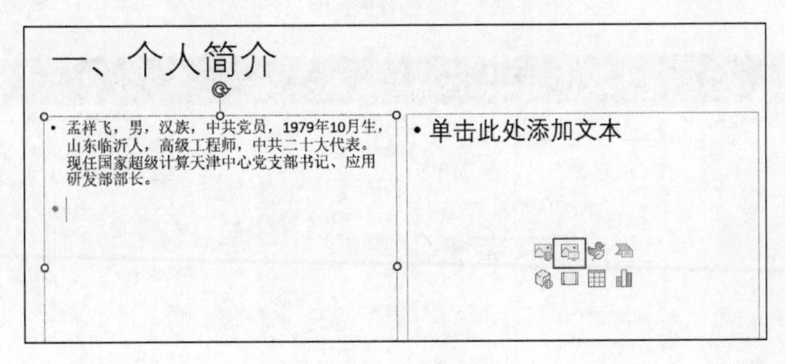

图 A.12 插入图片

5. “人物事迹”页版式设置为“内容与标题”版式，为正文内容文本框添加进入动画“浮入”，效果“上浮”。

(1) 选中第三张幻灯片，右键单击并在弹出的菜单中选择“版式”命令，单击“内容与标题”版式。

(2) 选中左侧文本框，打开“动画”选项卡，在“动画”工作组选择进入动画分组，并单击“浮入”动画。

(3) 单击“动画”工作组中的“效果选择”按钮 ，在下拉菜单中的“方向”选项里选择“上浮”，如图 A.13 所示。

6. “所获荣誉”页版式设置为“标题与内容”版式，运用“SmartArt 图形”展示“所获荣誉”。

(1) 选中第四张幻灯片，右键单击并在弹出的菜单中选择“版式”命令，单击“标题与内容”版式。

(2) 把 Word 文档中的“所获荣誉”复制，并粘贴到第四张幻灯片中的正文内容占位符处。

(3) 选中正文内容，打开“开始”选项卡，在“段落”工作组中单击“转换为 SmartArt 图形”按钮 转换为 SmartArt ，在下拉菜单中选择一种列表模式，如图 A.14 所示。

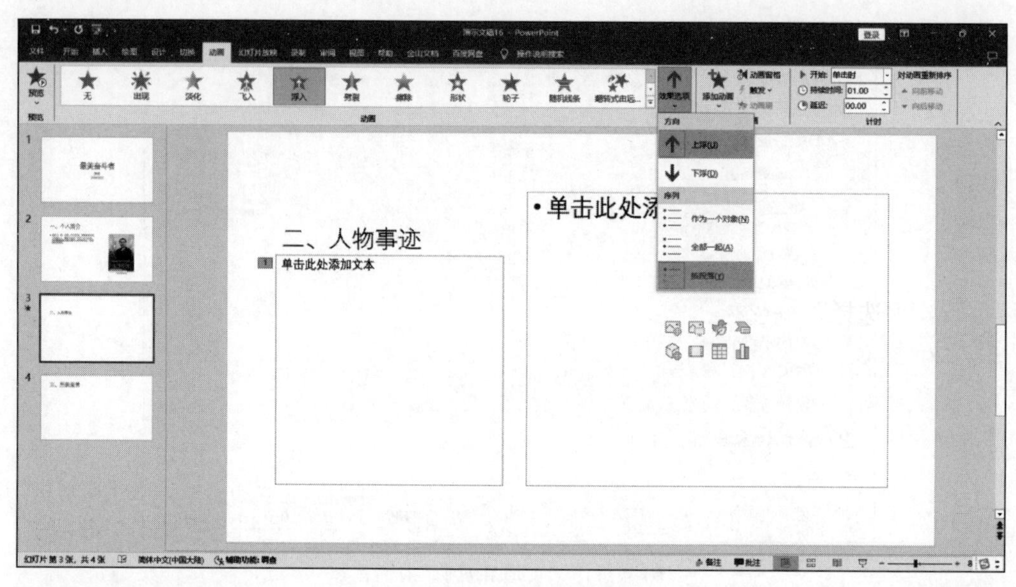

图 A.13　选择“上浮”选项

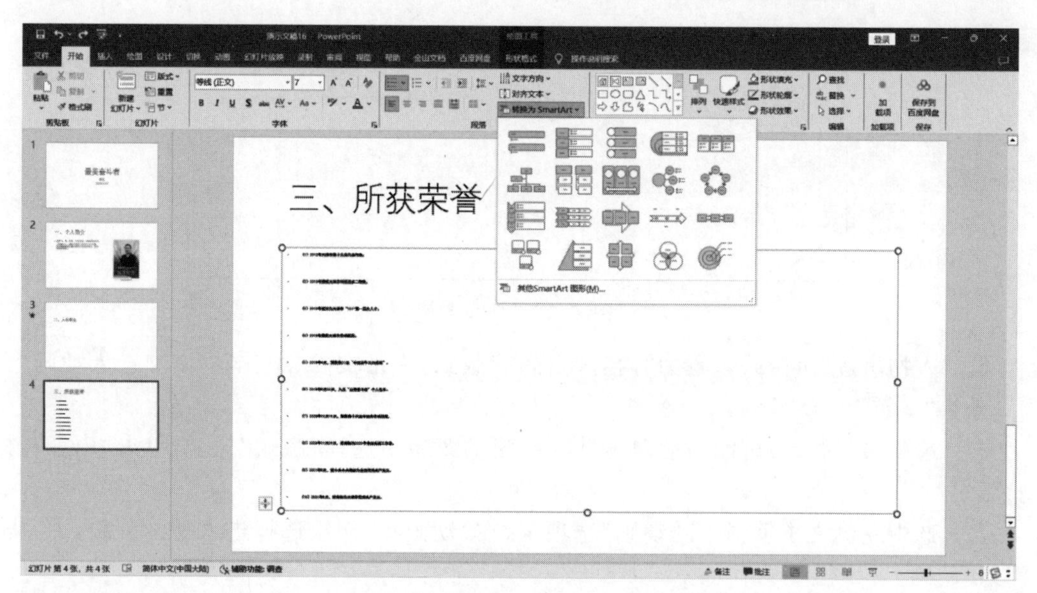

图 A.14　转换为 SmartArt 图形

7. 为演示文稿应用一款美观的主题。

(1) 选中任意幻灯片,打开“设计”选项卡,在“主题”工作组中选择一款主题。

(2) 可以在“设计”选项卡中的“变体”工作组对主题的颜色、字体、效果等进行更改。

8. 为演示文稿设置切换样式“形状”,效果“圆形”。

(1) 选中任意幻灯片,打开“切换”选项卡,在“切换到此幻灯片”工作组中找到“形状”样式并单击。

(2) 单击切换样式旁边的“效果选项”按钮,在下拉列表中选择“圆形”效果。

9. 保存演示文稿，命名为“最美奋斗者.pptx”。

(1) 单击左上角快速访问栏上的“保存”按钮 ，直接保存。

(2) 找到文件所在位置，鼠标右键单击文件，在弹出的快捷菜单中选择“重命名”命令，输入“最美奋斗者”然后按 Enter 键。

第 6 章　计算机新技术

一、单项选择题

1. D　2. A　3. B　4. C　5. D

二、多项选择题

1. ABCD　2. ACD　3. BCD　4. ACD

三、判断题

1. √　2. ×　3. √　4. √

参考文献

[1] 教育部高等学校教学指导委员会.普通高等学校本科专业类教学质量国家标准[M].北京：高等教育出版社,2018.

[2] 胡致杰,梁玉英,赖小平,等.计算机导论[M].北京：清华大学出版社,2017.

[3] 胡致杰,等.大学计算机基础教程[M].成都：电子科技大学出版社,2020.

[4] 丁革媛,郑宏云,魏丽丽,等.大学计算机基础教程[M].北京：清华大学出版社,2023.

[5] 钱慎一.大学计算机基础标准教程 Windows 10+Office 2016(实战微课版)[M].北京：清华大学出版社,2023.

[6] 王文发,刘翼,田云娜.大学计算机基础(Windows 10+Office 2016)[M].北京：清华大学出版社,2023.

[7] 谢均,谢希仁.计算机网络教程[M].北京：人民邮电出版社,2021.

[8] 张凯.计算机导论[M].北京：清华大学出版社,2016.

[9] 唐国纯.云计算及应用[M].北京：清华大学出版社,2019.

[10] 丁世飞.人工智能[M].2版.北京：清华大学出版社,2019.

[11] 桂小林.物联网技术导论[M].2版.北京：清华大学出版社,2019.

图书资源支持

感谢您一直以来对清华版图书的支持和爱护。为了配合本书的使用，本书提供配套的资源，有需求的读者请扫描下方的“书圈”微信公众号二维码，在图书专区下载，也可以拨打电话或发送电子邮件咨询。

如果您在使用本书的过程中遇到了什么问题，或者有相关图书出版计划，也请您发邮件告诉我们，以便我们更好地为您服务。

我们的联系方式：

清华大学出版社计算机与信息分社网站：https://www.shuimushuhui.com/

地　　址：北京市海淀区双清路学研大厦 A 座 714

邮　　编：100084

电　　话：010-83470236　010-83470237

客服邮箱：2301891038@qq.com

QQ：2301891038（请写明您的单位和姓名）

资源下载：关注公众号“书圈”下载配套资源。

资源下载、样书申请

书圈

图书案例

清华计算机学堂

观看课程直播